U0791213

河南省"十二五"规划教材

土力学与地基基础

主　编　王玉珏
副主编　孙其龙　苏巧荣　卢军燕

黄河水利出版社
·郑州·

内 容 提 要

全书分为绪论和8个项目,主要内容包括土的物理性质指标检测及工程分类、土体渗透性及渗透变形防治、地基变形验算、地基强度验算、挡土墙的稳定验算、建筑场地的岩土工程勘察、天然地基上的浅基础设计和桩基础与其他深基础。

本书可供建筑工程技术专业及其相关专业教学使用,同时可作建筑工程技术人员的参考用书。

图书在版编目(CIP)数据

土力学与地基基础/王玉珏主编.—郑州:黄河水利出版社,2016.7

河南省"十二五"规划教材

ISBN 978-7-5509-1463-6

Ⅰ.①土… Ⅱ.①王… Ⅲ.①土力学-高等职业教育-教材 ②地基-基础(工程)-高等职业教育-教材 Ⅳ.①TU4

中国版本图书馆 CIP 数据核字(2016)第171290号

组稿编辑:王路平 电话:0371-66022212 E-mail:hhslwlp@163.com

出 版 社:黄河水利出版社

地址:河南省郑州市顺河路黄委会综合楼14层 邮政编码:450003

发行单位:黄河水利出版社

发行部电话:0371-66026940、66020550、66028024、66022620(传真)

E-mail:hhslcbs@126.com

承印单位:郑州龙洋印务有限公司

开本:787 mm×1 092 mm 1/16

印张:17.75

字数:410千字 印数:1—3 100

版次:2016年7月第1版 印次:2016年7月第1次印刷

定价:39.00元

前 言

本书是根据《教育部、财政部关于实施国家示范性高等职业院校建设计划,加快高等职业教育改革与发展的意见》(教高〔2006〕14 号)、《教育部关于全面提高高等职业教育教学质量的若干意见》(教高〔2006〕16 号)等文件精神,以工学结合的人才培养模式和基于工作过程的项目化教学模式,结合本课程教学改革与探索的实践经验,为适应新形势下高等职业教育的需要而编写的。它是建筑工程技术专业及其相关专业群的专业技能课程的教学用书。

本教材遵循现行国家和行业规范,如《土工试验规程》(SL 237—1999)、《岩土工程勘察规范》(2009 年版)(GB 50021—2001)、《建筑地基基础设计规范》(GB 50007—2011)、《建筑桩基技术规范》(JGJ 94—2008)等规范标准的要求,突出针对性与实用性。理论部分以够用为度,删繁就简,实用内容尽量充实和强化,体现教、学、练、做一体化的教学方法,注重培养学生的基本技能和分析问题、解决问题的能力。本教材具有内容精练、体系完整、紧密结合实际的特点。根据课程要求,书中附有针对性较强的例题和习题。

本书由黄河水利职业技术学院承担编写任务,编写人员及编写分工如下:王玉珏编写绪论、项目 2 和项目 3,孙其龙编写项目 1,河南理工大学万方科技学院卢军燕编写项目 4 和项目 7,田玲编写项目 5,苏巧荣编写项目 6 和项目 8。本书由王玉珏担任主编,并负责全书统稿;由孙其龙、苏巧荣、卢军燕担任副主编。

由于编者水平有限,对于书中存在的不足之处,诚恳地希望读者批评指正。

编 者

2015 年 7 月

目 录

绪 论

任务1 土力学与地基基础的概念

地球表层的岩石,在自然界长期强烈的风化(物理风化、化学风化和生物风化)、剥蚀作用下形成的松散沉积物,在建筑工程中称为土。土是各种矿物颗粒构成的松散集合体。由于土的形成年代较短,土颗粒间的联结强度远远小于颗粒本身的强度,有的甚至没有联结。在一般情况下,土颗粒间有大量的孔隙,而孔隙常常被水和空气占满。土粒、水和空气是组成土的三种不同相的物质,称为土的三相。因此,土与其他连续介质相区别的最主要特征,就是它的多孔性和散体性。

土力学是以土为研究对象,研究土的物理性质、水理性质和力学性质,重点是利用力学知识和土工试验技术来研究土的变形、渗透、强度及其规律性的一门学科。它是力学的一个分支,是为解决建筑物的地基基础、土工建筑物和地下结构物中与土有关的工程问题服务的。

地基基础主要研究常见房屋、桥梁、涵洞等建筑物地基基础的类型、设计计算和施工方法。

土力学与地基基础包括土力学及地基基础两部分。虽然这两部分内容的研究对象、研究方法不同,但研究的目的是相同的,即都是为保证建筑物地基的稳定和建筑物的正常使用提供可靠的地质论证和力学计算依据。所以,这两部分内容在工程实践中是互相依存、互相联系、互相制约的整体,必须统一起来,一起考虑。

任务2 土力学与地基基础在工程建设中的重要性

1 土的工程用途

土在地壳表层分布极广,它与工程建筑的关系十分密切。在工程建设中,土被广泛用作各种建筑物的地基、材料和周围介质。

1.1 作为建筑物的地基

任何建筑物的上部荷载都是由它下面的地层来承担的。由于承受建筑物荷载而引起原有应力状态发生变化的那部分地层,称为建筑物的地基。基础一般位于地面以下,是建筑物的下部结构,主要作用是将建筑物的荷载较均匀地传到地基中,起着承上启下的连接、调节作用,如图0-1所示。

在地基中,与基础底面接触的土层直接承受建筑物传来的荷载,称为持力层。持力层以下的各土层称为下卧层。下卧层中的软弱土层称为软弱下卧层。软弱土层一般不宜直接作为持力层。

在平原地区,修建房屋、堤坝、水闸、渡槽、码头、桥梁等建筑物都是建造在土基上,土就被作为建筑物的地基;在山区及丘陵地带,由于基岩埋深较浅甚至裸露于地表,则岩石也可作为建筑物的地基。

1.2 作为建筑材料

土常常是最低廉的建筑材料。例如采用土料填筑堤坝和路基等土工建筑物,如图0-2所示。

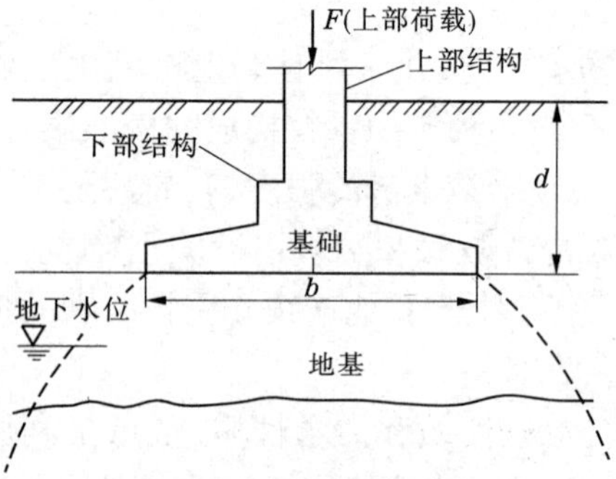

图 0-1 地基及基础示意图

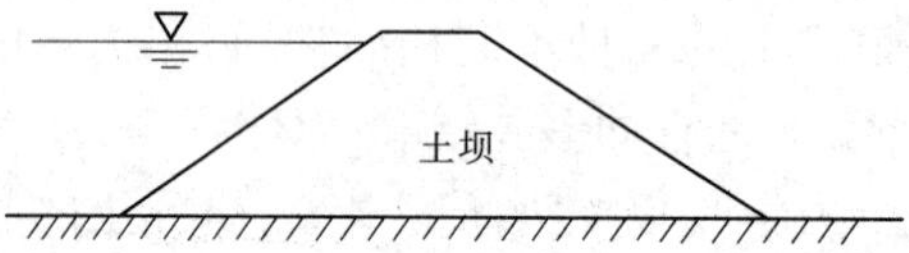

图 0-2 土坝

1.3 作为建筑物周围介质

在土层中开挖、修建涵洞、隧洞、渠道等各种地下结构物所形成的周围土体,称为建筑物的周围介质。如图0-3(a)、(b)分别为隧洞和渠道的示意图。

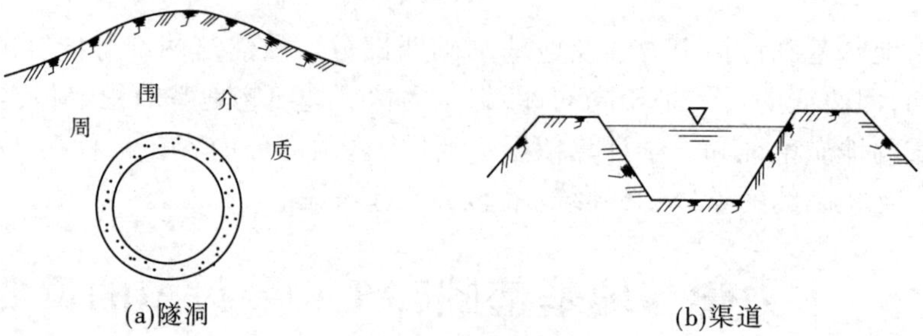

图 0-3 隧洞和渠道

2 土力学在工程建设中的重要性

由于土具有多孔性和散体性,所以特别容易透水、变形,并且强度比较低,这就使得在工程建设中,提出许多与土有关的问题。如地基承载力问题、挡土墙土压力问题、土坡的边坡稳定问题、土的渗透稳定问题等。如果我们忽视这些问题,轻的造成浪费,严重的还会导致工程事故。如建于加拿大的特朗斯康谷仓,由于未勘察到基础下有软黏土层,造成初次储存谷物时,基底压力超过了地基极限承载力,致使谷仓一侧陷入土中8.8 m,另一侧提高1.5 m,倾斜27°,如图0-4所示。由于该谷仓基础和上部结构刚度较好,所以筒仓完好无损。后经过在筒仓下增设70个支承于基岩上的钢筋混凝土墩,使用388个500 kN

的千斤顶，才将仓体纠正，但其标高比原来降低了 4 m。又如我国连云港钢板桩码头的抛石棱体，1974 年发生多次滑坡，其主要原因是地基中有一层 5 ~ 6 m 厚的淤泥层，且带有倾向外部的坡度，促成了滑坡产生。因此，对土的研究直接关系到工程的经济合理和安全使用问题。

图 0-4　加拿大特朗斯康谷仓的地基事故

任务 3　土力学与地基基础课程的内容和学习要求

1　土力学与地基基础课程的主要内容

根据建筑工程的特点，我们将土力学与地基基础课程的学习内容分为 8 个学习项目，29 个学习型工作任务，一个学习项目阐述解决一个方面的实际工程问题。8 个学习项目基本涵盖了建筑工程中常见的与土有关的工程实际问题，具体内容见表 0-1。

表 0-1　土力学与地基基础课程的教学组织表

项目编号	项目名称	学习型工作任务	建议学时	
	绪论(第一次课)	课程介绍	1	1
项目 1	土的物理性质指标检测及土的工程分类	任务 1　土的基本物理性质指标检测	5	15
		任务 2　土的物理状态的判定	4	
		任务 3　土的击实性	3	
		任务 4　土的工程分类	3	

续表 0-1

项目编号	项目名称	学习型工作任务		建议学时
项目2	土的渗透性及渗透变形防治	任务1　确定土的渗透性	4	8
		任务2　判断土的渗透变形及渗透变形的防治措施	4	
项目3	地基变形验算	任务1　土体的应力计算	6	10
		任务2　确定土的压缩性	2	
		任务3　地基的变形验算	2	
项目4	地基强度验算	任务1　确定土的抗剪强度指标	3	6
		任务2　确定地基承载力	3	
项目5	挡土墙的稳定验算	任务1　土压力计算	5	7
		任务2　挡土墙地基的稳定验算	1	
		任务3　土坡稳定性分析	1	
项目6	建筑场地的岩土工程勘察	任务1　岩土工程勘察等级的划分	0.5	3
		任务2　岩土工程勘察阶段划分及其工作内容	0.5	
		任务3　岩土工程勘察方法	1	
		任务4　岩土工程勘察报告	1	
项目7	天然地基上的浅基础设计	任务1　地基基础设计的基本规定	1	12
		任务2　确定基础的埋置深度	1	
		任务3　确定基础底面尺寸	2	
		任务4　无筋扩展基础设计	1	
		任务5　扩展基础设计	5	
		任务6　柱下条形基础、筏形基础和箱形基础设计简介	1.5	
		任务7　控制地基不均匀沉降的措施	0.5	
项目8	桩基础与其他深基础	任务1　桩基础的基本知识	2	10
		任务2　确定单桩的承载力	4	
		任务3　桩基础设计	3	
		任务4　其他深基础简介	1	
总计				72

2　土力学与地基基础课程的学习要求

土力学与地基基础是一门理论性、实践性强，涉及内容广泛、专业面广及综合性强的学科,加上我国幅员辽阔,工程地质情况、水文地质情况、工程结构特点、使用要求等千差万别,使得在工程设计与施工中,没有一例工程是完全相同的,故需要运用本课程的基本原理,深入调查研究,针对不同情况进行具体分析。因此,在学习本课程时,要求大家注意理论联系实际,掌握基本原理、基本方法,搞清概念,提高分析问题、解决问题的能力。

项目1 土的物理性质指标检测及土的工程分类

【主要任务】

测定土的物理性质指标,判定土的物理状态,确定土的最大干密度及最优含水率,控制现场填土的压实质量,进行土的工程分类。

【知识目标】

理解土的三相组成的概念,掌握土的物理性质指标的计算、物理状态指标的计算;理解土的击实性的概念及影响因素,理解土的压实度的概念,掌握填土压实质量的评定方法;理解土的粒组划分及颗粒分析的概念,掌握土的工程分类及鉴别方法。

【技能目标】

能熟练掌握土的物理性质指标的测定,熟练掌握土的物理状态指标的测定;会判断天然土的物理状态;掌握击实试验的试验技能及最大干密度的确定方法;能对土进行工程分类及鉴别。

任务1 土的基本物理性质指标检测

1 土的组成与结构

土是岩石经过风化、搬运、沉积形成的松散沉积物。在天然状态下,土一般是由固体、液体和气体三部分组成的,这三部分通常称为土的三相。其中,固相即为土颗粒,它构成土的骨架,土骨架之间存在有许多孔隙,孔隙中由水和气体所填充;水和溶解于水的物质构成土的液相;空气及其他一些气体构成土的气相。若土中孔隙全部由气体所填充,称为干土;若孔隙全部由水所填充,称为饱和土;若孔隙中同时存在水和气体,称为湿土。湿土为三相系,饱和土和干土都是二相系。

1.1 土的固相

土的固相是土中最主要的组成部分,它由各种矿物成分组成,有时还包括土中所含的有机质。土粒的矿物成分不同、粗细不同、形状不同,土的性质也不同。

1.1.1 土的矿物成分和有机质

土的矿物成分取决于成土母岩的成分及所经受的风化作用。按所经受的风化作用不同,土的矿物成分可分为原生矿物和次生矿物两大类。

1.1.1.1 原生矿物

原生矿物是岩石经物理风化作用后破碎形成的矿物颗粒。原生矿物在风化过程中,其化学成分并没有发生变化，它与母岩的矿物成分是相同的。常见的原生矿物有石英、长石和云母等，无黏性土的主要成分是石英、长石等原生矿物。

1.1.1.2 次生矿物

次生矿物是岩石经化学风化（氧化、碳化和水化等作用）所形成的矿物颗粒。

次生矿物的颗粒较细，矿物成分与母岩不同。常见的次生矿物有高岭石、伊利石（水云母）和蒙脱石（微晶高岭石）等三大黏土矿物。另外，还有一类易溶于水的次生矿物，称水溶盐。黏性土中的水溶盐，通常由土中的水溶液蒸发后沉淀充填在土孔隙中，它构成了土粒间不稳定的胶结物质。如黏性土中含有水溶盐类矿物，遇水溶解后会被渗透水流带走，导致地基或土坝坝体产生集中渗流，引起不均匀沉降及强度降低。因此，通常规定筑坝土料的水溶盐含量不得超过8%。

1.1.1.3 土中的有机质

土中的有机质是在土的形成过程中动、植物的残骸及其分解物质与土混掺沉积在一起经生物化学作用生成的物质，其成分比较复杂，主要是植物残骸、未完全分解的泥炭和完全分解的腐殖质。当有机质含量超过5%时，称为有机土。有机质亲水性很强，因此有机土压缩性大、强度低。有机土不能作为堤坝工程的填筑土料，否则会影响工程的质量。

1.1.2 土的粒组划分

土是岩石风化的产物，其颗粒大小的变化范围很大，相差极为悬殊。大的土颗粒可大至数百毫米以上，小的土颗粒可小至千分之几甚至万分之几毫米。土粒的大小和矿物成分的不同，使土具有不同的性质，如颗粒大的卵石、砾石和砂等，其透水性较大，无黏性和可塑性；而颗粒小的黏粒则透水性较小，黏性和可塑性较大，还具有膨胀性、收缩性等特性。土的粒径与土的性质之间有一定的对应关系。通常将土的粒径大小相近、性质相近的土划分为一组，称为粒组。把土在性质上表现出有明显差异的粒径作为划分粒组的分界粒径。

我国常用的规范系列有公路工程行业规范、水利工程行业规范和建筑工程行业规范等，这三大行业规范中土的粒组划分标准是不相同的，其粒组划分标准见表1-1。

1.1.3 土的颗粒级配试验及土的颗粒级配

在自然界里，土通常是由几种不同的粒组混合搭配组成的，土的性质则取决于不同粒组的相对含量。土中各粒组的相对含量用各粒组占土粒总质量的百分数表示，称为土的颗粒级配。

1.1.3.1 颗粒分析试验

土的颗粒级配是通过颗粒大小分析试验来测定的。土的颗粒大小分析试验有筛分法和密度计法两种。

表 1-1　土的粒组划分

粒组统称	《公路土工试验规程》(JTG E40—2007)			《建筑地基基础设计规范》(GB 50007—2011)、《岩土工程勘察规范》(GB 20021—2001)、《土工试验规程》(SL 237—1999)	
	粒组划分		粒组范围(mm)	粒组划分	粒组范围(mm)
巨粒组	漂石(块石)组		>200	漂石(块石)组	>200
	卵石(碎石)组		200~60	卵石(小块石)组	200~20
粗粒组	砾粒(角砾)	粗砾	60~20	粗砾	20~10
		中砾	20~5	中砾	10~5
		细砾	5~2	细砾	5~2
	砂粒	粗砂	2~0.5	粗砂	2~0.5
		中砂	0.5~0.25	中砂	0.5~0.25
		细砂	0.25~0.075	细砂	0.25~0.075
细粒组	粉粒		0.075~0.002	粉粒	0.075~0.005
	黏粒		<0.002	黏粒	<0.005

思考题：为什么要划分粒组？一般划分为哪些粒组？

筛分法适用于粒径大于0.075 mm的粗粒土。它是用一套孔径不同的标准筛，如图1-1所示，依次将筛孔径从大到小重叠起来，将一定质量有代表性的干土样过筛，分别称出留在各筛上土的质量，然后分别计算出小于某粒径的质量百分数(小于某粒径的土质量占土样总质量的百分数，简称为小于某粒径的质量百分数)。

密度计法适用于粒径小于0.075 mm的细粒土。它是将一定质量的风干土样倒入盛纯水的1 000 mL玻璃量筒中，经过搅拌将其拌成均匀的悬液状，土粒会在悬液中靠自重下沉，利用土颗粒的大小不同在水中沉降的速度也不同的特性，在土粒下沉过程中，用密度计测出悬液中对应不同时间的不同溶液密度，如图1-2所示，根据密度计读数和土粒的下沉时间，就可以根据公式计算出不同土粒的粒径及其小于该粒径的质量百分数。

当土中同时含有粗粒土和细粒土时，可将土样用振摇法或水冲法过0.075 mm的筛子，使其分成两部分，分别用上述两种试验方法进行分析，然后将两种试验成果组合在一起对土样进行分析。

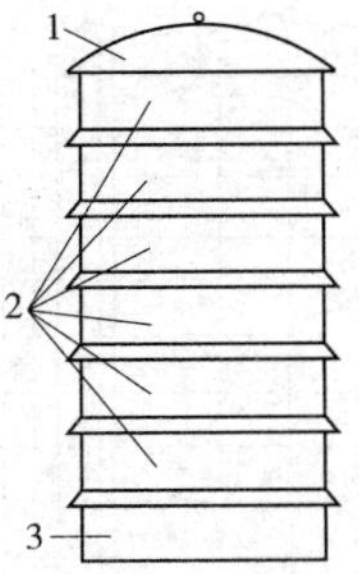

1—筛盖;2—筛身;3—底盘

图1-1 标准筛

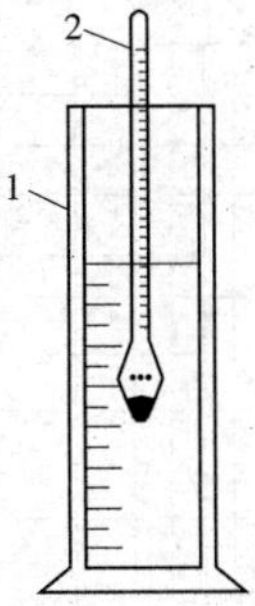

1—量筒;2—密度计

图1-2 密度计

【例1-1】 取1 000 g的风干散粒土样进行筛分法试验,试验结果列于表1-2(第一行、第二行),补充完整试验表格。

解:留在孔径2.0 mm筛上的土粒质量为100 g,则小于该孔径土粒质量为1 000 - 100 = 900(g),小于该孔径土粒质量的百分数为900/1 000 = 90%;留在孔径1.0 mm筛上的土粒质量为100 g,则小于该孔径土粒质量的百分数为(900 - 100)/1 000 = 80%;同样可求得小于其他孔径的土粒质量百分数。

表1-2 筛分试验结果

筛孔径(mm)	2.0	1.0	0.5	0.25	0.1	0.075	底盘
留筛质量(g)	100	100	250	300	100	50	100
小于该孔径土粒质量(g)	900	800	550	250	150	100	
小于该孔径土粒百分数(%)	90	80	55	25	15	10	
粒径的范围(mm)	$d>2.0$	$2.0\geqslant d>0.5$		$0.5\geqslant d>0.25$	$0.25\geqslant d>0.075$		$d\leqslant 0.075$
各粒组土的百分数(%)	10	35		30	15		10

因0.5 mm $\geqslant d>$ 0.25 mm的土粒质量为300 g,则粒径范围0.5 mm $\geqslant d>$ 0.25 mm(中砂)的质量为300/1 000 = 30%;同样可求得其他粒组的土粒质量百分数,所以该土样各粒组含量分别为砾10%、砂80%(其中粗砂35%、中砂30%、细砂15%)、细粒(包括粉粒和黏粒)10%。

1.1.3.2 颗粒级配曲线

土颗粒大小分析试验的成果,通常在半对数坐标系中点绘成一条曲线,称为土的颗粒级配曲线,如图1-3所示,图中曲线的纵坐标为小于某粒径的质量百分数,横坐标为用对数尺度表示的土粒粒径。因为土中的粒径通常相差悬殊,横坐标用对数尺度可以把细粒部分的粒径间距放大,而将粗粒部分的间距缩小,把粒径相差悬殊的粗、细粒的含量都表示出来。尤其能把占总质量小,但对土的性质影响较大的微小土粒部分的含量清楚地表示出来。

由于粒径相近的颗粒所组成的土具有某些共同的成分和特性,所以常根据颗粒级配

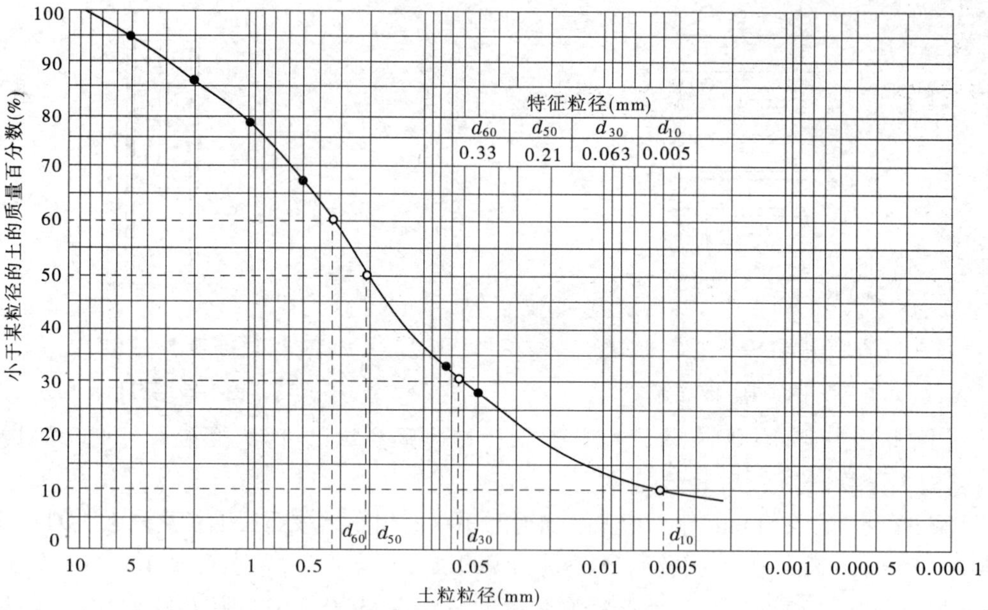

图 1-3 土的颗粒级配曲线

曲线计算各粒组的百分比含量,可以根据颗粒级配曲线评价土的级配是否良好,并作为对土进行工程分类的依据。

土中各粒组的相对含量为小于两个分界粒径质量百分数之差。图 1-3 中的曲线,对应各粒组的百分比含量分别为:砾(60 ~ 2 mm)占 100% - 87% = 13%,砂粒(2 ~ 0.075 mm)占 87% - 33% = 54 %。

1.1.3.3 良好级配的判别

在颗粒级配曲线上,可根据土粒的分布情况,定性地判别土的均匀程度或级配情况。如果曲线的坡度是渐变的,则表示土的颗粒大小分布是连续的,称为连续级配;如果曲线中出现水平段,则表示土中缺乏某些粒径的土粒,这样的级配称为不连续级配。如图 1-4 曲线 C 所示,粒径在 1 ~ 2 mm 的曲线是水平的,说明该土缺乏这部分粒径的土粒,所以颗粒大小分布是不连续的。如果曲线形状平缓(见图 1-4 曲线 B),土粒大小变化范围大,表示土粒大小不均匀,土的级配良好,级配良好的土,粗细颗粒搭配较好,粗颗粒间的孔隙由细颗粒填充,易被压实到较高的密度,因而渗透性和压缩性较小,强度较大。如果曲线形状较陡(见图 1-4 曲线 A),土粒大小变化范围窄,表示土粒均匀,土的颗粒级配不良。

所以,颗粒级配常作为选择填筑土料的依据,为了判断土的颗粒级配是否良好,常用不均匀系数 C_u 和曲率系数 C_c 两个判别指标:

$$C_u = \frac{d_{60}}{d_{10}} \tag{1-1}$$

$$C_c = \frac{d_{30}^2}{d_{60}d_{10}} \tag{1-2}$$

式中 d_{60}、d_{30}、d_{10}——颗粒级配曲线上纵坐标为 60%、30%、10% 时所对应的粒径,d_{10} 称

为有效粒径，d_{60}称为控制粒径。

不均匀系数 C_u 是反映级配曲线坡度和颗粒大小不均匀程度的指标。C_u 值愈大，表示颗粒级配曲线的坡度就愈平缓，土粒粒径的变化范围愈大，土粒就愈不均匀；反之，C_u 值愈小，表示曲线的坡度就愈陡。土粒粒径的变化范围愈小，土粒也就愈均匀，工程上常将 $C_u<5$ 的土称为均匀土，把 $C_u\geq5$ 的土称为不均匀土。

曲率系数 C_c 是反映 d_{60} 与 d_{10} 之间曲线主段弯曲形状的指标，曲率系数越大，土料差别越大。一般 C_c 值为 1 ~ 3 时，表明颗粒级配曲线主段的弯曲适中，土粒大小的连续性较好；C_c 值小于 1 或大于 3 时，颗粒级配曲线都有明显弯曲而呈阶梯状。如图 1-4 中的曲线 C，颗粒级配不连续，主要由粗颗粒和细颗粒组成，缺乏中间颗粒。我国水利部和交通部制定的《土工试验规程》(SL 237—1999) 中规定：级配良好的土必须同时满足两个条件，即 $C_u\geq5$ 和 $C_c=1\sim3$；如不能同时满足这两个条件，则为级配不良的土。

思考题：颗粒级配曲线反映的是什么？级配良好有什么意义？如何判别级配是否良好？

【例 1-2】 如图 1-4 所示，曲线 A、B、C 表示三种不同粒径组成的土，试求 A 土中各粒组的百分含量为多少？各土的不均匀系数 C_u 和曲率系数 C_c 为多少？并对 A 种土的颗粒级配情况进行评价。

解：(1) 由曲线 A 查得各粒组的含量百分比为：

砂粒 (0.075 ~ 2 mm) 占 100% − 5% = 95%。

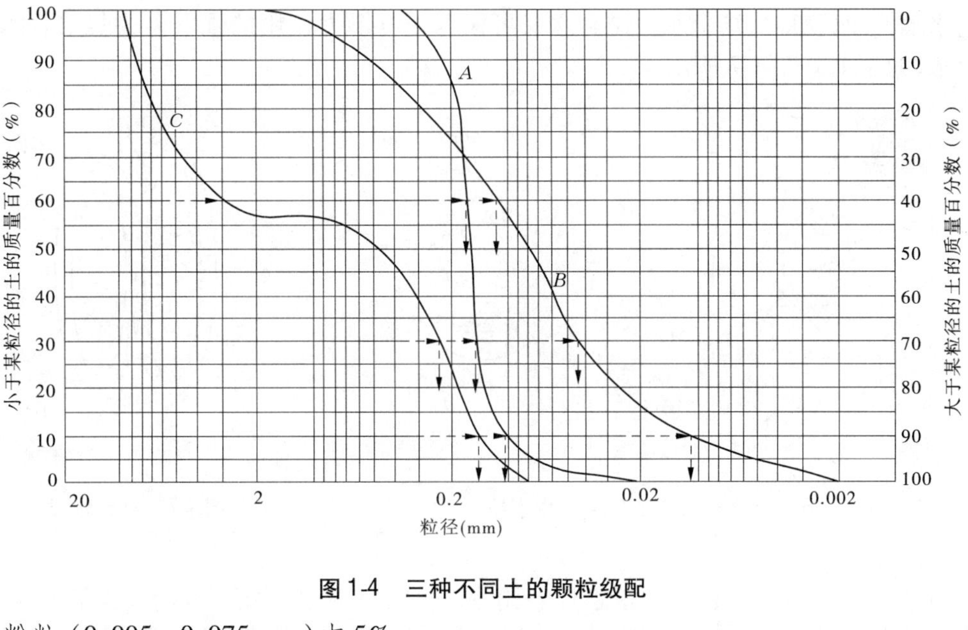

图 1-4 三种不同土的颗粒级配

粉粒 (0.005 ~ 0.075 mm) 占 5%。

查曲线 A 得知：$d_{60}=0.165$ mm，$d_{10}=0.11$ mm，$d_{30}=0.15$ mm。

$$C_u=\frac{d_{60}}{d_{10}}=\frac{0.165}{0.11}=1.5<5 \qquad \text{(土粒均匀)}$$

$$C_c = \frac{d_{30}^2}{d_{60}d_{10}} = \frac{0.15^2}{0.165 \times 0.11} = 1.24 \quad (在1 \sim 3之间)$$

由于 C_u 和 C_c 不能同时满足 $C_u \geqslant 5$ 和 $C_c = 1 \sim 3$ 的条件，故 A 土级配不良。

1.2 土中的水

水在土中以固态、液态、气态三种形式存在，土中的水按存在方式不同，可分为如图 1-5所示的几种类型。

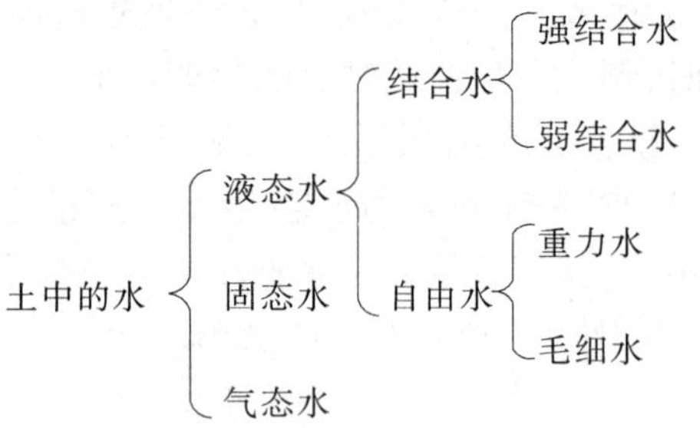

图 1-5 土中水的类型

1.2.1 结合水

研究表明，大多数黏土颗粒表面带有负电荷，因而围绕土粒周围形成了一定强度的电场，使孔隙中的水分子极化，这些极化后的极性水分子和水溶液中所含的阳离子(如钾、钠、钙、镁等阳离子)，在电场力的作用下定向地吸附在土颗粒周围，形成一层不可自由移动的水膜，该水膜称为结合水。结合水又可根据受电场力作用的强弱分为强结合水和弱结合水，如图 1-6、图 1-7 所示。

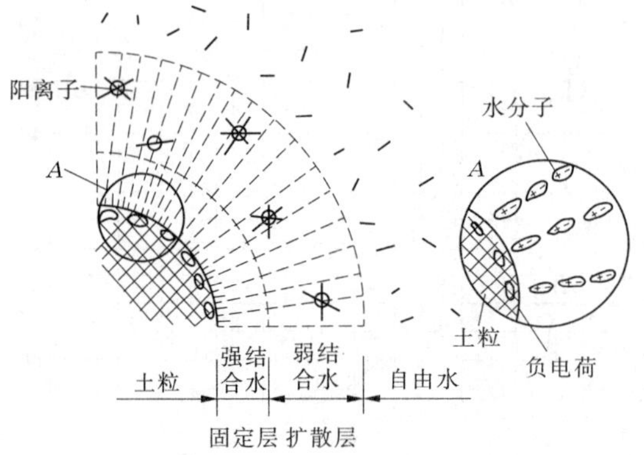

图 1-6 土粒与水分子相互作用模拟

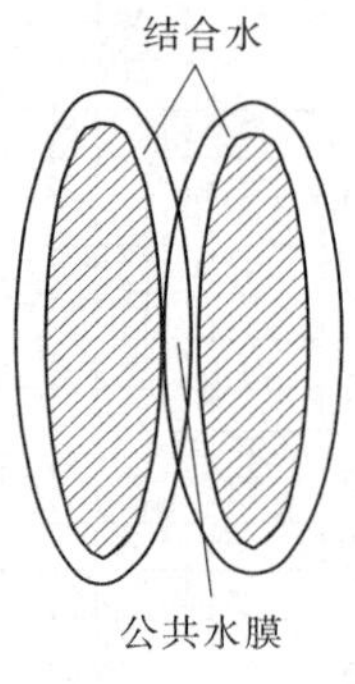

图 1-7 结合水膜

1.2.1.1 强结合水

强结合水是指被强电场力紧紧地吸附在土粒表面附近的结合水膜(又称吸着水)。其密度为 1.2 ~ 2.4 g/cm^3，冰点很低，可达 −78 ℃，沸点较高，在 105 ℃以上才可以被释放，而且很难移动，没有溶解能力，不传递静水压力，失去了普通水的基本特性，其性质与固体相近，具有很大的黏滞性和一定的抗剪强度。

1.2.1.2 弱结合水

弱结合水是指分布在强结合水外围吸附力稍低的结合水(又称薄膜水)。这部分水膜由于距颗粒表面较远，受电场力作用较小，它与土粒表面的结合不如强结合水紧密。其密度为1.0~1.7 g/cm^3，冰点低于0 ℃，不传递静水压力，也不能在孔隙中自由流动，只能以水膜的形式由水膜较厚处缓慢移向水膜较薄的地方，这种移动不受重力影响。

1.2.2 自由水

土孔隙中位于结合水以外的水称自由水，自由水由于不受土粒表面静电场力的作用，且可在孔隙中自由移动，按其运动时所受的作用力不同，可分为重力水和毛细水。

1.2.2.1 重力水

受重力作用而运动的水称重力水。重力水位于地下水位以下，重力水与一般水一样，可以传递静水和动水压力，具有溶解能力，可溶解土中的水溶盐，使土的强度降低，压缩性增大；可以对土颗粒产生浮托力，使土的重力密度减小；它还可以在水头差的作用下形成渗透水流，并对土粒产生渗透力，使土体发生渗透变形。

1.2.2.2 毛细水

土中存在着很多大小不同的孔隙，这些孔隙有的可以相互连通形成弯曲的细小通道（毛细管），由于水分子与土粒表面之间的附着力和水表面张力的作用，地下水将沿着土中的细小通道逐渐上升，形成一定高度的毛细水带，地下水位以上的自由水称为毛细水。

毛细水上升的高度取决于土的粒径、矿物成分、孔隙的大小和形状等因素，一般黏性土上升的高度较大，而砂土的上升高度较小，在工程实践中毛细水的上升可能使地基浸湿，使地下室受潮或使地基、路基产生冻胀，造成土地盐渍化等问题，如图1-8所示。

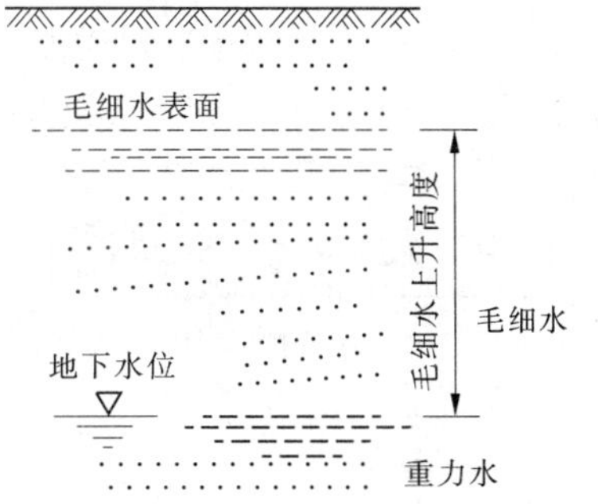

图1-8 毛细水上升示意图

思考题：土中水有哪几种？各有何特征？

1.3 土中的气体

土中的气体可分为自由气体和封闭气体两种基本类型。

自由气体是与大气连通的气体，它受外荷作用时，易被排至土外，对土的工程力学性质影响不大。封闭气体是与大气不连通的以气泡形式存在的气体，封闭气体可以使土的弹性增大，使土层不易压实，延长了土的压缩过程，而当压力减小时，气泡就会恢复原状或重新游离出来，所以封闭气体对土的工程性质有很大影响，此外封闭气体还能阻塞土内的渗流通道，使土的渗透性减小。

1.4 土的结构及土的结构性

1.4.1 土的结构

土的结构是指土粒或团粒之间排列方式与联结关系的特征。

土的结构是在地质作用过程中逐渐形成的，它与土的矿物成分、颗粒形状和沉积有关。通常土的结构可分为三种基本类型，即单粒结构、蜂窝结构和絮状结构。

1.4.1.1 单粒结构

粗粒土在沉积过程中，依靠自重单独下沉并达到稳定状态，就形成点与点接触的结构，如图1-9(a)所示。随着形成条件的不同，其排列有松有密，紧密排列的单粒结构较稳定，孔隙占的比例较小，承载力较高，变形较小。

1.4.1.2　蜂窝结构

较细的土粒(粒径为 0.005 ~ 0.075 mm),由于土粒细、比表面积大,粒间引力大于下沉土粒的重量,在自重作用下沉积时,碰到别的正在下沉或已经沉稳的土粒,在粒间接碰点上产生联结,逐渐形成链环状团粒,很多这样的链环状团粒联结起来,形成孔隙较大的蜂窝结构,如图 1-9(b)所示。

1.4.1.3　絮状结构

极细小的黏土颗粒($d<0.005$ mm),能在水中长期悬浮,一般不以单粒下沉,而是聚合成絮状团粒下沉。下沉后接触到已经沉稳的絮状团粒时,由于引力作用又产生联结,最终形成孔隙很大的絮状结构,如图 1-9(c)所示。

蜂窝结构和絮状结构的特点都是土中孔隙较多,结构不稳定,是黏性土的基本结构形式。单粒结构是无黏性土的基本结构形式。一般来说,土的孔隙总体积和压缩性絮状结构 > 蜂窝结构 > 单粒结构。密实的单粒结构的土,工程性质最好,蜂窝结构的土次之,絮状结构的土最差。

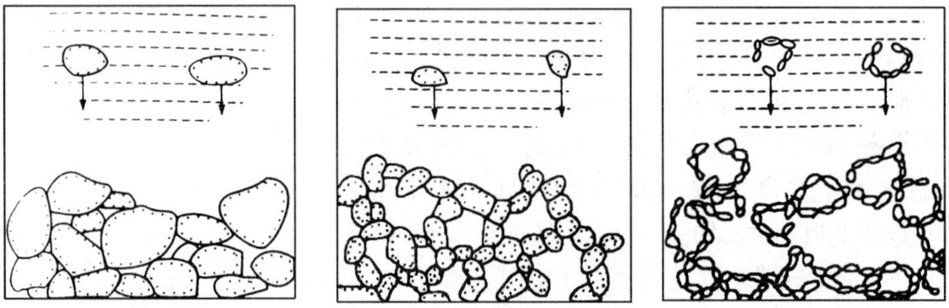

(a) 单粒结构　(b) 蜂窝结构　(c) 絮状结构

图 1-9　土的结构

1.4.2　土的结构性

原状土是指从天然土层中取出的土样,保持其沉积状态、密度及含水率不变的土样;若土样结构或含水率受到破坏而发生变化,则称为扰动土。土的结构性是指土的天然结构扰动后,土原有的物理力学性质会降低的特性。一般把具有蜂窝结构和絮状结构的土称为结构性土(砂土则不具有结构性)。对于结构性土,当其天然结构扰动后,土样结构或含水率受到人为的破坏发生变化,土中的胶结物联结遭到破坏,土原有的物理力学性质会降低,所以对此结构土进行施工时,一定要注意保持其天然结构不受破坏。

自然界的土,往往由几种粒组组成,故土的结构一般不是单一的,而是以某种结构为主的混合形式。

思考题:土的结构类型有哪几种?各对应哪类土?

2　土的物理性质指标

土中三相物质本身的特性及它们之间的相互作用,对土的性质有着本质的影响,如对于无黏性土,密实状态强度高,松散时强度低;而对于细粒土,含水少时硬,含水多时则软。所以,土的性质不只取决于三相组成中各相本身的特性,三相之间量的比例关系也是一个非常重要的影响因素。把土体三相间量的比例关系称为土的物理性质指标，工程中常用土的物理性质指标作为评价土的工程性质优劣的基本指标。

2.1 土的三相草图

为了便于研究土中三相含量之间的比例关系，常常理想地把土中实际交错混杂在一起的三相含量分别集中在一起，并以图的形式表示出来，该图称为土的三相草图，如图1-10所示。

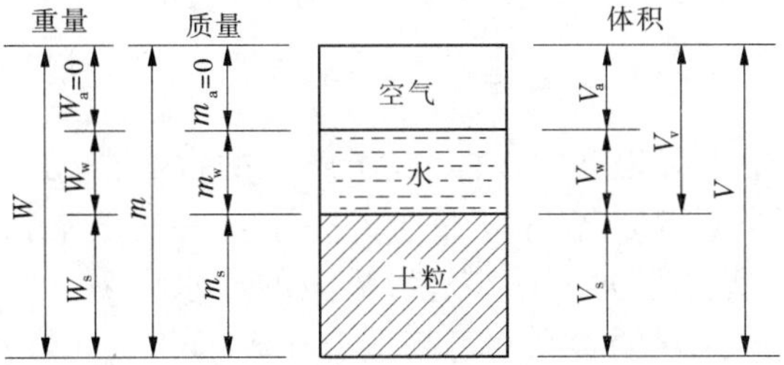

图1-10 土的三相草图

图中各符号的意义如下：W表示重量，m表示质量，V表示体积。下标a表示气体，下标s表示土粒，下标w表示水，下标v表示孔隙。如W_s、m_s、V_s分别表示土粒重量、土粒质量和土粒体积。

2.2 土的物理性质指标

土的物理性质指标包括实测指标和换算指标两大类。

2.2.1 实测指标

2.2.1.1 土的密度

土的密度是指天然状态下单位体积土的质量，常用ρ表示，其表达式为：

$$\rho = \frac{m}{V} = \frac{m_s + m_w}{V} \quad (g/cm^3) \tag{1-3}$$

一般土的密度为1.6～2.2 g/cm³。密度是土的一个重要基本物理性质指标，是了解土的疏密状态，供换算土的其他物理性质指标和工程设计及施工质量控制之用，土的密度常用环刀法测定，测定方法在后文密度试验中讲述。

土的重度是指单位土体所受的重力，常用γ表示，其表达式为：

$$\gamma = \frac{W}{V} = \frac{W_s + W_w}{V} \tag{1-4}$$

$$\gamma = \rho g \tag{1-5}$$

式中 g——重力加速度，在国际单位制中常用9.81 m/s²，为换算方便，也可近似用g = 10 m/s²进行计算。

2.2.1.2 土粒比重

土粒比重是指土在105～110 ℃温度下烘至恒重时的质量与同体积4 ℃时纯水的质量之比，简称比重，其表达式为：

$$G_s = \frac{m_s}{V_s \rho_w} \tag{1-6}$$

式中 ρ_w——4 ℃时纯水的密度，取ρ_w = 1 g/cm³。

土粒比重常用比重瓶法测定,测定方法在后文比重试验中讲述。

比重是土的基本物理性质指标之一,也是评价土类的主要指标。土的比重主要取决于土的矿物成分和有机质含量,颗粒越细比重越大,有经验的地区可按经验值选用,砂土比重一般为 2.65 ~2.69 ,砂质粉土比重约为 2.70,黏质粉土比重约为 2.71,粉质黏土比重一般为 2.72 ~2.73,黏土比重一般为 2.74 ~2.76。当土中含有机质时,比重值减小。

2.2.1.3　含水率

土的含水率是指土中水的质量与土粒质量的比,以百分数表示,其表达式为:

$$\omega = \frac{m_w}{m_s} \times 100\% \tag{1-7}$$

土的含水率是反映土干湿程度的指标,以了解土的含水情况,供计算土的干密度、孔隙比、液性指数、饱和度等项指标,含水率是土的一个重要的基本物理性质指标。在天然状态下,土的含水率变化幅度很大,一般来说,砂土的含水率 $\omega = 0 \sim 40\%$;黏性土的含水率 $\omega = 15\% \sim 60\%$;淤泥或泥炭的含水率可高达 100% ~300%。含水率常用烘干法测定,测定方法在后文含水率试验中讲述。

2.2.2　换算指标

2.2.2.1　干密度 ρ_d

土的干密度是指单位土体中土粒的质量,即土体中土粒质量 m_s 与总体积 V 之比,表达式为:

$$\rho_d = \frac{m_s}{V} \quad (\text{g/cm}^3) \tag{1-8}$$

单位体积的干土所受的重力称为干重度,可按下式计算:

$$\gamma_d = \frac{W_s}{V} \quad (\text{kN/m}^3) \tag{1-9}$$

土的干密度(或干重度)是评价土的密实程度的指标,干密度大表明土密实,干密度小表明土疏松。因此,在堤坝、路基等填方工程中,常把干密度作为填土设计和施工质量控制的指标。

2.2.2.2　饱和密度 ρ_{sat}

土的饱和密度是指土在饱和状态时单位体积土的密度。此时,土中的孔隙完全被水所充满,土体处于固相和液相的二相状态,其表达式为:

$$\rho_{sat} = \frac{m_s + m'_w}{V} = \frac{m_s + V_v\rho_w}{V} \quad (\text{g/cm}^3) \tag{1-10}$$

式中　m'_w——土中孔隙全部充满水时的水重;

ρ_w——水的密度,$\rho_w = 1\ \text{g/cm}^3$。

饱和重度 $\gamma_{sat} = \rho_{sat} g$。

2.2.2.3　浮密度 ρ'

在地下水位以下,单位体积中土粒的质量扣除同体积水的质量后,即为单位体积中土粒的有效质量,称为土的浮密度,其表达式为:

$$\rho' = \frac{m_s - V_s\rho_w}{V} \quad (\text{g/cm}^3) \tag{1-11}$$

土在水下时,单位体积的有效重量称为土的浮重度,或称有效重度。地下水位以下的土,由于受到水的浮力的作用,土体的有效重量应扣除水的浮力的作用,浮重度的表达式为:

$$\gamma' = \frac{W_s - V_s\gamma_w}{V} \quad (\mathrm{kN/m^3}) \tag{1-12}$$

同一种土四种重度的数值上关系是:$\gamma_{sat} > \gamma > \gamma_d > \gamma'$。

2.2.2.4　孔隙比 e

土的孔隙比是指土体孔隙体积与土颗粒体积之比,其表达式为:

$$e = \frac{V_v}{V_s} \tag{1-13}$$

2.2.2.5　孔隙率 n

土的孔隙率是指土体孔隙体积与总体积之比,常用百分数表示,其表达式为:

$$n = \frac{V_v}{V} \times 100\% \tag{1-14}$$

孔隙率表示孔隙体积占土的总体积的百分数,所以其值恒小于100%。

土的孔隙比主要与土粒的大小及其排列的松密程度有关。一般砂土的孔隙比为0.4～0.8,黏土为0.6～1.5,有机质含量高的土,孔隙比甚至可高达2.0以上。孔隙比和孔隙率都是反映土的密实程度的指标。对于同一种土,e 或 n 愈大,表明土愈疏松;反之,土愈密实。在计算地基沉降量和评价砂土的密实度时,常用孔隙比而不用孔隙率。

2.2.2.6　饱和度 S_r

饱和度反映土中孔隙被水充满的程度,饱和度是土中水的体积与孔隙体积之比,用百分数表示,其表达式为:

$$S_r = \frac{V_w}{V_v} \times 100\% \tag{1-15}$$

理论上,当 $S_r = 100\%$ 时,表示土体孔隙中全部充满了水,土是完全饱和的;当 $S_r = 0$ 时,表明土是完全干燥的。实际上,土在天然状态下极少达到完全干燥或完全饱和状态。因为风干的土仍含有少量水分,即使完全浸没在水下,土中还可能会有一些封闭气体存在。

按饱和度的大小,可将砂土分为以下几种不同的湿润状态:

$S_r \leqslant 50\%$	稍湿
$50\% < S_r \leqslant 80\%$	很湿
$S_r > 80\%$	饱和

2.2.3　土的物理性质指标间的换算

土的密度 ρ、土粒比重 G_s 和含水率 ω 三个指标是通过试验测定的。在测定这三个指标后,其他各指标可根据它们的定义并利用土中三相关系导出其换算公式。例如:

$$\rho_d = \frac{m_s}{V} = \frac{m_s}{m/\rho} = \frac{\rho m_s}{m_s + m_w} = \frac{\rho}{1 + \omega}$$

土的物理性质指标都是三相基本物理量间的相对比例关系,换算指标可假定 $V_s = 1$

或 $V=1$,根据定义利用三相草图算出各相的数值,取三相图中任一个基本物理量等于任何数值进行计算都应得到相同的指标值。

实际工程中,为了减少计算工作量,可根据表 1-3 给出的土的物理性质指标的关系及其最常用的计算公式,直接计算。

表 1-3 土的三相比例换算公式

指标	符号	表达式	换算公式
干重度	γ_d	$\gamma_d=\frac{m_s g}{V}$	$\gamma_d=\frac{\gamma}{1+\omega},\gamma_d=\frac{G_s\gamma_w}{1+e},\gamma_d=\frac{nS_r}{\omega}\gamma_w$
孔隙比	e	$e=\frac{V_v}{V_s}$	$e=\frac{G_s\gamma_w}{\gamma_d}-1,e=\frac{G_s\gamma_w(1+\omega)}{\gamma}-1$
孔隙率	n	$n=\frac{V_v}{V}\times100\%$	$n=\frac{e}{1+e},n=1-\frac{\gamma_d}{G_s\gamma_w}$
饱和重度	γ_{sat}	$\gamma_{sat}=\frac{m_s g+V_v\gamma_w}{V}$	$\gamma_{sat}=\gamma_d+n\gamma_w,\gamma_{sat}=\frac{G_s+e}{1+e}\gamma_w$
浮重度	γ'	$\gamma'=\frac{m_s g-V_s\gamma_w}{V}$	$\gamma'=\gamma_{sat}-\gamma_w,\gamma'=\frac{G_s-1}{1+e}\gamma_w$
饱和度	S_r	$S_r=\frac{V_w}{V_v}\times100\%$	$S_r=\frac{\omega G_s}{e},S_r=\frac{\omega\gamma_d}{n\gamma_w}$

思考题:土的物理性质指标哪几个是实测指标?各物理性质指标在工程中有什么作用?

【例 1-3】 用环刀测密度,已知环刀体积 $V=60\ cm^3$,环刀质量是 53.5 g,环刀及土的总质量是 166.3 g,取质量为 94.00 g 的湿土,烘干后为 75.63 g,测得土样的比重 $G_s=2.68$。求该土的天然重度 γ、天然含水率 ω、干重度 γ_d、孔隙比 e 和饱和度 S_r 各为多少?

解:(1)天然重度

$$\rho=\frac{m}{V}=\frac{166.3-53.5}{60}=1.88(g/cm^3)$$

$$\gamma=\rho g=1.88\times9.81=18.44(kN/m^3)$$

(2)含水率

$$\omega=\frac{m_w}{m_s}\times100\%=\frac{m-m_s}{m_s}\times100\%=\frac{94.00-75.63}{75.63}\times100\%=24.30\%$$

(3)干重度

$$\gamma_d=\frac{\gamma}{1+\omega}=\frac{18.44}{1+0.243}=14.84(kN/m^3)$$

(4)孔隙比

$$e=\frac{G_s\gamma_w}{\gamma_d}-1=\frac{2.68\times9.81}{14.84}-1=0.772$$

(5)饱和度

$$S_r=\frac{\omega G_s}{e}\times100\%=\frac{0.243\times2.68}{0.772}\times100\%=84.4\%$$

【例1-4】 某一干砂试样的密度为1.66 g/m³,土粒的比重为2.7,将此干砂试样置于雨中,若砂样体积不变,饱和度增加到60%,试计算此湿砂的密度和含水率。

解:由

$$\rho_d=\frac{m_s}{V}=\frac{G_s\rho_w}{1+e}$$

得

$$e=\frac{G_s\rho_w}{\rho_d}-1=\frac{2.7\times1}{1.66}-1=0.627$$

由

$$S_r=\frac{V_w}{V_v}=\frac{\omega G_s}{e}$$

得

$$\omega=\frac{S_re}{G_s}=\frac{0.6\times0.627}{2.7}=13.9\%$$

$$\rho=\frac{m}{V}=\frac{G_s(1+\omega)\rho_w}{1+e}=\frac{2.7\times(1+0.139)}{1+0.627}=1.89(\mathrm{g/cm^3})$$

【例1-5】 某原状土样,经试验测得土的湿重度$\gamma=18.44\ \mathrm{kN/m^3}$,天然含水率$\omega=24.3\%$,土粒的比重$G_s=2.68$,试利用三相草图求该土样的干重度$\gamma_d$、饱和重度$\gamma_{sat}$、孔隙比$e$和饱和度$S_r$等指标值。

解:1. 求基本物理量

设$V=1\ \mathrm{m^3}$,求三相草图中各相的数值

(1) 求W_s、W_w、W

由$\gamma=\dfrac{W}{V}$得 $$W=\gamma V=18.44\times1=18.44(\mathrm{kN})$$

又由$\omega=\dfrac{W_w}{W_s}$得 $$W_w=\omega W_s=0.243W_s \quad ①$$

$$W=W_s+W_w \quad ②$$

①代入②得 $$18.44=W_s+0.243W_s$$

$$W_s=\frac{18.44}{1.243}=14.84(\mathrm{kN})$$

$$W_w=0.243W_s=0.243\times14.84=3.61(\mathrm{kN})$$

(2)求V_s、V_w、V_v

由$G_s=\dfrac{W_s}{V_s\gamma_w}$得 $$V_s=\frac{W_s}{G_s\gamma_w}=\frac{14.84}{2.68\times9.81}=0.564(\mathrm{m^3})$$

又由$\gamma_w=\dfrac{W_w}{V_w}$得 $$V_w=\frac{W_w}{\gamma_w}=\frac{3.61}{9.81}=0.368(\mathrm{m^3})$$

$$V_v=V-V_s=1.0-0.564=0.436(\mathrm{m^3})$$

2. 求 γ_d、γ_{sat}、e、S_r

$$\gamma_d = \frac{W_s}{V} = \frac{14.84}{1} = 14.84(\text{kN/m}^3)$$

$$\gamma_{sat} = \frac{W_s + V_v\gamma_\omega}{V} = \frac{14.84 + 0.436 \times 9.81}{1} = 19.12(\text{kN/m}^3)$$

$$e = \frac{V_v}{V_s} = \frac{0.436}{0.564} = 0.773$$

$$S_r = \frac{V_w}{V_v} \times 100\% = \frac{0.368}{0.436} \times 100\% = 0.844 \times 100\% = 84.4\%$$

3　技能训练

3.1　密度试验

3.1.1　试验目的

密度试验是测定土的密度，了解土的疏密状态。

3.1.2　试验方法

试验方法有环刀法、蜡封法、现场灌砂法、灌水法、核子密度仪法等。

3.1.3　仪器设备（环刀法）

环刀：内径 6 ~ 8 cm，高度 2 ~ 3 cm（见图 1-11）。

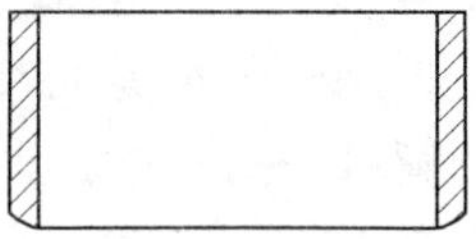

图 1-11　环刀剖面图

3.1.4　操作步骤

（1）测环刀质量。

（2）切取土样。取环刀并在环刀内壁涂一薄层凡士林，刃口向下放在土样上，然后将环刀垂直下压，并用切土刀沿环刀外侧切削土样，边压边削至土样高出环刀，根据试样的软硬采用钢丝锯或削土刀整平环刀两端土样。

（3）试样称量。擦净环刀外壁，称环刀和土的总质量。

3.1.5　密度的计算

密度的计算公式如下：

$$\rho_0 = \frac{m_0}{V} \tag{1-16}$$

式中　V——环刀容积，cm^3；

ρ_0——试样的密度，g/cm^3；

m_0——湿土质量，g。

本试验需进行两次平行测定，平行差值不得大于 0.03 g/cm^3，取两次测值的算术平均值。

3.1.6　试验记录

试验记录见表 1-4。

表1-4 密度试验(环刀法)

工程名称__________ 土样说明__________ 试验日期__________

试验者__________ 计算者__________ 校核者__________

土样编号	环刀号	环刀+土质量(g)	环刀质量(g)	土的质量(g)	环刀体积(cm^3)	密度(g/cm^3)	平均密度(g/cm^3)
		(1)	(2)	(3)=(1)-(2)	(4)	(5)=(3)/(4)	(6)

说明:当土样坚硬、易碎或含有粗颗粒不易修成规则形状,采用环刀法有困难时,可采用蜡封法,即将需测定的试样,称量后浸入熔化的石蜡中,使试样表面包上一层严密的蜡膜(若试样蜡膜上有气泡,需用热针刺破气泡,再用石蜡填充针孔,涂平孔口),分别称蜡+土在空气中及水中的质量,已知蜡的密度,通过计算便可求得土的密度。

3.2 比重试验

3.2.1 试验目的

测定土的比重,为计算其他物理力学指标提供必要的数据。

3.2.2 试验检测方法

试验检测方法按照土粒粒径不同,分别用比重瓶法(适用粒径 $d<5$ mm土)、浮称法或虹吸法(适用粒径 $d\geq5$ mm 的各类土)等。

3.2.3 仪器设备(比重瓶法)

(1)比重瓶(见图1-12)。

(2)天平:称量200 g,最小分度值0.001 g。

(3)恒温水槽:灵敏度±1 ℃。

(4)其他:砂浴、烘箱、纯水或中性液体(如煤油等)、温度计、筛、漏斗、滴管等。

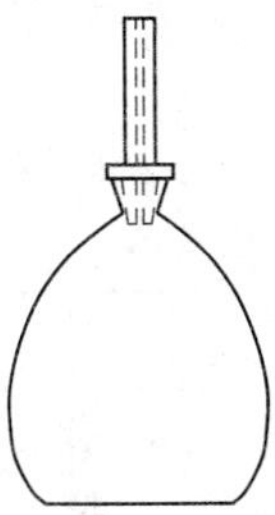

图1-12 比重瓶

3.2.4 操作步骤

(1)取样称量:取通过5 mm筛的烘干土样约15 g(若用50 mL的比重瓶,可取干土约10 g)用玻璃漏斗装入洗净烘干的比重瓶内,称出瓶+土总质量,精确至0.001 g。

(2)煮沸排气:在已装有干土的比重瓶中注入半瓶纯水,轻轻摇动比重瓶,并将比重瓶放在砂浴上煮沸,煮沸时间自悬液沸腾时算起,砂及砂质粉土不小于30 min,黏土及粉质黏土不小于1 h,煮沸时应注意不使悬液溢出瓶外。

(3)注水称量:如系短颈瓶,将纯水注入比重瓶近满,塞好瓶塞,使多余水分从瓶塞的毛细管中溢出;如系长颈比重瓶,注水至略低于瓶的刻度处,可用滴管调整液面恰至刻度处(以弯液面下缘为准),待瓶内悬液温度稳定且上部悬液澄清,擦干瓶外壁的水,称出瓶+水+土总质量,称量后立即测出瓶内水的温度。

(4)查取质量:根据测得的温度,从温度与瓶、水质量关系曲线中查取瓶、水质量(实验室提供)。

3.2.5 计算

比重的计算公式：

$$G_s = \frac{m_s}{m_1 + m_s - m_2} G_{\omega t} \tag{1-17}$$

式中 G_s——土粒的比重，精确至0.001；

m_s——干土质量，g；

m_1——瓶、水质量，g；

m_2——瓶、水、土总质量，g；

$G_{\omega t}$——温度t(℃)时纯水的比重，精确至0.001，不同温度时水的比重见表1-5。

本试验须同时进行二次平行测定，取其算术平均值，以两位小数表示，其平行差不得大于0.02 。

表1-5 不同温度时水的比重(近似值)

水温(℃)	4.0~12.5	12.5~19.0	19.0~23.5	23.5~27.5	27.5~30.5	30.5~33.5
水的比重	1.000	0.999	0.998	0.997	0.996	0.995

3.2.6 试验记录

比重试验的试验记录见表1-6。

表1-6 比重试验(比重瓶法)

土样说明________ 试验方法________ 试验日期________

试验者________ 计算者________ 校核者________

比重瓶编号	温度(℃)	水的比重	瓶质量(g)	瓶+干土质量(g)	干土质量(g)	瓶+水质量(g)	瓶+水+干土总质量(g)	与干土同体积的水质量(g)	土粒比重	平均值
	(1)	(2)	(3)	(4)	(5)=(4)-(3)	(6)	(7)	(8)=(5)+(6)-(7)	(9)=(5)/(8)×(2)	(10)

3.3 **含水率试验**

3.3.1 试验目的

测定土的含水率，以了解土的干湿程度及含水情况。

3.3.2 试验方法

试验方法有烘干法(室内试验标准方法)、酒精燃烧法、比重法、核子测定含水率法(现场)等。

3.3.3 仪器设备(烘干法)

(1)烘箱：保持温度105~110 ℃的自动控制电热恒温烘箱，或其他能源烘箱。

(2)分析天平:称量200 g,最小分度值0.01 g。

(3)其他:干燥器、称量盒等。

3.3.4　操作步骤

(1)称湿土:选取具有代表性的试样15~30 g(砂土应多取些),放入称量盒内(查盒号),立即盖好盒盖,称出盒+湿土质量,准确至0.01 g。

(2)烘土:打开盒盖,将盒盖扣在盒底,放入烘箱中,在温度105~110 ℃下烘至恒重,烘土时间对细粒土不少于8 h,砂类土不少于6 h;对有机质含量超过干土5%的土,取试样50 g,温度应控制在65~70 ℃的恒温下干燥12~15 h为好,然后取出盖好盒盖,放在干燥器内冷却至室温。

(3)称干土:从干燥器内取出试样,称出盒+干土质量,准确至0.01 g。

3.3.5　计算

含水率计算公式如下:

$$\omega = \frac{m_0 - m_s}{m_s} \times 100\% \tag{1-18}$$

式中　ω——含水率,计算精确至0.1%;

m_0——湿土质量,g;

m_s——干土质量,g。

本试验需要进行两次平行测定,取其算术平均值,允许平行差值见表1-7。

表1-7　含水率测定的允许平行差值

含水率(%)	允许平行差值(%)
<10	0.5
10~40	1.0
>40	2.0

3.3.6　试验记录

含水率的试验记录见表1-8。

表1-8　含水率试验

工程名称＿＿＿＿＿＿　土样说明＿＿＿＿＿＿　试验日期＿＿＿＿＿＿

试验者＿＿＿＿＿＿　计算者＿＿＿＿＿＿　校核者＿＿＿＿＿＿

土样编号	盒号	盒质量(g)	盒+湿土质量(g)	盒+干土质量(g)	水分质量(g)	干土质量(g)	含水率(%)	平均含水率(%)
		(1)	(2)	(3)	(4)=(2)-(3)	(5)=(3)-(1)	(6)=$\frac{(4)}{(5)}$×100%	(7)

说明:(1)在没有烘箱或土样较少的条件下,可用酒精燃烧法,即用纯度 >95% 的酒精,将酒精注入有试样的称量盒内,直至盒内出现自由液面,点燃酒精到火焰熄灭再注酒精,反复点燃 3 次,利用酒精在土上燃烧,使土中水分蒸发,得干土质量,即可计算含水率。

(2) 对于砂类土可用比重法测定土的含水率,将土体放入一定容积的玻璃瓶中,用玻璃棒充分搅拌称重,算出土粒在水中的浮重,根据土粒经验比重值,换算出土的含水率。

(3)微波加热是近十几年来才发展的一门新技术,微波是一种超高频的电磁波,微波加热就是通过微波发生器产生微波能,然后用波导(传送线)将微波能输送到微波加热器中,加热器中的试样受到微波的照射后就发热,使水分蒸发,由于微波具有一定的穿透深度,使被加热的试样里外同时加热,因此具有均匀、快速的优点,但微波加热的温度及时间控制有待进一步研究。

(4)核子密度仪中子源用来测量含水率的原理是:由 241 - 镅中子源发出的高能中子射入被测材料中,被测材料水分中的氢原子与高能中子相碰撞使之减速,减速后的慢中子被仪器内的中子探测管接收到。被测材料含水率大,单位时间内所转化的慢中子数就多,检测管接收的慢中子数就多;反之就小。然后,微处理器把接收的慢中子数(称为水分计数值)与仪器内的水分标准计数值进行比较,得到水分计数比,再把计数比送入水分计算程序,可算出被测材料的水分值。

习　题

1. 已知土的比重 $G_s = 2.65$,饱和度 $S_r = 40\%$,孔隙比 $e = 0.95$,问饱和度提高到 90% 时,每立方米的土应加多少水?

(参考答案:244.5 kg)

2. 试按三相草图推证下列两个关系式:

(1) $e = \dfrac{G_s\gamma_w}{\gamma_d} - 1$;　　(2) $S_r = \dfrac{\omega G_s}{e}$。

3. 某地基土试验中,测得土的干重度为 15.7 kN/m^3,含水率为 19.3%,土粒比重为 2.71,求该土的孔隙比、孔隙率及饱和度。

(参考答案:$e = 0.69$,$n = 41\%$,$S_r = 76\%$)

4. 某试样在天然状态下体积为 210 cm^3,质量为 350 g,烘干后质量为 310 g,土粒比重为 2.67,试求该试样的密度、含水率、孔隙比、孔隙率和饱和度。

(参考答案:$\rho = 1.67\ g/cm^3$,$\omega = 12.9\%$,$e = 0.81$,$n = 44.8\%$,$S_r = 43\%$)

任务 2　土的物理状态的判定

土的三相比例反映着土的物理状态,如干燥或潮湿、疏松或紧密。土的物理状态对土的工程性质(如强度、压缩性)影响较大,类别不同的土所表现出的物理状态特征也不同。如无黏性土,其力学性质主要受密实程度的影响;而黏性土则主要受含水率变化的影响。因此,不同类别的土具有不同的物理状态指标,不同状态的土具有不同的工程性质。

1　黏性土的稠度

1.1　黏性土的稠度状态和界限含水率

所谓稠度,是指黏性土在某一含水率时的稀稠程度或软硬程度。黏性土处在某种稠度时所呈现出的状态,称稠度状态。土有四种状态,即固态、半固态、可塑状态和流动状态,土的状态不同,稠度不同,强度及变形特性也不同,土的工程性质不同。

所谓界限含水率,是指黏性土从一个稠度状态过渡到另一个稠度状态时的分界含水率,也称稠度界限。黏性土的物理状态随其含水率的变化而有所不同,四种稠度状态之间有三个界限含水率,分别叫作缩限 ω_S、塑限 ω_P 和液限 ω_L,如图1-13所示。

(1)缩限 ω_S 是指固态与半固态之间的界限含水率。当含水率小于缩限 ω_S 时,土体的体积不随含水率的减小而缩小。

(2)塑限 ω_P 是指半固态与可塑状态之间的界限含水率。

(3)液限 ω_L 是指可塑状态与流动状态之间的界限含水率。

如图1-13所示,当土中含水率很小时,水全部为强结合水,此时土粒表面的结合水膜很薄,土颗粒靠得很近,颗粒间的结合水联结很强。因此,当土粒之间只有强结合水时,按水膜厚薄不同,土呈现为坚硬的固态或半固态;随着含水率的增加,土粒周围结合水膜加厚,结合水膜中除强结合水外还有弱结合水,此时,土处于可塑状态。土在这一状态范围内具有可塑性,即被外力塑成任意形状而土体表面不发生裂缝或断裂,外力去掉后仍能保持其形变的特性。黏性土只有在可塑状态时,才表现出可塑性;当含水率继续增加,土中除结合水外还有自由水时,土粒多被自由水隔开,土粒间的结合水联结消失,土就处于流动状态。

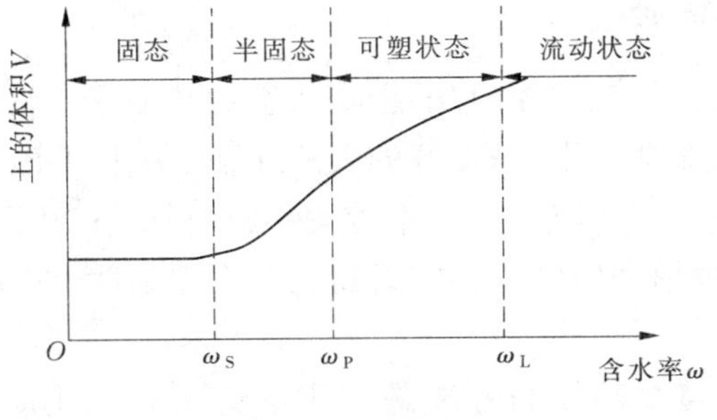

图1-13　黏性土的稠度状态

1.2　塑性指数与液性指数

1.2.1　塑性指数 I_P

塑性指数 I_P 是指液限与塑限的差值,其表达式为:

$$I_P = \omega_L - \omega_P \tag{1-19}$$

塑性指数表明了黏性土处在可塑状态时含水率的变化范围,习惯上用直接去掉百分号的数值来表示。

塑性指数的大小与土的黏粒含量及矿物成分有关,土的塑性指数愈大,说明土中黏粒含量愈多,土处在可塑状态时含水率变化范围也就愈大,I_P 值也愈大;反之,I_P 值愈小。

所以,塑性指数是一个能反映黏性土性质的综合性指数,工程上可采用塑性指数对黏性土进行分类和评价。按塑性指数大小,《建筑地基基础设计规范》(GB 50007—2011)对黏性土的分类标准为:黏土($I_P > 17$),粉质黏土($10 < I_P \leqslant 17$)。

1.2.2　液性指数 I_L

土的含水率在一定程度上可以说明土的软硬程度。只知道土的天然含水率还不能说明土所处的稠度状态,还必须把天然含水率 ω 与这种土的塑限 ω_P 和液限 ω_L 进行比较,才能判定天然土的稠度状态。

黏性土的液性指数为天然含水率与塑限的差值和液限与塑限的差值之比。其表达式为:

$$I_L = \frac{\omega - \omega_P}{\omega_L - \omega_P} = \frac{\omega - \omega_P}{I_P} \tag{1-20}$$

根据《岩土工程勘察规范》(GB 20021—2001)、《建筑地基基础设计规范》(GB 50007—2011)和《公路桥涵地基与基础设计规范》(JTG D63—2007),黏性土的稠度状态按液性指数 I_L 划分为表1-9中所示五种状态。

表1-9　按液性指数划分黏性土稠度状态

稠度状态	坚硬	硬塑	可塑	软塑	流塑
液性指数 I_L	$I_L \leqslant 0$	$0 < I_L \leqslant 0.25$	$0.25 < I_L \leqslant 0.75$	$0.75 < I_L \leqslant 1$	$I_L > 1$

值得注意的是,黏性土的塑限与液限都是将土样扰动后测定的,没有考虑土的原状结构对强度的影响,用于评价原状土的天然稠度状态,往往偏于保守。

思考题:黏性土的黏性大小用什么指标判断?怎么判定黏性土稠度状态?

2　无黏性土的密实状态

无黏性土是单粒结构的散粒体,它的密实状态对其工程性质影响很大。密实的砂土,结构稳定,强度较高,压缩性较小,是良好的天然地基。疏松的砂土,特别是饱和的松散粉细砂,结构常处于不稳定状态,容易产生流砂,在振动荷载作用下,可能会发生液化,对工程建筑不利。所以,常根据密实度来判定天然状态下无黏性土层的优劣。

2.1　用孔隙比 e 判别

判别无黏性土密实度最简便的方法是用孔隙比 e,孔隙比愈小,表示土愈密实,孔隙比愈大,土愈疏松。但由于颗粒的形状和级配对孔隙比的影响很大,而孔隙比没有考虑颗粒级配这一重要因素的影响,故应用时存有缺陷。

2.2　用相对密实度 D_r 判别

为弥补孔隙比的缺陷,在工程上采取相对密实度,相对密实度 D_r 是将天然状态时的孔隙比 e 与最疏松状态的孔隙比 e_{max} 和最密实状态的孔隙比 e_{min} 进行对比,作为衡量无黏性土密实度的指标,判断无黏性土的密实度,其表达式为:

$$D_r = \frac{e_{max} - e}{e_{max} - e_{min}} \tag{1-21}$$

式中　e_{max}——砂土在最疏松状态时的孔隙比;

e_{min}——砂土在最密实状态时的孔隙比；

e——砂土在天然状态下的孔隙比。

显然，D_r 越大，土越密实。当 $D_r = 0$ 时，表示土处于最疏松状态；当 $D_r = 1$ 时，表示土处于最紧密状态。工程中根据相对密实度 D_r，将无黏性土的密实程度划分为密实、中密和疏松三种状态，其标准如下：

$D_r > 0.67$　　密实

$0.67 \geqslant D_r > 0.33$　　中密

$D_r \leqslant 0.33$　　疏松

相对密实度 D_r 由于考虑了颗粒级配的影响，所以在理论上是较完善的，但在测定 e_{max} 和 e_{min} 时人为因素影响很大，试验结果不稳定。

2.3　用标准贯入试验锤击数 N 判别

对于天然土体，较普遍的做法是采用标准贯入试验锤击数 N 来现场判定砂土的密实度。标准贯入试验是在现场进行的原位试验。该法是用质量为 63.5 kg 的穿心锤，以一定高度（76 cm）的落距将贯入器打入土中 30 cm 中所需要的锤击数作为判别指标，称为标准贯入锤击数 N。显然锤击数 N 愈大，表明土层愈密实；反之，N 愈小，土层愈疏松。按标准贯入锤击数 N 划分砂土密实度的标准如表 1-10 所示。

表 1-10　砂土的密实度

密实度	密实	中密	稍密	松散
标准贯入锤击数 N	$N > 30$	$30 \geqslant N > 15$	$15 \geqslant N > 10$	$N \leqslant 10$

思考题：用孔隙比 e、相对密实度 D_r 和标准贯入锤击数 N 判断无黏性土的密实度各有何优缺点？

【例 1-6】　从某地基中取原状土样，测得土的液限 $\omega_L = 46.8\%$，塑限 $\omega_P = 26.7\%$，天然含水率 $\omega = 38.4\%$，问：地基土为何种土？该地基土处于什么状态？

解：由下式求塑性指数：

$$I_P = \omega_L - \omega_P = 46.8 - 26.7 = 20.1$$

由下式求液性指数

$$I_L = \frac{\omega - \omega_P}{\omega_L - \omega_P} = \frac{38.4 - 26.7}{46.8 - 26.7} = 0.58$$

根据《建筑地基基础设计规范》（GB 50007—2011），$I_P = 20.1 > 17$，该土为黏土；$I_L = 0.58$，$0.75 \geqslant I_L > 0.25$，该土处于可塑状态。

【例 1-7】　某砂层的天然重度 $\gamma = 18.2\ \text{kN/m}^3$，含水率 $\omega = 13\%$，土粒的比重 $G_s = 2.65$，最小孔隙比 $e_{min} = 0.40$，最大孔隙比 $e_{max} = 0.85$，该土层处于什么状态？

解：(1) 求土层的天然孔隙比 e

$$e = \frac{G_s \gamma_w (1 + \omega)}{\gamma} - 1 = \frac{2.65 \times 9.81 \times (1 + 0.13)}{18.2} - 1 = 0.614$$

(2) 求相对密度 D_r

$$D_r = \frac{e_{max} - e}{e_{max} - e_{min}} = \frac{0.85 - 0.614}{0.85 - 0.40} = 0.524$$

因为 $0.67 \geqslant D_r > 0.33$，故该砂层处于中密状态。

3 技能训练——液塑试验

3.1 试验目的

试验目的是测定黏性土的液限 ω_L、塑限 ω_P，以计算土的塑性指数 I_P 和液性指数 I_L，对黏性土进行分类及判断黏性土的状态，供工程设计和施工使用。

3.2 试验方法

试验方法有液塑限联合测定法、滚搓法塑限试验、碟式仪液限试验等。

3.3 滚搓法塑限试验

3.3.1 仪器设备

(1)毛玻璃板：约 200 mm×300 mm。

(2)缝宽 3 mm 的模板或直径 3 mm 金属丝或卡尺。

(3)其他：天平、烘箱、干燥器、称量盒、调土刀等。

3.3.2 操作步骤

(1)取土样：从制备好的试样中取出 50 g 左右，为使试验前试样的含水率接近塑限，可将试样在手中捏揉至不粘手，然后将试样捏扁，如出现裂缝表示此时含水率已接近塑限。

(2)搓土条：取接近塑限的试样一小块，先用手搓成椭圆形，然后再用手掌在毛玻璃上轻轻搓滚，搓滚时手掌均匀施加压力于土条上，土条不得产生中空现象，不得使土条在毛玻璃上无力滚动，土条长度不宜超过手掌宽度，当土条直径搓到 3 mm，且土条表面出现裂纹或断裂时，表示试样的含水率达到塑限（若土条搓成 3 mm，仍未产生裂缝及断裂，表示这时试样的含水率高于塑限，应将其捏成一团，按上述方法重新搓滚；若土条直径未达 3 mm 时即断裂，表示试样含水率小于塑限，应弃去，重新取土样）。

(3)测含水率：取合格土条 3～5 g，放入称量盒内，随即盖紧盒盖，测定含水率。此含水率即为塑限。

3.3.3 计算

(1)按下式计算塑限 ω_P：

$$\omega_P = \frac{m_0 - m_s}{m_s} \times 100\% \tag{1-22}$$

式中 m_0——湿土质量，g；

m_s——干土质量，g。

(2)本试验需进行二次平行测定，取算术平均值，精确至 0.1%，平行差值中，高液限土≤2%，低液限土≤1%。

3.3.4 试验记录

塑限试验（滚搓法）记录见表 1-11。

表1-11　塑限试验(滚搓法)

工程名称________　土样说明________　试验日期________

试验者________　计算者________　校核者________

土样编号	盒号	盒质量(g)	盒+湿土质量(g)	盒+干土质量(g)	水分质量(g)	干土质量(g)	含水率(%)	塑限(%)
		(1)	(2)	(3)	(4)=(2)-(3)	(5)=(3)-(1)	(6)=(4)/(5)×100%	(7)

3.4　**液塑限联合测定法**

液塑限联合测定法适用粒径 $d \leqslant 5$ mm、有机质含量≤试样干土总质量的5%。

3.4.1　仪器设备

(1)液塑限联合测定仪:包括带标尺的圆锥仪、电磁铁、显示屏、控制开关、试样杯。圆锥仪质量76 g,锥角为30°(见图1-14)。

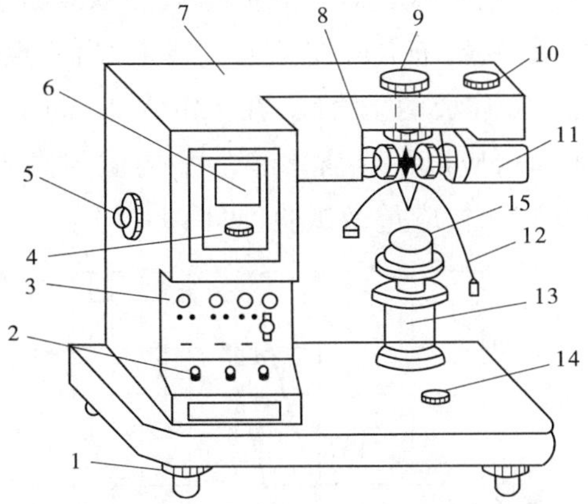

1—水平调节螺丝;2—控制开关;3—指示灯;4—零线调节螺钉;5—反光镜调节螺钉;6—屏幕;7—机壳;8—物镜调节螺钉;9—电池装置;10—光源调节螺钉;11—光源装置;12—圆锥仪;13—升降台;14—水平泡;15—盛土杯

图1-14　液塑限联合测定仪示意图

(2)其他:调土刀、凡士林、烘箱、干燥器等。

3.4.2　操作步骤

(1)制备试样:当土样均匀时,采用天然含水率的土制备试样;当土样不均匀时,采用风干土制备试样,取过0.5 mm筛下的代表性土样。用纯水分别将土样调成接近液限、塑限和二者中间状态的均匀土膏,放入保湿器,浸润18 h以上。

(2)装土入试样杯:将土膏用调土刀充分调拌均匀,密实填入试样杯中,填满后刮平试样表面。

（3）接通电源：将试样杯放在联合测定仪的升降座上，在圆锥仪上抹一薄层凡士林，接通电源，使电磁铁吸稳圆锥。

（4）调节屏幕准线：将屏幕上的标尺调在零位刻线处，调整升降座，使圆锥尖刚好接触试样表面，指示灯亮时圆锥在自重下沉入试杯，经 5 s 后测读圆锥下沉深度。

（5）测含水率：取出试样杯，挖去锥尖入土处的凡士林，取锥体附近的试样不少于 10 g，放入称量盒内，测含水率。

（6）重复以上步骤分别测定其余两个试样的圆锥下沉深度及相应的含水率。液塑限联合测定应不少于 3 个试样。

3.4.3 计算与绘图

（1）按下式计算含水率：

$$\omega = \left(\frac{m_0}{m_d} - 1\right) \times 100\% \qquad (1\text{-}23)$$

式中 ω——含水率，计算精确至 0.1%；

m_0——湿土质量，g；

m_d——干土质量，g。

（2）以含水率为横坐标、圆锥下沉深度为纵坐标，在双对数坐标纸上绘制 3 个含水率与相应的圆锥下沉深度关系曲线，三点应在一条直线上，当三点不在一条直线上时，通过高含水率 a 点和其余两点 b、c 连成两条直线，在下沉为 2 mm 处查得相应的 2 个含水率，当两个含水率的差值 <2% 时，应以两点含水率的平均值与高含水率的点连一条直线 B 线，当两个含水率的差值≥2% 时，应重做试验（见图 1-15）。

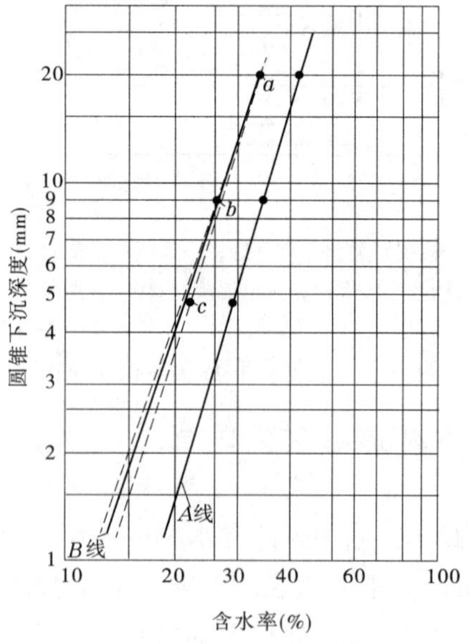

图 1-15 圆锥下沉深度与含水率关系曲线

(3)在含水率与圆锥下沉深度的关系图上查得下沉深度为 17 mm 所对应的含水率为液限。2 mm 处查得相应的含水率为塑限。

3.4.4 试验记录。

液塑限记录表见表 1-12。

表 1-12 液塑限联合测定试验

工程名称＿＿＿＿＿＿ 土样说明＿＿＿＿＿＿ 试验日期＿＿＿＿＿＿

试 验 者＿＿＿＿＿＿ 计 算 者＿＿＿＿＿＿ 校 核 者＿＿＿＿＿＿

土样编号	圆锥下沉深度(m)	盒号	盒质量(g)	盒+湿土质量(g)	盒+干土质量(g)	水分质量(g)	干土质量(g)	含水率(%)	液限(%)	塑限(%)	塑性指数	液性指数
			(1)	(2)	(3)	(4)=(2)-(3)	(5)=(3)-(1)	(6)=(4)/(5)×100%	(7)	(8)	(9)=(7)-(8)	(10)=[(6)-(8)]/(9)

习 题

1. 某黏性土的天然含水率 $\omega=28\%$，测得土的液限 $\omega_L=37\%$，塑限 $\omega_P=22\%$。试求：①该土的塑性指数 I_P；②该土的液性指数 I_L，并判别其所处的状态；③确定土的名称。

（参考答案：$I_P=15$，$I_L=0.4$，可塑状态，粉质黏土）

2. 某土样测得土的干重度 10.2 kN/m^3，含水率 60.5%，土粒比重 2.75，液限 48.6%，塑限 28.9%，求：①该土的孔隙比、孔隙率及饱和度；②根据该土的物理状态指标，判断土名和状态。

（参考答案：$e=1.70$，$n=63\%$，$S_r=0.98$，$I_P=19.7$，$I_L=1.6$，流塑，淤泥）

3. 从天然土层中取砂样做试验，测得其天然密度 $\rho=1.78$ g/cm^3，含水率 $\omega=28\%$，土粒的比重 $G_s=2.65$，最小孔隙比 $e_{min}=0.72$，最大孔隙比 $e_{max}=1.10$，试问该砂土处于什么状态？

（参考答案：中密）

任务 3　土的击实性

在工程建设中，常用土料填筑土堤、土坝、路基和地基等，土料是由固体颗粒、孔隙中的水和气体组成的松散集合体。土的击实性就是指土体在一定的击实功能作用下，土颗粒克服粒间阻力，产生位移，颗粒重新排列，使土的孔隙比减小、密实度增大，提高强度，减小压实性和渗透性。但在击实过程中，即使采用相同的击实功能，对于不同种类、不同含水率的土，击实效果也不完全相同。因此，为了技术上可靠和经济上合理，必须对填土的击实性进行研究。

1　土的击实特征

1.1　击实试验

研究土的击实性的方法有两种：一是在室内用标准击实仪进行击实试验；另一种是在现场用碾压机具进行碾压试验，施工时以施工参数（包括碾压设备的型号、震动频率及重量、铺土厚度、加水量、碾压遍数等）及干密度同时控制。

室内击实试验标准击实仪如图 1-16 所示，该击实仪主要由击实筒、击实锤和导筒组成。

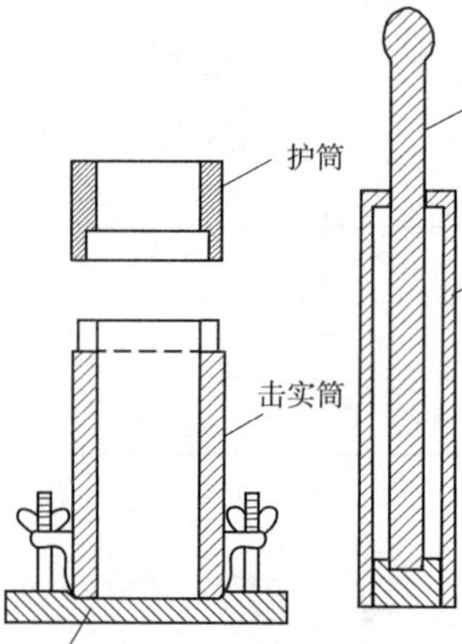

图 1-16　击实仪示意图

击实试验时，先将待测的土料按不同的预定含水率（不少于 5 个），制备成不同的试样。取制备好的某一试样，分 3 层装入击实筒，在相同击实功（锤重、锤落高度和锤击数三者的乘积）下击实试样，称筒和筒土合重，根据已知击实筒的体积测算出试样湿密度，用推土器推出试样，测试样含水率，然后计算出该试样的干密度，不同试样得到不同的干密度 ρ_d 和含水率 ω。以干密度为纵坐标、含水率为横坐标，绘制干密度 ρ_d 与含水率 ω 的关系曲线，如图 1-17 即为土的击实曲线。击实试验的目的就是用标准击实方法，测定土的干密度和含水率的关系，从击实曲线上确定土的最大干密度 ρ_{dmax} 和相应的最优含水率 ω_{op}，为填土的设计与施工提供重要的依据。

1.2　影响土击实性的因素

土的击实性主要与填土的级配、含水率和击实功的大小等因素有关。

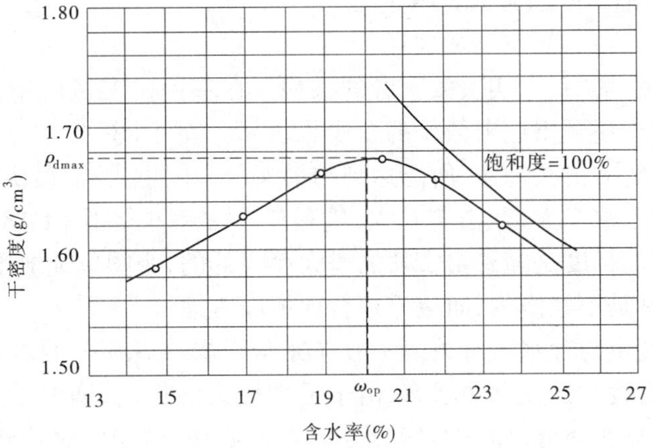

图1-17 击实曲线

1.2.1 土粒级配

在相同的击实功条件下，级配不同的土，其击实特性是不相同的。颗粒级配良好的土，最大干密度较大，最优含水率较小，可满足强度和稳定性的要求。

土料质量控制是保证填筑质量的重要一环，所以土方填筑前要做颗粒分析试验，并选择符合设计要求的土料。

1.2.2 土的含水率

从土的击实曲线(见图1-17)中可明显地看出，在一定击实功的作用下，当$\omega<\omega_{op}$时，击实曲线上的干密度是随着含水率的增加而增加的。这是由于在含水率较小时，土粒周围的结合水膜较薄，土粒间的结合水的联结力较大，可以抵消部分击实功的作用，土粒不易产生相对移动而挤密，所以土的干密度较小。随着含水率增大、结合水膜增厚，土粒间结合水的联结力将减弱，水在土体中起一种润滑作用，摩阻力减小，土粒间易于移动而挤密，故土的干密度增大。当$\omega>\omega_{op}$时，曲线上的干密度则是随着含水率的增加而逐渐减小。这是由于含水率的过量增加，使孔隙中出现了自由水并将部分空气封闭，在击实瞬时荷载作用下，不可能使土中多余的水分和封闭气体排出，从而孔隙水压力不断升高，抵消了部分击实功，击实效果反而下降，结果是土的干密度减小。随着含水率增大，抵消作用愈强，土的干密度也就愈小。只有当ω在ω_{op}附近时，由于含水率适当，此时土中结合水膜较厚，但孔隙水量小，所以土粒间的结合水的联结力和摩阻力较小，土中孔隙水压力和封闭气体的抵消作用也较小。在相同的击实功下，土粒易排列紧密，可得到较大的干密度，因而击实效果最好。黏性土的最优含水率一般接近黏性土的塑限，可近似取为$\omega_{op}=\omega_P+2\%$。

将不同含水率及所对应的土体达到饱和状态时的干密度点绘于图1-17中，得到理论上所能达到的最大击实曲线，即饱和度为$S_r=100\%$的击实曲线，也称饱和曲线。从图1-17中可见，试验的击实曲线在峰值以右逐渐接近于饱和曲线，并且大体上与它平行，但永不相交。这是因为在任何含水率下，填土都不会被击实到完全饱和状态，土内总留存一定量的封闭气体，故填土是非饱和状态。试验证明，一般黏性土在其最佳击实状态下

（击实曲线峰点），其饱和度通常为 80% 左右。

1.2.3　击实功

击实功是击实锤、落高、击实次数三者的乘积。在室内击实试验中，当锤重和锤落距一定时，击实功的大小还可用锤击数 n 的多少来表示。对于同一种土，击实功小，则所能达到的最大干密度也小，击实功大，所能达到的最大干密度也大；而最优含水率正好相反，即击实功小，则最优含水率大，而击实功大，则最优含水率小，如图 1-18 所示。应该指出的是，击实效果增大的幅度是随着击实功的增大而降低的，企图单纯地用增加击实功的办法来提高土的干密度是不经济的，而应该综合地加以考虑 。

粗粒土的击实性也与含水率有关。一般在完全干燥或者充分洒水饱和的状态下，容易击实到较大的干密度。而在潮湿状态，由于毛细压力的作用，增加了土粒间的连接，填土不易击实，干密度显著降低，如图 1-19 所示。在击实功一定时，对其充分洒水使土料接近饱和，击实后得到的密度较大，粗粒土一般不做击实试验。

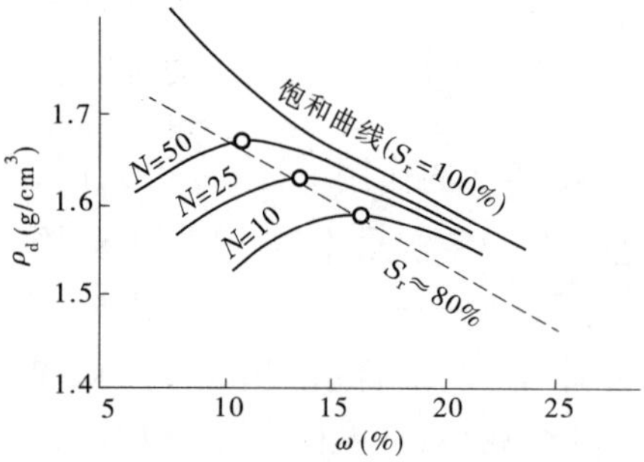

图 1-18　土的含水率、干密度和击实功关系曲线

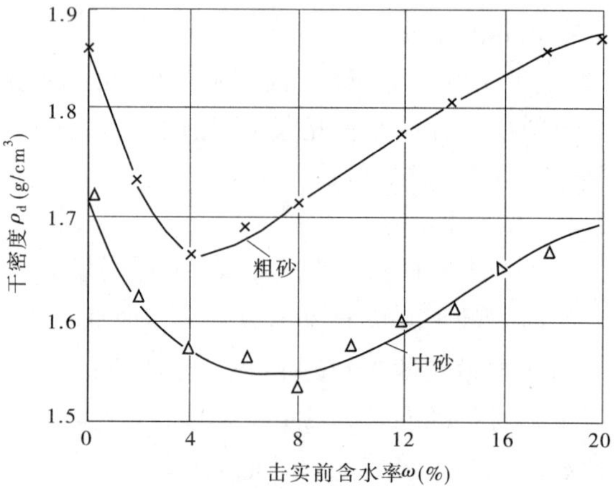

图 1-19　粗粒土的击实曲线

思考题：击实试验的目的是什么？影响土击实性的因素有哪些？

【例 1-8】　某一施工现场需要填土，基坑的体积为 2 000 m^3，土场是从附近土丘开挖，经勘察，土的比重为 2.70，含水率为 15%，孔隙比为 0.60；要求填土的含水率为 17%，干密度为 1.76 t/m^3。

问：(1) 土场土的密度、干密度和饱和度是多少？

(2) 应从土场开采多少方土？

(3) 碾压时应洒多少水？填土的孔隙比是多少？

解：(1) 求土场土的密度、干密度和饱和度。

干密度为：
$$\rho_d = \frac{G_s\rho_w}{1+e} = \frac{2.70 \times 1.0}{1+0.6} = 1.69\ (\mathrm{t/m^3})$$

由 $\rho_d = \dfrac{\rho}{1+\omega}$ 得

土场土的密度为：　$\rho = \rho_d \times (1+\omega) = 1.69 \times (1+0.15) = 1.94\ (t/m^3)$

土场土的饱和度为：　$S_r = \dfrac{\omega G_s}{e} = \dfrac{0.15 \times 2.70}{0.60} = 67.5\%$

(2)求应从土场开采多少方土。

由 $\rho_d = \dfrac{m_s}{V}$ 得填土的 $m_s = 1.76 \times 2\ 000 = 3\ 520\ (t)$，则应从土场开采的土方数为：

$$V = \frac{m_s}{\rho_d} = \frac{3\ 520}{1.69} = 2\ 082.8\ (m^3)$$

(3)求碾压时应洒水量和填土的孔隙比。

由 $\omega = \dfrac{m_w}{m_s}$ 得碾压时应撒的水量为：

$$m_w = 3\ 520 \times (0.17 - 0.15) = 70.40\ (t)$$

填土的孔隙比为：　$e = \dfrac{G_s \rho_w}{\rho_d} - 1 = \dfrac{2.70 \times 1.0}{1.76} - 1 = 0.534$

2　现场填土的压实质量控制

改善填土的工程性质，使其强度增加、变形减少，渗透性减小，提高土的压实度和均匀性，使填土具有足够的抗剪强度和较小的压缩性，填土必须采取夯打、碾压或振动等方法将土料击实到一定的密实程度，工程中常用羊角碾、气胎碾、振动碾和夯实机械对土料压实，并对填土进行现场质量检测，以保证地基稳定和建筑物的安全。

2.1　压实度的概念

土料填筑施工质量是关键，细粒土填筑标准则通常根据击实试验确定，最大干密度是评价土的压实度的一个重要指标，它的大小直接决定着现场填土的压实质量是否符合施工技术规范的要求。由于黏性填土存在着最优含水率，因此在填土施工时应将土料的含水率控制在最优含水率左右，以期用较小的能量获得最好的压实效果。因此，在确定土的施工含水率时，应根据土料的性质、填筑部位、施工工艺和气候条件等因素综合考虑，一般在最优含水率 ω_{op} 的 $-2\% \sim +3\%$ 范围内选取。

在工程实践中常用压实度 P 来控制施工质量，压实度是设计填筑干密度 ρ_d 与室内击实试验的最大干密度 ρ_{dmax} 之比值，即

$$P = \frac{\text{设计填筑干密度}\ \rho_d}{\text{标准击实试验的最大干密度}\ \rho_{dmax}} \tag{1-24}$$

未经压实的松土的干密度一般为 1.12 ~ 1.33 g/cm^3，压实后可达 1.58 ~ 1.83 g/cm^3，填土一般压实后干密度为 1.63 ~ 1.73 g/cm^3。

2.2　填土的压实质量控制

施工质量的检查方法为以 200 ~ 500 cm^3 环刀（环刀压入碾压土层的 2/3 深度处）或灌砂（水）法测湿密度、含水率，并计算其施工现场填土的干密度。

我国土石坝工程设计规范中规定，黏性土料 1、2 级坝和高坝，填上的压实度控制在不低于 97% ~ 99%；3 级及其以下的中坝，压实度控制在不低于 95% ~ 97%。压实度越接

近 100%，表示压实质量越高。

土料碾压筑堤压实质量合格标准见表 1-13。

表 1-13　土料碾压筑堤压实质量合格标准

项次	填筑类型	筑堤材料	压实干密度合格率下限(%)	
			1、2 级土堤	3 级土堤
1	新填筑堤	黏性土	85	80
		少黏性土	90	85
2	老堤加高培厚	黏性土	85	80
		少黏性土	85	80

注：1. 不合格干密度不得低于设计干密度值的 96%。

2. 不合格样不得集中在局部范围内。

路床范围内的土层承受着强烈的车辆荷载反复作用，路基下层主要承受本身重量。因此，路床范围的压实度要求较高。路堤、路堑和路堤基底均匀压实。对于土质路基(含土石路堤)的压实度，《公路路基施工技术规范》(JTGF 10—2006)的规定见表 1-14。

表 1-14　路堤压实质量合格标准

部位		路床顶面以下深度(m)	高速公路(%)	一级公路(%)	二、三、四级公路(%)
路堤	上路床	0 ~ 0.3	≥96	≥95	≥94
	下路床	0.3 ~ 0.8	≥96	≥95	≥94
	上路堤	0.8 ~ 1.5	≥94	≥94	≥93
	下路堤		≥93	≥92	≥90
零填及挖方路基		0 ~ 0.3	≥96	≥95	≥94
		0.3 ~ 0.8	≥96	≥95	—

思考题：压实度的概念是什么？用压实度如何控制现场填土的压实质量？

3　技能训练——击实试验

3.1　试验目的

击实试验目的是用标准击实方法，测定土的密度和含水率的关系，确定土的最大干密度与相应的最优含水率。

3.2　仪器设备

击实试验分为轻型击实和重型击实。轻型击实适用于粒径小于 5 mm 的土，其单位体积击实功能为 592.2 kJ/m^3；重型击实适用于粒径小于 20 mm 的土，其单位体积击实功能为 2 684.9 kJ/m^3，击实仪主要部件尺寸规格见表 1-15。

3.3　操作步骤(轻型)

(1)制备土样：取风干土样，放在橡皮板上用木碾碾散，过 5 mm 筛拌匀备用，土样量不少于20 kg,测定土样风干含水率。

表1-15 击实仪主要部件尺寸规格表

试验方法	锤底直径(mm)	锤质量(kg)	落高(mm)	击实筒			护筒高度(mm)
				内径(mm)	筒高(mm)	容积(cm^3)	
轻型	51	2.5	305	102	116	947.4	≥50
重型	51	4.5	457	152	116	2 103.9	≥50

(2)加水拌和:按土的塑限估计其最优含水率并依次相差约2%的含水率制备一组试样(不少于5个),其中有两个含水率大于塑限和两个含水率小于塑限,需加水量可按下式计算:

$$m_w = \frac{m}{1 + 0.01\omega_0} \times 0.01(\omega - \omega_0) \tag{1-25}$$

式中 m_w——所需加水的质量,g;

m——风干含水率时土样的质量,g;

ω_0——土样的风干含水率(g);

ω——要求达到的含水率(%)。

按预定含水率制备试样,取土样约2.5 kg,平铺于不吸水的平板上,用喷水设备往土样上均匀喷洒预定的水量,稍静止一段时间后,装入塑料袋内或密封于盛土器内备用。湿润时间:高液限黏土不得少于24 h,低液限黏土可酌情缩短,但不少于12 h。

(3)分层击实:将击实仪放在坚实的地面上,击实筒底和筒内壁须涂少许润滑油,取制备好的土样600~800 g(其数量上应满足击实后试样略高于筒的1/3)倒入筒内,整平其表面,按25击进行击实。击实时,击锤应自由铅直下落,锤迹必须均匀分布土面上,然后安装护筒,把土刨毛,重复上述步骤进行第二、第三次的击实,击实后试样略高于筒顶(不得大于6 mm)。

(4)称土质量:扭动并取下护筒,齐筒顶细心削平试样,拆除底板,如试样底面超出筒外,亦应削平,擦净筒外壁,称土质量,准确至1 g。

(5)测含水率:用推土器从击实筒内推出试样,从试样中心处取两个15~30 g土测定其含水率。

(6)按(2)~(4)步骤进行另外几个试样的击实试验。

3.4 计算与绘图

(1)计算击实后各点的干密度:

$$\rho_d = \frac{\rho}{1 + 0.01\omega} \tag{1-26}$$

式中 ρ——湿密度,计算至0.01,g/cm^3;

ω——含水率(%);

ρ_d——干密度,g/cm^3。

(2)以干密度ρ_d为纵坐标,以含水率ω为横坐标,绘制干密度与含水率关系曲线,曲线上峰值点所对应的坐标分别为土的最大干密度与最优含水率。如曲线不能绘制峰值点，应进行补点（见图 1-17）。

3.5 试验记录

击实试验记录见表 1-16。

表 1-16 击实试验

工程名称________ 工程编号________ 试验日期________

试 验 者________ 计 算 者________ 校 核 者________

试验序号	筒+试样质量(g)	筒质量(g)	试样质量(g)	湿密度(g/cm^3)	干密度(g/cm^3)	盒号	盒质量(g)	盒+湿土质量(g)	盒+干土质量(g)	水分质量(g)	含水率(%)	平均含水率(%)

注：对于黏性粗粒土含有无黏性砂、石粗颗粒，粒径较大，用重型击实仪器来反映黏性粗粒土全料性质。

习 题

1. 补充完整某土体填筑轻型击实试验记录表（见表 1-17），绘击实曲线，如果碾压压实度按 96% 控制，填筑干密度应该是多少？

表 1-17 习题 1 附表

试验序号	筒+试样质量(g)	筒质量(g)	试样质量(g)	湿密度(g/cm^3)	干密度(g/cm^3)	盒号	盒质量(g)	盒+湿土质量(g)	盒+干土质量(g)	含水率(%)	平均含水率(%)
1	2 981.8	1 103				02	20	35.60	34.16		
						05	20	35.44	34.02		
2	3 057.1	1 103				08	20	33.93	32.45		
						03	20	33.69	32.26		
3	3 130.9	1 103				01	20	32.88	31.40		
						06	20	33.16	31.64		
4	3 215.8	1 103				04	20	33.13	31.36		
						07	20	34.09	32.15		
5	3 191.1	1 103				09	20	36.96	34.28		
						12	20	38.31	35.36		

（参考答案：$\omega_{op}=15.0\%$，$\rho_{dmax}=1.94\ g/cm^3$，$\rho_d=1.76\ g/cm^3$）

2. 某土料场土料为低液限黏土，天然含水率 $\omega=21\%$，比重 $G_s=2.70$，室内标准击实试验得到最大干密度 $\rho_{dmax}=1.85\ g/cm^3$。设计取压实度 $P=0.95$，并要求压实后土的饱和度 $S_r\leqslant90\%$。问土料的天然含水率是否适于填筑？碾压时土料应控制多大的含水率？

（参考答案：控制含水率 $\omega=18\%$，料场含水率 $\omega=21\%$，应进行翻晒处理）

任务4　土的工程分类

自然界的土类众多，其成分和工程性质变化很大。土的工程分类的目的就是将工程性质相近的土归成一类并予以定名，以便于对土进行合理的评价和研究，使工程技术交流中人员对土有一个共同的认识。

土的分类法有两大类：一类是实验室分类法，该分类方法主要是根据土的颗粒级配及塑性等进行分类，常在工程技术设计阶段使用；另一类是目测法，是在现场勘查中根据经验和简易的试验，由土的干强度、手捻感觉、搓条、摇震反应和韧性等，对土进行简易分类。下面主要介绍实验室分类法。

人们对土已提出过不少的分类系统，如地质分类、土壤分类、结构分类等，每个分类系统反映了土某些方面的特征。对同样的土如果采用不同的规范分类，定出的土名可能会有差别，所以在使用规范时，必须先确定工程所属行业，根据有关行业规范，确定建筑物地基土的工程分类。

本书将分别介绍水利工程、建筑工程和公路工程三大行业土的分类方法。

1　水利部《土工试验规程》（SL 237—1999）分类法

1.1　分类符号

《土工试验规程》（SL 237—1999）对各类土的分类名称都配有以英文字母组合的分类符号，以表示组成土的成分和级配特征（见表1-18）。

表1-18　土的分类符号

土类	漂石（块石）	卵石（碎石）	砾（角砾）	砂	粉土	黏土	细粒土
符号	B	C_b	G	S	M	C	F
土类	混合土	有机质土	级配良好	级配不良	高液限	低液限	
符号	SI	O	W	P	H	L	

注：细粒土为黏土和粉土的合称，混合土为粗粒土与细粒土的合称。

1.2　符号构成

表示土类的符号按下列规定构成。

（1）由1个符号构成时，即表示土的名称。例如：S——砂；M——粉土。

（2）由2个符号构成时，第一个表示土的主要成分，第二个符号表示土的特征指标（土的液限或级配）。例如：GW——级配良好砾；SP——级配不良砂。

(3)由 3 个符号构成时,第 1 个符号表示土的主要成分,第 2 个符号表示液限的高低(或级配的好坏),第 3 个符号表示土中所含的次要成分。例如:CHS——含砂高液限黏土;CHG——含砾高液限黏土;MLG——含砾低液限粉土;MLS——含砂低液限粉土。

(4)有机质土时,第 1 个符号表示土的主要成分,第 2 个表示液限的高低(或级配的好坏),再在各相应土类代号之后缀以代号 O,如 CHO——有机质高液限黏土;MLO——有机质低液限粉土。

1.3 一般土的分类

水利部颁发的《土工试验规程》(SL 237—1999)的分类法中,土的总分类体系见图 1-20,分类时应以图 1-20 从左到右分三大步确定土的名称。

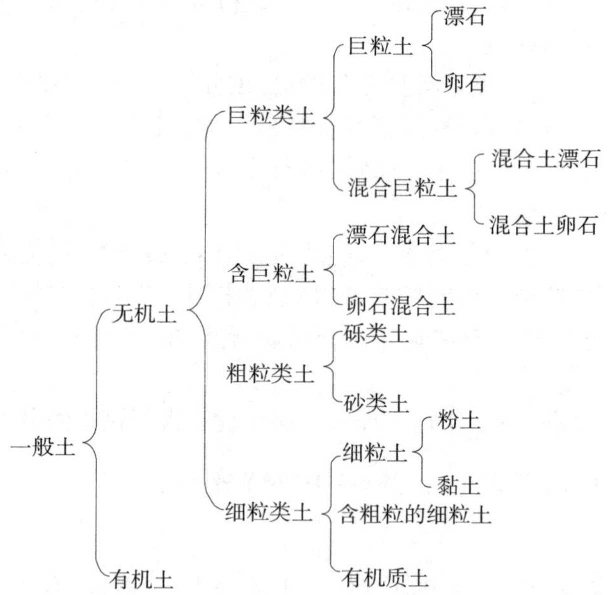

图 1-20 土的总分类体系

1.3.1 鉴别有机土和无机土

根据土中完全分解、部分分解到未分解的动植物残骸和无定型物质判断是有机土还是无机土。一般有机土呈黑色、青黑色或暗色,有臭味,含纤维质,手触有弹性和海绵感。有机土有机质含量 $Q_u > 10\%$;有机质含量 $5\% \leqslant Q_u \leqslant 10\%$ 的土称有机质土。

1.3.2 鉴别巨粒类土、含巨粒土、粗粒类土或细粒类土

对无机土,先根据该土样的颗粒级配曲线,把土分为巨粒类土、含巨粒土、粗粒类土和细粒类土。

当土样中巨粒组($d > 60$ mm)质量大于总质量的 50% 时,该土称巨粒类土。

当土样中巨粒组质量为总质量的 15% ~50% 时,该土称为巨粒混合土。

当粗粒组(60 mm $\geqslant d > 0.075$ mm)质量大于总质量的 50% 时,该土称为粗粒类土。

当细粒组质量大于或等于总质量的 50% 时,该土称为细粒类土。

1.3.3 巨粒类土、含巨粒土、粗粒类土或细粒类土的进一步分类

1.3.3.1 巨粒土、含巨粒土的土分类命名

巨粒土、含巨粒土的土分类命名详见表1-19。

表1-19 巨粒土和含巨粒土的分类

土类	粒组含量		土名称	土代号
巨粒土	巨粒含量100%～75%	漂石粒含量>50%	漂石	B
		漂石粒含量≤50%	卵石	C_b
混合巨粒土	巨粒含量75%～50%	漂石粒含量>50%	混合土漂石	BSI
		漂石粒含量≤50%	混合土卵石	C_bSI
巨粒混合土	巨粒含量50%～15%	漂石含量>卵石含量	漂石混合土	SIB
		漂石含量≤卵石含量	卵石混合土	SIC_b

1.3.3.2 粗粒类土的分类和定名

粗粒类土又分为砾类土和砂类土。粗粒类土中砾粒组(60 mm≥d>2 mm)质量大于总质量50%的土称砾类土;砾粒组质量小于或等于总质量的50%的土称砂类土。砾类土和砂类土又根据其中的细粒含量和类别及粗粒组的级配再细分,详见表1-20、表1-21。

表1-20 砾类土分类和命名

土类	粒组含量		土名称	土代号
砾	细粒含量<5%	级配:$C_u>5$,$C_c=1\sim3$	级配良好的砾	GW
		级配:不同时满足上述要求	级配不良的砾	GP
含细粒土砾	细粒含量5%～15%		含细粒土砾	GF
细粒土质砾	15%<细粒含量≤50%	细粒为黏土	黏土质砾	GC
		细粒为粉土	粉土质砾	GM

表1-21 砂类土的分类和命名

土类	粒组含量		土名称	土代号
砂	细粒含量<5%	级配:$C_u>5$,$C_c=1\sim3$	级配良好的砂	SW
		级配:不同时满足上述要求	级配不良的砂	SP
含细粒土砂	细粒含量5%～15%		含细粒土砂	SF
细粒土质砂	15%<细粒含量≤50%	细粒为黏土	黏土质砂	SC
		细粒为粉土	粉土质砂	SM

注:表中细粒土质砂土类,应按细粒土在塑性图中位置定名。

1.3.3.3 细粒类土的分类和定名

细粒质量大于或等于总质量的50%的细粒类土又分为细粒土、含粗粒的细粒土和有机

质土。粗粒组质量小于总质量的25%的土称细粒土;粗粒组质量为总质量的25%~50%的土称含粗粒的细粒土;有机质含量$5\% \leqslant Q_u \leqslant 10\%$的土称有机质土。细粒土、含粗粒的细粒土和有机质土的细分如下:

(1)细粒土的分类。细粒土应根据塑性图分类。

塑性图是以土的液限ω_L为横坐标、塑性指数I_P为纵坐标,见图1-21。塑性图中有A、B两条线,A线方程式$I_P = 0.73(\omega_L - 20)$,$A$线上侧为黏土,下侧为粉土。$B$线方程式为$\omega_L = 50\%$,$\omega_L < 50\%$为低液限,$\omega_L \geqslant 50\%$为高液限。这样$A$、$B$两条线将塑性图划分为四个区域,每个区域都标出两种土类名称的符号。应用时,根据土的ω_L和I_P值可在图中得到相应的交点。按照该点所在区域的符号,由表1-22便可查出土的典型名称。

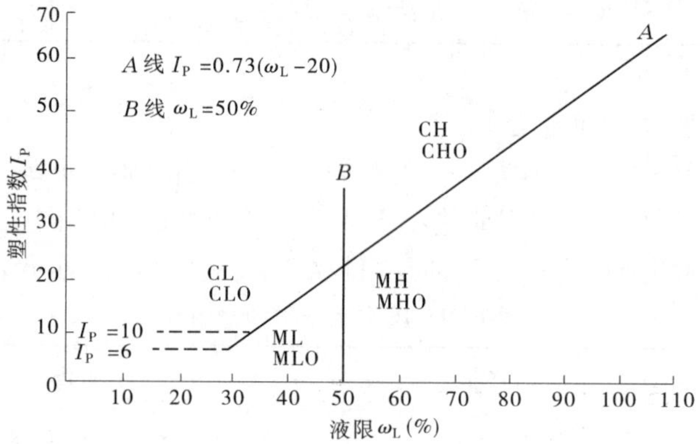

图1-21　塑性图

表1-22　细粒土分类表

土的塑性指标在图中的位置		土代号	土名称
塑性指数(I_P)	液限(ω_L)		
$I_P \geqslant 0.73(\omega_L - 20)$ 和 $I_P \geqslant 10$	$\omega_L \geqslant 50\%$	CH	高液限黏土
	$\omega_L < 50\%$	CL	低液限黏土
$I_P < 0.73(\omega_L - 20)$ 和 $I_P < 10$	$\omega_L \geqslant 50\%$	MH	高液限粉土
	$\omega_L < 50\%$	ML	低液限粉土

(2)含粗粒的细粒土的分类。含粗粒的细粒土应先按表1-22的规定确定细粒土名称,再按下列规定最终定名:粗粒中砾粒占优势,称含砾细粒土,并在细粒土各代号后缀以代号G。例CHG——含砾高液限黏土;粗粒中砂粒占优势,称含砂细粒土,并在细粒土代号后缀以代号S。例MLS——含砂低液限粉土。

(3)有机质土的分类。有机质土是按表1-22的规定定出细粒土名称,并在各相应土类代号之后缀以代号O。例CHO——有机质高液限黏土。也可直接从塑性图中查出有机质土的定名。

此外,自然界中还分布有许多一般土所没有的特殊性质的土,如黄土、红黏土、膨胀土、冻土等特殊土。它们的分类都有专门的规范,工程实践中遇到时,可选择相应的规范查用。

【例1-9】 在某无机土样的颗粒级配曲线上查得大于0.075 mm的颗粒含量为97%，大于2 mm的颗粒含量为63%，大于60 mm的颗粒含量为7%，$d_{60}=3.55$ mm，$d_{30}=1.65$ mm，$d_{10}=0.3$ mm。试按SL 237—1999规范对土分类定名。

解 (1)因该土样的粗粒组含量为:97% −7% =90%，大于50%，该土属粗粒类土。

(2)因该土样砾粒组含量为:63% −7% =56%，大于50%，该土属于砾类土。

(3)因该土样细粒组含量为:100% −97% =3%，小于5%，查表1-20，该土属于砾。需根据级配情况进行细分。

(4)该土的不均匀系数 $C_u=\dfrac{d_{60}}{d_{10}}=\dfrac{3.55}{0.3}=11.8>5$，曲率系数 $C_c=\dfrac{d_{30}^2}{d_{60}\times d_{10}}=\dfrac{1.65^2}{3.55\times0.3}=2.56$，在1~3之间，故属良好级配，因此该土定名为级配良好的砾，即GW。

2 住房和城乡建设部《建筑地基基础设计规范》(GB 50007—2011)分类法

住房和城乡建设部颁发的《建筑地基基础设计规范》(GB 50007—2011)与《岩土工程勘察规范》(GB 50021—2009)对各类土的分类方法和分类标准基本相同，差别不大。现将《建筑地基基础设计规范》(GB 50007—2011)分类标准介绍如下。

GB 50007—2011规范将作为建筑地基的土(岩)分为岩石、碎石土、砂土、粉土、黏性土和人工填土六大类，另有淤泥质土、红黏土、膨胀土、黄土等特殊土。

2.1 岩石

作为建筑地基的岩石根据其坚硬程度和完整程度分类。岩石按饱和单轴抗压强度分为坚硬岩、较硬岩、较软岩、软岩和极软岩(见表1-23)，岩石风化程度可分为未风化、微风化、中等风化、强风化和全风化岩石(见表1-24)。

表1-23 岩石坚硬程度的划分

坚硬程度类别	坚硬岩	较硬岩	较软岩	软岩	极软岩
饱和单轴抗压强度准值f_{tk}(MPa)	$f_{tk}>60$	$60\geqslant f_{tk}>30$	$30\geqslant f_{tk}>15$	$15\geqslant f_{tk}>5$	$f_{tk}\leqslant5$

表1-24 岩石风化程度划分

风化程度	特征
未风化	岩质新鲜，表面未有风化迹象
微风化	岩质新鲜，表面稍有风化迹象
中等风化	1. 结构部分破坏，沿节理表面有次生矿物； 2. 风化裂隙发育，岩体割成块状； 3. 用镐难挖掘，用岩芯钻方可钻进
强风化	1. 结构和构造层理不甚清晰，结构大部分破坏，矿物成分已显著变化； 2. 风化裂隙发育，岩体破碎； 3. 用镐难挖掘，干钻不易钻进
全风化	1. 结构和构造层理错综杂乱，结构基本破坏，但尚可辨认； 2. 有残余结构强度； 3. 可用镐挖，用干钻可钻进

2.2 碎石土

粒径大于2 mm的颗粒含量超过总质量50%的土为碎石土，根据粒组含量及颗粒形状可进一步分为漂石或块石、卵石或碎石、圆砾或角砾。分类标准见表1-25。

表1-25 GB 50007—2011 碎石土的分类

土的名称	颗粒形状	粒组含量
漂石 块石	圆形及亚圆形为主 棱角形为主	粒径大于200 mm的颗粒超过总质量的50%
卵石 碎石	圆形及亚圆形为主 棱角形为主	粒径大于20 mm的颗粒超过总质量的50%
圆砾 角砾	圆形及亚圆形为主 棱角形为主	粒径大于2 mm的颗粒超过总质量的50%

注：分类时，应根据粒组含量由上到下以最先符合者确定。

2.3 砂土

粒径大于2 mm的颗粒含量不超过总质量的50%、粒径大于0.075 mm的颗粒含量超过全重50%的土为砂土。砂土根据粒组含量可进一步分为砾砂、粗砂、中砂、细砂和粉砂，分类标准见表1-26。

表1-26 GB 50007—2011 砂土的分类

土的名称	粒组含量
砾砂	粒径大于2 mm的颗粒占全重的25%～50%
粗砂	粒径大于0.5 mm的颗粒超过全重的50%
中砂	粒径大于0.25 mm的颗粒超过全重的50%
细砂	粒径大于0.075 mm的颗粒超过全重的85%
粉砂	粒径大于0.075 mm的颗粒超过全重的50%

注：1. 定名时，应根据颗粒级配由大到小以最先符合者确定。
2. 当砂土中粒径小于0.075 mm的土的塑性指数大于10时，应冠以“含黏性土”定名，如含黏性土的粗砂等。

2.4 粉土

塑性指数$I_P \leq 10$且粒径大于0.075 mm的颗粒含量不超过全重50%的土为粉土。

2.5 黏性土

塑性指数$I_P > 10$的土为黏性土。黏性土按塑性指数大小又分为黏土($I_P > 17$)、粉质黏土($10 < I_P \leq 17$)。

2.6 人工填土

人工填土是指由于人类活动而形成的堆积物。人工填土物质成分较复杂，均匀性也较差，按堆积物的成分和成因可分为：

(1)素填土：由碎石、砂土、粉土或黏性土所组成的填土。

(2)杂填土：含有建筑物垃圾、工业废料及生活垃圾等杂物的填土。

(3)冲填土：由水力冲填泥沙形成的填土。

工程建设中所遇到的人工填土,各地区往往不一样。在历代古城,一般都保留有人类文化活动的遗物或古建筑的碎石、瓦砾。在山区常是由于平整场地而堆积、未经压实的素填土。城市建设常遇到的是煤渣、建筑垃圾或生活垃圾堆积的杂填土,一般是不良地基,多需进行处理。

2.7　特殊性土

《建筑地基基础设计规范》(GB 50007—2011)中又对淤泥、淤泥质土、红黏土和膨胀土及湿陷性黄土单独制定了它们的分类标准。

2.7.1　淤泥和淤泥质土

淤泥和淤泥质土是指在静水或缓慢流水环境中沉积,经生物化学作用形成的黏性土。

(1)天然含水率大于液限,天然孔隙比 $e \geq 1.5$ 的黏性土称为淤泥;

(2)天然含水率大于液限而天然孔隙比 $1 \leq e < 1.5$ 的黏性土为淤泥质土。

淤泥和淤泥质土的主要特点是含水率大、强度低、压缩性高、透水性差,固结需时间长。一般地基需要预压加固。

2.7.2　红黏土

红黏土是指碳酸盐岩系出露的岩石,经风化作用而形成的褐红色的黏性土的高塑性黏土。其液限一般大于50%,具有上层土硬、下层土软,失水后有明显的收缩性及裂隙发育的特性。红黏土经再搬运后,仍保留其基本特征,其液限 $\omega_L > 45\%$ 的土称为次红黏土。针对以上红黏土地基情况,可采用换土,将起伏岩面进行必要的清除,对孔洞予以充填或注意采取防渗及排水措施等。

2.7.3　膨胀土

土中黏粒成分主要由亲水性矿物组成,同时具有显著的吸水膨胀性和失水收缩性,其自由胀缩率大于或等于40%的黏性土为膨胀土。膨胀土一般强度较高,压缩性较低,易被误认为工程性能较好的土,但由于具有胀缩性,在设计和施工中如果没有采取必要的措施,会对工程造成危害。

2.7.4　湿陷性黄土

黄土广泛分布于我国西北地区(华北也有),是一种第四纪时期形成的黄色粉状土,当土体浸水后沉降,其湿陷系数大于或等于0.015的土称为湿陷性黄土。天然状态下的黄土质地坚硬、密度低、含水率低、强度高。但一些黄土一旦浸水后,土粒间的可溶盐类会被水溶解或软化,在土的自重应力和建筑物荷载作用下,使土粒间原有结构遭到破坏,并发生显著的沉陷,其强度也迅速降低。对湿陷性黄土地基一般采取防渗、换填、预浸法等处理。

3　交通部《公路土工试验规程》(JTG E40—2007)和《公路桥涵地基与基础设计规范》(JTG D63—2007)分类法

交通部颁发的《公路土工试验规程》(JTG E40—2007)与《公路桥涵地基与基础设计规范》(JTG D63—2007)这两个规范虽出自同一行业,但分类体系有一定的差别。

《公路土工试验规程》(JTG E40—2007)在土的工程分类中,采用的分类体系与《土工试验规程》(SL 237—1999)的分类体系基本相同,都是把土分为巨粒土、粗粒土和细粒土三大类。对各类土进一步细分时,采用的分类标准也与《土工试验规程》(SL 237—1999)中对应各类土采用的分类标准基本相同,这里不再重复列出。《公路桥涵地基基础设计规范》(JTG D63—2007)中土的工程分类体系与《建筑地基基础设计规范》(GB 50007—2011)中采用的分类体系基本相同,但分类标准有所差别。现将《公路桥涵地基与基础设计规范》(JTG D63—2007)的分类方法介绍如下。

《公路桥涵地基与基础设计规范》(JTG D63—2007)将地基岩土分为岩石、碎石土、砂土、粉土、黏性土和特殊性岩土。

3.1 岩石

岩石为颗粒间连接牢固、呈整体或节理裂隙的地质体。根据岩石的坚固性可分为坚硬岩、较硬岩、较软岩、软岩和极软岩5个等级,划分标准同《建筑地基基础设计规范》(GB 50007—2011),详见表1-23;根据岩石风化程度又可分为未风化、微风化、中等风化、强风化和全风化5个等级划分标准,与表1-24相同;岩体根据完整程度又可分为完整、较完整、较破碎、破碎和极破碎5个等级,划分标准详见表1-27。

表1-27 岩石完整程度划分

完整程度等级	完整	较完整	较破碎	破碎	极破碎
完整性指数	>0.75	0.75~0.55	0.55~0.35	0.35~0.15	<0.15

注:完整性指数为岩体纵波波速与岩块纵波波速之比的平方。

3.2 碎石土

碎石土是指粒径大于2 mm的颗粒含量超过总质量50%的土。碎石土可分为漂石和块石、卵石和碎石、圆砾和角砾,碎石土的定名和划分标准与《建筑地基基础设计规范》(GB 50007—2011)相同,划分标准详见表1-25。

3.3 砂土

砂土是指粒径大于2 mm的颗粒含量不超过总质量的50%,且粒径大于0.075 mm的颗粒含量超过总质量50%的土。砂土也可再分为砾砂、粗砂、中砂、细砂和粉砂,划分标准详见表1-26。

3.4 粉土

粉土为塑性指数$I_P \leqslant 10$且粒径大于0.075 mm的颗粒含量不超过总质量50%的土。

3.5 黏性土

黏性土为塑性指数$I_P > 10$且粒径大于0.075 mm的颗粒含量不超过总质量50%的土,根据塑性指数对黏性土的分类标准为:$10 < I_P \leqslant 17$为粉质黏土,$I_P > 17$为黏土。

3.6 特殊性岩土

特殊性岩土是具有一些特殊成分、结构和性质的区域性地基土,包括软土、膨胀土、湿陷性土、红黏土、冻土、盐渍土和填土等,详见《公路桥涵地基与基础设计规范》(JTG D63—2007)。

思考题:什么是粗粒土和细粒土?实验室对粗粒土和细粒土的分类依据是什么?

习　题

1. 已知从某土样的颗粒级配曲线上查得:粒径大于0.075 mm的颗粒含量为64%,

粒径大于2 mm的颗粒含量为8.5%，粒径大于0.25 mm的颗粒含量为38.5%，并测得该土样细粒部分的液限$\omega_L = 38\%$，塑限$\omega_P = 29\%$，试按SL 237—1999和GB 50007—2011对土分类定名。

（参考答案：按SL 237—1999定名为粉土质砂SM，按GB 50007—2011定名为粉砂）

2. 从某土样颗粒级配曲线上查得：粒径大于0.075 mm的颗粒含量为38%，粒径大于2 mm的颗粒含量为13%，并测得该土样细粒部分的液限$\omega_L = 43\%$，塑限$\omega_P = 23\%$，试按SL 237—1999和GB 50007—2011对土分类定名。

（参考答案：按SL 237—1999定名为含砂低液限黏土CLS，按GB 50007—2011定名为黏土）

项目 2　土的渗透性及渗透变形防治

【主要任务】

土的渗透系数的测定;判定土的渗透变形及渗透变形的防治。

【知识目标】

理解渗流及土的渗透性的概念;理解达西定律;掌握土的渗透系数的计算及影响渗透系数的因素;理解渗透力的概念;理解土的渗透变形的基本形式及渗透变形防治措施。

【技能目标】

能利用所学知识测定土的渗透系数、评价土的渗透性;判别土的渗透变形及对渗透变形采取的防治措施。

任务 1　确定土的渗透性

土是一种松散的固体颗粒集合体,土体内具有互相连通的孔隙,当有水头差作用时,水就会从水位高的一侧渗向水位低的一侧,水在水位差作用下穿过土中连通孔隙发生流动的现象,称为渗流。土体被水透过的性能,称为土的渗透性。

渗流将会引起两方面的问题:一方面是渗漏造成水量损失,如挡水土坝的坝体、坝基的渗水,输水渠道的渗漏等,直接关系到工程的经济效益;另一方面是渗流将引起土体内部应力的变化,使土体产生渗透变形(或称渗透破坏),从而引起建筑物的破坏。因此,需要对土的渗透性、水在土中的渗透规律及其与工程的关系进行研究,从而为土工建筑物或地基的设计、施工提供必要的资料。

1　达西定律及适用范围

1.1　达西定律

1856 年,法国工程师达西发现渗流为层流状态时,水在砂土中的渗透流速与土样两端的水头差 h 成正比,而与渗径长度 L 成反比,即渗透速度与水力坡降成正比。可用下列关系式表示:

$$v = k\frac{\Delta h}{L} = ki \tag{2-1}$$

或

$$Q = kiA \tag{2-2}$$

式中　v——断面平均渗透速度,cm/s 或 m/d;

i——水力坡降,表示单位渗流长度上的水头损失,$i = \Delta h/L$;

k——土的渗透系数,其物理意义是当水力坡降 $i = 1$ 时的渗透速度,与渗透速度的

量纲相同,是表示土的渗透性强弱的指标;

Q——渗透流量,cm^3/s;

A——垂直于渗流方向的土样截面面积,cm^2。

式(2-1)、式(2-2)即为达西定律(或称渗透定律)的表达式。式(2-1)表示渗透速度与水力坡降的线性关系,即渗透速度与水力坡降成直线关系,如图2-1(a)所示。

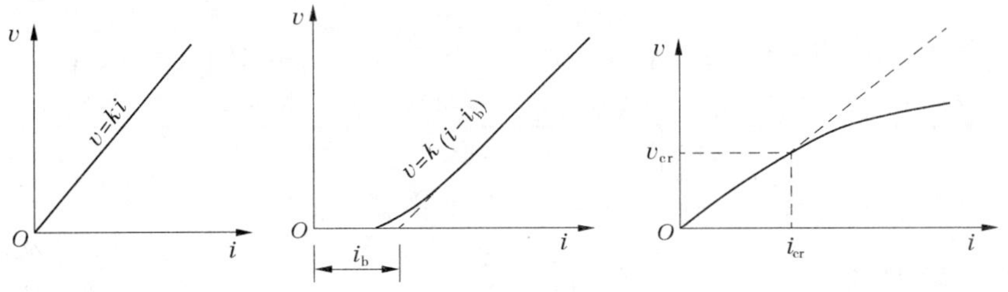

(a)砂土　(b)密实黏土　(c)砾类土

图2-1　土的渗透速度与水力坡降的关系

渗透水流实际上只是通过土体内土粒之间的孔隙发生流动,而不是土的整个截面。达西定律中的渗透速度则为土样全截面的平均流速 v,并非渗流在孔隙中运动的实际流速 v'。实际过水截面面积 A' 小于土体截面面积 A,因此实际平均渗透速度 v' 大于达西定律中的平均渗透速度 v,两者的关系为:

$$v = nv' \tag{2-3}$$

式中　n——土的孔隙率。

1.2　达西定律的适用范围

达西定律是描述层流状态下渗透速度与水力坡降关系的基本规律,即达西定律只适用于层流状态。在土建工程中遇到的多数渗流情况,均属于层流范围。如坝基和灌溉渠道的渗透量,基坑、水井的涌水量的计算,均可以用达西定律来解决。研究表明,土的渗透性与土的性质有关。

(1)对于密实的黏土,其孔隙主要为结合水所占据,当水力坡降较小时,由于受到结合水的黏滞阻力,渗流极为缓慢,甚至不发生渗流,只有当水力坡降达到某一数值克服了结合水的黏滞阻力作用后,才能发生渗流。渗流速度与水力坡降呈非线性关系,如图2-1(b)中的实线所示。工程中一般将曲线简化为直线关系,如图2-1(b)中的虚线所示,并可用下式表示:

$$v = k(i - i_b) \tag{2-4}$$

式中　i_b——密实黏土的起始水力坡降。

(2)对于某些粗粒土(砾类土和巨粒土)中的渗流,只有在水力坡降小的情况下,渗透速度与水力坡降呈线性关系,符合达西定律。随着水力坡降的增大,水在土中的渗流呈现紊流状态,渗透规律呈非线性关系,此时达西定律不再适用,如图2-1(c)所示。各种土的渗透系数参考值见表2-1。

表 2-1　各种土的渗透系数参考值

土的类别	渗透系数 k		土的类别	渗透系数 k	
	m/d	cm/s		m/d	cm/s
黏土	<0.005	$<6\times10^{-6}$	细砂	1~5	$1\times10^{-3}\sim6\times10^{-3}$
粉质黏土	0.005~0.1	$6\times10^{-6}\sim1\times10^{-4}$	中砂	5~20	$6\times10^{-3}\sim2\times10^{-2}$
粉土	0.1~0.5	$1\times10^{-4}\sim6\times10^{-4}$	粗砂	20~50	$2\times10^{-2}\sim6\times10^{-2}$
黄土	0.25~0.5	$3\times10^{4}\sim6\times10^{-4}$	圆砾	50~100	$6\times10^{-2}\sim1\times10^{-1}$
粉砂	0.5~1.0	$6\times10^{-4}\sim1\times10^{-3}$	卵石	100~150	$1\times10^{-1}\sim6\times10^{-1}$

思考题:达西定律的含义是什么？适用于什么情况？

2　渗透系数的测定

渗透系数 k 是反映土体渗透性能强弱的一个重要力学性质指标,也是渗透计算时用到的一个基本参数。由于自然界中的土沉积条件复杂,渗透系数 k 值相差很大,因此渗透系数难以用理论计算求得,只能通过试验直接测定。

渗透系数测定方法可分为室内渗透试验和现场渗透试验两大类。现场渗透试验可采用试坑注水法(测定非饱和土的渗透系数)或抽水法(测定饱和土的渗透系数)进行试验。室内与现场渗透试验的基本原理相同,均以达西定律为依据。

室内渗透试验的仪器种类和试验方法较多,但按试验原理可划分为常水头试验法和变水头试验法两种方法。

2.1　常水头试验法

常水头试验法适用于透水性较强的粗粒土。常水头试验法是指在整个试验过程中,水头保持不变,其试验装置如图 2-2 所示。

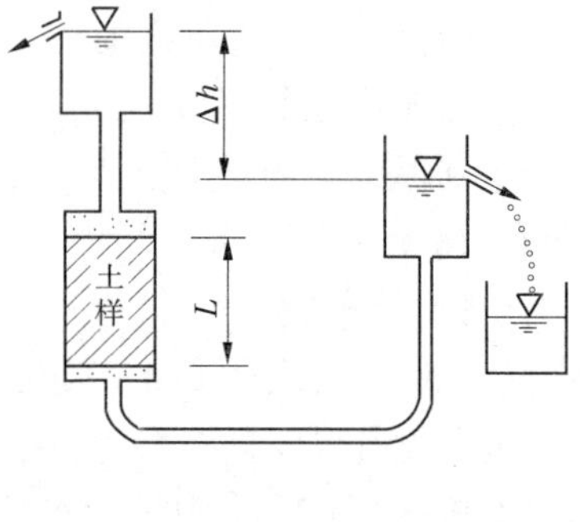

图 2-2　常水头试验装置

由达西定律得:

$$Q = k_T iAt = \frac{\Delta h}{L}Ak_T t$$

$$k_T = \frac{QL}{A\Delta ht} \tag{2-5}$$

式中　k_T——水温为 T(℃)时试样的渗透系数,cm/s;

Q——时间 t(s)内的渗出水量,cm^3;

L——两测压管中心间的距离,cm;

A——试样的断面面积,cm^2;

Δh——平均水位差,cm。

2.2　变水头试验法

由于细粒土的渗透性很小,在短时间内渗流量很小,如果采用常水头试验法,很难准确测定其渗透系数,因此土样的一端与一根带有刻度的直立细玻璃管(即为水头管)相连,其试验装置如图 2-3 所示,细玻璃管的内横截面面积为 a。变水头法在整个试验过程中，水头差随时间不断变化，试验时分别量出某一时段 t 开始和结束时细玻璃管中的水头差（h_1、h_2）。设试验开始以后某一时刻的水头差为 h，经过时段 $\mathrm{d}t$，竖直细玻璃管中水位下降 $\mathrm{d}h$，则在时段 $\mathrm{d}t$ 内流经细管的水量为：$\mathrm{d}V = -a\mathrm{d}h$，式中负号表示渗水量随水头差 h 的减小而增加。根据达西定律，则可得出在时段 $\mathrm{d}t$ 内流经土样的水量 $\mathrm{d}V = kiA\mathrm{d}t = k\dfrac{h}{L}A\mathrm{d}t$，由于在同一时段内流经土样水量与细管内减少的水量相等，即

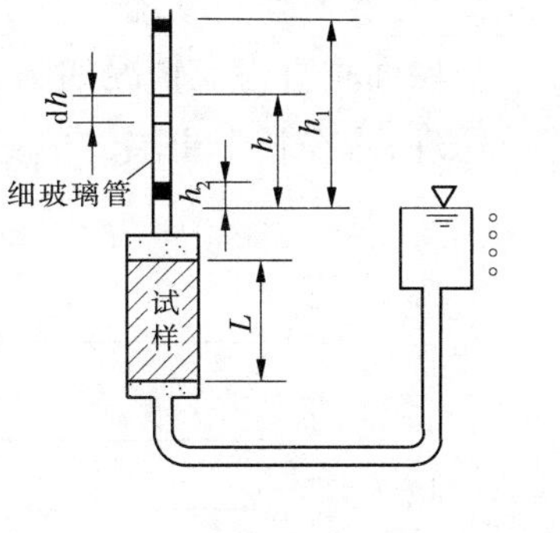

图 2-3　变水头试验装置示意图

$$kA\frac{h}{L} = -a\frac{\mathrm{d}h}{\mathrm{d}t}$$

分离变量后积分得

$$\frac{kA}{aL}\int_{t_1}^{t_2}\mathrm{d}t = -\int_{h_1}^{h_2}\frac{\mathrm{d}h}{h}$$

$$k = 2.3\frac{aL}{A(t_2 - t_1)}\lg\frac{h_1}{h_2} \tag{2-6}$$

式中　k——渗透系数，cm/s；

a——变水头管截面面积，cm^2；

L——试样高度，cm；

h_1——开始水头，cm；

h_2——终止水头，cm；

A——试样的断面面积，cm^2；

t——时间，s。

2.3　成层土的渗透系数

天然地基往往由渗透性不同的土层所组成，其各向渗透性也不尽相同。对于成层土，应分别测定各层土的渗透系数，然后根据渗流方向求出与层面平行或与层面垂直的平均渗透系数。

2.3.1　平行层面渗流

平行层面渗流情况如图 2-4 所示，各层土的渗透系数为 k_1、k_2、…、k_n，厚度为 H_1、H_2、…、H_n，总厚度为 H。若流经各层土单位宽度的渗流量为 q_{1x}、q_{2x}、…、q_{nx}，则总单宽渗流量 q_x 应为：

$$q_x = q_{1x} + q_{2x} + \cdots + q_{nx}$$

根据达西定律有：　$q_x = k_x iH$

对于平行层面的渗流，流经各层土相同距离的水头损失均相等，各层土的水力坡降亦相等。与层面平行渗流的平均渗透系数为：

$$k_x iH = k_1 iH_1 + k_2 iH_2 + \cdots + k_n iH_n$$

$$k_x = \frac{1}{H}(k_1 H_1 + k_2 H_2 + \cdots + k_n H_n) \tag{2-7}$$

2.3.2　与层面垂直渗流

与层面垂直渗流情况如图 2-5 所示，流经各土层的渗流量为 q_{1y}、q_{2y}、…、q_{ny}，根据水流连续原理，流经整个土层的单宽渗流量应为：

$$q_y = q_{1y} = q_{2y} = \cdots = q_{ny} \tag{1}$$

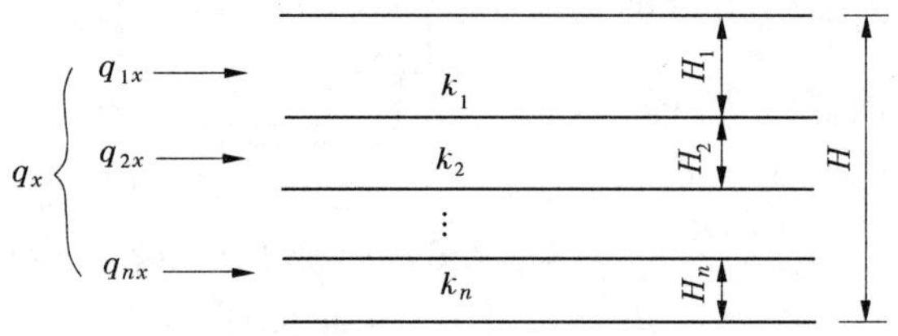

图 2-4　与层面平行渗流

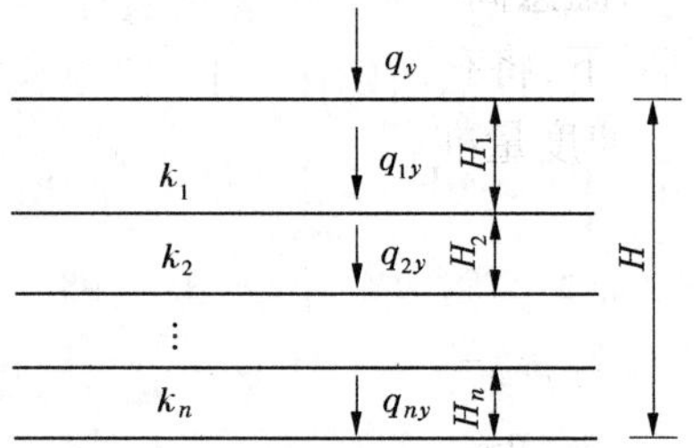

图 2-5　与层面垂直渗流

设渗流通过土层 H 的总水头为 h，流经各土层的水头为 h_1、h_2、…、h_n，根据达西定律可得各土层的渗流量与总渗流量，即

$$q_{iy} = k_i i_i A = k_i \frac{h_i}{H_i} A \qquad h_i = \frac{q_{iy} H_i}{k_i A} \tag{2}$$

$$q_y = k_y i A = k_y \frac{h}{H} A \qquad h = \frac{q_y H}{k_y A} \tag{3}$$

对于垂直于层面渗流，通过整个土层的总水头损失应等于各层水头损失之和：

$$h = \sum h_i \tag{4}$$

将式(2)、式(3)代入式(4)中，经整理后可得与层面垂直渗流整个土层的平均渗透系数为：

$$k_y = \frac{H}{\frac{H_1}{k_1} + \frac{H_2}{k_2} + \cdots + \frac{H_n}{k_n}} \tag{2-8}$$

结论：成层土水平方向渗流的平均渗透系数取决于最透水土层的渗透系数和厚度；垂直方向的渗透系数取决于最不透水土层的渗透系数和厚度。因此，平行层面渗流平均渗透系数总是大于垂直层面渗流的平均渗透系数。

2.4　影响渗透系数的主要因素

渗透系数表明了水在土中流动的难易程度，大小受土的颗粒级配、密实程度、水温等因素的影响。

2.4.1　土粒大小与级配

土粒大小与级配直接决定土中孔隙的大小，对土的渗透系数影响最大。粗粒土颗粒愈粗、愈均匀、愈浑圆，其渗透系数则愈大。细粒土颗粒愈细、黏粒含量愈多，其渗透系数则愈小。

2.4.2　土的密实度

同一种土，在不同密实状态下具有不同的渗透系数。土的密度增加，孔隙比变小，土的渗透性随之减小。因此，在测定渗透系数时，必须考虑实际土的密度状态，并控制土样孔隙比与实际相同，或者在不同孔隙比下测定土的渗透系数，绘出孔隙比与渗透系数的关系曲线，从中查出所需孔隙比下的渗透系数。

2.4.3　水的温度

渗透系数直接受水的动力黏滞系数的影响，不同水温情况，水的动力黏滞系数变化较大。水温愈高，水的动力黏滞系数就愈小，水在土中的渗透速度则愈大。同一种土在不同的温度下，将有不同的渗透系数。在某一温度 T(℃)下测定的渗透系数，应换算为标准温度(能使度量准确又能使测量仪器都具有正确指示的温度)20 ℃下的渗透系数，即

$$k_{20}=k_T\frac{\eta_T}{\eta_{20}} \tag{2-9}$$

式中　k_T、k_{20}——温度 T(℃)和 20 ℃时土的渗透系数；

η_T、η_{20}——温度 T(℃)和 20 ℃时水的动力黏滞系数，η_T/η_{20}值可查表 2-2。

表 2-2　η_T/η_{20}值

温度(℃)	η_T/η_{20}	温度(℃)	η_T/η_{20}	温度(℃)	η_T/η_{20}	温度(℃)	η_T/η_{20}	温度(℃)	η_T/η_{20}
5.0	1.501	10.0	1.297	15.0	1.133	20.0	1.000	27.0	0.850
5.5	1.478	10.5	1.279	15.5	1.119	20.5	0.988	28.0	0.833
6.0	1.455	11.0	1.261	16.0	1.104	21.0	0.976	29.0	0.815
6.5	1.435	11.5	1.243	16.5	1.090	21.5	0.964	30.0	0.798
7.0	1.414	12.0	1.227	17.0	1.077	22.0	0.958	31.0	0.781
7.5	1.393	12.5	1.211	17.5	1.066	22.5	0.943	32.0	0.765
8.0	1.373	13.0	1.194	18.0	1.050	23.0	0.932	33.0	0.750
8.5	1.353	13.5	1.176	18.5	1.038	24.0	0.910	34.0	0.735
9.0	1.334	14.0	1.168	19.0	1.025	25.0	0.890	35.0	0.720
9.5	1.315	14.5	1.148	19.5	1.012	26.0	0.870		

2.4.4　封闭气体含量

土中封闭气泡的存在，使土的有效渗透面积减小，渗透系数降低。封闭气泡含量愈多，土的渗透性愈弱。渗透试验时，土的渗透系数受土体饱和度影响，饱和度低的土，可能有封闭气泡，渗透系数减小。为了保证试验的可靠性，要求土样必须充分饱和。

思考题：(1)什么是渗透系数？渗透系数能反映土的哪种性能？

(2)测渗透系数时，为何选用不同的渗透试验方法？各适用于什么情况？

【例 2-1】 某试样用常水头渗透仪做试验，试样直径 $d=10.2$ cm，试样长度 $L=12.5$ cm，水头差 $\Delta h=86.0$ cm，在 2 min 内流过水量 $Q=733\ \text{cm}^3$，水温为 15 ℃。试求该试样的渗透系数。

解：(1)试样的截面面积

$$A=\frac{\pi d^2}{4}=\frac{3.14\times10.2^2}{4}=81.7(\text{cm}^2)$$

(2)$k_{15}=\dfrac{QL}{A\Delta ht}=\dfrac{733\times12.5}{81.7\times86\times2\times60}=1.087\times10^{-2}(\text{cm/s})$

(3)由表 2-2 中查得：$\frac{\eta_{15}}{\eta_{20}}=1.133$

$$k_{20}=k_{15}\frac{\eta_{15}}{\eta_{20}}=1.087\times10^{-2}\times1.133=1.23\times10^{-2}(\mathrm{cm/s})$$

【例 2-2】 某土样做变水头试验，试样的截面面积 $A=32.2\ \mathrm{cm}^2$，长度 $L=4\ \mathrm{cm}$，竖管内径 $d=1.2\ \mathrm{cm}$，试验开始时的水头为 180 cm，结束时的水头为 170 cm，试验经过的时间为 7.5 min，水温为 20 ℃，试计算渗透系数。

解：(1)竖管截面面积

$$a=\frac{\pi d^2}{4}=\frac{3.14\times1.2^2}{4}=1.13(\mathrm{cm}^2)$$

(2)水头从 180 cm 下降到 170 cm 经过的时间

$$t_2-t_1=7\times60+30=450(\mathrm{s})$$

(3)渗透系数

$$k_{20}=2.3\frac{aL}{A(t_2-t_1)}\lg\frac{h_1}{h_2}=2.3\times\frac{1.13\times4}{32.2\times450}\times\lg\frac{180}{170}=1.78\times10^{-5}(\mathrm{cm/s})$$

3 技能训练

3.1 常水头渗透试验

3.1.1 试验目的

测定土的渗透系数，分析天然地基、堤坝和基坑开挖边坡的渗流稳定性，以确定土的渗透变形，为施工选料等提供指标和依据。常水头试验适用于砂类土和含少量砾的无黏性土。

3.1.2 仪器设备

(1)70 型渗透仪：由金属封底圆筒、金属孔板、滤网、测压管和供水瓶组成。金属圆筒内径为 10 cm，高 40 cm(见图 2-6)。

(2)温度计：分度值 0.5 ℃。

(3)其他：木锤、秒表、天平、量杯等。

3.1.3 操作步骤

(1)调节充水：将调节管与供水管连通，由仪器底部充水至水位略高于金属孔板，关上止水夹。

(2)取土量测：取风干试样 3 ~ 4 kg，称量准确至 10 g，并测定其风干含水率。

(3)仪器装土：将试样分层装入仪器，每层厚 2 ~ 3 cm，用木锤轻轻击实到一定厚度，以控制其孔隙比(当试样中含较多黏粒时，应在滤网上加铺 2 cm 厚的粗砂作为过滤层，防止细粒土流失)。

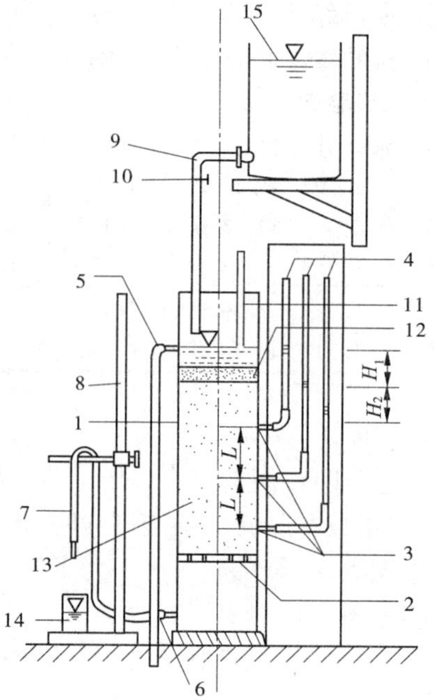

1—金属圆筒；2—金属孔板；3—测压孔；4—测压管；5—溢水孔；6—渗水孔；7—调节管；8—滑动架；9—供水管；10—止水夹；11—温度计；12—砾石层；13—试样；14—量杯；15—供水瓶

图 2-6 常水头渗透装置

(4)砂样饱和:每层砂样装好后,连接调节管与供水管,并由调节管中进水,微开止水夹,使砂样逐渐饱和,当水面与试样顶面齐平时,关上止水夹,直至最后一层试样高出上测压孔 3 ~4 cm,并在试样上端铺 2 cm 厚的砾石作为缓冲层,当水面高出顶面时,继续充水至溢水孔有水溢出。

(5)进水:提高调节管使其高于溢水孔,然后将调节管与供水管分开,并将供水管置于试样筒内,开止水夹使水由上部注入筒内,并检查各测压管水位是否与溢水孔齐平,不平时要用吸球排气处理。

(6)降低调节管:降低调节管口,使其位于试样上部 1/3 处,造成水位差。在渗透过程中,溢水孔始终有水溢出,以保持常水位。

(7)测记水量:开动秒表,同时用量筒自调节管接取一定时间内的渗透水量,并重复一次(调节管口不可没入水中),测记进水与出水处的水温,取其平均值。

(8)重复试测:降低调节口至试样中部及下 1/3 处,以改变水力坡降,按以上步骤重复进行测定。

3.1.4　计算

按式(2-5)和式(2-9)计算试样的渗透系数。

在所测结果中取 3 ~4 个允许差值符合规定的测值,求其平均值,作为该试样在某孔隙比 e 时的渗透系数,允许差值不大 2×10^{-n} cm/s。

3.1.5　试验记录表

常水头渗透试验(70 型)记录见表 2-3。

表 2-3　常水头渗透试验(70 型)

工程编号________　试样编号________　试验日期________

试 验 者________　校 核 者________　计 算 者________

经过时间(s)	测压管水位(cm)			水位差(cm)			水力坡降 i	渗水量(cm^3)	渗透系数(cm/s)	水温	校正系数	水温 20 ℃时的渗透系数(cm/s)	平均渗透系数(cm/s)
	Ⅰ管	Ⅱ管	Ⅲ管	H	H_1	平均							
(1)	(2)	(3)	(4)	(5)	(6)	(7)	(8)	(9)	(10)	(11)	(12)	(13)	
				(2) − (3)	(3) − (4)	$\frac{(5)+(6)}{2}$	$\frac{(7)}{L}$		$\frac{(9)}{A(8)(1)}$		η_T/η_{20}	(10) × (12)	$\frac{\sum(13)}{n}$

3.2　变水头试验

3.2.1　试验目的

适用于黏性土,试验目的同常水头试验。

3.2.2　仪器设备

(1)南 55 型渗透容器及变水头装置:渗透容器由环刀、透水石、套环、上盖和下盖组成(见图 2-7),环刀内径 61.8 mm、高 40 mm;透水石渗透系数应大于 10^{-3} cm/s。

(2)其他:100 mL 量筒、秒表、温度计、凡士林。

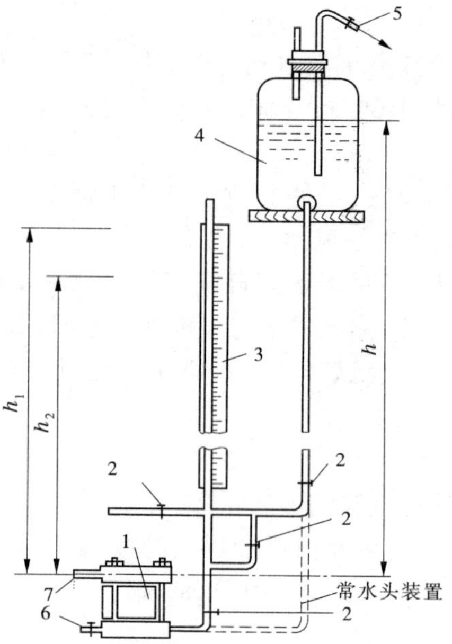

1—渗透容器;2—进水管夹;3—变水头管;4—供水瓶;
5—接水源管;6—排气水管;7—出水管

图 2-7 变水头渗透试验装置

3.2.3 操作步骤

(1)切取试样:环刀切取原状试样或制备给定密度的扰动试样(切土时,应避免结构扰动,禁止用切土刀反复涂抹试样表面),并对试样进行饱和。

(2)装土:在容器套筒内壁涂上一层凡士林,然后将装有试样的环刀推入套筒(试样上、下面放滤纸)并压入止水垫圈,装好带有透水板和垫圈的上下盖,并拧紧螺丝,不得漏气漏水。

(3)供水:把装好试样的容器的进水口与供水装置连通,关上止水夹,向供水瓶注满水。

(4)排气:把容器侧立,排气管向上,并打开排气管水夹,然后打开进水口止水夹,排除容器底部的空气,直到水中无夹带气泡溢出为止,关闭排气管止水夹,平放好容器,当容器出水口有水溢出后,则认为试样已达饱和。

(5)测记:使变水头管充水至需要高度后(一般不应大于 2 m),关上止水夹,开动秒表,同时测记开始水头 h_1,经过时间 t 后,再测记终了水头 h_2,同时测记出水口的水温,如此连续测记 2 ~ 3 次后,再使水头管水位回升至需要高度,再连续测记数次,前后需 6 次以上。

3.2.4 计算

按式(2-6)和式(2-9)计算试样的渗透系数。

3.2.5 试验记录

变水头渗透试验(南55型)的试验记录见表2-4。

表2-4 变水头渗透试验(南55型)

土样编号__________ 试样高度__________ 试 验 者__________

仪器编号__________ 试样面积__________ 校 核 者__________

测压管截面面积______ 孔 隙 比__________ 试验日期__________

开始时间 t_1(s)	终了时间 t_2(s)	经过时间 t(s)	开始水头 h_1(cm)	终了水头 h_2(cm)	$2.3\frac{a\times L}{A\times t}$	$\lg\frac{h_1}{h_2}$	温度 T(℃)时的渗透系数(cm/s)	水温(℃)	校正系数	水温20 ℃时的渗透系数(cm/s)	平均渗透系数(cm/s)
(1)	(2)	(3)	(4)	(5)	(6)	(7)	(8)	(9)	(10)	(11)	(12)
		(2) − (1)			$2.3\frac{a}{A}\frac{L}{(3)}$	$\lg\frac{(4)}{(5)}$	(6) × (7)		$\frac{\eta_T}{\eta_{20}}$	(8) × (10)	$\frac{\Sigma(1)}{n}$

习 题

1. 常水头和变水头渗透试验方法有何区别?各适用于什么情况?为什么要测水的温度?

2. 室内做常水头渗透试验,土样截面面积为70 cm^2,两测压管间的土样长为10 cm,两端作用的水头为7 cm,在60 s时间测得渗透水量为100 cm^3,水温为15 ℃。试计算渗透系数k_{20}。

(参考答案:3.8×10^{-2} cm/s)

3. 某工地取一原状土样进行变水头渗透试验,土样截面面积为30 cm^2,长度为4 cm,水头管截面面积为0.3 cm^2,观测开始水头为160 cm,终了水头为150 cm,经历时间为5 min,试验水温为12.5 ℃,试计算渗透系数k_{20}。

(参考答案:1.04×10^{-5} cm/s)

任务 2　判断土的渗透变形及渗透变形的防治措施

1　渗透力与渗透变形

1.1　渗透力

如图 2-8 所示，水在一定水头作用下在土中发生渗流。当水在土体孔隙中流动时，将会受到土颗粒的阻力，而引起水头损失。根据作用力与反作用力相等的原理，渗流必然对土颗粒产生一个相等的反作用力。我们将这种由渗透水流施于单位体积土颗粒上的作用力称为渗透力，以 j 表示。

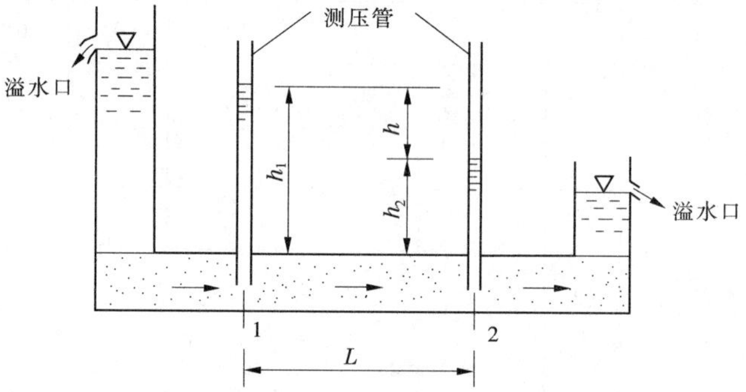

图 2-8　渗透力计算示意图

在图 2-8 中沿渗流方向取一个长度为 L、截面面积为 A 的柱体来研究。因 $h_1 > h_2$，水头差为 h，水从截面 1 流向截面 2。由于土中渗流速度一般很小，其流动水流惯性力可以忽略不计。现假设所取土柱孔隙中完全充满水，并考虑土柱体中的土颗粒对渗流阻力影响，则作用于土柱体中水体上的力有：

(1) 截面 1 上的总水压力，$P_1 = \gamma_w h_1 A$，其方向与渗流方向一致；

(2) 截面 2 上的总水压力，$P_2 = \gamma_w h_2 A$，其方向与渗流方向相反；

(3) 土柱体中的土颗粒对渗流水的总阻力 f，其大小应和总渗透力 J 相等，$f = J = jLA$，方向与渗流方向相反。

根据渗流方向力的平衡条件得：

$$J = P_1 - P_2$$

或

$$jLA = \gamma_w (h_1 - h_2) A$$

则渗透力为：

$$j = \gamma_w \frac{h_1 - h_2}{L} = \gamma_w \frac{h}{L} = \gamma_w i \tag{2-10}$$

渗透力是一种体积力，单位为 kN/m³，其大小与水力坡降成正比，方向与渗流方向一致。

由于渗透力的方向与渗流方向一致，因此它对土体稳定性有着很大的影响。如图 2-9所示，某一水闸基础，在渗流的进口 A 点处受到向下渗流的作用，渗透力与土的有效重力方向一致,渗透力增大了土有效重力的作用,对土体稳定有利;在渗流近似水平部位的 B 点处,渗透力与土的有效重力近似正交,它使土粒产生向下游移动的趋势,对土体稳定是不利的;在渗流的出逸处 C 点,受向上的渗流作用,渗透力与土的有效重力方向相反,渗透力起到了减轻土的有效重力的作用,对土体的稳定不利。渗透力愈大,渗流对土体稳定性的影响就愈大。在渗流出口处,当向上的渗透力大于土的有效重度时,则土粒将会被渗流挟带向上涌出,土体失去稳定,发生渗透破坏。因此,在闸坝地基、土坝、基坑开挖等情况进行土体稳定分析时,应考虑渗透力的影响。

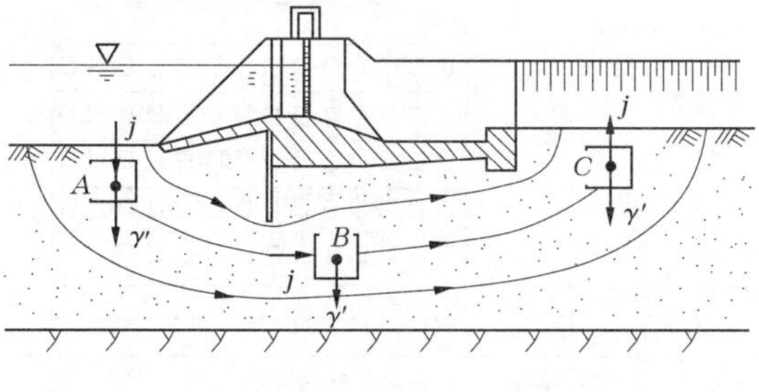

图 2-9　渗流对闸基土的作用

思考题:何谓渗透力? 渗透力对土的稳定性有何影响?

1.2　渗透变形的基本形式

1.2.1　流土

流土是指在渗流作用下,局部土体隆起、浮动或颗粒群同时发生起动而流失的现象。流土一般发生在无保护的渗流出口处,而不发生在土体内部。开挖基坑或渠道时出现的所谓流砂现象,就是流土的常见形式。如图 2-10(a)所示为河堤覆盖层下流砂涌出的现象,由于覆盖层下有一强透水砂层,堤内外水头差大,弱透水层薄弱处被冲溃,大量砂土涌出,危及河堤的安全;在图 2-10(b)中,由于细砂层的承压水作用,当基坑开挖至细砂层时,在渗透力作用下,细砂向上涌出,出现大量流土,房屋地基不均匀变形,引起上部结构开裂,影响了正常使用。流土的发生一般是突发性的,对工程危害较大。

1.2.2　管涌

管涌是指在渗流作用下,土中的细颗粒通过粗颗粒的孔隙被带至土体以外的现象。管涌可以发生在土体的所有部位。如图 2-11 所示为坝基发生管涌的现象,首先细颗粒在粗颗粒的孔隙中移动,随着土中孔隙的逐渐扩大,渗流速度不断增大,较粗的颗粒也被水流逐渐冲走,最后导致土体内部形成贯通的渗流通道,酿成溃坝(堤)的情况。由此可见,管涌的发生要有一定的发展过程,因而是一种渐进性的破坏。

渗透变形的两种基本形式是在水力坡降较大的情况下,土体表现出来的两种不同的破坏现象,渗透变形的形式与土的性质有关。一般黏性土,细颗粒呈粒团存在,颗粒间具有较大的黏聚力,且孔隙直径极小,细颗粒不会在孔隙中随渗流移动并带出,所以不会发生管涌破坏,而多在渗透坡降大时以流土形式出现。无黏性土的渗透变形形式主要取决于颗粒组成。研究表明,不均匀系数 $C_u \leq 10$ 的匀粒砂土,只可能出现流土破坏形式;$C_u >10$ 的砂砾土,既可能发生管涌,也可能产生流土,主要取决于土的级配情况与细颗粒含量。对于缺乏中间粒径的不连续级配土,其渗透变形形式主要取决于细颗粒含量,这里的

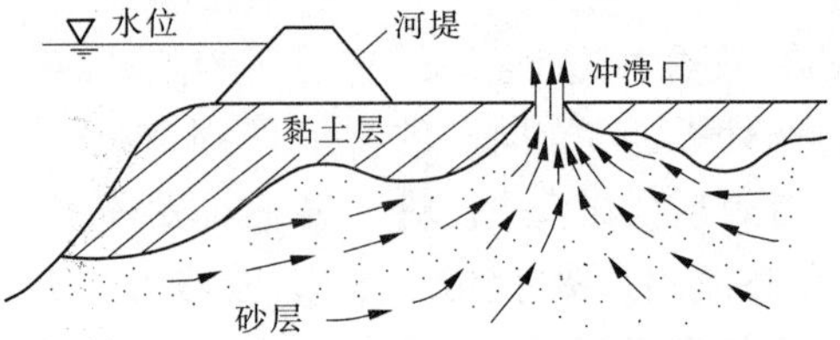

(a)河堤覆盖层下流砂涌出的现象

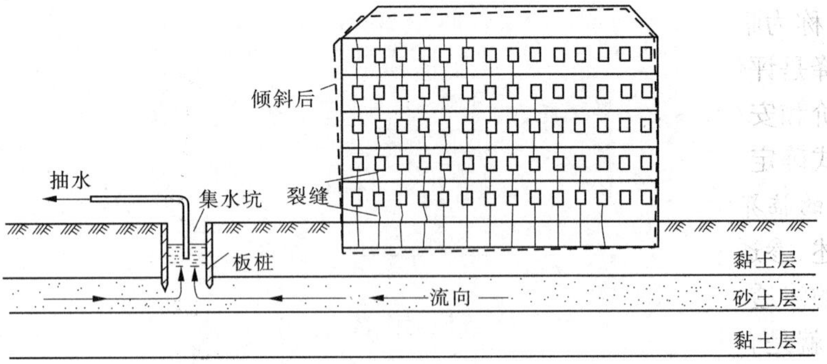

(b)流砂涌向基坑引起房屋不均匀下沉的现象

图 2-10　流土的危害

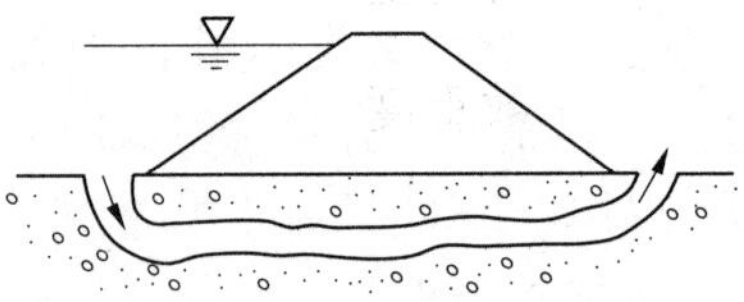

图 2-11　坝基发生管涌的现象

细颗粒含量，也称细料含量（细料含量是指级配曲线水平段下限的粒径所对应的颗粒含量），细料含量小于 25% 时，不能充满粗料所形成的孔隙，细颗粒可以很容易地在孔隙中移动，渗透变形常以管涌形式出现；若细料含量在 35% 以上时，细料填满粗料孔隙，粗细料形成一个整体，细颗粒移动困难，多发生流土破坏。对于级配连续的不均匀土，根据试验研究，我国有些学者提出，用土的孔隙直径比较法，以判别土的渗透变形的形式。当土中有 5% 以上细颗粒的粒径小于孔隙平均直径，在较小的水力坡降下细颗粒将会被渗流带走，而形成管涌破坏；当土中对应 3% 细颗粒的粒径大于孔隙平均直径时，细颗粒很少流失，不会发生管涌，渗透变形呈流土形式。

综上所述，无黏性土渗透破坏形式的判别准则可概括为下列形式：

天然无黏性土
- 较均匀土，$C_u \leqslant 10$　　流土
- 不均匀土，$C_u > 10$
  - 级配不连续
    - $P > 35\%$　　流土
    - $P < 25\%$　　管涌
    - $P = 25\% \sim 35\%$　　过渡
  - 级 配 连 续
    - $D_0 < d_3$　　流土
    - $D_0 > d_5$　　管涌
    - $D_0 = d_3 \sim d_5$　　过渡

其中 P 为级配曲线上断裂点以下对应颗粒含量，即为细料含量；D_0 为孔隙平均直径，可用 $D_0 = 0.25d_{20}$ 计算；d_3、d_5、d_{20} 分别为小于该粒径土粒含量为 3%、5%、20% 对应的粒

径。

另外,无黏性土的渗透变形还与土的密度有关,有些土在较大密度下可能发生流土,而在小密度下则可能出现管涌。

思考题:(1)渗透变形有哪两种基本形式?各有何特点?

(2)如何判断土可能发生何种形式的渗透破坏?

1.3 流土和管涌的临界水力坡降

渗透破坏是当渗透水力坡降达到一定值后才可能发生的,土体开始发生渗透变形时的水力坡降,称为临界水力坡降(也称抗渗坡降),它表示土抵抗渗透破坏的能力。土的临界水力坡降是评价土体或水工建筑物渗透稳定的重要参数,选用合理与否,直接关系到建筑物的造价和安全。对重要工程,应尽可能结合实际条件通过试验确定,一般工程,可用半经验公式确定。

1.3.1 流土的临界水力坡降

如前所述,渗透力与渗透方向一致,在堤坝下游渗流逸出面处,若为一水平面,由渗流产生的向上的渗透力与土的重力方向相反。如果向上的渗透力足够大,就会导致流土的发生,其条件就是$j>\gamma'$。当渗透力与土的有效重度相等时,土体处于流土的临界状态,此时的水力坡降即为流土的临界水力坡降,用i_{cr}表示。于是可写成

$$j = \gamma'$$

临界状态时土的渗透力 $j=\gamma_w i_{cr}$

土的有效重度 $\gamma' = \dfrac{G_s - 1}{1+e}\gamma_w = \gamma_{sat} - \gamma_w$

所以

$$i_{cr} = \frac{\gamma'}{\gamma_w} = \frac{G_s - 1}{1+e} = \frac{\gamma_{sat} - \gamma_w}{\gamma_w} \tag{2-11}$$

由式(2-11)可知,流土的临界水力坡降取决于土的物理性质,当土的G_s和e已知时,则该土的临界水力坡降即为一定值,一般为0.8~1.2。

流土往往发生在渗流的逸出处,如果工程中用渗流逸出处的水力坡降i与其临界水力坡降i_{cr}比较,即可判别流土的可能性。

若$i<i_{cr}$,则土体处于稳定状态,不发生流土;

若$i=i_{cr}$,则土体处于临界状态;

若$i>i_{cr}$,则土体发生流土。

在设计中,应考虑流土发生历时短及土的复杂性等因素,确保建筑物的安全,所以常将临界水力坡降除以适当的安全系数作为允许水力坡降[i],设计中将逸出处的水力坡降i控制在允许水力坡降[i]之内,即要求:

$$i \leqslant [i] = i_{cr}/K \tag{2-12}$$

式中 K——流土的安全系数,一般取2.0~2.5,《碾压式土石坝设计规范》(SL 274—2001)规定安全系数$K=1.5\sim2.0$。

1.3.2 管涌的临界水力坡降

渗透力能带动细颗粒在孔隙中滚动或移动而开始发生管涌,也可以用临界水力坡降表示,但至今管涌的临界水力坡降尚无成熟的计算公式可循。对于重要工程,需通过渗透

破坏试验确定，通常可按如图2-12所示的渗透试验装置进行，试验时，可将水头逐渐升高，直至开始发生管涌。除目测细颗粒的移动判断外，还要建立水力坡降与渗透速度的关系来判断管涌是否发生。如图2-13所示，当水力坡降增至某一数值后（A点），$i \sim v$关系曲线明显转折，这说明细颗粒已被带出，孔隙通道加大，渗透速度随之增大。最后取其A点对应的水力坡降和肉眼观察到细颗粒移动时的水力坡降两者中的较小值，作为管涌临界水力坡降。

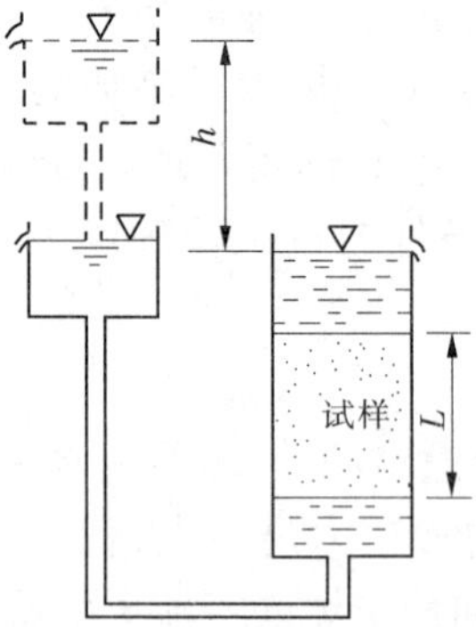

图2-12　管涌试验装置示意图

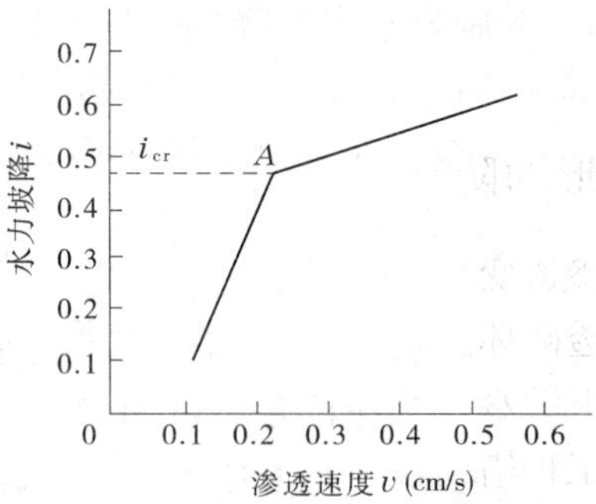

图2-13　$i \sim v$关系曲线

由于管涌临界水力坡降的影响因素较多，国内外学者对此进行了很多研究。对于中小型工程，无黏性土发生管涌的临界水力坡降，南京水利科学研究院提供的经验公式如下：

$$i_{cr} = \frac{42d_3}{\sqrt{\frac{k}{n^3}}} \tag{2-13}$$

式中　d_3——小于该粒径颗粒含量为3%所对应粒径，cm；

n——孔隙率；

k——渗透系数，cm/s。

伊斯托美娜根据理论分析，并结合一定数量的试验资料，认为管涌的水力坡降与土颗粒的不均匀程度有关，提出了无黏性土发生管涌临界水力坡降与不均匀系数的关系曲线，如图2-14所示。C_u愈大的土，则发生管涌的i_{cr}愈小；渗流的水力坡降若超过图中曲线（在曲线上方），土将发生管涌。但仅以不均匀系数C_u值作为确定水力坡降的唯一指标，显然具有其局限性。我国学者对级配连续与否的土进行了理论分析与试验研究，在此基础上提出了无黏性土发生管涌的临界水力坡降与允许水力坡降的范围值，列于表2-5中以供参考。

表2-5　无黏性土管涌的水力坡降变化范围

水力坡降	级配连续土	级配不连续土
临界水力坡降i_{cr}	0.20～0.40	0.10～0.30
允许水力坡降[i]	0.15～0.25	0.10～0.20

注：1. 表中数据只适用于渗流逸出处无反滤保护的情况；有满足要求的反滤保护，则临界水力坡降要提高。

2. 表中小值适用于一、二级建筑物，大值可用于三、四级建筑物。

思考题：基坑开挖时，为什么基坑侧壁易发生流砂现象？

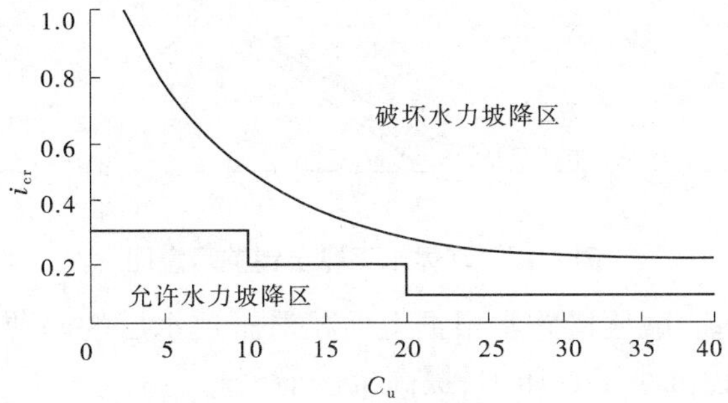

图 2-14　$i_{cr} \sim C_u$ 关系曲线

2　渗透变形的防治

土产生渗透变形的原因很多,如土的类别、颗粒组成、密度、水流条件及防渗、排渗等,致使发生渗透破坏的机制也各不相同,但产生流土、管涌的主要原因基本上有两方面:一方面是由上下游水位差形成的水力坡降作用;另一方面是土的颗粒组成特性。因此,防治渗透变形的工程措施基本上归结为两类:一类是降低水力坡降,常可设置水平与垂直防渗体,从而增加渗径长度,在允许的条件下,也可以减小上下游水头差,达到降低水力坡降的目的,使其水力坡降不超过允许值,保持土体的渗透稳定;另一类是增强渗流逸出处土体抗渗能力,采取排水或适当加固措施,如排水沟、反滤层等,顺畅渗透水流,减小下游逸出处的渗透力,拦截被渗流挟带的细颗粒,防止产生渗透破坏。

2.1　水工建筑物防渗措施

(1)设置垂直防渗体延长渗径。截水槽如图 2-15 所示,混凝土防渗墙如图 2-16 所示,板桩和帷幕灌浆及新发展的防渗技术,如劈裂灌浆、高压定向喷射灌浆、倒挂井防渗墙等。

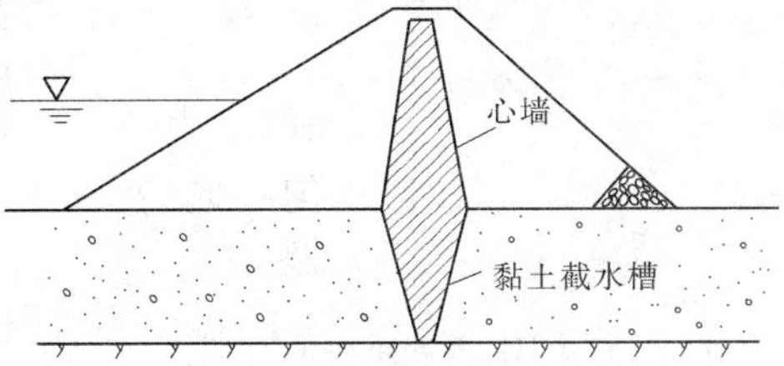

图 2-15　心墙坝的黏土截水槽示意图

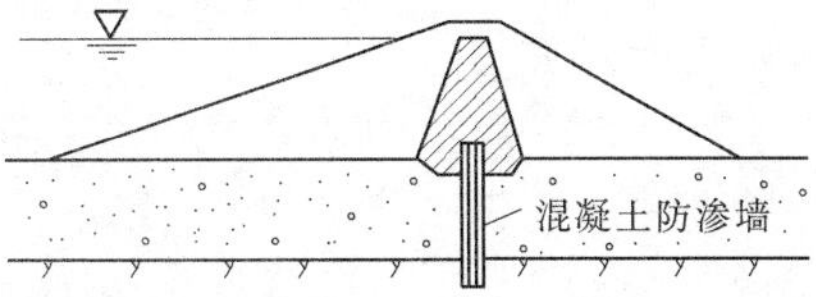

图 2-16　心墙坝混凝土防渗墙示意图

(2)设置水平黏土铺盖或铺设土工合成材料,与坝体防渗体连接,延长渗径长度。如图 2-17 为坝体水平黏土铺盖防渗措施;江河堤防工程中的吹填固堤工程,通过增加堤宽,延长渗径长度,防止渗透变形。

(3)设置反滤层和盖重。在渗流逸出部位铺筑 2 ~ 3 层不同粒径的无黏性土料(砂、砾、卵石或碎石)即为反滤层,其作用是滤土排水。它是一项提高抗渗能力、防止渗透变形很有效的措施。在下游可能发生流土的部位设置透水盖重,增强土体抵抗流土破坏的能力。

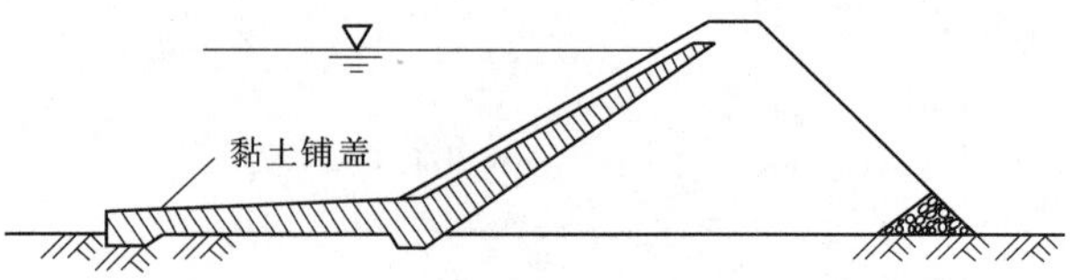

图 2-17　坝体水平黏土铺盖示意图

(4)设置减压设备。减压措施常根据上面相对不透水层的厚薄采用排水沟或减压井切入下面不透水层中以减小渗透压力,提高抗渗能力。

2.2　基坑开挖防渗措施

在地下水位以下开挖基坑时,若采用明式排水开挖,坑内外造成水位差,则基坑底部的地下水将向上渗流,地基中产生向上的渗透力,当渗透水力坡降大于临界水力坡降 i_{cr} 时,坑底泥沙翻涌,出现流砂现象,不仅给施工带来很大困难,甚至影响邻近建筑物的安全,所以在开挖基坑时要防止流砂的发生。其主要措施有以下几项。

2.2.1　井点降水法

井点降水法,即先在基坑范围以外设置井点降低地下水位后再开挖,减少或消除基坑内外的水位差,以达到降低水力坡降的目的。

2.2.2　设置板桩

设置板桩,可增长渗透路径,减小水力坡降。板桩沿坑壁打入,其深度要超过坑底,使受保护土体内的水力坡降小于临界水力坡降,同时还可以起到加固坑壁的效果。

2.2.3　采用水下挖掘或枯水期开挖

采用水下挖掘或枯水期开挖,也可进行土层加固处理,如冻结法、注浆法。

思考题:渗透变形产生的条件是什么?工程中防治渗透变形措施有哪些?

【例 2-3】 某房屋建筑工程基坑细砂层开挖,经施工抽水,待水位稳定后,实测水位从初始水位 5.5 m 降到 3.0 m。渗流路径长 10 m。根据场地勘察报告,细砂层饱和重度 $\gamma_{sat}=18.7\ kN/m^3$,$k=4.5\times10^{-2}$ mm/s,试求渗透水流的平均速度 v 和渗流力 j,并判别是否会产生流砂现象。

解:

$$i=\frac{5.5-3.0}{10}=0.25$$

$$v=ki=4.5\times10^{-2}\times0.25=1.125\times10^{-2}(mm/s)$$

$$j=\gamma_w i=10\times0.25=2.5\ (kN/m^3)$$

细砂层的有效重度 $\gamma'=\gamma_{sat}-\gamma_w=18.7-10=8.7(kN/m^3)>j=2.5\ kN/m^3$

所以,不会因基坑抽水而产生流砂现象。

习　题

1. 某工程基坑中,因抽水引起水流由下向上流动,水头差为 50 cm,渗流路径为 40 cm,试求渗透力 j 为多少?

(参考答案:$j=1.25\times10^{-2}\ N/cm^3$)

2. 如图 2-18 所示为板桩围堰。已知基坑土质为细砂,土粒比重为 2.70,孔隙比为

0.7。若防止细砂发生流砂的安全系数为1.5,试问板桩的最小打入深度 t 为多少?

(参考答案:2.25 m)

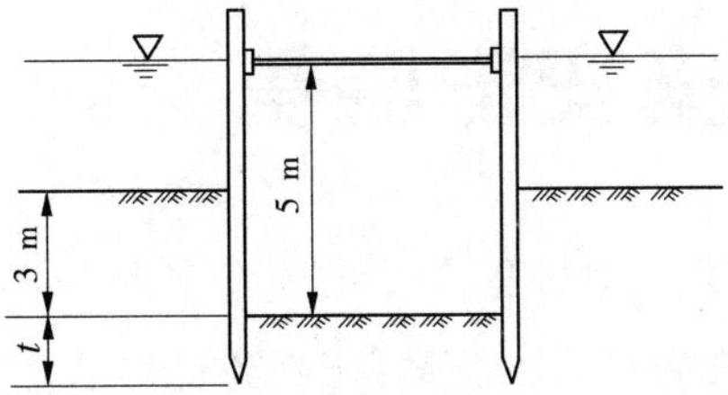

图 2-18　板桩围堰

项目3 地基变形验算

【主要任务】

土体的应力计算;确定土的压缩性指标;地基的变形验算。

【知识目标】

掌握土的自重应力的概念与计算;掌握基底压力、基底附加压力的概念与计算;掌握地基中的附加应力概念与计算;掌握土的压缩性指标及测定方法;掌握分层总和法计算地基变形量。

【技能目标】

会计算土的自重应力;会计算基底压力和基底附加压力;会计算地基中的附加应力;能进行压缩试验并会整理试验成果;会进行地基变形计算。

土体在自身重力、建筑物荷载或其他因素(如土中水的渗流、地震等)作用下,均可产生应力,建造在土质地基上的建筑物常在地基的竖向应力作用下产生一定的沉降量,建筑物各部分之间也会产生一定的沉降差,若建筑物产生的沉降量或沉降差过大,会影响建筑物的正常使用,如水闸闸门启闭困难,建筑物倾斜、开裂等,严重时还会影响到建筑物的安全。因此,对于比较重要的建筑物,在设计时必须进行地基的变形验算,即计算其可能产生的最大沉降量和沉降差,并验算它们是否小于建筑物的允许值,否则就必须采取相应的工程措施或改变上部结构和基础的设计。

地基土体在建筑荷载作用下产生沉降变形,建筑物随之也发生沉降,一般认为地基的变形就等于建筑物的沉降,所以变形和沉降这两个词在这里不作严格区分。

地基的变形主要是由地基土中产生的应力和土的压缩性引起的,在进行地基变形验算时,首先要确定土体中的应力分布和土的压缩特性,故本学习项目分三个学习任务进行,即土中的应力计算、确定土的压缩指标和地基变形验算。

任务1 土体的应力计算

1 土中自重应力计算

土体中应力是指土体在自身重量、建筑物荷载及其他因素作用下,土中所产生的应力。按其产生的原因不同,将土中的应力分为自重应力和附加应力。自重应力是指由土体自身重力作用所产生的应力。由于自重应力是在建造建筑物之前早已长期存在于地基土中的应力,对沉积年代比较久远的天然土层,在自重应力作用下其压缩变形已经稳定,因而自重应力不再引起地基的变形。但对沉积年代不久,如新近沉积土或近期人工填土,在自重作用下其压缩变形尚未稳定,则自重应力将使地基产生进一步的压缩变形。附加应力是指由建筑物荷载作用在地基中产生的应力。由于建造建筑物,地基中的应力状态发生了变化,地基中产生了附加应力,从而引起地基产生新的变形,严重的还会导致土体破坏而失去稳定。因而研究地基变形与稳定问题,必须明确地基中附加应力的大小和分布。

1.1 均质土层中的自重应力

研究地基自重应力的目的是确定土体的初始应力状态。计算时假定地基为半无限弹性体,则土体中所有铅直面和水平面上均无剪应力存在,故地基中任一深度 z 处的铅直向自重应力就等于单位面积上的土柱重量,如图 3-1(a)所示。若 z 深度内的土层为均质土,天然重度为 γ,则

$$\sigma_{cz} = \gamma z \tag{3-1}$$

σ_{cz}沿水平面均匀分布,且与 z 成正比,所以 σ_{cz}随深度 z 线性增加,呈三角形分布,如图 3-1(b)所示。

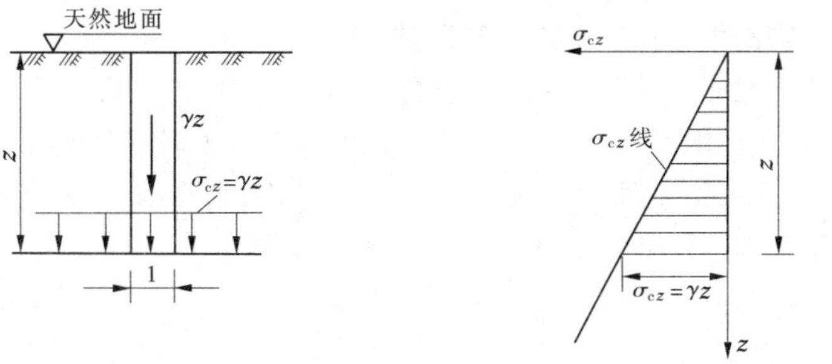

(a)任一水平面上σ_{cz}的分布与土柱受力　(b)σ_{cz}沿深度z分布

图 3-1　均质土中自重应力

土体在自重作用下除有竖向的自重应力 σ_{cz}外,还作用有水平向应力 σ_{cx}、σ_{cy}。在半无限弹性体内,土不可能发生侧向变形,水平向自重应力 σ_{cx}、σ_{cy}相等,且与 σ_{cz}成正比,而剪应力为零,即

$$\sigma_{cx} = \sigma_{cy} = k_0\sigma_{cz} \tag{3-2}$$

式中　k_0——土的静止土压力系数,表示土体在无侧向变形条件下,水平向应力与竖向应力的比值,可由试验确定,当无试验资料时,可参考经验数值确定。

1.2 成层土的自重应力

如果地基是由不同性质的成层土组成,则在地面以下任一层面处的自重应力应为:

$$\sigma_{cz} = \gamma_1 h_1 + \gamma_2 h_2 + \cdots + \gamma_n h_n = \sum_{i=1}^{n} \gamma_i h_i \tag{3-3}$$

式中　n——至计算层面上的土层总数;

γ_i——第 i 层土的天然重度,地下水位以下的土层取 γ',kN/m^3;

h_i——第 i 层土的厚度,m。

由式(3-3)可知,非均质土中自重应力沿深度呈折线分布,转折点位于 γ 值发生变化的界面,如图 3-2 所示。

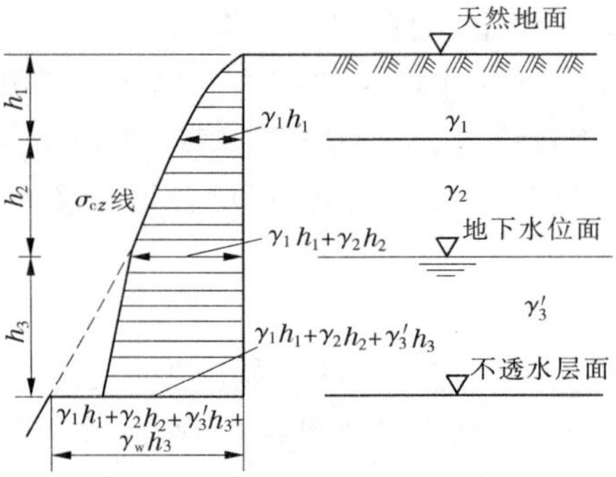

图 3-2　成层土中自重应力分布

1.3　相对不透水层的影响

在地下水位以下，如埋藏有不透水层(如连续分布的坚硬黏性土层或岩层)，由于不透水层中不存在水的浮力，所以层面及层面以下的自重应力应按上覆土层的水土总重计算，如图 3-2 所示。在不透水层界面上的自重应力发生突变，具有两个自重应力值。

1.4　地下水位变化对土中自重应力的影响

土层中地下水位的升降会引起土中自重应力的变化。当地下水位下降时，如图 3-3(a)所示，地下水位变化范围内的土体，在水位变化前土颗粒受浮力作用，土的自重应力 σ_{cz} 等于 $\gamma' z$，而地下水位下降后土颗粒不受浮力作用，自重应力 σ_{cz} 等于 γz，因为 $\gamma > \gamma'$，所以土的自重应力增加，引起土体发生变形。若在土基中大量开采地下水，造成地下水位大幅度下降，将会引起地面大面积下沉的严重后果。

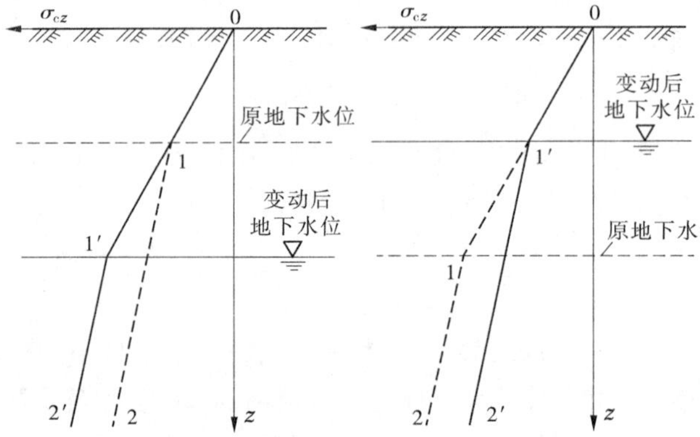

0－1－2 线—原来自重应力的分布；0－1′－2′线—地下水位变动后自重应力的分布

图 3-3　地下水位升降对土中自重应力的影响

至于地下水位上升情况，如图 3-3(b)所示，一般发生在人工提高蓄水水位的地区(如筑坝蓄水)或工业用水大量渗入地下的地区。由于地下水位上升使原来未受浮力作用的土颗粒受到了浮力作用，致使土的自重应力减小。地下水上升除引起自重应力减小外，还将引起黏性土地基承载力降低，自重湿陷性黄土湿陷，挡土墙侧向压力增大，土坡的稳定性降低等。如果该地区土层具有遇水后土性发生变化的特性，则必须引起注意。

思考题：(1)什么是自重应力？成层土的自重应力分布有何特点？如何计算？

(2)地下水位升降对自重应力有何影响?

【例3-1】 有一多层地基地质剖面如图3-4(a)所示,试计算并绘制自重应力σ_{cz}沿深度的分布图。

解:37.5 m 高程处,$h_1=2.5$ m

$$\sigma_{cz1}=\gamma_1 h_1=17.6\times 2.5=44.0(\text{kPa})$$

35.5 m 高程处,$h_2=2.0$ m

$$\sigma_{cz2}=\gamma_1 h_1+\gamma_2 h_2=44.0+19.0\times 2.0=82.0(\text{kPa})$$

34.0 m 高程处,$h_3=1.5$ m

$$\sigma_{cz3}=\gamma_1 h_1+\gamma_2 h_2+\gamma'_3 h_3=82.0+(20.0-10)\times 1.5=97.0(\text{kPa})$$

32.0 m 高程处,砂土层底部,$h_4=2.0$ m

$$\sigma_{cz4上}=\gamma_1 h_1+\gamma_2 h_2+\gamma'_3 h_3+\gamma'_4 h_4=97.0+(19.6-10)\times 2.0=116.2(\text{kPa})$$

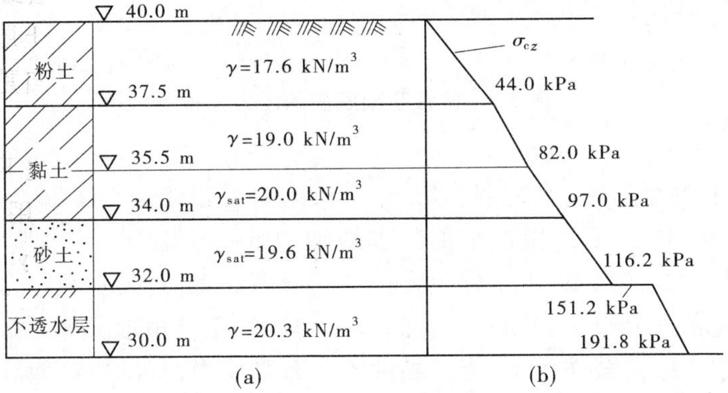

图3-4 例3-1图

32.0 m 高程处,不透水层顶部,$h_4=2.0$ m

$$\sigma_{cz4下}=\gamma_1 h_1+\gamma_2 h_2+\gamma'_3 h_3+\gamma'_4 h_4+\gamma_w(h_3+h_4)=116.2+10\times(1.5+2.0)=151.2(\text{kPa})$$

30.0 m 高程处,不透水层底部,$h_5=2.0$ m

$$\sigma_{cz5}=\gamma_1 h_1+\gamma_2 h_2+\gamma'_3 h_3+\gamma'_4 h_4+\gamma_w(h_3+h_4)+\gamma_5 h_5=151.2+20.3\times 2.0=191.8(\text{kPa})$$

绘制自重应力σ_{cz}沿深度的分布曲线,见图3-4(b)。

2 基底压力的计算

建筑物的荷载通过基础传给地基土体,在基础底面处单位面积地基所受的压力称为基底压力(也称接触压力),地基对基础的作用力称为地基反力。由于基底压力能引起地基中的附加应力,因此计算基底压力的大小和分布是计算附加应力的依据。不同形式的基底压力分布,在地基土体的一定深度内,就有不同的附加应力分布状态。

2.1 基底压力的分布规律

准确地确定基底压力的分布是相当复杂的问题。试验和理论研究表明,基底压力的分布受到很多因素的影响。它与基础的刚度(指其抗弯刚度)、形状、尺寸和埋深有关,也与基础所受荷载的大小及地基土的性质等有关。基础按刚度不同可划分为三种类型:柔性基础、刚性基础和弹性基础。

2.1.1 柔性基础

柔性基础是指刚性很小，在荷载作用下，基础随地基一起变形的基础。如土坝、土堤、路基等建筑物的基础。其基底压力的大小和分布与作用于基底上的荷载大小和分布相同。若基底上的荷载是均匀分布，则基底压力也为均匀分布；若基底上的荷载是梯形分布，则基底压力也是梯形分布，如图 3-5 所示。

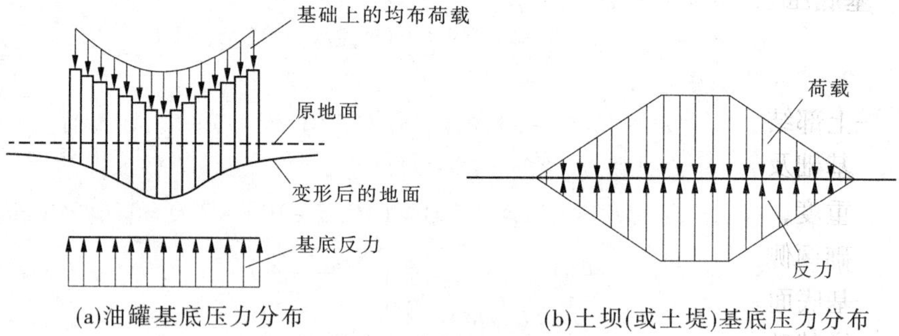

图 3-5 柔性基础底面的压力分布

2.1.2 刚性基础

刚性基础是指刚性很大，在荷载作用下，基础本身可当作是不变形的基础。该基础基底始终保持为平面，各点沉降相同，如混凝土基础和砖石基础等。若地基为砂土，当基础埋深较小，在中心荷载作用下，由于砂土颗粒之间没有黏聚力，其基底压力中间大，边缘处等于零，类似于抛物线分布；当荷载继续加大时，则近似于三角形分布，如图 3-6(a)所示。对黏性土地基，在中心荷载作用下，由于黏性土具有黏聚力，基础边缘能承受一定的压力，因此当荷载较小时，基底压力呈边缘大、中间小的马鞍形分布；当荷载逐渐增大并超过土粒间的联结强度(黏聚力)后基底压力将重新分布，由马鞍形逐步发展为抛物线形和钟形，如图 3-6(b)所示。

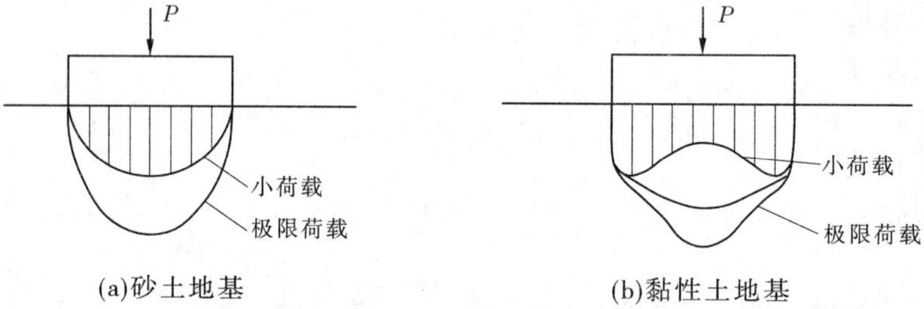

图 3-6 刚性基础基底压力分布示意图

2.1.3 弹性基础

弹性基础是指刚度介于柔性基础和刚性基础之间的一种基础类型。在外荷载作用下，基础本身也将发生一些弯曲变形，如水闸基础、筏式基础等钢筋混凝土薄板基础均属弹性基础。

对刚性基础，虽然其基底压力分布与基础上面的荷载分布不同，但在实际工程中作用于基础上的荷载，受地基承载力的限制，一般不会很大(小于 600 kPa)，且基础都有一定的埋深，其基底压力分布接近直线分布。因此，常假定基底压力为直线分布，近似地按材料力学方法进行简化计算。

2.2　基底压力的简化计算

2.2.1　竖直中心荷载作用下的基底压力

2.2.1.1　矩形基础和圆形基础

竖直中心荷载作用的基础，其荷载的合力通过基底形心，基底压力为均匀分布，如图3-7所示，基底压力的计算公式为：

$$p = \frac{F + G}{A} \tag{3-4}$$

式中　F——上部结构传至基础顶面的竖向力，kN；

G——基础及底面以上回填土总重，kN，$G = \gamma_G A\bar{d}$，其中 γ_G 为基础及回填土的平均重度，一般可取 20 kN/m^3，地下水位以下应取有效重度，d 为基础埋深，当基础两侧地面高程不同时，取其平均值 $\bar{d}$(m)；

A——基底面积，m^2，对于矩形基础 $A = bl$，b 与 l 分别为基础的宽度与长度，对于圆形基础 $A = \pi D^2/4$，D 为基础底面直径。

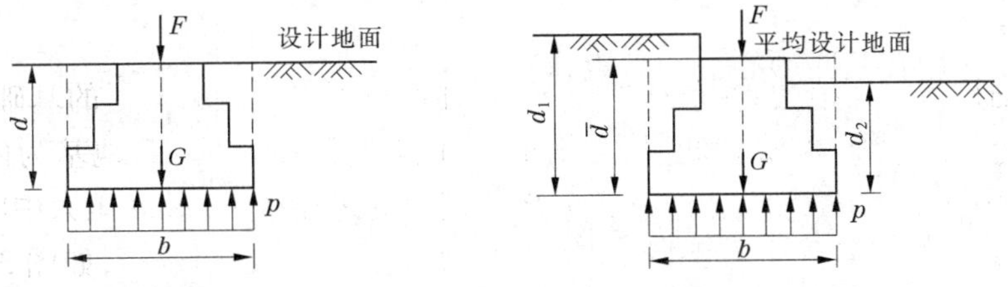

(a)基础两侧地面同高程　(b)基础两侧地面不同高程

图3-7　中心荷载下基底压力分布

2.2.1.2　条形基础

在实际工程中，像堤坝、挡土墙等建筑物（见图3-8），其长度 l 和宽度 b 相比较大，理论上认为可近似是无限长时，且沿长度方向基础的截面尺寸相同、荷载相同，则各截面中的地基附加应力分布也就相同，这样的基础称为条形基础。它可作为弹性理论中的平面应力问题来计算。显然，在条形基础荷载作用下，用平面问题计算的附加应力只与以 xoz 为平面的坐标有关。

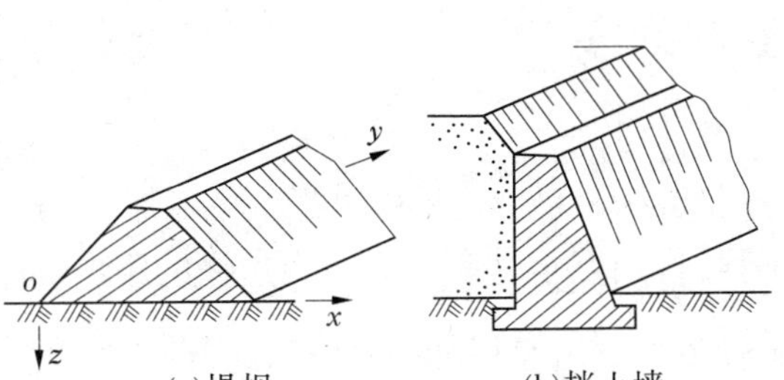

(a)堤坝　(b)挡土墙

图3-8　按平面问题考虑的基础

在实际计算中，当 $l/b \geqslant 10$ 时即可称为条形基础（如工业与民用建筑工程中），有些工程的基础，当 $l/b \geqslant 5$ 时也可视为条形基础（如水利工程），据此计算附加应力而引起的误差是允许的。所以对条形基础，沿长度方向取 $l = 1$ m 的截条，$A = b$ 来考虑，其基底压力为：

$$p = \frac{\overline{F} + \overline{G}}{b} \tag{3-5}$$

式中 p——平均基底压力，kPa；

$\overline{F} + \overline{G}$——沿基底长度方向 1 m 长基础上的荷载和基础自重，kN/m。

2.2.2 偏心荷载作用下的基底压力

基础承受单向偏心竖直荷载作用，如图 3-9 所示的矩形基础，为了抵抗荷载的偏心作用，通常取基础长边 l 与偏心方向一致。基底压力分布按材料力学的偏心受压公式计算，即

$$\begin{matrix} p_{max} \\ p_{min} \end{matrix} = \frac{F + G}{A}\left(1 \pm \frac{6e}{l}\right) \tag{3-6}$$

$$e = \frac{M}{F + G}$$

式中 p_{max}、p_{min}——基底两端最大、最小边缘基底压力，kN/m²；

M——作用在基底形心上的力矩，kN · m；

e——荷载偏心矩，m。

由式(3-6)可知：

当 $e < l/6$ 时，$p_{min} > 0$，基底压力呈梯形分布，如图 3-9(a)所示；

当 $e = l/6$ 时，$p_{min} = 0$，基底压力呈三角形分布，如图 3-9(b)所示；

当 $e > l/6$ 时，$p_{min} < 0$，表明基底将出现拉应力。

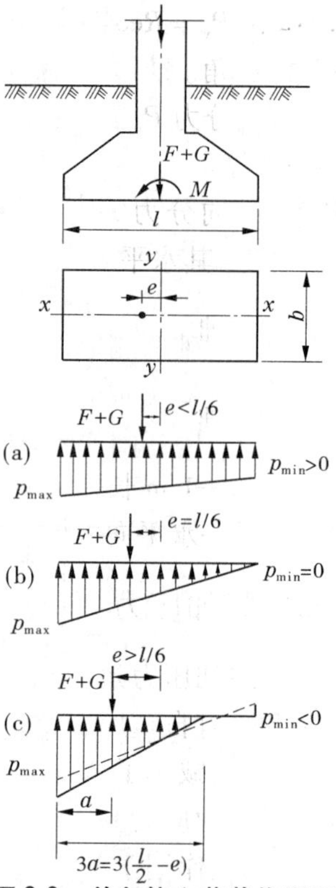

图 3-9 单向偏心荷载作用下矩形基础基底压力分布

由于基底与地基之间不能承受拉力，此时基底与地基之间发生局部脱开，使其基底压力重新分布。根据作用在基础底面上的偏心荷载与基底反力相平衡的条件，偏心竖向荷载的合力 $F + G$ 应通过基底压力分布图形的形心，如图 3-9(c)所示。因而，基底压力图形底边必为 $3a$，则 $F + G = \frac{1}{2} \times 3abp_{max}$，可得最大基底压力为：

$$p_{max} = \frac{2(F + G)}{3ab} \tag{3-7}$$

式中 a——单向偏心荷载作用点至基底最大压力边缘的距离，m，$a = \frac{l}{2} - e$。

从上述分析可见，$e > l/6$ 时，p_{max} 将增加很多。因此，在工程设计时，一般不允许 $e > l/6$，以便充分发挥地基承载力。

对于条形基础，仍沿长边方向取 1 m 进行计算，则 $A = b \times 1$，偏心方向与基础宽度一致。基底压力分别为：

$$\begin{matrix} p_{max} \\ p_{min} \end{matrix} = \frac{\overline{F} + \overline{G}}{b}\left(1 \pm \frac{6e}{b}\right) \tag{3-8}$$

2.2.3 基础受偏心斜向荷载作用

基础受偏心斜向荷载作用(如基础在竖直荷载和水压力共同作用)时,可将偏心斜向荷载合力 P 分解成竖直向分力 P_v 和水平向分力 P_h,如图 3-10 所示,其中,$P_v = R\cos\delta, P_h = R\sin\delta$,$\delta$ 为斜向荷载与竖直线的夹角。

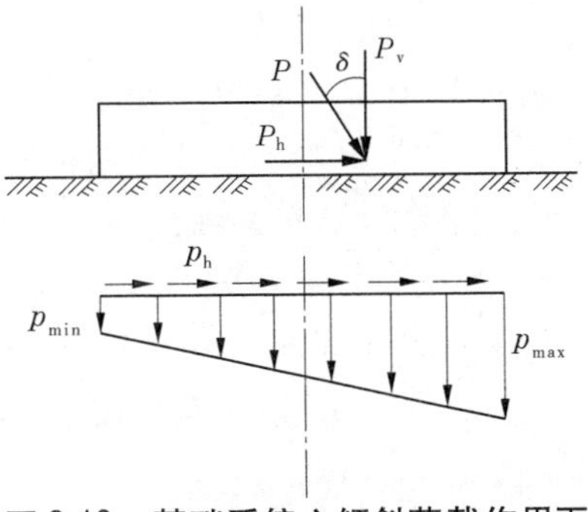

图 3-10 基础受偏心倾斜荷载作用下的基底压力分布

由竖向分力 P_v 引起的基底压力,可按式(3-6)或式(3-8)计算。

由水平向分力 P_h 引起的基底压力,一般假定为均匀分布,其水平基底压力计算公式为:

矩形基础
$$p_h = \frac{P_h}{A} \tag{3-9}$$

条形基础
$$p_h = \frac{\overline{P}_h}{b} \tag{3-10}$$

式中 $\overline{P}_h$——1 m 长基底上作用的水平向分力,kN/m;

p_h——水平向分力引起的基底压力,kPa。

3 基底附加压力计算

基底附加压力是指导致地基产生附加应力的那部分基底压力。显然,建筑物修建前地基土中只有自重应力,而且一般地基在自重作用下的变形已经完成。在修建建筑物时,基坑开挖后,减小了基础埋深以下原有地基的自重应力,相当于加了一个负荷载。因此,基底附加压力应为基底压力扣除基础底面处原有的自重应力,剩余部分的压力才是基础底面处,真正作用于地基产生附加应力的压力。在基底压力相同时,基底埋深越大,其附加压力越小,越有利于减小基础的沉降,根据该原理可以对基础采用补偿性设计。

当基底压力为均布时,其基底附加压力为:

$$p_0 = p - \sigma_{cz} \tag{3-11}$$

当基底压力为梯形分布时,其基底附加压力为:

$$\frac{p_{0\max}}{p_{0\min}} = \frac{p_{\max}}{p_{\min}} - \sigma_{cz} \tag{3-12}$$

式中 p_0——基底附加压力,kPa;

p——基底压力,kPa;

σ_{cz}——基础底面处的自重应力,从天然地面算起,对于新填土地区则从老地面算起。

思考题:什么是基底附加压力?为什么要计算基底附加压力?

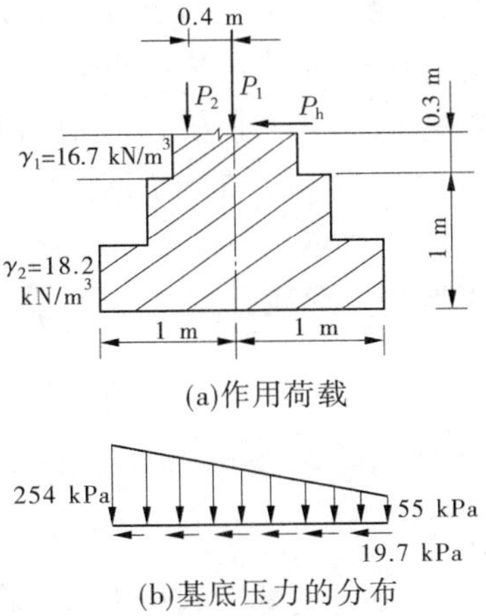

图 3-11 例 3-2 附图

【例 3-2】 某建筑物的基础底面长 $l = 2$ m,宽 $b = 1.6$ m,其上作用荷载如图 3-11(a)所示。$P_h = 63$ kN,$P_1 = 350$ kN,$P_2 = 60$ kN,试计算基底压力(绘出分布图)、基底附加

压力。

解：(1)计算基础及上覆土重

$$G = \gamma_G Ad = 20 \times 2 \times 1.6 \times 1.3 = 83.2(\text{kN})$$

(2)计算作用在基础底面以上竖直方向合力

$$P = G + P_1 + P_2 = 83.2 + 350 + 60 = 493.2(\text{kN})$$

(3)以基底面中心为矩心，计算作用于基础底面以上的合力矩

$$M = 1.3P_h + 0.4P_2 = 1.3 \times 63 + 0.4 \times 60 = 105.9(\text{kN} \cdot \text{m})$$

(4)求偏心矩 e

$$e = \frac{M}{P} = \frac{105.9}{493.2} = 0.215(\text{m})$$

(5)求基底压力

$$\frac{p_{\max}}{p_{\min}} = \frac{P}{A}\left(1 \pm \frac{6e}{l}\right) = \frac{493.2}{1.6 \times 2} \times \left(1 \pm \frac{6 \times 0.215}{2}\right) = \frac{254}{55}(\text{kPa})$$

$$p_h = \frac{P_h}{A} = \frac{63}{1.6 \times 2} = 19.7(\text{kPa})$$

基底压力分布如图3-11(b)所示。

(6)求基底附加压力

$$\frac{p_{0\max}}{p_{0\min}} = \frac{p_{\max}}{p_{\min}} - \sigma_{cz} = \frac{254}{55} - (16.7 \times 0.3 + 18.2 \times 1.0) = \frac{231}{32}(\text{kPa})$$

4 土中的附加应力计算

地基中的附加应力是指由新增外荷载在地基土中产生的应力，是引起地基变形与破坏的主要因素。目前在计算地基中的附加应力时，常假定地基土是均质、连续、各向同性的半无限的弹性体，按照弹性理论进行计算，其结果能满足工程精度要求。下面介绍几种荷载作用下附加应力的计算方法。

4.1 竖直集中力作用下的附加应力

1885年法国学者布辛奈斯克(J. Boussinesq)用弹性理论推出半无限弹性体表面上作用有竖直向集中力 P 时，在弹性体内任一点 M 所引起的附加应力的解析解。若以 P 作用点为原点，以 P 的作用线为 z 轴，建立起坐标系，如图3-12所示，M 点的坐标为(x,y,z)，M 点的6个应力分量 σ_x、σ_y、σ_z、τ_{xy}、τ_{xz}和 τ_{yz}已由弹性理论解出，其中竖向应力分量 σ_z对计算地基变形最有意义，其计算公式为：

$$\sigma_z = \frac{3P}{2\pi} \cdot \frac{z^3}{R^5} \tag{3-13}$$

式中 R——集中力 P 作用点至计算点 M 的距离，根据图3-12有如下几何关系：

$$R = \sqrt{x^2 + y^2 + z^2} = \sqrt{z^2 + r^2} = z\sqrt{1 + (r/z)^2}$$

r——M 点到集中力 P 作用线的水平距离。

以 $R = z\sqrt{1 + (r/z)^2}$ 代入式(3-13)中，则

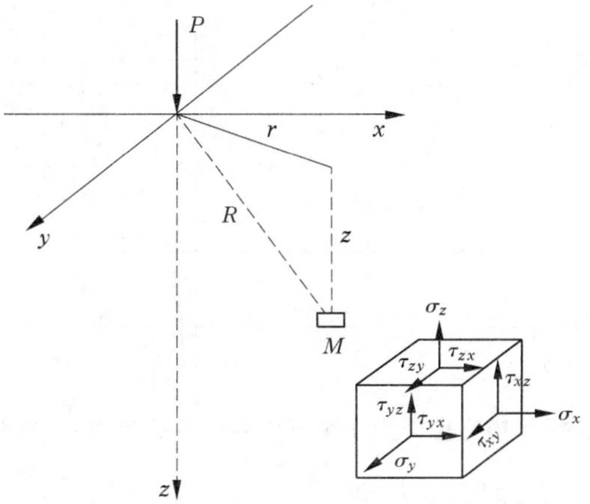

图3-12　铅直集中力作用下土中一点的应力

$$\sigma_z = \frac{3}{2\pi} \cdot \frac{1}{\left[1+\left(\frac{r}{z}\right)^2\right]^{5/2}} \cdot \frac{P}{z^2} = K\frac{P}{z^2} \tag{3-14}$$

式中　K——竖直集中力作用下的地基竖向附加应力系数，是 r/z 的函数，可由表3-1查得。

表3-1　集中力作用下的竖向附加应力系数 K

r/z	K	r/z	K	r/z	K	r/z	K	r/z	K
0	0.477 5	0.50	0.273 3	1.00	0.084 4	1.50	0.025 1	2.00	0.008 5
0.05	0.474 5	0.55	0.246 6	1.05	0.074 4	1.55	0.022 4	2.20	0.005 8
0.10	0.465 7	0.60	0.221 4	1.10	0.065 8	1.60	0.020 0	2.40	0.004 0
0.15	0.451 6	0.65	0.197 8	1.15	0.058 1	1.65	0.017 9	2.60	0.002 9
0.20	0.432 9	0.70	0.176 2	1.20	0.051 3	1.70	0.016 0	2.80	0.002 1
0.25	0.410 3	0.75	0.156 5	1.25	0.045 4	1.75	0.014 4	3.00	0.001 5
0.30	0.384 9	0.80	0.138 6	1.30	0.040 2	1.80	0.012 9	3.50	0.000 7
0.35	0.357 7	0.85	0.122 6	1.35	0.035 7	1.85	0.011 6	4.00	0.000 4
0.40	0.329 4	0.90	0.108 3	1.40	0.031 7	1.90	0.010 5	4.50	0.000 2
0.45	0.301 1	0.95	0.095 6	1.45	0.028 2	1.95	0.009 5	5.00	0.000 1

由式(3-14)计算可知，竖向附加应力 σ_z 的分布规律为：

(1)在任一深度的水平面上 σ_z 的分布。当深度 z 为一定值时，在水平距离 $r=0$ 处 σ_z 最大，随着 r 的逐渐增大，K 值愈小，则 σ_z 值也愈小，如图3-13所示。

(2)集中力作用线上 σ_z 的分布。

在集中力 P 的作用线上 $r=0$，当 $z=0$ 时，竖向附加应力 $\sigma_z \to \infty$，随着深度增加而 σ_z 逐渐减小，如图3-13所示。注意 $z=0$ 时，$\sigma_z \to \infty$，这说明用弹性理论导出的应力计算公式不适用于集中力附近点的附加应力计算，实际上，该点土体已处在塑性状态，因此再用弹性理论计算将得出不合理的结论。

(3)在 $r>0$ 的铅竖直线上 σ_z 的分布。

在 $r>0$ 的铅竖直线上，当 $z=0$ 时，$\sigma_z=0$，随着 z 的增加，σ_z 从零逐渐增大，至一定深

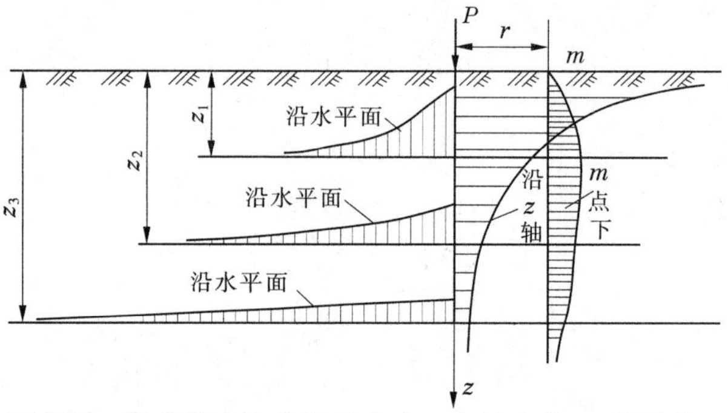

图 3-13　铅直集中力作用下土中一点的应力 σ_z 的分布

度又随着 z 值的增加而减小，如图 3-13 所示。

将地基中 σ_z 相同的点连结起来，便可绘出如图 3-14 所示的等应力线，该线形如泡状，故又称应力泡。土中离集中力作用点越远，附加应力越小，这种现象称为应力扩散现象。

若地面上有 n 个相邻的集中力作用，如图 3-15 中的 P_1、P_2，应先分别算出各个集中力在土中某一深度引起的附加应力（见图 3-15 中 a、b 线）。再根据应力叠加原理把它们叠加起来。图 3-15 中的 c 线即为 P_1 与 P_2 在该平面处引起的附加应力的叠加曲线。这种应力叠加现象称为应力的积聚现象。

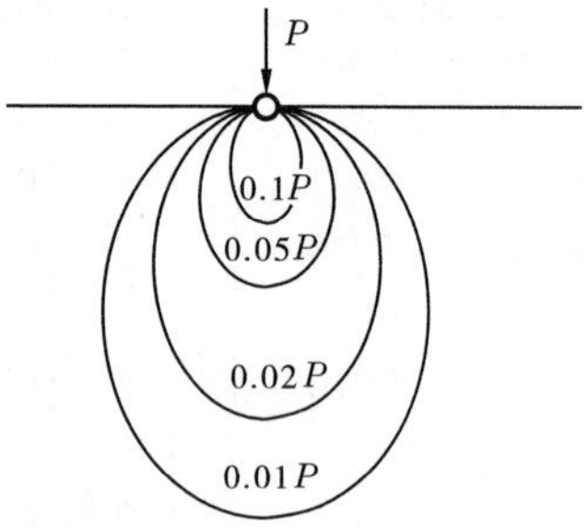

图 3-14　σ_z 的等值线图

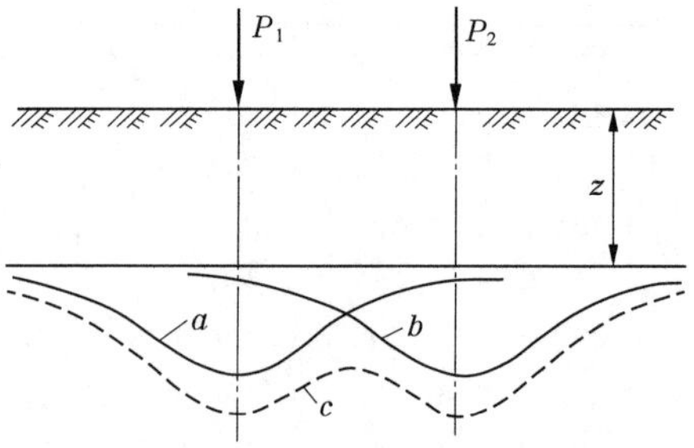

图 3-15　两个竖直集中力作用下地基中 σ_z 的叠加

在多个相邻的集中力作用下，利用式（3-14）及叠加原理，可求出地基中任意点 M 的附加应力为：

$$\sigma_z = K_1 \frac{P_1}{z^2} + K_2 \frac{P_2}{z^2} + \cdots + K_n \frac{P_n}{z^2} \qquad (3\text{-}15)$$

式中　$K_1, K_2, \cdots, K_n$——集中力 $P_1, P_2, \cdots, P_n$ 作用下的竖向附加应力系数。

因附加应力的扩散和积聚作用，邻近基础将产生互相影响，引起基础附加沉降，如新建筑物可能使相邻的旧建筑物产生裂缝和倾斜，这在软土地基上尤为突出。因此，在工程设计与施工中必须考虑相邻基础的互相影响。

思考题：什么是附加应力？附加应力的分布规律是什么？

【例 3-3】　在半空间表面作用一集中力 $P = 500$ kN，试求：

（1）$z = 2$ m，水平距离 $r = 0, 1$ m，2 m，3 m，4 m 各点的附加应力 σ_z，并绘出 σ_z 应力分布图；

(2)$z=4$ m,水平距离同上的各点附加应力 σ_z,并绘出 σ_z 应力分布图;

(3)$r=0$ 的竖线上,$z=0$,1 m,2 m,3 m,4 m 各点的附加应力 σ_z,并绘出 σ_z 应力分布图。

解:列表计算,见表 3-2。

绘出表 3-2 中各点的 σ_z 分布曲线,如图 3-16 所示。

表 3-2　例 3-3 计算表

z(m)	r(m)	r/z	K	$\sigma_z=KP/z^2$(kPa)
	0	0	0.477 5	59.69
	1	0.50	0.273 3	34.16
2	2	1.00	0.084 4	10.55
	3	1.50	0.025 1	3.14
	4	2.00	0.008 5	1.06
	0	0	0.477 5	14.92
	1	0.25	0.410 3	12.82
4	2	0.50	0.273 3	8.54
	3	0.75	0.156 5	4.89
	4	1.00	0.084 4	2.64
0				∞
1				238.75
2	0	0	0.477 5	59.69
3				26.53
4				14.92

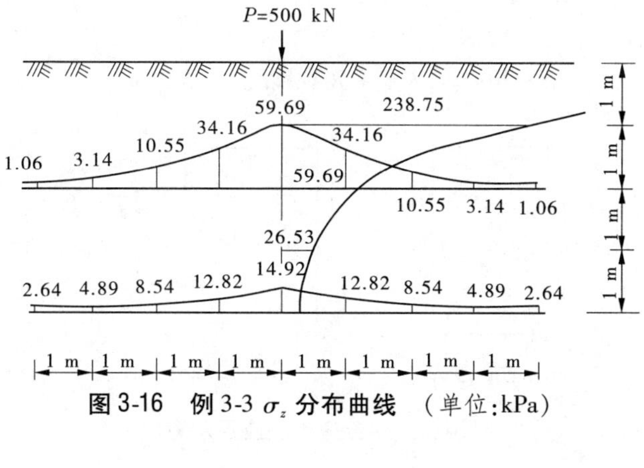

图 3-16　例 3-3 σ_z 分布曲线　(单位:kPa)

4.2 空间问题的附加应力计算

设基础长度为 l,宽度为 b,当 $l/b<10$ 时,其地基附加应力与空间坐标位置有关,属于空间问题。以下按不同荷载分布形式计算矩形基底面下的垂直向附加应力。

4.2.1 矩形基础受均布铅直荷载作用

4.2.1.1 基础角点的附加应力

当均布铅直荷载 p 作用于长度为 l、宽度为 b 的矩形基底时,以矩形基底面的角点为坐标原点,如图 3-17 所示,在矩形面积上任取微小面积 $\mathrm{d}x\mathrm{d}y$,将其上作用荷载以集中力 $\mathrm{d}P=p\mathrm{d}x\mathrm{d}y$ 代替,然后代入式(3-13),并沿基底长度 l 和宽度 b 两个方向进行二重积分,可求得矩形基底面角点下任一深度 z 处 M 点的附加应力 σ_z,即

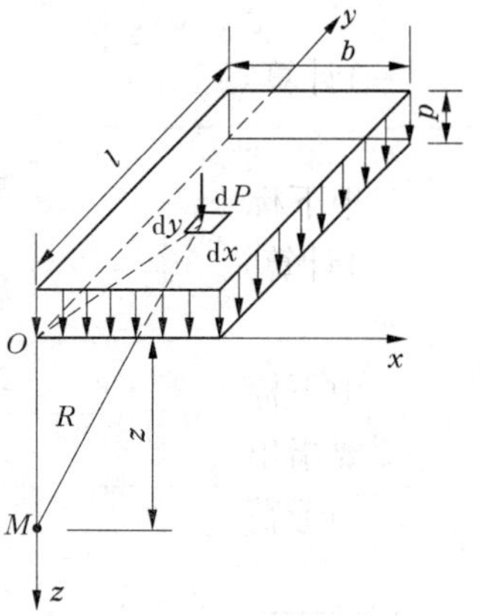

图 3-17 矩形基础受竖直均布荷载作用时角点下的附加应力

$$\sigma_z=\int_0^l\int_0^b\frac{3p}{2\pi}\cdot\frac{z^3}{(x^2+y^2+z^2)^{5/2}}\cdot\mathrm{d}x\mathrm{d}y$$

$$=\frac{p}{2\pi}\left[\arctan\frac{m}{n\sqrt{1+m^2+n^2}}+\frac{mn}{\sqrt{1+m^2+n^2}}\left(\frac{1}{m^2+n^2}+\frac{1}{1+n^2}\right)\right]$$

为了计算方便,将上式简写为:

$$\sigma_z=K_c p \tag{3-16}$$

式中 K_c——矩形基础受竖直均布荷载作用时角点下的附加应力系数,它是 m、n 的函数,其值可由 $m=l/b$、$n=z/b$ 查表 3-3 得出。

4.2.1.2 地基中任一点的附加应力

对于地基中任一点的附加应力,可利用式(3-16)和应力叠加原理求得,常称为"角点法"。根据计算点的位置可有如图 3-18 所示的四种情况。计算时,首先通过计算点 N 把荷载面分成若干个矩形面积,使 N 点成为各个矩形的公共角点,然后按式(3-16)计算各个矩形角点下同深度 z 处的附加应力,并求其代数和。

(1)计算点 N 在基底面内,如图 3-18(a)所示,则

$$\sigma_z=(K_{c1}+K_{c2}+K_{c3}+K_{c4})p$$

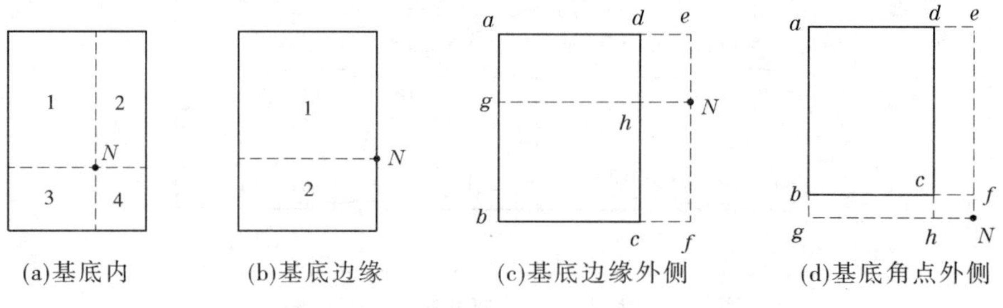

图 3-18 综合角点法应用示意图

如果 N 点恰好在矩形基础的形心下,则四块小矩形面积相等,所以,只需求出一个小

矩形在中心点下产生附加应力后再乘以4，即为整个矩形荷载在中心点下产生的附加应力，即

$$\sigma_z = 4K_{c1}p$$

（2）计算点 N 在基底边缘下，如图3-18（b）所示，则

$$\sigma_z = (K_{c1} + K_{c2})p$$

（3）计算点 N 在基底边缘外侧，如图3-18（c）所示，则

$$\sigma_z = (K_{c1} + K_{c2} - K_{c3} - K_{c4})p$$

其中下标1、2、3、4分别为矩形 $Neag$、$Ngbf$、$Nedh$ 和 $Nhcf$ 的编号。

（4）计算点 N 在基底角点外侧，如图3-18（d）所示，则

$$\sigma_z = (K_{c1} - K_{c2} - K_{c3} + K_{c4})p$$

其中下标1、2、3、4分别为矩形 $Neag$、$Nfbg$、$Nedh$ 和 $Nfch$ 的编号。

需要指出的是，矩形基础竖直均布荷载作用情况，在应用角点法计算附加应力时，确定每个矩形荷载的 K_c 值，l 始终为矩形基底的长边，b 始终为基底的短边，否则无法查表。

表3-3　矩形基础受竖直均布荷载作用时角点下附加应力系数 K_c 值

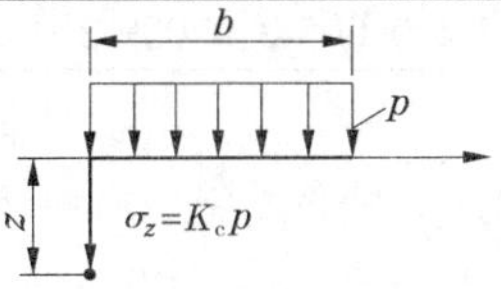

$n=z/b$	$m=l/b$										
	1.0	1.2	1.4	1.6	1.8	2.0	3.0	4.0	5.0	6.0	10.0
0	0.250 0	0.250 0	0.250 0	0.250 0	0.250 0	0.250 0	0.250 0	0.250 0	0.250 0	0.250 0	0.250 0
0.2	0.248 6	0.248 9	0.249 0	0.249 1	0.249 1	0.249 1	0.249 2	0.249 2	0.249 2	0.249 2	0.249 2
0.4	0.240 1	0.242 0	0.242 9	0.243 4	0.243 7	0.243 9	0.244 2	0.244 3	0.244 3	0.244 3	0.244 3
0.6	0.222 9	0.227 5	0.230 0	0.231 5	0.232 4	0.232 9	0.233 9	0.234 1	0.234 2	0.234 2	0.234 2
0.8	0.199 9	0.207 5	0.212 0	0.214 7	0.216 5	0.217 6	0.219 6	0.220 0	0.220 2	0.220 2	0.220 2
1.0	0.175 2	0.185 1	0.191 1	0.195 5	0.198 1	0.199 9	0.203 4	0.204 2	0.204 4	0.204 5	0.204 6
1.2	0.151 6	0.162 6	0.170 5	0.175 8	0.179 3	0.181 8	0.187 0	0.188 2	0.188 5	0.188 7	0.188 8
1.4	0.130 8	0.142 3	0.150 8	0.156 9	0.161 3	0.164 4	0.171 2	0.173 0	0.173 5	0.173 8	0.174 0
1.6	0.112 3	0.124 1	0.132 9	0.143 6	0.144 5	0.148 2	0.156 7	0.159 0	0.159 8	0.160 1	0.160 4
1.8	0.096 9	0.108 3	0.117 2	0.124 1	0.129 4	0.133 4	0.143 4	0.146 3	0.147 4	0.147 8	0.148 2
2.0	0.084 0	0.094 7	0.103 4	0.110 3	0.115 8	0.120 2	0.131 4	0.135 0	0.136 3	0.136 8	0.137 4
2.2	0.073 2	0.083 2	0.091 7	0.098 4	0.103 9	0.108 4	0.120 5	0.124 8	0.126 4	0.127 1	0.127 7
2.4	0.064 2	0.073 4	0.081 2	0.087 9	0.093 4	0.097 9	0.110 8	0.115 6	0.117 5	0.118 4	0.119 2
2.6	0.056 6	0.065 1	0.072 5	0.078 8	0.084 2	0.088 7	0.102 0	0.107 3	0.109 5	0.110 6	0.111 6
2.8	0.050 2	0.058 0	0.064 9	0.070 9	0.076 1	0.080 5	0.094 2	0.099 9	0.102 4	0.103 6	0.104 8
3.0	0.044 7	0.051 9	0.058 3	0.064 0	0.069 0	0.073 2	0.087 0	0.093 1	0.095 9	0.097 3	0.098 7
3.2	0.040 1	0.046 7	0.052 6	0.058 0	0.062 7	0.066 8	0.080 6	0.087 0	0.090 0	0.091 6	0.093 3
3.4	0.036 1	0.042 1	0.047 7	0.052 7	0.057 1	0.061 1	0.074 7	0.081 4	0.084 7	0.086 4	0.088 2

续表 3-3

$n=z/b$	$m=l/b$										
	1.0	1.2	1.4	1.6	1.8	2.0	3.0	4.0	5.0	6.0	10.0
3.6	0.032 6	0.038 2	0.043 3	0.048 0	0.052 3	0.056 1	0.069 4	0.076 3	0.079 9	0.081 6	0.083 7
3.8	0.029 6	0.034 8	0.039 5	0.043 9	0.047 9	0.051 6	0.064 5	0.071 7	0.075 3	0.077 3	0.079 6
4.0	0.027 0	0.031 8	0.036 2	0.040 3	0.044 1	0.047 4	0.060 3	0.067 4	0.071 2	0.073 3	0.075 8
4.2	0.024 7	0.029 1	0.033 3	0.037 1	0.040 7	0.043 9	0.056 3	0.063 4	0.067 4	0.069 6	0.072 4
4.4	0.022 7	0.026 8	0.030 6	0.034 3	0.037 6	0.040 7	0.052 7	0.059 7	0.063 9	0.066 2	0.069 2
4.6	0.020 9	0.024 7	0.028 3	0.031 7	0.034 8	0.037 8	0.049 3	0.056 4	0.060 6	0.063 0	0.066 3
4.8	0.019 3	0.022 9	0.026 2	0.029 4	0.032 4	0.035 2	0.046 3	0.053 3	0.057 6	0.060 1	0.063 5
5.0	0.017 9	0.021 2	0.024 3	0.027 4	0.030 2	0.032 8	0.043 5	0.050 4	0.054 7	0.057 3	0.061 0
6.0	0.012 7	0.015 1	0.017 4	0.019 6	0.021 8	0.023 8	0.032 5	0.038 8	0.043 1	0.046 0	0.050 6
7.0	0.009 4	0.011 2	0.013 0	0.014 7	0.016 4	0.018 0	0.025 1	0.030 6	0.034 6	0.037 6	0.042 8
8.0	0.007 3	0.008 7	0.010 1	0.011 4	0.012 7	0.014 0	0.019 8	0.024 6	0.028 3	0.031 1	0.036 7
9.0	0.005 8	0.006 9	0.008 0	0.009 1	0.010 2	0.011 2	0.016 1	0.020 2	0.023 5	0.026 2	0.031 9
10.0	0.004 7	0.005 6	0.006 5	0.007 4	0.008 3	0.009 2	0.013 2	0.016 7	0.019 8	0.022 2	0.028 0

【例 3-4】 图 3-19 中有 A、B 两个方形基础，其中 A 基础的基底面积为 4 m×4 m，B 基础的基底面积为 1 m×1 m，它们均承受 $p=300$ kPa 的均布荷载。设此两基础相距甚远，相互间的附加应力影响可以不计。试分别求出两基础下的最大附加应力 σ_z 的分布图。并比较两者对地基中同一高压缩性土层的影响有何不同？原因何在？

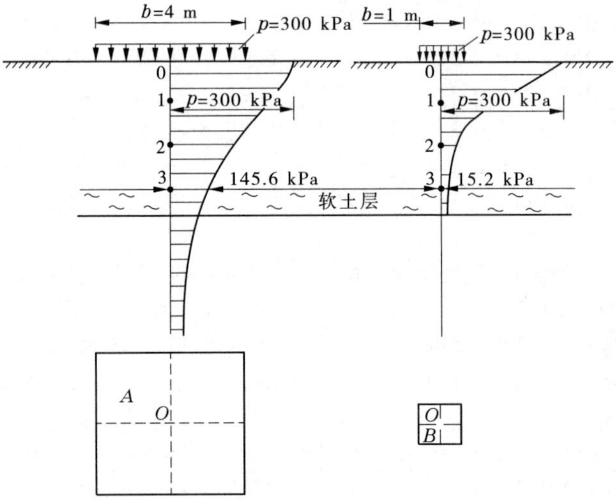

图 3-19 例 3-4 附图

解：在均布荷载下，地基中最大附加应力发生在通过基底中心 O 的铅直线上，其计算方法如下：

通过基底中心点 O 分别将 A 基础底面划分为四个 2 m×2 m 的方形基础，将 B 基础底面划分为四个 0.5 m×0.5 m 的方形基础，利用"角点法"求得 O 点以下各深度的附加应力，计算成果如表 3-4 所示。

由计算的结果可见，在相等强度的均布荷载作用下，大小不同的两基础在地基下相同深度处，所引起的附加应力 σ_z 值是不同的，荷载面(基础)越大，在相同深度处所引起的附加应力 σ_z 也越大。因此，在图中高压缩性土层顶面处由 A 基础所引起的附加应力(145.6 kPa)大于由 B 基础在该处所引起的附加应力(15.2 kPa)，且 A 基础应力分布的影响深度也较大，故 A 基础的沉降也将大于 B 基础的沉降。

表3-4 基础中心点下附加应力计算成果

基底以下的深度	4 m×4 m 的基础(A 基础)				1 m×1 m 的基础(B 基础)			
z(m)	$n=z/b$	$m=l/b$	K_c	$\sigma_z=4K_cp$ (kPa)	$n=z/b$	$m=l/b$	K_c	$\sigma_z=4K_cp$ (kPa)
1.0	0.5	1.0	0.231 5	277.8	2.0	1.0	0.084 0	100.8
2.0	1.0	1.0	0.175 2	210.2	4.0	1.0	0.027 0	32.4
3.0	1.5	1.0	0.121 3	145.6	6.0	1.0	0.012 7	15.2

4.2.2 矩形基础受三角形分布荷载作用

设矩形基础上作用的竖直荷载沿宽度 b 方向呈三角形分布，沿 l 方向的荷载不变，最大荷载强度为 p_t，如图3-20所示。

4.2.2.1 零值边角点下的 σ_z

零值边角点下任一点 M 处的附加应力，仍可按先在基底面内取一微面积 $dxdy$，其上作用荷载以集中力 $dP=\frac{x}{b}p_t dxdy$ 代替，然后再积分，即为整个矩形基底面积在 M 点产生的附加应力，表达式为：

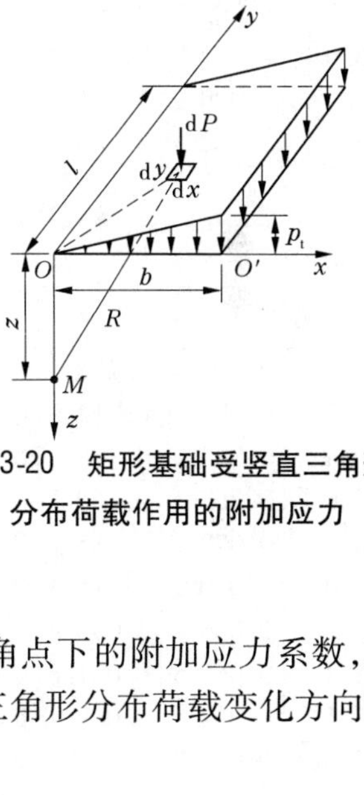

图3-20 矩形基础受竖直三角形分布荷载作用的附加应力

$$\sigma_z = K_{t1}p_t \tag{3-17}$$

$$K_{t1} = \frac{mn}{2\pi}\left[\frac{1}{\sqrt{m^2+n^2}} - \frac{n^2}{(1+n^2)\sqrt{1+m^2+n^2}}\right]$$

式中 K_{t1}——矩形基础受竖直三角形分布荷载作用时零值边角点下的附加应力系数，其值可由 $m=l/b$，$n=z/b$ 查表3-5，其中 b 为沿三角形分布荷载变化方向的矩形基底的长度，l 为矩形基底另一边长度。

4.2.2.2 荷载最大值边角点下的 σ_z

同理：荷载最大值边角点下的 σ_z 为：

$$\sigma_z = K_{t2}p_t \tag{3-18}$$

式中 K_{t2}——矩形基础受竖直三角形分布荷载作用时最大值边角点下的附加应力系数，其值可由 $m=l/b$，$n=z/b$ 查表3-5。

表 3-5 矩形基础受竖直三角形分布荷载作用时角点下附加应力系数 K_{t1} 和 K_{t2} 值

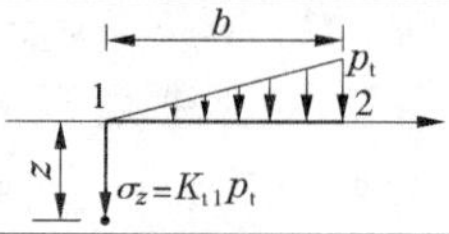

$n=z/b$	$m=l/b$									
	0. 2		0. 4		0. 6		0. 8		1. 0	
	K_{t1}	K_{t2}	K_{t1}	K_{t2}	K_{t1}	K_{t2}	K_{t1}	K_{t2}	K_{t1}	K_{t2}
0	0. 000 0	0. 250 0	0. 000 0	0. 250 0	0. 000 0	0. 250 0	0. 000 0	0. 250 0	0. 000 0	0. 250 0
0. 2	0. 022 3	0. 182 1	0. 028 0	0. 211 5	0. 029 6	0. 216 5	0. 030 1	0. 217 8	0. 030 4	0. 218 2
0. 4	0. 026 9	0. 109 4	0. 042 0	0. 160 4	0. 048 7	0. 178 1	0. 051 7	0. 184 4	0. 053 1	0. 187 0
0. 6	0. 025 9	0. 070 0	0. 044 8	0. 116 5	0. 056 0	0. 140 5	0. 062 1	0. 152 0	0. 065 4	0. 157 5
0. 8	0. 023 2	0. 048 0	0. 042 1	0. 085 3	0. 055 3	0. 109 3	0. 063 7	0. 123 2	0. 068 8	0. 131 1
1. 0	0. 020 1	0. 034 6	0. 037 5	0. 063 8	0. 050 8	0. 085 2	0. 060 2	0. 099 6	0. 066 6	0. 108 6
1. 2	0. 017 1	0. 026 0	0. 032 7	0. 049 1	0. 045 0	0. 067 3	0. 054 6	0. 080 7	0. 061 5	0. 090 1
1. 4	0. 014 5	0. 020 2	0. 027 8	0. 038 6	0. 039 2	0. 054 0	0. 048 3	0. 066 1	0. 055 4	0. 075 1
1. 6	0. 012 3	0. 016 0	0. 023 8	0. 031 0	0. 033 9	0. 044 0	0. 042 4	0. 054 7	0. 049 2	0. 062 8
1. 8	0. 010 5	0. 013 0	0. 020 4	0. 025 4	0. 029 4	0. 036 3	0. 037 1	0. 045 7	0. 043 5	0. 053 4
2. 0	0. 009 0	0. 010 8	0. 017 6	0. 021 1	0. 025 5	0. 030 4	0. 032 4	0. 038 7	0. 038 4	0. 045 6
2. 5	0. 006 3	0. 007 2	0. 012 5	0. 014 0	0. 018 3	0. 025 0	0. 023 6	0. 065 0	0. 028 4	0. 031 3
3. 0	0. 004 6	0. 005 1	0. 009 2	0. 010 0	0. 013 5	0. 014 8	0. 017 6	0. 019 2	0. 021 4	0. 023 3
5. 0	0. 001 8	0. 001 9	0. 003 6	0. 003 8	0. 005 4	0. 005 6	0. 007 1	0. 007 4	0. 008 8	0. 009 1
7. 0	0. 000 9	0. 001 0	0. 001 9	0. 001 9	0. 002 8	0. 002 9	0. 003 8	0. 003 8	0. 004 7	0. 004 7
10. 0	0. 000 5	0. 000 4	0. 000 9	0. 001 0	0. 001 4	0. 001 4	0. 001 9	0. 001 9	0. 002 3	0. 002 4

$n=z/b$	$m=l/b$									
	1. 2		1. 4		1. 6		1. 8		2. 0	
	K_{t1}	K_{t2}	K_{t1}	K_{t2}	K_{t1}	K_{t2}	K_{t1}	K_{t2}	K_{t1}	K_{t2}
0	0. 000 0	0. 250 0	0. 000 0	0. 250 0	0. 000 0	0. 250 0	0. 000 0	0. 250 0	0. 000 0	0. 250 0
0. 2	0. 030 5	0. 214 8	0. 030 5	0. 218 5	0. 030 6	0. 218 5	0. 030 6	0. 218 5	0. 030 6	0. 218 5
0. 4	0. 053 9	0. 188 1	0. 054 3	0. 188 6	0. 054 5	0. 188 9	0. 054 6	0. 189 1	0. 054 7	0. 189 2
0. 6	0. 067 3	0. 160 2	0. 068 4	0. 161 6	0. 069 0	0. 162 5	0. 069 4	0. 163 0	0. 069 6	0. 163 3
0. 8	0. 072 0	0. 135 5	0. 073 9	0. 138 1	0. 075 1	0. 139 6	0. 075 9	0. 140 5	0. 076 4	0. 141 2
1. 0	0. 070 8	0. 114 3	0. 073 5	0. 117 6	0. 075 3	0. 120 2	0. 076 6	0. 121 5	0. 077 4	0. 122 5
1. 2	0. 066 4	0. 096 2	0. 069 8	0. 100 7	0. 072 1	0. 103 7	0. 073 8	0. 105 5	0. 074 9	0. 106 9
1. 4	0. 060 6	0. 081 7	0. 064 4	0. 086 4	0. 067 2	0. 089 7	0. 069 2	0. 092 1	0. 070 7	0. 093 7
1. 6	0. 054 5	0. 069 6	0. 058 6	0. 074 3	0. 061 6	0. 078 0	0. 063 9	0. 080 6	0. 065 6	0. 082 6
1. 8	0. 048 7	0. 059 6	0. 052 8	0. 064 4	0. 056 0	0. 068 1	0. 058 5	0. 070 9	0. 060 4	0. 073 0
2. 0	0. 043 4	0. 051 3	0. 047 4	0. 056 0	0. 050 7	0. 059 6	0. 053 3	0. 062 5	0. 055 3	0. 064 9
2. 5	0. 032 6	0. 036 5	0. 036 2	0. 040 5	0. 039 3	0. 044 0	0. 041 9	0. 046 9	0. 044 0	0. 049 1
3. 0	0. 024 9	0. 027 0	0. 028 0	0. 030 3	0. 030 7	0. 033 3	0. 033 1	0. 035 9	0. 035 2	0. 038 0
5. 0	0. 010 4	0. 010 8	0. 012 0	0. 012 3	0. 013 5	0. 013 9	0. 014 8	0. 015 4	0. 016 1	0. 016 7
7. 0	0. 005 6	0. 005 6	0. 006 4	0. 006 6	0. 007 3	0. 007 4	0. 008 1	0. 008 3	0. 008 9	0. 009 1
10. 0	0. 002 8	0. 002 8	0. 003 3	0. 003 2	0. 003 7	0. 003 7	0. 004 1	0. 004 2	0. 004 6	0. 004 6

续表 3-5

$n=z/b$	$m=l/b$									
	3.0		4.0		6.0		8.0		10.0	
	K_{t1}	K_{t2}	K_{t1}	K_{t2}	K_{t1}	K_{t2}	K_{t1}	K_{t2}	K_{t1}	K_{t2}
0	0.000 0	0.250 0	0.000 0	0.250 0	0.000 0	0.250 0	0.000 0	0.250 0	0.000 0	0.250 0
0.2	0.030 6	0.218 6	0.030 6	0.218 6	0.030 6	0.218 6	0.030 6	0.218 6	0.030 6	0.218 6
0.4	0.054 8	0.189 4	0.054 9	0.189 4	0.054 9	0.189 4	0.054 9	0.189 4	0.054 9	0.189 4
0.6	0.070 1	0.163 8	0.070 2	0.163 9	0.070 2	0.164 0	0.070 2	0.164 0	0.070 2	0.164 0
0.8	0.077 3	0.142 3	0.077 6	0.142 4	0.077 6	0.142 6	0.077 6	0.142 6	0.077 6	0.142 6
1.0	0.079 0	0.124 4	0.079 4	0.124 8	0.079 5	0.125 0	0.079 6	0.125 0	0.079 6	0.125 0
1.2	0.077 4	0.109 6	0.077 9	0.110 3	0.078 2	0.110 5	0.078 3	0.110 5	0.078 3	0.110 5
1.4	0.073 9	0.097 3	0.074 8	0.098 2	0.075 2	0.098 6	0.075 2	0.098 7	0.075 3	0.098 7
1.6	0.069 7	0.087 0	0.070 8	0.088 2	0.071 4	0.088 7	0.071 5	0.088 8	0.071 5	0.088 9
1.8	0.065 2	0.078 2	0.066 6	0.079 7	0.067 3	0.080 5	0.067 5	0.080 6	0.067 5	0.080 8
2.0	0.060 7	0.070 7	0.062 4	0.072 6	0.063 4	0.073 4	0.063 6	0.073 6	0.063 6	0.073 8
2.5	0.050 4	0.055 9	0.052 9	0.058 5	0.054 3	0.060 1	0.054 7	0.060 4	0.054 8	0.060 5
3.0	0.041 9	0.045 1	0.044 9	0.048 2	0.046 9	0.050 4	0.047 4	0.050 9	0.047 6	0.051 1
5.0	0.021 4	0.022 1	0.024 8	0.025 6	0.028 3	0.029 0	0.029 6	0.030 3	0.030 1	0.030 9
7.0	0.012 4	0.012 6	0.015 2	0.015 4	0.018 6	0.019 0	0.020 4	0.020 7	0.021 2	0.021 6
10.0	0.006 6	0.006 6	0.008 4	0.008 3	0.011 1	0.011 1	0.021 8	0.013 0	0.013 9	0.014 1

4.2.3 矩形基础受水平均布荷载作用

如图 3-21 所示，当矩形基础上作用水平均布荷载 p_h 时，角点下任一深度 z 处的竖向附加应力 σ_z 为：

$$\sigma_z = \pm K_h p_h \tag{3-19}$$

$$K_h = \frac{m}{2\pi}\left[\frac{1}{\sqrt{m^2+n^2}} - \frac{n^2}{(1+n^2)\sqrt{1+m^2+n^2}}\right]$$

式中　K_h——矩形基础受水平均布荷载作用时的竖向附加应力系数，可根据 $m=l/b$，$n=z/b$ 查表 3-6，b 为平行于水平荷载方向的矩形基底的长度，l 为基底的另一条边长。

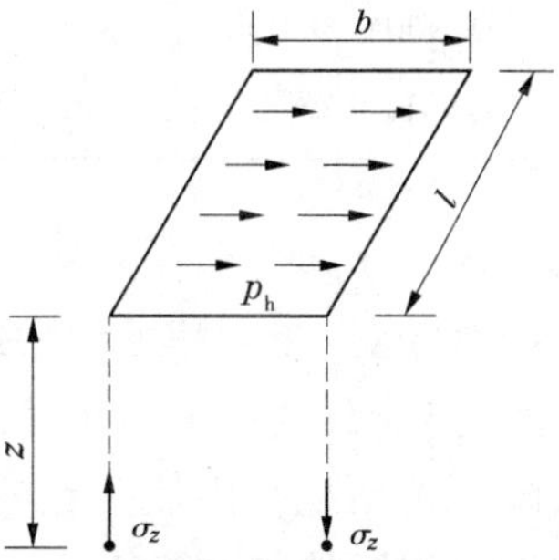

图 3-21　矩形基础受水平均布荷载作用角点下的附加应力

式中正负号的选取，当计算点在水平荷载的起始端下时，σ_z 为负值（拉应力），取“－”号；当计算点在水平荷载的终止端下时，σ_z 为正值（压应力），取“＋”号。

同理，可利用角点法计算矩形基底内、外任一点任一深度 z 处的竖向附加应力 σ_z，但必须注意，b 始终为矩形基底平行于水平均布荷载作用方向的长度。

表 3-6　矩形基础受水平均布荷载作用角点下竖向附加应力系数 K_h 值

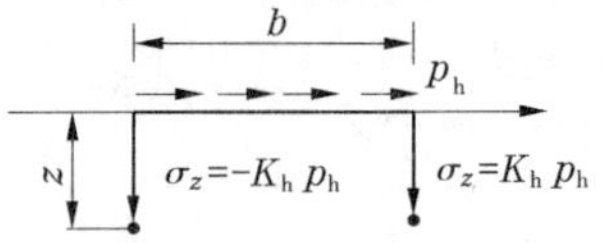

$n=z/b$	$m=l/b$										
	1.0	1.2	1.4	1.6	1.8	2.0	3.0	4.0	6.0	8.0	10.0
0	0.159 2	0.159 2	0.159 2	0.159 2	0.159 2	0.159 2	0.159 2	0.159 2	0.159 2	0.159 2	0.159 2
0.2	0.151 8	0.152 3	0.152 6	0.152 8	0.152 9	0.152 9	0.153 0	0.153 0	0.153 0	0.153 0	0.153 0
0.4	0.132 8	0.134 7	0.135 6	0.136 2	0.136 5	0.136 7	0.137 1	0.137 2	0.137 2	0.137 2	0.137 2
0.6	0.109 1	0.112 1	0.113 9	0.115 0	0.115 6	0.116 0	0.116 8	0.116 9	0.117 0	0.117 0	0.117 0
0.8	0.086 1	0.090 0	0.092 4	0.093 9	0.094 8	0.095 5	0.096 7	0.096 9	0.097 0	0.097 0	0.097 0
1.0	0.066 6	0.070 8	0.073 5	0.075 3	0.076 6	0.077 4	0.079 0	0.079 4	0.079 5	0.079 6	0.079 6
1.2	0.051 2	0.055 3	0.058 2	0.060 1	0.061 5	0.062 4	0.064 5	0.065 0	0.065 2	0.065 2	0.065 2
1.4	0.039 5	0.043 3	0.046 0	0.048 0	0.049 4	0.050 5	0.052 8	0.053 4	0.053 7	0.053 7	0.053 8
1.6	0.030 8	0.034 1	0.036 6	0.038 5	0.040 0	0.041 0	0.043 6	0.044 3	0.044 6	0.044 7	0.044 7
1.8	0.024 2	0.027 0	0.029 3	0.031 1	0.032 5	0.033 6	0.036 2	0.037 0	0.037 4	0.037 5	0.037 5
2.0	0.019 2	0.021 7	0.023 7	0.025 3	0.026 6	0.027 7	0.030 3	0.031 2	0.031 7	0.031 8	0.031 8
2.5	0.011 3	0.013 0	0.014 5	0.015 7	0.016 7	0.017 6	0.020 2	0.021 1	0.021 7	0.021 9	0.021 9
3.0	0.007 0	0.008 3	0.009 3	0.010 2	0.011 0	0.011 7	0.014 0	0.015 0	0.015 6	0.015 8	0.015 9
5.0	0.001 8	0.002 1	0.002 4	0.002 7	0.003 0	0.003 2	0.004 3	0.005 0	0.005 7	0.005 9	0.006 0
7.0	0.000 7	0.000 8	0.000 9	0.001 0	0.001 2	0.001 3	0.001 8	0.002 2	0.002 7	0.002 9	0.003 0
10.0	0.000 2	0.000 3	0.000 3	0.000 4	0.000 4	0.000 5	0.000 7	0.000 8	0.001 1	0.001 3	0.001 4

4.2.4　矩形基础受梯形竖直荷载及水平均布荷载作用

这种情况是在水利工程中经常遇到的一种荷载组合。可将荷载分为竖直均布荷载、三角形分布荷载及水平均布荷载，按前述三种情况角点下的附加应力公式分别计算，然后叠加，即可得出地基内任一点的附加应力。

4.3　平面问题的附加应力

理论上，当基础长宽比 $l/b=\infty$ 时，地基内的应力状态属于平面问题，但是实际上并不存在无限长基础，研究表明，当基础的长宽比 $l/b\geqslant10$（水利工程中 $l/b\geqslant5$）时，地基的附加应力与按 $l/b=\infty$ 时计算的数值相差甚少。因此，土坝、堤、水闸、挡土墙、路基、墙基等条形基础，均按平面问题计算地基中的附加应力。

4.3.1　均布线荷载作用——弗拉曼课题

在土体表面作用铅直均布线荷载 p，如图 3-22 所示，求土中任一点 M 的附加应力。计算时，在线荷载上取微单元 dy，其上作用荷载 $p dy$ 可看成集中力，将它在 M 点产生的附

加应力 $d\sigma_z$ 在长度上积分，即得线荷载作用下土中任一点 M 的附加应力的弗拉曼（Flaman）解：

$$\sigma_z = \int_{-\infty}^{\infty} \frac{3pz^3 dy}{2\pi(\sqrt{x^2+y^2+z^2})^5} = \frac{2pz^3}{\pi(x^2+z^2)^2} \tag{3-20}$$

4.3.2 条形基础受竖向均布荷载作用

宽度为 b 的条形基础上作用竖向均布荷载 p，如图3-23所示。将坐标原点 O 取在基础一侧的端点上，荷载作用的一侧为 x 正方向，求地基中任一点 M 的附加应力时，可由式(3-20)在宽度方向从0到 b 积分求得，即：

$$\sigma_z = \frac{p}{\pi}\left[\arctan\frac{m}{n} - \arctan\frac{m-1}{n} + \frac{mn}{m^2+n^2} - \frac{n(m-1)}{n^2+(m-1)^2}\right]$$

简化式为：

$$\sigma_z = K_z^s p \tag{3-21}$$

式中 K_z^s——条形基础受竖向均布荷载作用时的附加应力系数，可根据 $m=x/b$，$n=z/b$ 由表3-7查取。

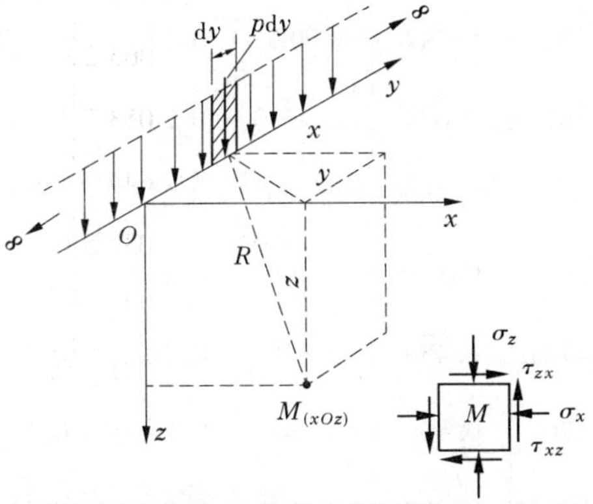

图3-22 竖直线荷载作用下的附加应力

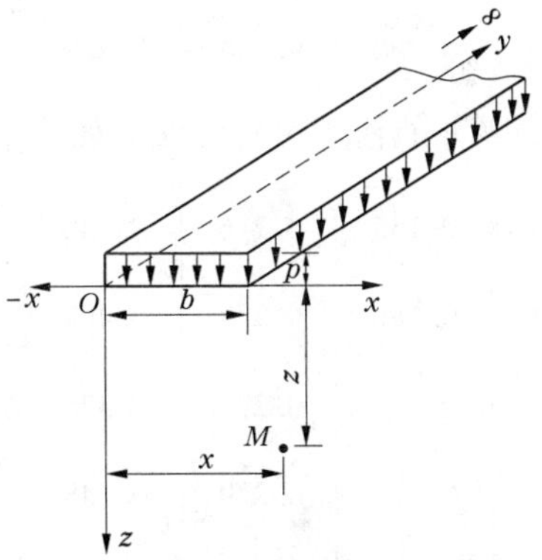

图3-23 条形基础受竖直均布荷载作用的附加应力

4.3.3 条形基础受竖直三角形分布荷载作用

当条形基础受荷载最大值为 p_t 的竖直三角形分布荷载作用时，如图3-24所示。将坐标原点 O 取在荷载强度为零侧的端点上，以荷载强度增大方向为 x 正方向。地基内任一点 M 的竖向附加应力 σ_z，仍通过对式(3-20)沿基底宽度积分而得，即

$$\sigma_z = \frac{p_t}{\pi}\left\{m\left[\arctan\left(\frac{m}{n}\right) - \arctan\left(\frac{m-1}{n}\right)\right] - \frac{n(m-1)}{n^2+(m-1)^2}\right\}$$

简化式为：

$$\sigma_z = K_z^t p_t \tag{3-22}$$

式中 K_z^t——条形基础受竖直三角形分布荷载作用时的竖向附加应力系数，根据 $m=x/b$，$n=z/b$ 由表3-8查取。

表 3-7 条形基础受竖直均布荷载作用时竖向附加应力系数 K_z^s 值

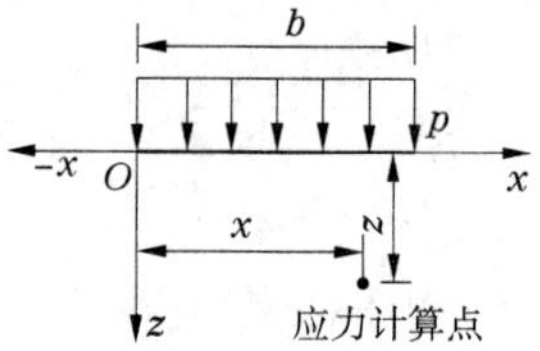

$n=z/b$	$m=x/b$								
	-0.5	-0.25	0	0.25	0.5	0.75	1.00	1.25	1.50
0.01	0.001	0.000	0.500	0.999	0.999	0.999	0.500	0.000	0.001
0.1	0.002	0.011	0.499	0.988	0.997	0.988	0.499	0.011	0.002
0.2	0.011	0.091	0.498	0.936	0.978	0.936	0.498	0.091	0.011
0.4	0.056	0.174	0.489	0.797	0.881	0.797	0.489	0.174	0.056
0.6	0.111	0.243	0.468	0.679	0.756	0.679	0.468	0.243	0.111
0.8	0.155	0.276	0.440	0.586	0.642	0.586	0.440	0.276	0.155
1.0	0.186	0.288	0.409	0.511	0.549	0.511	0.409	0.288	0.186
1.2	0.202	0.287	0.375	0.450	0.478	0.450	0.375	0.287	0.202
1.4	0.210	0.279	0.348	0.400	0.420	0.400	0.348	0.279	0.210
1.6	0.212	0.268	0.321	0.360	0.374	0.360	0.321	0.268	0.212
1.8	0.209	0.255	0.297	0.326	0.337	0.326	0.297	0.255	0.209
2.0	0.205	0.242	0.275	0.298	0.306	0.298	0.275	0.242	0.205
2.5	0.188	0.212	0.231	0.244	0.248	0.244	0.231	0.212	0.188
3.0	0.171	0.186	0.198	0.206	0.208	0.206	0.198	0.186	0.171
3.5	0.154	0.165	0.173	0.178	0.179	0.178	0.173	0.165	0.154
4.0	0.140	0.147	0.153	0.156	0.158	0.156	0.153	0.147	0.140
4.5	0.128	0.133	0.137	0.139	0.140	0.139	0.137	0.133	0.128
5.0	0.117	0.121	0.124	0.126	0.126	0.126	0.124	0.121	0.117

表 3-8 条形基础受竖直三角形分布荷载作用时竖向附加应力系数 K_z^t 值

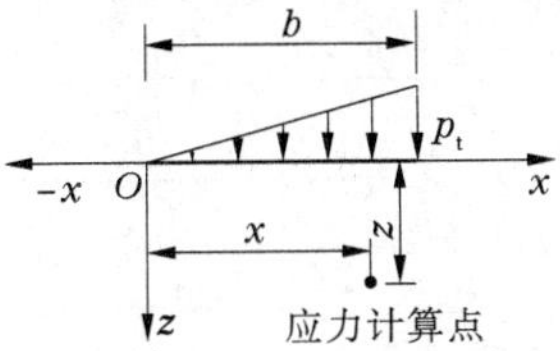

$n=z/b$	$m=x/b$								
	−0.5	−0.25	0.00	0.25	0.50	0.75	1.00	1.25	1.50
0.01	0.000	0.000	0.003	0.249	0.500	0.750	0.497	0.000	0.000
0.1	0.000	0.002	0.032	0.251	0.498	0.737	0.468	0.010	0.002
0.2	0.003	0.009	0.061	0.255	0.489	0.682	0.437	0.050	0.009
0.4	0.010	0.036	0.110	0.263	0.441	0.534	0.379	0.137	0.043
0.6	0.030	0.066	0.140	0.258	0.378	0.421	0.328	0.177	0.080
0.8	0.050	0.089	0.155	0.243	0.321	0.343	0.285	0.188	0.106
1.0	0.065	0.104	0.159	0.224	0.275	0.286	0.250	0.184	0.121
1.2	0.070	0.111	0.154	0.204	0.239	0.246	0.221	0.176	0.126
1.4	0.083	0.114	0.151	0.186	0.210	0.215	0.198	0.165	0.127
1.6	0.087	0.114	0.143	0.170	0.187	0.190	0.178	0.154	0.124
1.8	0.089	0.112	0.135	0.155	0.168	0.171	0.161	0.143	0.120
2.0	0.090	0.108	0.127	0.143	0.153	0.155	0.147	0.134	0.115
2.5	0.086	0.098	0.110	0.119	0.124	0.125	0.121	0.113	0.103
3.0	0.080	0.088	0.095	0.101	0.104	0.105	0.102	0.098	0.091
3.5	0.073	0.079	0.084	0.088	0.090	0.090	0.089	0.086	0.081
4.0	0.067	0.071	0.075	0.077	0.079	0.079	0.078	0.076	0.073
4.5	0.062	0.065	0.067	0.069	0.070	0.070	0.070	0.068	0.066
5.0	0.057	0.059	0.061	0.063	0.063	0.063	0.063	0.062	0.060

4.3.4 条形基础受水平均布荷载作用

当条形基础受水平均布荷载 p_h 作用时，如图 3-25 所示。将坐标原点 O 取在水平荷载起始端点侧，水平荷载作用方向为 x 正方向。地基中任一点 M 的竖向附加应力 σ_z，同样可以利用应力叠加原理，先推导出水平线荷载作用的附加应力公式，然后再沿条形基础宽度积分求得，其简化后的表达式为

$$\sigma_z = \frac{p_h}{\pi}\left[\frac{n^2}{(m-1)^2+n^2} - \frac{n^2}{m^2+n^2}\right]$$

简化式为：

$$\sigma_z = K_z^h p_h \tag{3-23}$$

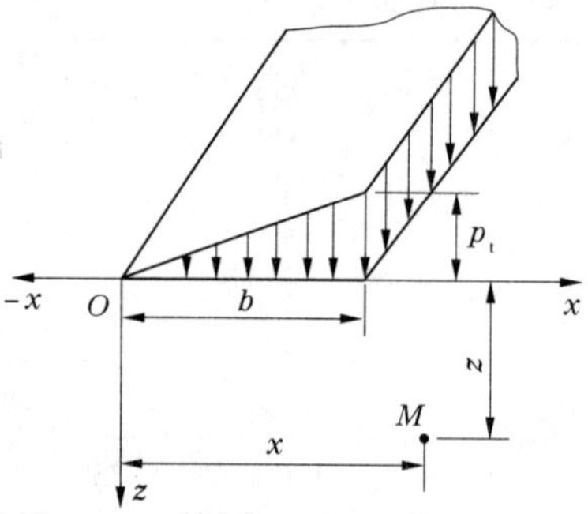

图 3-24　条形基础受竖直三角形分布荷载作用的附加应力

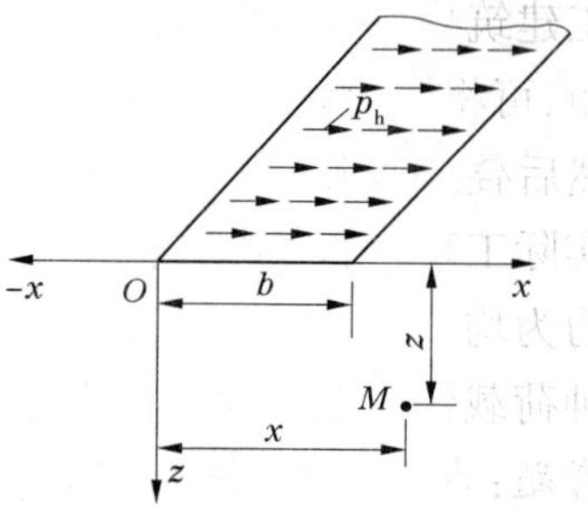

图 3-25　条形基础受水平均布荷载作用的附加应力

式中　K_z^h——条形基础受水平均布荷载作用时竖向附加应力系数，根据 $m = x/b$，$n = z/b$ 由表 3-9 查取。

应当指出，在条形竖直均布、三角形分布、水平均布荷载作用下，查表计算地基内的附加应力时，坐标系的选择必须分别符合表 3-7 ~ 表 3-9 中图例的规定，否则不能查相应的表。

表 3-9　条形基础在水平均布荷载下竖向附加应力系数 K_z^h 值

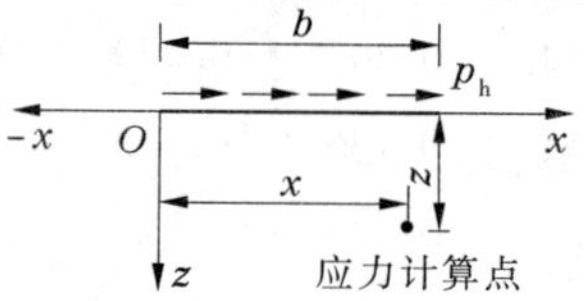

$n = z/b$	$m = x/b$							
	-0.25	0	0.25	0.50	0.75	1.00	1.25	1.50
0.01	-0.001	-0.318	-0.001	0.000	0.001	0.318	0.001	0.001
0.1	-0.042	-0.315	-0.039	0.000	0.039	0.315	0.042	0.011
0.2	-0.116	-0.306	-0.103	0.000	0.103	0.306	0.116	0.038
0.4	-0.199	-0.274	-0.159	0.000	0.159	0.274	0.199	0.103
0.6	-0.212	-0.234	-0.147	0.000	0.147	0.234	0.212	0.144
0.8	-0.197	-0.194	-0.121	0.000	0.121	0.194	0.197	0.158
1.0	-0.175	-0.159	-0.096	0.000	0.096	0.159	0.175	0.157
1.2	-0.153	-0.131	-0.078	0.000	0.078	0.131	0.153	0.147
1.4	-0.132	-0.108	-0.061	0.000	0.061	0.108	0.132	0.133
1.6	-0.113	-0.089	-0.050	0.000	0.050	0.089	0.113	0.121
1.8	-0.098	-0.075	-0.041	0.000	0.041	0.075	0.098	0.108
2.0	-0.085	-0.064	-0.034	0.000	0.034	0.064	0.085	0.096
2.5	-0.061	-0.044	-0.023	0.000	0.023	0.044	0.061	0.072
3.0	-0.045	-0.032	-0.017	0.000	0.017	0.032	0.045	0.055
3.5	-0.034	-0.024	-0.012	0.000	0.012	0.024	0.034	0.043
4.0	-0.027	-0.019	-0.010	0.000	0.010	0.019	0.027	0.034
4.5	-0.022	-0.015	-0.008	0.000	0.008	0.015	0.022	0.028
5.0	-0.018	-0.012	-0.006	0.000	0.006	0.012	0.018	0.023

4.3.5　条形基础受梯形竖直荷载及水平荷载作用

土工建筑物中的土坝与土堤，横截面均为梯形。由坝（堤）身自重引起的基底压力呈梯形分布，可将梯形分布荷载分解为三角形分布荷载和均布荷载，分别计算地基中同一点的 σ_z，然后叠加即求得地基中任一点的附加应力。

若实际工程中遇到基础上作用偏心斜向荷载的情况，竖向基底压力呈梯形分布，水平基底压力为均匀分布，对此将基底压力分为竖直均布、竖直三角和水平均布荷载，再应用上述三种荷载作用下 σ_z 的公式分别计算地基中各点的应力，最后进行应力叠加。

思考题：为什么空间问题的 σ_z 计算用角点法，平面问题的 σ_z 计算不能用角点法？

【例3-5】　某水闸基础宽度 $b=15$ m，长度 $l=150$ m，其上作用偏心竖直荷载与水平荷载，如图3-26所示。试绘出基底中点 O 及 A 点以下30 m深度范围内的附加应力的分布曲线（基础埋深不大，可不计埋深的影响）。

解：1. 基底压力的计算

因 $l/b=150/15=10>5$，故属条形基础。

（1）竖向基底压力

$$\frac{p_{\max}}{p_{\min}}=\frac{\overline{P}}{b}\left(1\pm\frac{6e}{b}\right)=\frac{1\ 500}{15}\times\left(1\pm\frac{6\times0.5}{15}\right)=\frac{120}{80}\text{(kPa)}$$

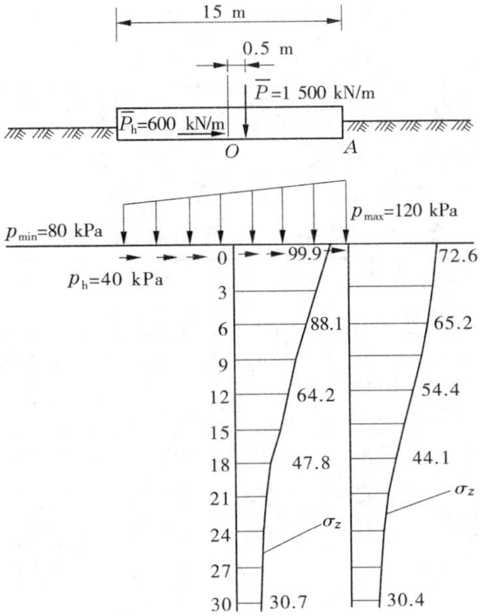

图3-26　例3-5示意图

（2）水平基底压力

$$p_h=\frac{\overline{P}_h}{b}=\frac{600}{15}=40\text{(kPa)}$$

2. 基础中心点下竖向附加应力的计算

(1)在计算时,应用叠加原理,将梯形分布的竖直基底压力分解为两部分,即均布竖直压力 $p=80$ kPa 和三角形分布竖直压力 $p_t=40$ kPa,另有水平向基底压力 $p_h=40$ kPa。

(2)该基础属于条形基础,可按平面问题计算。

(3)列表计算基础中心点下不同深度的附加应力如表 3-10 所示。

表 3-10　基础中点下附加应力计算表

基底以下深度 z(m)	$\frac{z}{b}$	竖直均布荷载 $p=80$ kPa		三角形荷载 $p_t=40$ kPa		水平均布荷载 $p_h=40$ kPa		总附加应力 $\Sigma\sigma_z$ (kPa)
		$x/b=7.5/15=0.5$		$x/b=7.5/15=0.5$		$x/b=7.5/15=0.5$		
		K_z^s	σ_z	K_z^t	σ_z	K_z^h	σ_z	
0.15	0.01	0.999	79.92	0.500	20.00	0	0	99.9
1.5	0.1	0.997	79.76	0.498	19.92	0	0	99.7
3.0	0.2	0.978	78.24	0.489	19.56	0	0	97.8
6.0	0.4	0.881	70.48	0.441	17.64	0	0	88.1
9.0	0.6	0.756	60.48	0.378	15.12	0	0	75.6
12.0	0.8	0.642	51.36	0.321	12.84	0	0	64.2
15.0	1.0	0.549	43.92	0.275	11.00	0	0	54.9
18.0	1.2	0.478	38.24	0.239	9.56	0	0	47.8
21.0	1.4	0.420	33.60	0.210	8.40	0	0	42.0
30.0	2.0	0.306	24.48	0.153	6.21	0	0	30.7

(4)根据计算结果绘出 O 点下的 σ_z 沿深度分布曲线,见图 3-26。

3. 基底 A 点下竖向附加应力的计算

计算步骤同上,σ_z 结果详见表 3-11。

表 3-11　基底 A 点下附加应力计算表

基底以下深度 z(m)	$\frac{z}{b}$	竖直均布荷载 $p=80$ kPa		三角形荷载 $p_t=40$ kPa		水平均布荷载 $p_h=40$ kPa		总附加应力 $\Sigma\sigma_z$ (kPa)
		$x/b=15/15=1$		$x/b=15/15=1$		$x/b=15/15=1$		
		K_z^s	σ_z	K_z^t	σ_z	K_z^h	σ_z	
0.15	0.01	0.500	40.00	0.497	19.88	0.318	12.72	72.6
1.5	0.1	0.499	39.92	0.468	18.72	0.315	12.60	71.2
3.0	0.2	0.498	39.84	0.437	17.48	0.306	12.24	69.6
6.0	0.4	0.489	39.12	0.379	15.16	0.274	10.96	65.2
9.0	0.6	0.468	37.44	0.328	13.12	0.234	9.36	59.9
12.0	0.8	0.440	35.20	0.285	11.40	0.194	7.76	54.4
15.0	1.0	0.409	32.72	0.250	10.00	0.159	6.36	49.1
18.0	1.2	0.375	30.00	0.221	8.84	0.131	5.24	44.1
21.0	1.4	0.348	27.84	0.198	7.92	0.108	4.32	40.1
30.0	2.0	0.275	22.00	0.147	5.88	0.064	2.56	30.4

习 题

1. 如图3-27给出的资料,试计算和绘制地基中的自重应力沿深度的分布曲线。

(参考答案:高程38.0 m处为115.0 kPa)

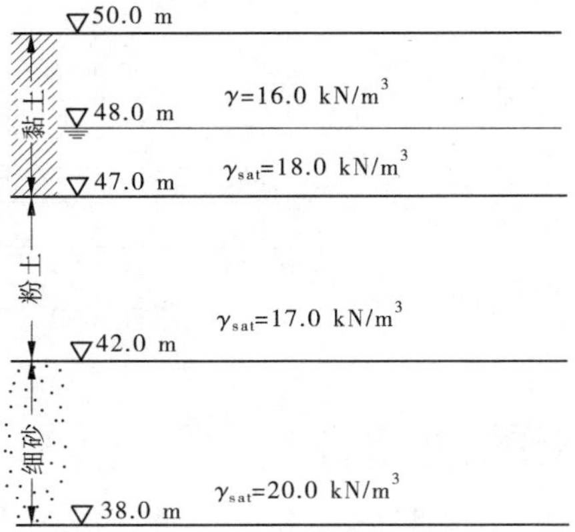

图3-27 习题1附图

2. 资料同习题1,若地下水位由于某种原因骤然下降至细砂层底面,问此时地基中的自重应力分布情况有何变化?并用图表示之。(提示:地下水位骤降时,细砂层成为非饱和状态,其重度$\gamma = 17.8\ \text{kN/m}^3$,黏土和粉土均因渗透性小,来不及排水,它们的含水情况不变。)

(参考答案:高程38.0 m处为206.2 kPa)

3. 某矩形基础长10 m、宽4 m,如图3-28所示,基础底面处所受竖向荷载$N = 12\ 000$ kN,试绘:①偏心距$e = 0.5$ m时,基底压力分布图;②若要求$p_{\max}$不超过360 kPa,求偏心距e。

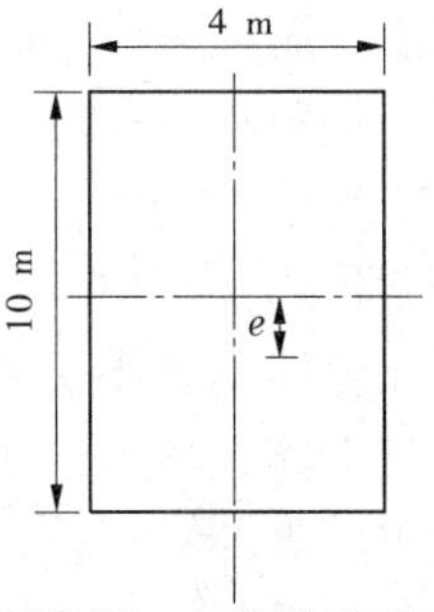

图3-28 习题3附图

(参考答案:①$p_{\max} = 390$ kPa,$p_{\min} = 210$ kPa;②$e = 0.33$ m)

4. 一矩形基础,基底尺寸为4 m×2 m,如图3-28所示,基础埋深$d = 1.5$ m,埋深范围内土的重度为17.5 kN/m^3,作用在基础上的竖向中心荷载$P = 1\ 250$ kN,试绘制基础中线下6 m深度内的竖向附加应力分布曲线。

(参考答案:6 m深处$\sigma_z = 15.11$ kPa)

5. 有两相邻荷载面A、B,其尺寸、相对位置及所受的荷载如图3-29所示。试求A基础中心点以下深度$z = 2$ m处的铅直附加应力。

(参考答案:53.1 kPa)

6. 一条形基础面尺寸及荷载情况如图3-30所示,求荷载面中线下20 m深度内的竖向附加应力分布,并绘出附加应力分布曲线。

(参考答案:10 m深处为38.4 kPa,20 m深处为21.4 kPa)

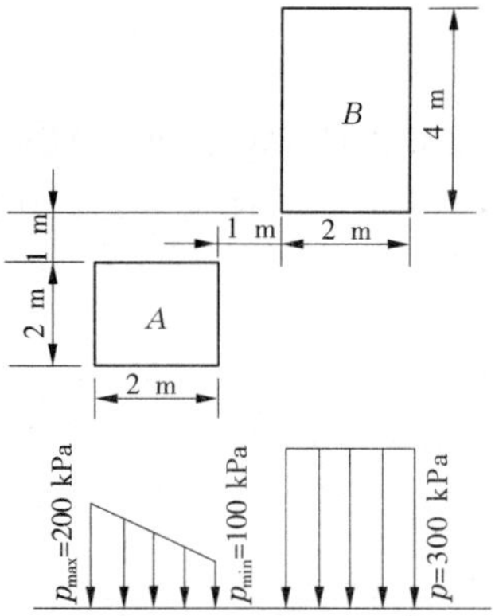

图 3-29　习题 5 附图

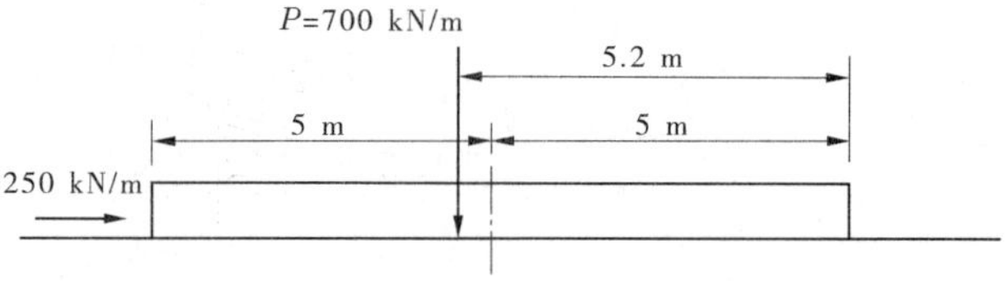

图 3-30　习题 6 附图

任务 2　确定土的压缩性

土的压缩性是指土在压力的作用下体积变小的性能。由土的三相组成分析，土产生压缩的原因包括三个方面：土粒受压缩；土孔隙中水和气体受压缩；土孔隙中水和气体被挤出。研究表明，在工程常见压力（一般在 100 ~ 600 kPa）作用下，土粒和水本身的压缩变形都很小，可以忽略不计；土中气体一般都与大气相通，不受外荷载作用，只有封闭气体可产生压缩变形，但由于变形量太小，一般也忽略不计。因此，土体体积减小是由于在外荷载作用下土中一部分水和气体被挤出土体之外，同时，土粒发生相对移动，互相挤紧，土的孔隙体积缩小所致。

土体在压力作用下，其压缩量随时间增长的过程，称为土的固结。对无黏性土，固结过程所需的时间较短；对于饱和黏性土，由于土的渗透性较弱，水被挤出的速度较慢，固结过程所需的时间相当长，需几年甚至几十年才能压缩固结稳定。

1　侧限压缩试验

1.1　侧限压缩试验装置与过程

土的压缩性大小和特征可通过室内侧限压缩试验测定。侧限压缩试验，即土体侧向受限制不能变形，只有竖直方向产生压缩变形，通常采取天然原状土样进行侧限压缩试验，主要仪器为侧限压缩仪（固结仪），如图 3-31 所示。

侧限压缩试验的过程大致如下：先用金属环刀切取原状土样，然后将土样连同环刀一起放入压缩仪内，再分级加载。在每级荷载作用下压至变形固结“稳定”，测出土样固结稳定变形量后，再加下一级压力。每个土样一般按 p = 50 kPa，100 kPa，200 kPa，300 kPa，400 kPa 加载，根据每级荷载下的固结稳定变形量，可算出相应压力下的孔隙比。

1.2　土的压缩曲线

如前所述，土体在压缩变形过程中，土颗粒的体积 V_s 是不变的，土的压缩变形仅是孔隙体积的减少所致，因此土的压缩变形常用孔隙比 e 的变化来表示。

图 3-32 表示压缩试验中土体孔隙比的变化，设原状土样的高度为 H_0，土颗粒体积

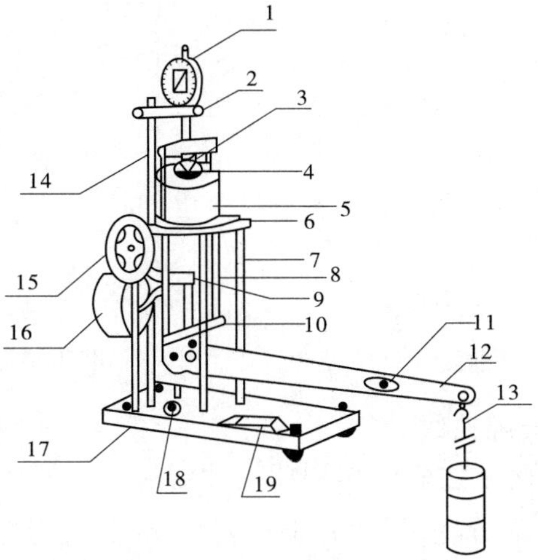

1—测微表;2—表夹;3—钢珠;4—加压上盖;5—容器;6—容器底板;7—立柱;
8—拉杆;9—牙箱;10—升降杆;11—长水泡;12—横杆;13—加压吊钩;14—表夹杆;
15—手轮;16—平衡锤;17—底座;18—圆水泡;19—平衡锤固定夹

图 3-31 试验装置示意图

$V_s=1$,此时土样的孔隙体积 $V_v=e_0$;压缩后土样高度为 $H=H_0-S$,土颗粒体积不变,$V_s=1$,孔隙体积压缩为 $V_v=e$,假设土样的受压面积 A 不变,则有:

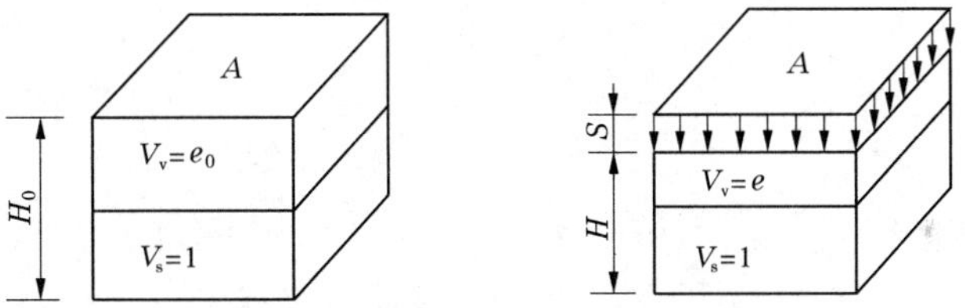

(a)压缩前 (b)压缩后

图 3-32 侧限压缩土样孔隙比变化

压缩前土样的体积为 $H_0A=e_0+1$

压缩后土样的体积为 $HA=(H_0-S)A=e+1$

由于以上两式中面积 A 相等,得 $\dfrac{1+e_0}{H_0}=\dfrac{1+e}{H_0-S}$

整理可得任一级荷载作用下土体稳定后的孔隙比为:

$$e_i=e_0-(1+e_0)\frac{S_i}{H_0} \tag{3-24}$$

根据某级荷载下的稳定变形量 S_i,按式(3-24)即可求出该级荷载下的孔隙比 e_i。然后以横坐标表示压力 p、纵坐标表示孔隙比 e,绘出 $e\sim p$ 关系曲线,称为压缩曲线。压缩曲线有两种绘制方式,一种是按普通直角坐标绘制的 $e\sim p$ 曲线,如图 3-33 所示;另一种是用半对数直角坐标绘制的 $e\sim \lg p$ 曲线,如图 3-34 所示。

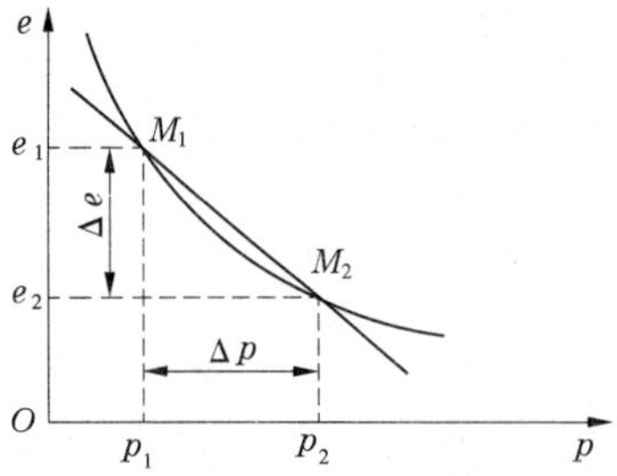

图 3-33　$e \sim p$ 关系曲线

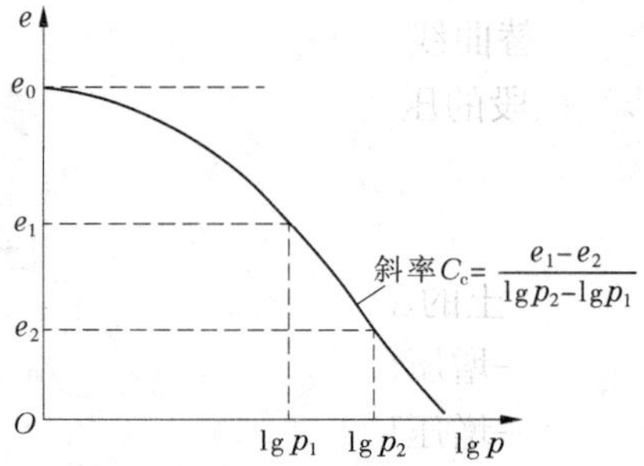

图 3-34　$e \sim \lg p$ 关系曲线

1.3　土的回弹曲线与再压缩曲线

如图 3-35 所示,土样逐级加荷可得到压缩曲线 e_0ac。若加荷至 a 点开始逐级卸荷,土样将逐渐膨胀而恢复一部分变形,此时土样将沿 ab 曲线回弹,曲线 ab 称为回弹曲线。如果卸荷至 b 点后,再逐级加荷,土样又开始沿 ba' 再压缩,至 a' 后与压缩曲线重合。曲线 ba' 称为再压缩曲线。从土的回弹和再压缩曲线可以看出:

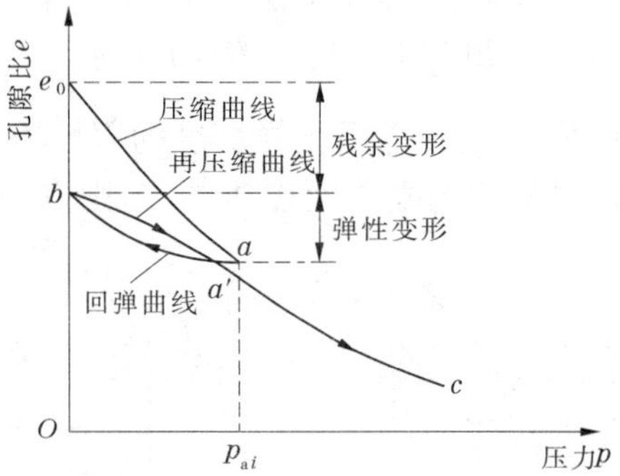

图 3-35　土的回弹再压缩曲线

(1)土的卸荷回弹曲线不与原压缩曲线相重合,说明土不是完全弹性体,它的变形不能在卸荷后完全恢复,其中当外力解除后能恢复的那部分变形,称为弹性变形,不能恢复的那部分变形,称为残余变形,也称塑性变形。

(2)土的再压缩曲线比原压缩曲线斜率要小得多,说明土体经过压缩后,卸荷再压时,其压缩性明显降低。根据这一原理,为了减小高压缩性地基的沉降量,往往在修建筑物前对其进行预压处理。

2　压缩性指标

2.1　压缩系数 a

由图 3-33 可以看出,$e \sim p$ 曲线越陡,说明随着压力的增加,土的孔隙比减少得越显著,土产生的压缩变形越大,土的压缩性越高。取 $e \sim p$ 曲线上任一点处切线的斜率 a 也可反映土体在该压力 p 作用下土体压缩性的大小,即曲线平缓,其斜率小,土的压缩性低;反之,曲线陡,其斜率大,土的压缩性高。

在工程上,一般建筑物的荷载在地基中引起的应力变化不大,仅为压缩曲线上的一小段。因此,在图 3-33 中从 p_1 到 p_2,压缩曲线上相应的 M_1M_2 段可近似地看作直线,即用割

线 M_1M_2 代替曲线,土在此段的压缩性可用该割线的斜率来反映,则直线 M_1M_2 的斜率称为土体在该段的压缩系数,即

$$a = \frac{e_1 - e_2}{p_2 - p_1} = -\frac{\Delta e}{\Delta p} \tag{3-25}$$

式中 a——土的压缩系数,kPa^{-1};

p_1——增压前使土样压缩稳定的压力强度,kPa;

p_2——增压后土样所受的压力强度,kPa;

e_1、e_2——增压前、后土体在 p_1 和 p_2 作用下压缩稳定后的孔隙比。

式中负号表示土体孔隙比随压力 p 的增加而减小。

由式(3-25)可看出,压缩系数表示单位压力增量作用下土的孔隙比的减小量,故压缩系数 a 越大,土的压缩性就越大,但压缩系数不是一个常数,它是随着所取压力增量段的位置和大小不同,其割线的斜率不同,则压缩系数也不同。因此,压缩系数是变量。

为了便于统一比较,我国《建筑地基基础设计规范》(GB 50007—2011)中规定,取压力 $p_1 = 100$ kPa、$p_2 = 200$ kPa 对应的压缩系数 a_{1-2} 作为判别土压缩性的标准。规范中按照 a_{1-2} 的大小将土的压缩性划分如下:

$a_{1-2} < 0.1\ MPa^{-1}$ 低压缩性土

$0.1\ MPa^{-1} \leqslant a_{1-2} < 0.5\ MPa^{-1}$ 中压缩性土

$a_{1-2} \geqslant 0.5\ MPa^{-1}$ 高压缩性土

2.2 压缩指数 C_c

由图 3-34 中的 $e \sim \lg p$ 曲线可以看出,曲线的初始段较平缓,而当压力逐渐增加到一定值 p 时,曲线曲率明显变化,其后曲线又近似地呈现为坡度较大的斜直线。$e \sim \lg p$ 曲线斜直线的坡度,称为土的压缩指数 C_c,用下式表示:

$$C_c = \frac{e_1 - e_2}{\lg p_2 - \lg p_1} \tag{3-26}$$

压缩指数 C_c 是无因次数值,它在相当大的压力范围内可视为一个常数,压缩指数越大,土的压缩性也越大。按水工设计手册规定,$C_c < 0.2$ 为低压缩性土;$0.2 \leqslant C_c \leqslant 0.35$ 为中压缩性土;$C_c > 0.35$ 为高压缩性土。

在高层建筑设计中,为了较准确地判定土的压缩性,可以采用高压固结仪进行压缩试验。高压固结仪的试验原理和方法与常规固结仪完全相同,其最高压力可以达到 4 000 kPa。

2.3 压缩模量 E_s

土的压缩模量 E_s 是指在完全侧限条件下,土的竖向应力的变化增量 Δp 与相应竖向应变 ε 的比值,即

$$E_s = \frac{\Delta p}{\varepsilon} = \frac{p_2 - p_1}{\frac{H_1 - H_2}{H_1}} = \frac{p_2 - p_1}{\frac{e_1 - e_2}{1 + e_1}} = \frac{1 + e_1}{\frac{e_1 - e_2}{p_2 - p_1}} = \frac{1 + e_1}{a} \tag{3-27}$$

土的压缩模量 E_s 是表示土压缩性高低的又一个指标。从式(3-27)可见,E_s 与 a 成反比,即 a 愈大,E_s 愈小,土愈软弱。同样可以用相应于 $p_1 = 100$ kPa、$p_2 = 200$ kPa 范围内

的压缩模量 E_s 值评价地基土的压缩性。

$E_s < 4$ MPa	高压缩性土
4 MPa $\leqslant E_s \leqslant$ 15 MPa	中压缩性土
$E_s > 15$ MPa	低压缩性土

思考题:(1)什么是土的压缩性？土体的压缩变形是如何产生的？

(2)评价土的压缩性指标有哪些？如何评价？

3 应力历史对土体压缩性的影响

3.1 不同情况的应力历史

土的应力历史是指土体历史上曾经受过的应力状态。为了讨论应力历史对土压缩性的影响,我们将土在历史上曾经受到过的最大有效固结压力称为先期固结压力,以 p_c 表示。将土体在地质历史时期所受的最大固结压力 p_c 与目前现有固结应力 p_0 的比值称为超固结比,以 OCR 表示。根据 OCR 可将土分为正常固结土($OCR=1$)、超固结土($OCR>1$)和欠固结土($OCR<1$)三种类型。

(1)正常固结土。一般土体的固结是在自重应力作用下伴随土的沉积过程逐渐达到的,当土体达到固结稳定后,土层中的应力未发生明显变化,也就是说,先期固结压力为目前土层的自重应力,这种状态的土被称为正常固结土,如图 3-36(a)所示情况的土层。工程中大多数建筑物地基均为正常固结土。

(2)超固结土。当土层在历史上经受过较大固结应力作用而达到固结稳定后,由于受到强烈的侵蚀、冲刷等,使其目前的自重应力小于先期固结压力,这种状态的土称为超固结土,如图 3-36(b)所示情况。

(3)欠固结土。土层沉积历史短,在自重应力作用下尚未达到固结稳定,这种状态的土称为欠固结土,如图 3-36(c)所示的土层。

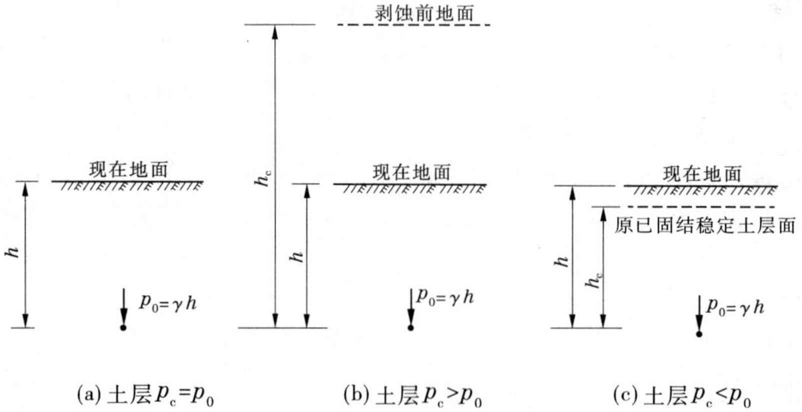

图 3-36 土层按先期固结压力的分类

3.2 先期固结压力的确定

先期固结压力通常采用作图法确定。图 3-37 为卡萨格兰德(Cacagrande. A)经验作图法,具体步骤如下:

(1)作 $e \sim \lg p$ 压缩曲线;

(2)过曲率半径最小点 A 作水平线 $A1$ 和切线 $A2$;

(3)作 $\angle 1A2$ 的角平分线 $A3$;

(4)将 $e \sim \lg p$ 曲线中的直线段反向延长交 $\angle 1A2$ 的角平分线 $A3$ 于 B 点,则 B 点对应的压力为先期固结压力 p_c。

思考题:什么是先期固结压力?天然土层有几种固结状态?

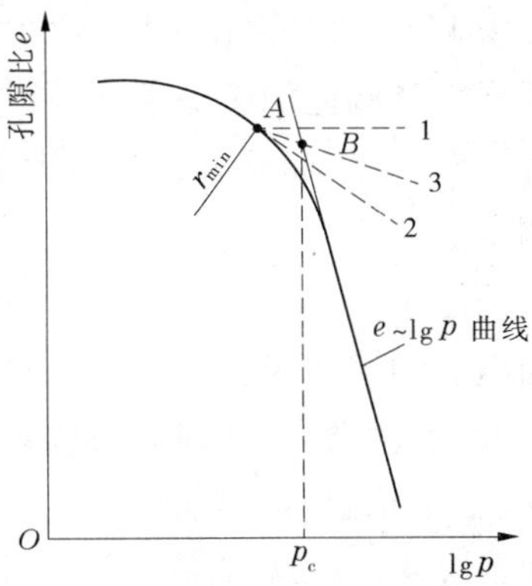

图3-37　卡萨格兰德法确定先期固结压力

4　技能训练——压缩试验

4.1　试验目的

测定试样在侧限条件下变形和压力的关系曲线,从而求出土的压缩性指标、判断土的压缩性和计算建筑物地基的沉降。

4.2　仪器设备

(1)固结容器:由环刀、护环、透水板、水槽、加压上盖组成,如图3-38所示。

(2)加压设备:能垂直地瞬间施加各级压力,并没有冲击力。

(3)测微表:量称10 mm,最小分度值0.01 mm。

(4)其他:修土刀、钢丝锯、滤纸、天平、秒表等。

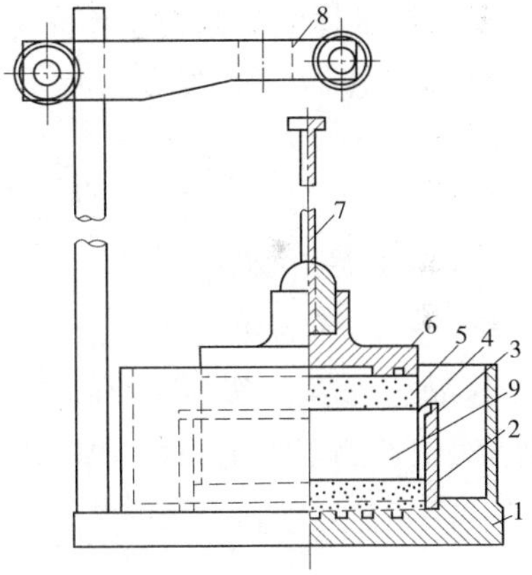

1—水槽;2—护环;3—环刀;4—导环;5—透水板;6—加压上盖;7—位移计导杆;8—位移计架;9—试样

图3-38　固结仪示意图

4.3　操作步骤

(1)切取试样:按工程需要,切取原状土试样测其密度及含水率或制备成预定密度与含水率的扰动土试样。

(2)安装试样:在固结容器内顺次放上透水板、滤纸和护环,将装有试样的环刀刃口向下放入护环内,在试样上面依次放上滤纸、透水板和加压上盖,将压缩容器置于加压框架下,并对准加压框的正中。

(3)安装量表:安装测微表,并调节其距离不小于8 mm的量程,检查测微表是否灵活与垂直。

(4)施加预压荷载:为保证试样与仪器上下各部件之间接触良好,应施加1 kPa的预压荷载,然后调整测微表,使指针读数为零。

(5)加荷测记:去掉预压荷载,根据需要确定施加的各级压力,加压等级一般为25 kPa,50 kPa,100 kPa,200 kPa,400 kPa等,最后一级的压力应大于上覆土层的计算压力

100 ~ 200 kPa(如系饱和试样,则在施加第一级压力后,立即向水槽中注水至满;非饱和试样须用湿棉纱围住加压盖板四周,避免水分蒸发),测记在各级压力下固结稳定后的测微表读数,固结稳定标准为每级压力下固结 24 h(学生上课时可适当减少固结时间或采用快速测定法)。

快速测定法:

加压后测记各级压力下固结时间为 1 h 的测微表读数,仅在最后一级压力下,除测记 1 h 的测微表读数外,还应测读固结稳定时的测微表读数。

(6)卸荷取试样:试验结束后,卸除仪器各部件,取出带环刀试样(如系饱和试样,则用干滤纸吸去试样两端表面水分,并测定含水率)。

4.4 计算与制图

(1)计算试样的初始孔隙比 e_0:

$$e_0 = \frac{\rho_w G_s(1 + \omega_0)}{\rho_0} - 1$$

式中 G_s——土粒比重;

ρ_w——水的密度,g/cm³;

ρ_0——试样的初始密度,g/cm³;

ω_0——试样的初始含水率。

(2)计算各压力下固结稳定后的孔隙比 e_i:

$$e_i = e_0 - (1 + e_0)\frac{\sum \Delta h_i}{H_0}$$

式中 e_0——初始孔隙比;

H_0——试样的初始高度,mm;

$\sum \Delta h_i$——某一级压力下试样稳定后的总变形量减去仪器变形量,mm。

注:对快速测定法试验结果需要计算试样校正的变形量。

$$\sum \Delta h_i = \Delta h_i K$$

$$K = \frac{(h_n)_T}{(h_n)_t}$$

式中 $\sum \Delta h_i$——某一级压力下校正后试样变形量,mm;

Δh_i——某一级压力下 1 h 的试样总变形量减去仪器变形量,mm;

K——校正系数;

$(h_n)_T$——最后一级压力达到稳定标准的总变形量减去该压力下的仪器变形量,mm;

$(h_n)_t$——最后一级压力下固结 1 h 的总变形量减去该压力下的仪器变形量,mm。

(3)计算该试样的压缩系数 a_{1-2}:

$$a_{1-2} = \frac{e_1 - e_2}{p_2 - p_1}$$

式中　p_1、p_2——100 kPa、200 kPa 的压力值,kPa;

e_1、e_2——对应100 kPa、200 kPa的孔隙比。

(4)计算压缩模量 E_s:

$$E_s = \frac{1 + e_1}{a_{1-2}}$$

(5)以孔隙比 e 为纵坐标,压力 p 为横坐标,绘制孔隙比与压力的关系曲线,如图3-39所示。

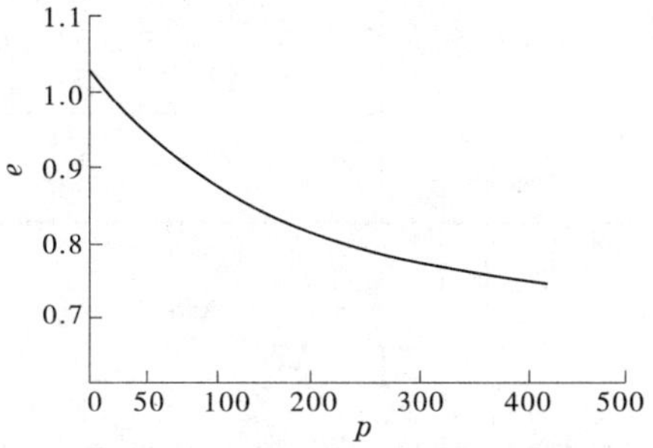

图3-39　孔隙比与压力关系曲线

4.5　试验记录

试验记录见表3-12、表3-13。

表3-12　固结试验记录

工程编号__________　试样编号__________　试验日期__________

计 算 者__________　校 核 者__________　试 验 者__________

含水率 ω_0 = __________　密度 ρ_0 = __________　比重 G_s = __________

试样高 H_0 = ________　初始孔隙比 e_0 = ________　a_{1-2} = ________　E_s = ________

压力历时(h)	压力 p (kPa)	测微表读数(0.01 mm)	仪器变形量(0.01 mm)	试样变形量(mm)	孔隙比
	(1)	(2)	(3)	(4) = 0.01 × [(2) − (3)]	$e_i = e_0 - (1 + e_0)\frac{\sum \Delta h_i}{H_0}$

表 3-13　快速测定法固结试验记录

工程编号__________　试样编号__________　试验日期__________
计 算 者__________　校 核 者__________　试 验 者__________

含水率 ω_0 = ________　初始孔隙比 e_0 = ________　试样高 H_0 = ________　比重 G_s = ________
密度 ρ_0 = ____________　K = ________　a_{1-2} = ________　E_s = ________

压力历时(h)	压力 p(kPa)	测微表读数(0.01 mm)	仪器变形量(0.01 mm)	校正前试样变形量(mm)	校正后试样变形量(mm)	孔隙比
	(1)	(2)	(3)	(4) =0.01 × [(2) − (3)]	(5) = K(4)	$e_i = e_0 - (1+e_0)\dfrac{\sum \Delta h_i}{H_0}$

习　题

1. 土样压缩稳定标准是多少？为什么可以进行快速压缩试验？

2. 对一土样做压缩试验，已知试样的天然重度为 18.2 kN/m^3，天然含水率为 38%，土粒的比重为 2.75，试样高度为 20 mm，试样在各级荷载作用下压缩稳定后的总变形量如表 3-14 所示，试绘制 $e \sim p$ 曲线，求出土的压缩系数，并判断土的压缩性。

表 3-14　习题 2 附表

压力(kPa)	0	50	100	200	300	400
试样总变形量(mm)	0	0.926	1.308	1.886	2.310	2.564

（参考答案：a_{1-2} = 0.6 kPa^{-1}，高压缩性土）

任务 3　地基的变形验算

1　地基最终沉降量计算

地基最终沉降量是指地基土层在荷载作用下压缩变形稳定后的沉降量。计算地基最终变形量的目的在于确定建筑物可能产生的最大沉降量、沉降差、倾斜及局部倾斜，判断是否超过允许范围，为建筑物设计和地基处理提供依据，保证建筑物的安全。

地基最终沉降量的计算方法有多种，这里仅介绍常用的分层总和法和《建筑地基规范》法。

1.1　分层总和法

分层总和法是在地基沉降计算深度范围内将地基土体分成若干个分层，分别计算每一分层的变形量，然后求和作为地基土的最终沉降量。

1.1.1 基本原理和单一土层沉降量计算

分层总和法假定地基土层在荷载作用下不允许产生侧向变形，即采用侧限条件下的压缩试验成果进行计算。为了弥补这样计算的沉降量偏小的缺点，通常采用基础中心点下的附加应力 σ_z 进行计算。假定地基土层的厚度为 H，在建筑物修建前地基土层的初始应力为 $p_1 = \overline{\sigma_{cz}}$，其相应的孔隙比为 e_1；建筑物建成后地基土层中的应力为 $p_2 = \sigma_{cz} + \sigma_z$，其相应的孔隙比为 e_2，则单一土层的地基最终沉降量 s 可由式(3-28)求得

$$s = \frac{e_1 - e_2}{1 + e_1}H \tag{3-28}$$

将式(3-25)代入式(3-28)，可得

$$s = \frac{a}{1 + e_1}\sigma_z H \tag{3-29}$$

若将式(3-27)代入式(3-29)，还可得

$$s = \frac{1}{E_s}\sigma_z H \tag{3-30}$$

式(3-28)～式(3-30)均为侧限条件下地基单一土层变形量的计算公式。

1.1.2 计算方法及步骤

(1)收集上部结构和地基土层资料，绘制地基土层分布图和基础剖面图。根据地基的土质条件、基础类型、基地面积、荷载大小及分布情况，在基底范围内选定沉降计算点。

(2)地基土分层。其原则为：①地基土中的天然土层的层面必须作为分层界面；②平均地下水位作为分层界面；③每分层内的附加应力分布曲线接近于直线，即要求分层厚度 $h \leqslant 0.4b$（b 为基础宽度)，水闸地基分层厚度 $h \leqslant 0.25b$。

(3)计算基底压力及基底附加压力。

(4)计算各分层上、下层面处土的自重应力和附加应力，并绘出它们的分布图。

(5)确定压缩层的深度 z_n。压缩层的深度在理论上可达到无限深，但达到一定深度后，附加应力已很小，它对地基土的压缩作用已不大。因此，在实际工程中，可采用基底以下某一深度 z_n 作为地基的压缩层计算深度。确定原则：当某层面处的附加应力和自重应力的比值满足 $\frac{\sigma_z}{\sigma_{cz}} \leqslant 0.2$，或软弱土层中满足 $\frac{\sigma_z}{\sigma_{cz}} \leqslant 0.1$ 时，下部土体可不计算变形量。

(6)计算压缩土层深度内各分层的平均自重应力 $\overline{\sigma_{cz}}$ 和平均附加应力 $\overline{\sigma_z}$，计算式为：$\overline{\sigma_{cz}} = (\sigma_{czi-1} + \sigma_{czi})/2$；$\overline{\sigma_z} = (\sigma_{zi-1} + \sigma_{zi})/2$。

(7)计算各分层的变形量。在 $e \sim p$ 曲线上依据 $p_1 = \overline{\sigma_{czi}}$ 和 $p_2 = \overline{\sigma_{czi}} + \overline{\sigma_{zi}}$ 查出相应的孔隙比 e_{1i} 和 e_{2i}，按照式(3-28)计算各分层的变形量；若是已知土层的压缩模量或压缩系数，可以按照式(3-29)或式(3-30)计算各层土的变形量。

(8)将各分层沉降量 s_i 总和起来求出总沉降量 $s = \sum s_i$。

【例3-6】 某水闸基底长200 m、宽20 m，作用在基底上的荷载如图3-40所示，沿宽度方向的轴向偏心荷载 $P = 360\ 000$ kN（偏心距 $e = 0.5$ m)，水平荷载 $P_H = 30\ 000$ kN，基底埋深 $d = 3$ m，地基土体为正常固结黏性土，地下水位在基底以下3 m处，基底以下0～3 m、3～8 m、8～15 m范围内土体的压缩性分别如图3-41曲线Ⅰ、Ⅱ、Ⅲ所示，基底15 m以

下为中砂。地下水位以上土体的重度 $\gamma_1 = 19.62\ kN/m^3$，地下水位以下土体浮重度 $\gamma' = 9.81\ kN/m^3$，计算基础中线下(点 2)和两侧边点(1、3 点)的最终沉降量(不计砂土层的变形)。

解:1. 地基土分层

以基底为计算零点，取层底深度分别为 $z_1 = 3\ m$、$z_2 = 8\ m$、$z_3 = 11.5\ m$、$z_4 = 15\ m$，最大分层厚度为 5 m $= 0.25b$，符合闸基要求的最大分层厚度 $h \leqslant 0.25b$。

2. 计算基底压力及附加压力

因为 $l/b = 200 \div 20 = 10 > 5$，故可按条形基础计算。基础每米长度上所受的铅直荷载 $\overline{P} = 360\ 000 \div 200 = 1\ 800(kN/m)$，所受水平荷载 $\overline{P}_H = 30\ 000 \div 200 = 150(kN/m)$，因此基底竖直压力为：

$$\begin{matrix} p_{max} \\ p_{min} \end{matrix} = \frac{\overline{P}}{b}\left(1 \pm \frac{6e}{b}\right) = \frac{1\ 800}{20} \times \left(1 \pm \frac{6 \times 0.5}{20}\right) = \begin{matrix} 103.5 \\ 76.5 \end{matrix}\ (kPa)$$

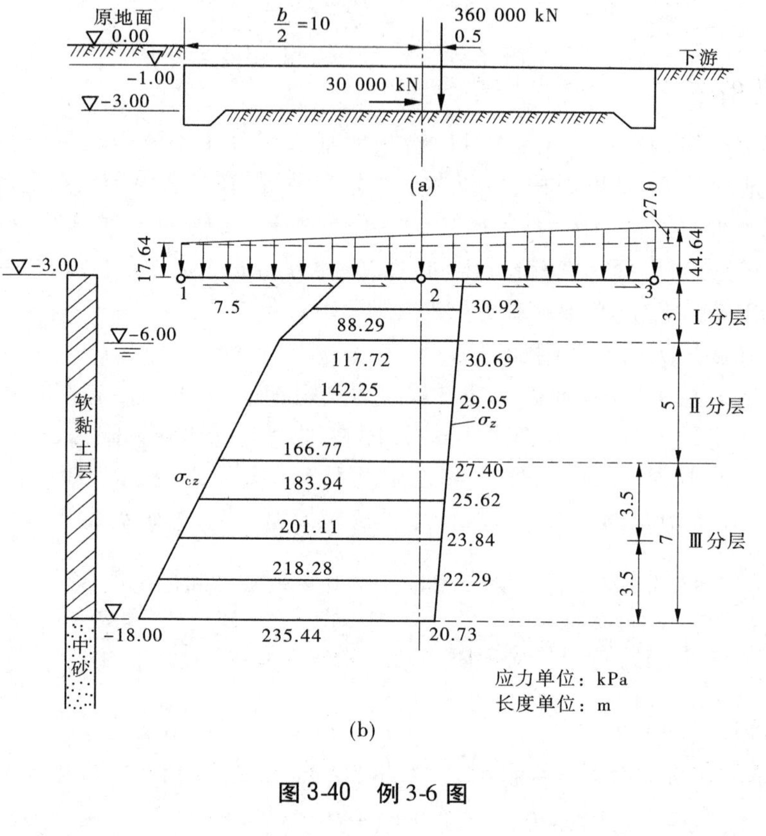

图 3-40 例 3-6 图

基底附加压力为：

$$\begin{matrix} p_{0max} \\ p_{0min} \end{matrix} = \begin{matrix} p_{max} \\ p_{min} \end{matrix} - \gamma d = \begin{matrix} 103.5 \\ 76.5 \end{matrix} - 19.62 \times 3 = \begin{matrix} 44.64 \\ 17.64 \end{matrix}\ (kPa)$$

基底水平基底压力为：$p_H = 150/20 = 7.5(kPa)$

基底压力及基底附加压力分布如图 3-40(b)所示。

3. 计算各分层面处的自重应力

基础底面处($z=0$)

$$\sigma_{cz0}=\gamma d=19.62\times3=58.86(\text{kPa})$$

地下水位处($z=3$ m)

$$\sigma_{cz3}=19.62\times(3+3)=117.72(\text{kPa})$$

基底以下8 m处($z=8$ m)

$$\sigma_{cz8}=19.62\times(3+3)+9.81\times5$$
$$=166.77(\text{kPa})$$

基底以下11.5 m处($z=11.5$ m)

$$\sigma_{cz11.5}=19.62\times(3+3)+9.81\times8.5$$
$$=201.11(\text{kPa})$$

中密砂层顶面处($z=15$ m)

$$\sigma_{cz15}=19.62\times(3+3)+9.81\times(5+7)$$
$$=235.44(\text{kPa})$$

自重应力σ_{cz}分布如图3-40(b)所示。

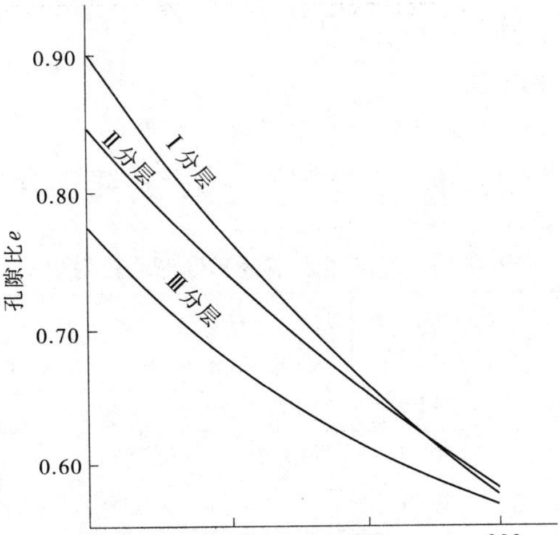

图3-41 黏土层的$e\sim p$曲线

4. 各层面处附加应力计算

将基底竖直附加应力分为均布荷载和三角形荷载,其中三角形竖直荷载

$$p_t=44.64-17.64=27(\text{kPa})$$

均布竖直荷载$p_0=17.64$ kPa。此外,水平荷载$p_H=7.50$ kPa,各荷载在地基中引起的附加应力计算见表3-15,附加应力分布见图3-40(b)。

5. 确定压缩层计算深度

由题意可知,中密砂土层的压缩量可以忽略不计,软黏土底部($z=15$ m)处的附加应力$\sigma_z=20.73\text{ kPa}<0.1\sigma_{cz}$,故压缩层计算深度可取为15 m。

表 3-15 基础中心点下(2 点)的附加应力计算

$b=20$ m		$x/b=0.5$						$\Sigma\sigma_z$ (kPa)
z (m)	z/b	$p_0=17.64$ kPa		$p_t=27.00$ kPa		$p_h=7.5$ kPa		
		K_z^s	σ_z	K_z^t	σ_z	K_z^h	σ_z	
0	0	1.00	17.64	0.50	13.50	0	0	31.14
3	0.15	0.99	17.46	0.49	13.23	0	0	30.69
8	0.40	0.88	15.52	0.44	11.88	0	0	27.40
11.5	0.58	0.77	13.58	0.38	10.26	0	0	23.84
15	0.75	0.67	11.82	0.33	8.91	0	0	20.73

6. 计算各土层自重应力平均值和附加应力平均值

计算见表 3-16,其中第一层应力平均值为:

$$\overline{\sigma_{cz}}=\frac{1}{2}\times(58.86+117.72)=88.29(\text{kPa})$$

$$\overline{\sigma_z}=\frac{1}{2}\times(31.14+30.69)=30.92(\text{kPa})$$

同理计算出其他各土层的应力平均值。

7. 计算基础中点的变形量

由初始应力平均值($\overline{\sigma_{cz}}$)查出初始孔隙比 e_1,由最终应力平均值($\overline{\sigma_{cz}}+\overline{\sigma_z}$)查出最终孔隙比 e_2,代入式(3-28)计算各层的变形量 s_i,然后求和得到基础中点的沉降量为 21.1 cm。计算如表 3-16 所示。

表 3-16 基底中点下地基变形量计算表

分层编号	分层厚度 (cm)	初始应力平均值 (kPa)	压缩应力平均值 (kPa)	最终应力平均值 (kPa)	e_{1i}	e_{2i}	$\frac{e_{1i}-e_{2i}}{1+e_{1i}}$	s_i (cm)
Ⅰ	300	88.29	30.92	119.21	0.783	0.745	0.021 3	6.4
Ⅱ	500	142.25	29.05	171.30	0.695	0.665	0.017 7	8.9
Ⅲ$_1$	350	183.94	25.62	209.56	0.619	0.604	0.009 3	3.2
Ⅲ$_2$	350	218.28	22.29	240.57	0.602	0.590	0.007 5	2.6
$s=21.1$ cm								

按上述同样方法可以计算出 1 点和 3 点的沉降量分别为 4.3 cm 和 7.2 cm。

1.2 《建筑地基规范》法

《建筑地基规范》计算地基最终沉降量的公式是从分层总和法公式导出的一种简化形式。若按分层总和法对同一天然土层须将地基按 $0.4b$ 分层,计算工作量繁重,故《建筑地基规范》法只对不同的天然土层分层,而对同一天然土层不再分层,并采用平均附加应力系数 $\overline{\alpha_i}$ 以简化计算,同时还提出经验系数 Ψ_s 以修正沉降计算值与实测值之间的误差。

1.2.1 基本原理和土层沉降量计算

在分层总和法中,按式(3-30)计算第 i 层土的沉降量为:

$$s_i = \frac{\overline{\sigma}_{zi}}{E_{si}} h_i \tag{3-31}$$

式中，$\overline{\sigma}_{zi} h_i$ 代表第 i 层土的附加应力面积，如图3-42中 $cdfe$ 所示，此面积是曲线面积 $abfe$ 与曲线面积 $abdc$ 之差。曲线面积 $abfe$ 可用矩形面积 $p_0 \overline{\alpha}_i z_i$ 表示，另一曲线面积 $abdc$ 可用矩形面积 $p_0 \overline{\alpha}_{i-1} z_{i-1}$ 表示。代入式(3-31)中便得单一土层沉降量计算公式，即

$$s_i = \frac{p_0}{E_{si}} (\overline{\alpha}_i z_i - \overline{\alpha}_{i-1} z_{i-1}) \tag{3-32}$$

地基变形量等于各层土变形量之和：

$$s' = \sum_{i=1}^{n} s_i = \sum_{i=1}^{n} \frac{p_0}{E_{si}} (\overline{\alpha}_i z_i - \overline{\alpha}_{i-1} z_{i-1})$$

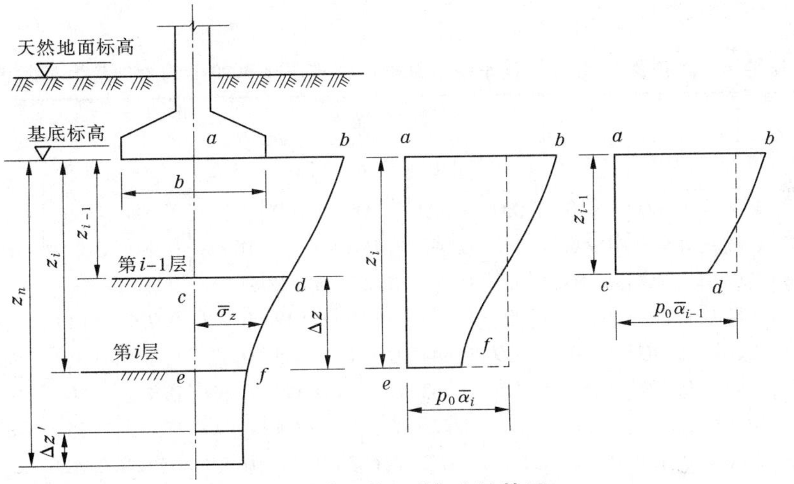

图3-42 《地基规范》法计算图

《建筑地基规范》规定，按上述公式计算得到的沉降值尚应乘以经验系数 Ψ_s，以提高计算准确度。即

$$s = \Psi_s \sum_{i=1}^{n} s_i = \Psi_s \sum_{i=1}^{n} \frac{p_0}{E_{si}} (\overline{\alpha}_i z_i - \overline{\alpha}_{i-1} z_{i-1}) \tag{3-33}$$

式中 s——地基最终沉降量，mm；

Ψ_s——沉降计算经验系数，根据地区沉降观测资料及经验确定，也可采用表3-17中的数值；

n——地基沉降计算深度范围内所划分的土层数；

p_0——基础底面处的附加压力，kPa；

E_{si}——基础底面下第 i 层土的压缩模量，MPa；

z_i、z_{i-1}——基础底面至第 i 层和第 $i-1$ 层底面的距离，m；

$\overline{\alpha}_i$、$\overline{\alpha}_{i-1}$——基础底面至第 i 层和第 $i-1$ 层范围内的平均附加应力系数，对于均布矩形荷载按 l/b 及 z/b 查表3-18，对于均布条形荷载，可按 $l/b>10$ 及 z/b 查表3-18，l 与 b 分别为基础的长边与短边。

表 3-17　沉降计算经验系数 Ψ_s

基底附加压力	$\overline{E}_s$(MPa)				
	2.5	4.0	7.0	15.0	20.0
$p_0 \geqslant f_{ak}$	1.4	1.3	1.0	0.4	0.2
$p_0 \leqslant 0.75 f_{ak}$	1.1	1.0	0.7	0.4	0.2

注:1. 表列数值可内插。

2. 表中 f_{ak} 为地基承载力特征值。

3. $\overline{E}_s$ 为沉降计算深度范围内压缩模量当量值,按下式计算:$\overline{E}_s = \dfrac{\sum A_i}{\sum \dfrac{A_i}{E_{si}}}$,式中 A_i 及 E_{si} 分别为第 i 层土附加应力面积及压缩模量。

表 3-18　矩形面积均布荷载作用下基础中心点下地基的平均附加应力系数值 $\overline{\alpha_i}$

z/b	l/b												
	1.0	1.2	1.4	1.6	1.8	2.0	2.4	2.8	3.2	3.6	4.0	5.0	>10
0	1.000	1.000	1.000	1.000	1.000	1.000	1.000	1.000	1.000	1.000	1.000	1.000	1.000
0.2	0.987	0.990	0.991	0.992	0.992	0.992	0.993	0.993	0.993	0.993	0.993	0.993	0.993
0.4	0.936	0.947	0.953	0.956	0.958	0.960	0.961	0.962	0.962	0.963	0.963	0.963	0.963
0.6	0.858	0.878	0.890	0.898	0.903	0.906	0.910	0.912	0.913	0.914	0.914	0.915	0.915
0.8	0.775	0.801	0.810	0.831	0.839	0.844	0.851	0.855	0.857	0.858	0.859	0.860	0.860
1.0	0.689	0.738	0.749	0.764	0.775	0.783	0.792	0.798	0.801	0.803	0.804	0.806	0.807
1.2	0.631	0.663	0.686	0.703	0.715	0.725	0.737	0.744	0.749	0.752	0.754	0.756	0.758
1.4	0.573	0.605	0.629	0.648	0.661	0.672	0.687	0.696	0.701	0.705	0.708	0.711	0.714
1.6	0.524	0.556	0.580	0.599	0.613	0.625	0.614	0.651	0.658	0.663	0.666	0.670	0.675
1.8	0.482	0.513	0.537	0.556	0.571	0.583	0.600	0.611	0.619	0.624	0.629	0.633	0.638
2.0	0.446	0.475	0.499	0.518	0.533	0.545	0.563	0.575	0.584	0.590	0.594	0.600	0.606
2.2	0.414	0.443	0.466	0.484	0.499	0.511	0.530	0.543	0.552	0.558	0.563	0.570	0.577
2.4	0.387	0.414	0.436	0.454	0.469	0.481	0.500	0.513	0.523	0.530	0.535	0.543	0.551
2.6	0.362	0.389	0.410	0.428	0.442	0.455	0.473	0.487	0.496	0.504	0.509	0.518	0.528
2.8	0.341	0.366	0.387	0.404	0.418	0.430	0.449	0.463	0.472	0.480	0.486	0.495	0.506
3.0	0.322	0.346	0.366	0.383	0.397	0.409	0.427	0.441	0.451	0.459	0.465	0.477	0.487
3.2	0.305	0.328	0.348	0.364	0.377	0.389	0.407	0.420	0.431	0.439	0.445	0.455	0.468
3.4	0.289	0.312	0.331	0.346	0.359	0.371	0.388	0.402	0.412	0.420	0.427	0.437	0.452
3.6	0.276	0.297	0.315	0.330	0.343	0.353	0.372	0.385	0.395	0.403	0.410	0.421	0.436
3.8	0.263	0.284	0.301	0.316	0.328	0.339	0.356	0.369	0.379	0.388	0.394	0.405	0.422
4.0	0.251	0.271	0.288	0.302	0.314	0.325	0.342	0.355	0.365	0.373	0.379	0.391	0.408
4.2	0.241	0.260	0.276	0.290	0.300	0.312	0.328	0.341	0.352	0.359	0.366	0.377	0.396
4.4	0.231	0.250	0.265	0.278	0.290	0.300	0.316	0.329	0.339	0.347	0.353	0.365	0.384
4.6	0.222	0.240	0.255	0.268	0.279	0.289	0.305	0.317	0.327	0.335	0.341	0.353	0.373
4.8	0.214	0.231	0.245	0.258	0.269	0.279	0.294	0.300	0.316	0.324	0.330	0.342	0.362
5.0	0.206	0.223	0.237	0.249	0.260	0.269	0.284	0.296	0.306	0.313	0.320	0.332	0.352

注:l、b 为矩形的长边与短边,z 为基底以下的深度。

1.2.2　沉降计算深度 z_n 的确定

地基沉降计算深度 z_n 可通过试算确定，应符合下式要求：

$$\Delta s_n \leqslant 0.025 \sum s_i \tag{3-34}$$

式中　Δs_n——计算深度向上取厚度为 Δz 的土层变形量计算值，Δz 见图 3-42 并由表 3-19 确定；

s_i——在计算深度范围内，第 i 层土的计算变形值。

表 3-19　Δz 取值

b(m)	$b\leqslant 2$	$2<b\leqslant 4$	$4<b\leqslant 8$	$8<b$
Δz(m)	0.3	0.6	0.8	1.0

如确定的计算深度下部仍有较软土层应继续计算。当无相邻荷载影响，基础宽度在 1 ~ 30 m 时，基础中点的变形计算深度也可以按下列简化公式计算：

$$z_n = b(2.5 - 0.4\ln b) \tag{3-35}$$

式中　b——基础宽度，m。

对于地基中较坚硬的黏土层，其孔隙比小于 0.5、压缩模量大于 50 MPa，或压缩模量大于 80 MPa 的密实砂卵石层可以不计算变形量。

思考题：什么是地基的最终沉降量？如何计算地基的最终沉降量？

【例 3-7】　如图 3-43 所示为某厂房柱下独立方形基础，已知基础底面尺寸为 4 m×4 m，基础埋深 $d=1.0$ m，上部结构传至基础顶面的荷载 $F=1\ 440$ kN，地基为粉质黏土，其天然重度 $\gamma=16.0$ kN/m^3，地下水位埋深 3.4 m，地下水位以下土体的饱和重度 $\gamma_{sat}=18.2$ kN/m^3。土层压缩模量为：地下水位以上 $E_{s1}=5.5$ MPa，地下水位以下 $E_{s2}=6.5$ MPa，地基土的承载力特征值 $f_{ak}=94$ kPa，试用《建筑地基规范》法计算柱基中点的沉降量。

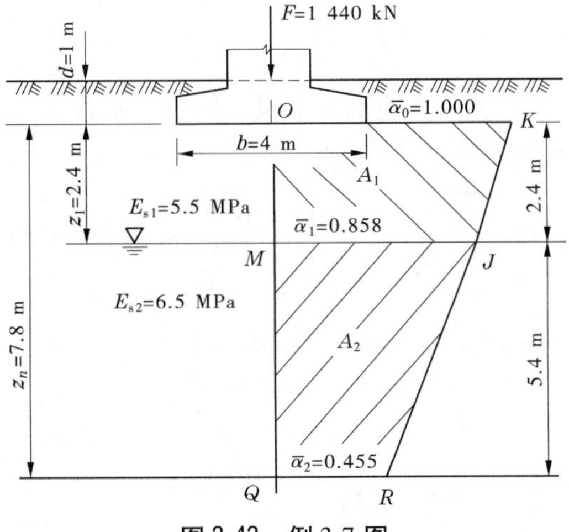

图 3-43　例 3-7 图

解：1. 计算基底附加压力

$$p_0 = \frac{F + \gamma_G Ad}{A} - \gamma d$$
$$= \frac{1\ 440}{4 \times 4} + 20 \times 1 - 16 \times 1 = 94.0(\text{kPa})$$

2. 确定地基压缩层深度 z_n 并分层

由式(3-35),得:

$$z_n = b(2.5 - 0.4\ln b)$$
$$= 4 \times (2.5 - 0.4\ln 4) = 7.8(\text{m})$$

分层:由于压缩模量不同,将地基分为两层。从基础底面到地下水位面为第一层,土层厚度为 $z_1 = 3.4 - 1.0 = 2.4(\text{m})$;从地下水位面到压缩层深度处为第二层,厚度 $z_2 = 7.8 - 2.4 = 5.4(\text{m})$。

3. 列表计算各层沉降量 s'

由式 $s' = \sum_{i=1}^{n} s_i = \sum_{i=1}^{n} \frac{p_0}{E_{si}}(\bar{\alpha}_i z_i - \bar{\alpha}_{i-1} z_{i-1})$ 计算确定,见表 3-20。

表 3-20 基础中心点沉降量计算

z(m)	l/b	z/b	$\bar{\alpha}_i$	$\bar{\alpha}_i z_i$ (m)	$\bar{\alpha}_i z_i - \bar{\alpha}_{i-1} z_{i-1}$ (m)	E_{si} (kPa)	s_i' (mm)	s' (mm)
2.4	4/4 =1	0.6	0.858	2.059	2.059	5 500	35.19	56.74
7.8		1.95	0.455	3.549	1.490	6 500	21.55	
7.2		1.80	0.482	3.470	0.079	6 500	1.14	

由表 3-19 中查得:$\Delta z = 0.6$ m,相应的 $\Delta s_n = 1.14$ mm,则

$$\Delta s_n / s' = 1.14/56.74 = 0.02 \leqslant 0.025$$

满足式(3-34)要求。

4. 确定修正系数 Ψ_s

第一土层的附加应力系数分布图的面积 $A_1 = 2.06$,第二土层的附加应力系数分布面积 $A_2 = 1.49$,压缩模量当量值为:

$$\bar{E}_s = \frac{\sum A_i}{\sum \frac{A_i}{E_{si}}} = \frac{2.06 + 1.49}{\frac{2.06}{5.5} + \frac{1.49}{6.5}} = 5.88(\text{MPa})$$

由 $p_0 = f_{ak}$ 和 $\bar{E}_s = 5.88$ MPa 查表 3-17 得:$\Psi_s = 1.11$。

5. 计算柱基中点的沉降量

$$s = \Psi_s s' = 1.11 \times 56.74 = 63.0(\text{mm})$$

2 地基变形验算

土质地基的变形验算是指在建筑物荷载的作用下,建筑物的地基变形计算值不能超过建筑物的地基变形允许值,以保证建筑物的安全和正常使用。由于不同建筑物的结构类型、整体刚度、使用要求的差异,对地基变形的敏感程度、危害、变形要求也不同。因此,

不同类型的建筑物要求控制的地基变形特征各不相同，计算时应注意。

2.1　地基的变形特征

地基变形特征可分为沉降量、沉降差、倾斜和局部倾斜，如图 3-44 所示。

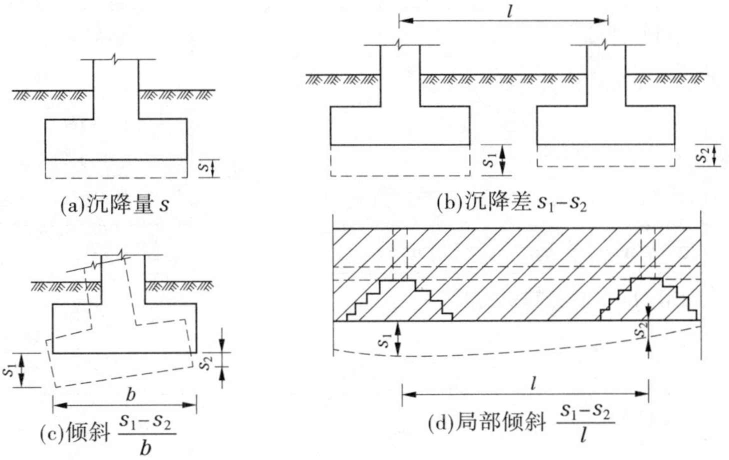

图 3-44　地基变形特征

(1)沉降量：指基础中心的沉降量 s，以 mm 为单位。对单层排架结构柱基础、地基均匀和无相邻荷载影响的高耸结构基础变形由沉降量控制。

(2)沉降差：指两相邻独立基础沉降量的差值 $\Delta s = s_1 - s_2$，以 mm 为单位。对建筑物地基软硬不均、有相邻荷载影响和荷载差异较大的框架结构、单层排架结构，需要验算基础的沉降差。

(3)倾斜：指基础倾斜方向两端点的沉降差与其距离的比值 $(s_1 - s_2)/b$。对地基不均匀、有相邻荷载影响的多层、高层建筑物基础及烟囱、水塔、高炉等高耸结构的基础，须验算基础的倾斜。

(4)局部倾斜：指砌体承重结构沿纵墙 6 ~ 10 m 内基础两点间的沉降差与其距离的比值 $(s_1 - s_2)/l$。工程实践表明，建筑物的局部倾斜过大，往往使砖石砌体承受弯矩而拉裂。因此，对于砌体承重结构设计，应由局部倾斜控制。

2.2　地基变形验算

《建筑地基基础设计规范》(GB 50007—2011)根据大量的常见建筑物的类型、变形特征及观测资料进行分析，提出了表 3-21 所列建筑物的地基变形允许值。规范要求：建筑物的地基变形特征值 Δ 不应大于地基变形允许值 $[\Delta]$，即

$$\Delta \leqslant [\Delta] \tag{3-36}$$

对表 3-21 中未包括的其他建筑物的地基变形允许值，可根据上部结构对地基变形特征的适应能力和使用要求确定。

表 3-21 建筑物地基变形特征允许值

变形特征	地基土的类别	
	中、低压缩性土	高压缩性土
砌体承重结构基础的局部倾斜	0.002	0.003
工业与民用建筑相邻柱基的沉降差：		
(1)框架结构	$0.002l$	$0.003l$
(2)砌体墙填充的边排柱	$0.0007l$	$0.001l$
(3)当基础不均匀沉降时不产生附加应力的结构	$0.005l$	$0.005l$
单层排架结构(柱距为 6 m)柱基的沉降量(mm)	(120)	200
桥式吊车轨面的倾斜(按不调整轨道考虑)：		
纵向	0.004	
横向	0.003	
多层和高层建筑的整体倾斜：		
$H_g \leqslant 24$	0.004	
$24 < H_g \leqslant 60$	0.003	
$60 < H_g \leqslant 100$	0.0025	
$H_g > 100$	0.002	
体型简单的高层建筑基础的平均沉降量(mm)	200	
高耸结构基础的倾斜：		
$H_g \leqslant 20$	0.008	
$20 < H_g \leqslant 50$	0.006	
$50 < H_g \leqslant 100$	0.005	
$100 < H_g \leqslant 150$	0.004	
$150 < H_g \leqslant 200$	0.003	
$200 < H_g \leqslant 250$	0.002	
高耸结构基础的沉降量(mm)：		
$H_g \leqslant 100$	400	
$100 < H_g \leqslant 200$	300	
$200 < H_g \leqslant 250$	200	

注：1. 有括号者仅适用于中压缩性土。

2. l 为相邻柱基的中心距离，mm；H_g 为自室外地面起算的建筑物高度，m。

3. 倾斜指基础倾斜方向两端点的沉降差与其距离的比值。

4. 局部倾斜指砌体承重结构沿纵向 6～10 m 内基础两点的沉降差与其距离的比值。

思考题：地基变形特征有哪些？地基变形验算的要求是什么？

习 题

1. 有一矩形基础，置于均质黏性土上，基础的尺寸为 10 m×5 m，埋置深度为 1.5 m，其上作用着中心荷载 $P=10\ 000$ kN。地基土的天然重度为 20 kN/m^3，饱和重度为 21 kN/m^3，地下水位距基底 2.5 m，土的压缩曲线如图 3-45 所示，试求基础中心点的沉降量。

（参考答案：185.2 mm）

2. 基础底面如图 3-46 所示，基底压力为 222.8 kPa，呈均匀分布，基础埋深为 1.2 m，从地面向下至 7.2 m 深为砂层，砂的重度为 19 kN/m^3，砂层下面为 4 m 厚黏土层，黏土层下面为密实砂卵石层，其压缩性很低，可忽略。已知黏土初始孔隙比 $e_1=0.82$，压缩系数 $a=0.000\ 4\ \text{kPa}^{-1}$，试用规范法计算 A 点下黏土层最终沉降量。

（参考答案：128 mm）

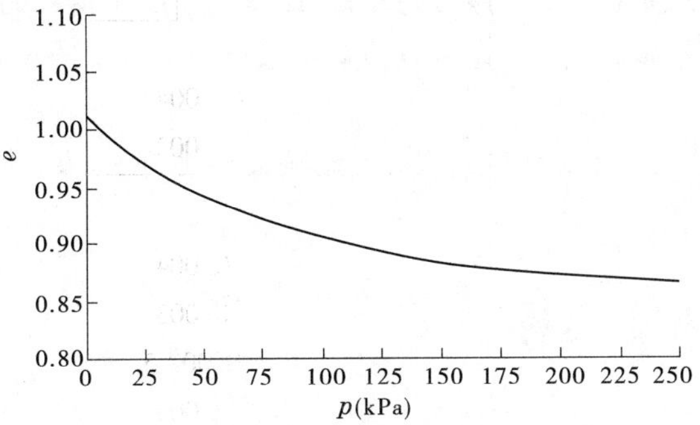

图 3-45　习题 1 附图

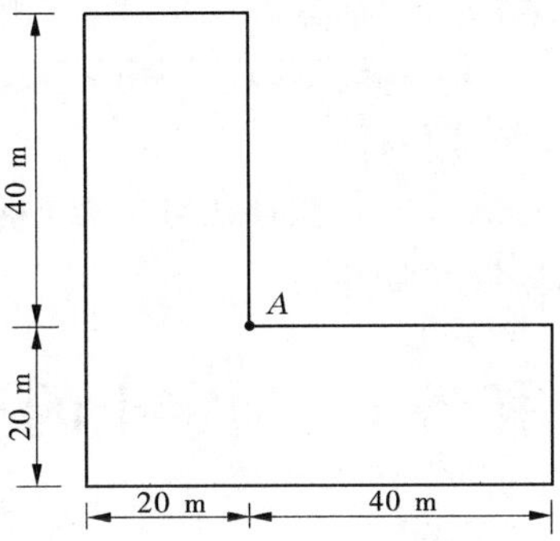

图 3-46　习题 2 附图

项目4 地基强度验算

【主要任务】

确定土的抗剪强度指标;确定地基承载力,进行地基强度验算。

【知识目标】

掌握土的抗剪强度定律;理解土的极限平衡条件的应用;理解土的抗剪强度指标的测定方法;掌握地基强度破坏的形式和破坏特征;掌握地基承载力的确定方法。

【技能目标】

能独立完成直接快剪试验的操作;能对试验数据进行处理;能确定地基承载力;能进行地基强度验算。

任务1 确定土的抗剪强度指标

1 土的抗剪强度规律

1.1 土的抗剪强度的基本概念

在外部荷载作用下,土体中的应力将发生变化,土中各点会同时产生法向应力和剪应力。法向应力作用将使土体发生压密,这样会提高土体的密实程度和强度,对土体稳定是有利的;而剪应力作用可使土体发生剪切,当土体中的剪应力超过土体本身的抗剪强度时,则使土体产生剪切破坏。一旦土体发生剪切破坏,剪切破坏面两侧的土体就会产生较大的相对位移,形成一个滑动面,这种由一部分土体相对于另一部分土体产生滑动破坏的现象也称土体丧失了稳定性。在工程建设实践中,土体丧失稳定性的例子很多,如道路的边坡、路基、土石坝、建筑物的地基等,如图4-1所示。因此,建筑物地基的破坏绝大多数属于剪切破坏。

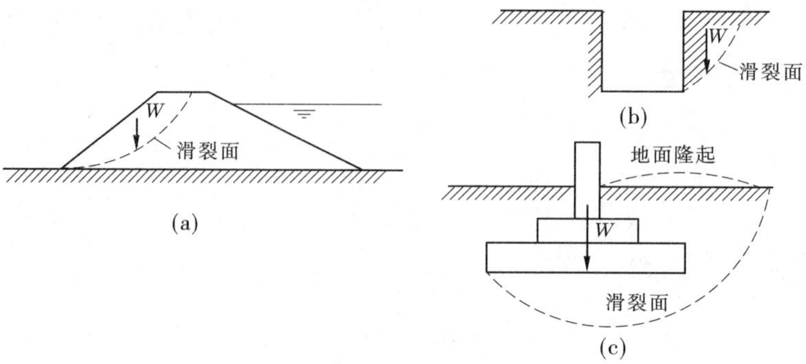

图4-1 土坝、基槽和建筑物地基失稳示意图

土的抗剪强度是指土体抵抗剪切破坏的极限能力，用 τ_f 表示。抗剪强度的数值等于剪切破坏时滑动面上的剪应力大小。土的抗剪强度是土的重要力学性质之一。

1.2 土的抗剪强度的规律——库仑定律

1776 年，法国科学家库仑(Coulomb)根据大量砂土的剪切试验研究，将土的抗剪强度表达为滑动面上法向总应力的函数，即

$$\tau_f = \sigma\tan\varphi \tag{4-1}$$

后来又根据进一步的试验结果，提出了黏性土的抗剪强度表达公式：

$$\tau_f = c + \sigma\tan\varphi \tag{4-2}$$

式中 τ_f——土的抗剪强度，kPa；

σ——剪切滑动面上的法向总应力，kPa；

c——土的黏聚力，kPa；

φ——土的内摩擦角，(°)。

式(4-1)和式(4-2)为著名的抗剪强度定律，即库仑定律。式中的 c 和 φ 称为土的抗剪强度指标，这两个指标取决于土的性质，与土中的应力状态无关。将 σ 和 τ_f 间的函数关系表示在 $\sigma \sim \tau$ 坐标平面内，如图 4-2 所示。由图 4-2 可以看出，对于无黏性土来说，σ 和 τ_f 的关系曲线是通过原点的一条斜直线，而对于黏性土来说，σ 和 τ_f 的关系曲线则是一条不通过原点的斜直线，在纵坐标轴上的截距为 c。

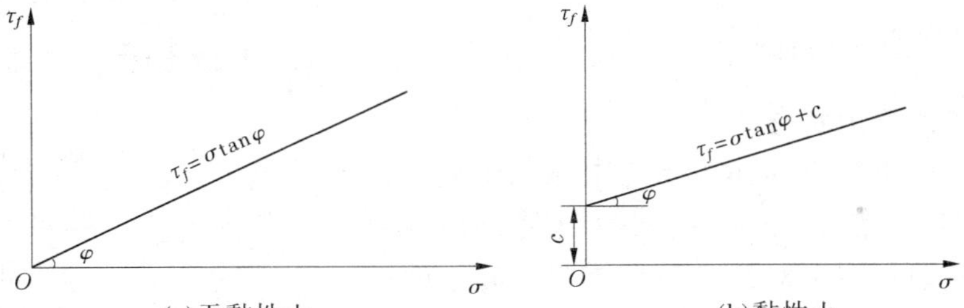

图 4-2 抗剪强度与法向应力之间的关系

由此可以得出，土体抗剪强度由摩擦力和黏聚力两部分组成。黏聚力是指土粒间的胶结作用和结合水膜以及分子引力作用形成的内在联结力，其大小与土的矿物组成、含水率、黏粒含量及土的结构有关。摩擦力有两个来源，分别是滑动摩擦和咬合摩擦。滑动摩擦是由剪切面上土粒间表面的粗糙所产生的摩擦。咬合摩擦是指土粒间互相嵌入所产生的咬合力。摩擦力的大小取决于土颗粒的粒度大小、颗粒级配、密实度和土粒表面的粗糙度等因素。

1.3 土的抗剪强度的影响因素

土的抗剪强度受多种因素影响，主要有以下几个方面。

1.3.1 土粒的矿物成分、形状、颗粒大小与颗粒级配

土颗粒越粗、形状越不规则、表面越粗糙及级配越好的土，其内摩擦力就越大，抗剪强度也越大，砂土级配中随粗颗粒含量的增多，抗剪强度也随之提高。黏土矿物成分中的微晶高岭石(土)含量越多时，黏聚力越大。土中胶结物的成分及含量对土的抗剪强度也有影响。

1.3.2 土的密度

土的原始密度越大,土粒之间紧密接触,土粒间孔隙小,土颗粒间的表面摩擦力和咬合力就越大,剪切试验时需要克服的摩阻力也愈大,则土的抗剪强度愈大。黏性土的密度大则表现出的黏聚力也较大。

1.3.3 含水率

土中含水率的多少,对土抗剪强度的影响十分明显。土中的含水率增大时,会降低土粒表面上的摩擦力,使土的内摩擦角 φ 值减小;黏性土的含水率增高时,会使结合水膜加厚,因而也就降低了土的黏聚力。

1.3.4 土体结构的扰动情况

若土的天然结构受到扰动破坏,土粒间的胶结物联结被破坏,黏性土的抗剪强度将会显著下降,故原状土的抗剪强度高于同密度和同含水率的重塑土。所以,在现场取样、试验和施工过程中,要注意保持黏性土的天然结构不被破坏,特别是基坑开挖时,更应保持持力层的原状结构不扰动。

1.3.5 有效应力

土体承受的法向有效应力越大,即土颗粒间传递的应力越大,土骨架压缩越紧密,其黏聚力和摩阻力也越大。

思考题:土的抗剪强度由几项组成?各项的含义是什么?

2 土的强度理论(极限平衡条件)

2.1 土中一点的应力状态

在土力学中,常把土体作为半无限体来研究。在半无限土体中任一点 M 处取一微小单元体,如图 4-3 所示。为简单起见,以下对该微单元体仅研究平面应变问题。

设作用在该点土单元体上的大、小主应力分别为 σ_1 和 σ_3,如图 4-4(a)所示。

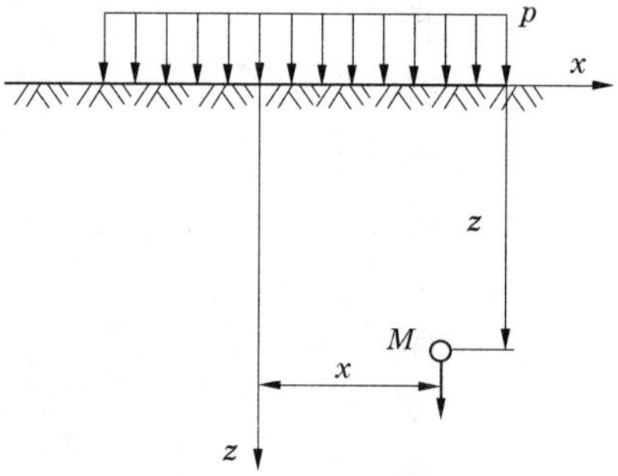

图 4-3 地基中一点 M

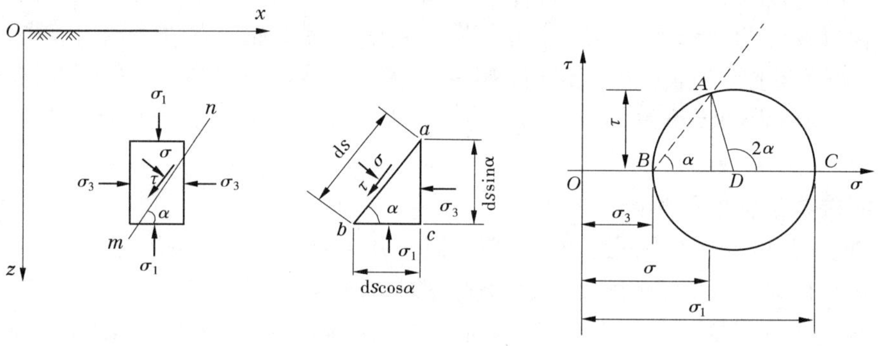

(a)微单元体上的应力 (b)隔离体 abc 上的应力 (c)莫尔圆

图 4-4 土体中任一点的应力

在单元体内与大主应力 σ_1 作用面成任意角 α 的 mn 斜面上的法向应力和剪应力分别为 σ、τ。为了建立 σ、τ 与 σ_1、σ_3 间的关系，截取楔形脱离体 abc，如图4-4(b)所示，将各力分别在水平方向和垂直方向进行分解，根据静力平衡条件建立方程组如下：

$$\left.\begin{aligned}\sum F_x = 0 \quad \sigma_3 \mathrm{d}s\sin\alpha - \sigma \mathrm{d}s\sin\alpha + \tau \mathrm{d}s\cos\alpha = 0\\ \sum F_y = 0 \quad \sigma_1 \mathrm{d}s\cos\alpha - \sigma \mathrm{d}s\cos\alpha - \tau \mathrm{d}s\sin\alpha = 0\end{aligned}\right\} \tag{4-3}$$

联立求解可得 mn 斜面上的应力为

$$\sigma = \frac{1}{2}(\sigma_1 + \sigma_3) + \frac{1}{2}(\sigma_1 - \sigma_3)\cos 2\alpha \tag{4-4}$$

$$\tau = \frac{1}{2}(\sigma_1 - \sigma_3)\sin 2\alpha \tag{4-5}$$

若将式(4-4)移项后两端平方，再与式(4-5)的两端平方后分别相加，即得

$$\left(\sigma - \frac{\sigma_1 + \sigma_3}{2}\right)^2 + \tau^2 = \left(\frac{\sigma_1 - \sigma_3}{2}\right)^2 \tag{4-6}$$

不难看出式(4-6)是一个圆的方程。若以法向应力 σ 为横坐标轴，剪应力 τ 为纵坐标轴，则式(4-6)表示圆心为($\frac{\sigma_1 + \sigma_3}{2}$,0)、半径为$\frac{\sigma_1 - \sigma_3}{2}$的一个应力圆，该圆称为莫尔应力圆或莫尔圆，如图4-4(c)所示。莫尔应力圆也可以用来求土中任一点的应力状态，具体方法如下：

在莫尔应力圆上，从 DC 开始逆时针方向转 2α 角，得 DA 线与圆周的交点 A，A 点的横坐标即为 mn 斜面上的正应力 σ，A 点的纵坐标即为 mn 斜面上的剪应力 τ。显然，当土体中任一点只要已知其大、小主应力 σ_1 与 σ_3 时，便可用莫尔应力圆求出该点不同斜面上的法向应力 σ 与剪应力 τ。

2.2 土的极限平衡条件

2.2.1 土的极限平衡状态

如果给定了土的抗剪强度指标 φ 和 c 及土中某点的应力状态，则可将库仑直线与莫尔应力圆画在同一张坐标图上，观察应力圆与库仑直线之间的位置变化，如图4-5所示。

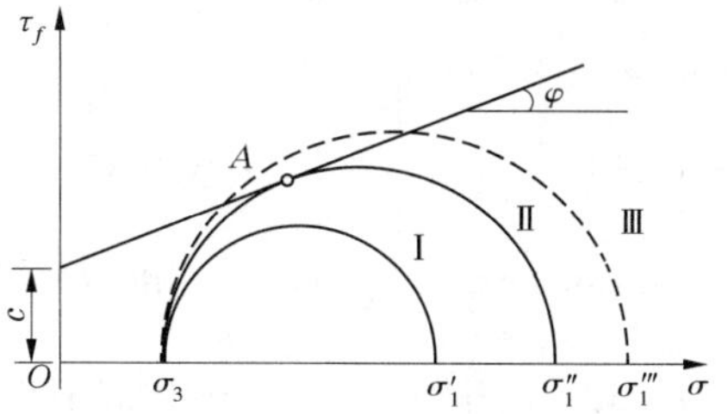

图4-5 莫尔应力圆与库仑直线的关系

随着土中应力状态的改变，莫尔应力圆与库仑直线之间的位置关系将发生三种变化情况，土中也将出现相应的三种平衡状态。

(1)莫尔应力圆与库仑直线相离。如图4-5中莫尔应力圆Ⅰ与库仑直线相离位于库仑直线的下方，表明通过该点的任意平面上的剪应力都小于土的抗剪强度，即 $\tau < \tau_f$。此

时该点处于稳定平衡状态,不会发生剪切破坏。

(2)莫尔应力圆与库仑直线相切。如图 4-5 中莫尔应力圆Ⅱ与库仑直线相切,表明在相切点 A 所代表的平面上,剪应力正好等于土的抗剪强度,即 $\tau=\tau_f$。说明此时该点处于极限平衡状态,相应的应力圆Ⅱ称为极限应力圆。

(3)莫尔应力圆与库仑直线相割。如图 4-5 中莫尔应力圆Ⅲ与库仑直线相割,表明该点某些平面上的剪应力已超过了土的抗剪强度,即 $\tau>\tau_f$。说明此时该点已发生剪切破坏。实际上这种应力状态不可能存在,因为在此之前,该点早就沿某一平面剪切破坏了,剪应力不可能超过土的抗剪强度。

2.2.2　土的极限平衡条件式

土的极限平衡条件式,是指土中某一点处于极限平衡状态时,其微单元土体上作用的大、小主应力 σ_1、σ_3 之间的关系式。它可根据极限应力圆与库仑强度直线相切时的几何关系推求。

如图 4-6 所示,黏性土微单元体中 mn 面为破裂面,根据其莫尔应力圆与抗剪强度线相切的几何关系,在直角三角形 ARD 中,可以得出

$$\sin\varphi=\frac{AD}{RD}=\frac{(\sigma_1-\sigma_3)/2}{c\cot\varphi+\frac{1}{2}(\sigma_1+\sigma_3)}\tag{4-7}$$

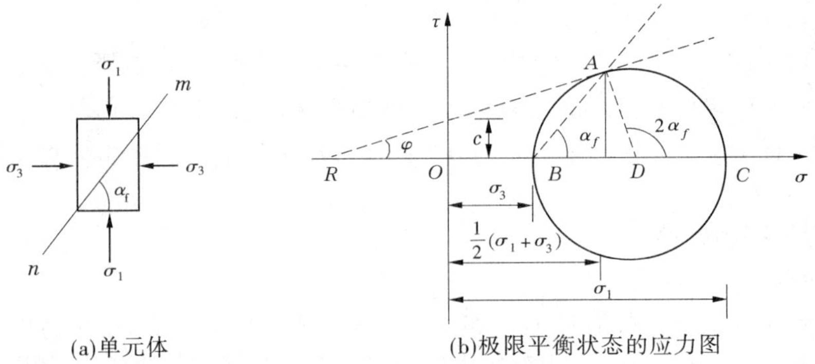

图 4-6　黏性土的极限平衡状态

利用三角函数整理,可得

$$\sigma_1=\sigma_3\tan^2\left(45°+\frac{\varphi}{2}\right)+2c\tan\left(45°+\frac{\varphi}{2}\right)\tag{4-8}$$

$$\sigma_3=\sigma_1\tan^2\left(45°-\frac{\varphi}{2}\right)-2c\tan\left(45°-\frac{\varphi}{2}\right)\tag{4-9}$$

对于无黏性土,由于 $c=0$,由式(4-8)和式(4-9)得无黏性土极限平衡条件为:

$$\sigma_1=\sigma_3\tan^2\left(45°+\frac{\varphi}{2}\right)\tag{4-10}$$

$$\sigma_3=\sigma_1\tan^2\left(45°-\frac{\varphi}{2}\right)\tag{4-11}$$

由三角形 ARD 的内角与外角关系可得

$$2\alpha_f=90°+\varphi\tag{4-12}$$

即破裂面与大主应力 σ_1 作用面的夹角

$$\alpha_f = 45° + \frac{\varphi}{2} \tag{4-13}$$

由此可知，土体剪切破坏面的位置是发生在与大主应力作用面成 $(45° + \varphi/2)$ 夹角的斜面上，而不是发生在最大剪应力 $\tau_{max} = \frac{\sigma_1 - \sigma_3}{2}$ 的斜面上，即 $\alpha = 45°$ 的斜面上。

2.2.3 土的极限平衡条件式的应用

土的极限平衡条件常用来评判土中某点的平衡状态，具体方法是：根据实际最小主应力 σ_3 及土的极限平衡条件式(4-8)可推求土体处于极限平衡状态时所能承受的最大主应力 σ_{1f}，或根据实际最大主应力 σ_1 及土的极限平衡条件式(4-9)推求出土体处于极限平衡状态时所能承受的最小主应力 σ_{3f}，再通过比较计算值与实际值来判别该点所处的状态。用不等式表示如下：

(1) 当 $\sigma_1 < \sigma_{1f}$ 或 $\sigma_3 > \sigma_{3f}$ 时，土体中该点处于弹性平衡状态。

(2) 当 $\sigma_1 = \sigma_{1f}$ 或 $\sigma_3 = \sigma_{3f}$ 时，土体中该点处于极限平衡状态。

(3) 当 $\sigma_1 > \sigma_{1f}$ 或 $\sigma_3 < \sigma_{3f}$ 时，土体中该点处于破坏状态。

【例 4-1】 地基中某一单元土体上的大主应力 $\sigma_1 = 430$ kPa，小主应力 $\sigma_3 = 200$ kPa。通过试验测得该土样的抗剪强度指标 $c = 15$ kPa，$\varphi = 20°$。试问：(1)该单元土体处于何种状态？(2)单元体中最大剪应力出现在哪个面上，是否会沿剪应力最大的面发生破坏？

解：1. 确定该单元土体处于何种状态

(1)用 σ_1 判别。

$$\begin{aligned}\sigma_{1f} &= \sigma_3 \tan^2\left(45° + \frac{\varphi}{2}\right) + 2c\tan\left(45° + \frac{\varphi}{2}\right) \\ &= 200 \times \tan^2\left(45° + \frac{1}{2} \times 20°\right) + 2 \times 15 \times \tan\left(45° + \frac{1}{2} \times 20°\right) \\ &= 450.77(\text{kPa})\end{aligned}$$

计算结果表明，在小主应力 $\sigma_3 = 200$ kPa 的条件下，该点处于极限平衡状态时的大主应力为 $\sigma_{1f} = 450.77$ kPa。实际的 $\sigma_1 = 430$ kPa $< \sigma_{1f} = 450.77$ kPa，故该土样未破坏，处于弹性平衡状态。

(2)用 σ_3 判别。

$$\begin{aligned}\sigma_{3f} &= \sigma_1 \tan^2(45° - \frac{\varphi}{2}) - 2c\tan(45° - \frac{\varphi}{2}) \\ &= 430 \times \tan^2(45° - \frac{1}{2} \times 20°) - 2 \times 15 \times \tan(45° - \frac{1}{2} \times 20°) \\ &= 189.82(\text{kPa})\end{aligned}$$

计算结果表明，在大主应力 $\sigma_1 = 430$ kPa 的条件下，该点处于极限平衡状态时的小主应力为 $\sigma_{3f} = 189.82$ kPa。实际的 $\sigma_3 = 200$ kPa $> \sigma_{3f} = 189.82$ kPa，故该土样未破坏，处于弹性平衡状态。

(3)用库仑定律判别。

由前述可知破裂角 $\alpha_f = 45° + 20°/2 = 55°$，土体若破坏则应沿着与第一主平面成 55°

夹角的平面破坏,该平面上的应力为:

$$\sigma = \frac{1}{2}(\sigma_1 + \sigma_3) + \frac{1}{2}(\sigma_1 - \sigma_3)\cos 2\alpha_f$$

$$= \frac{1}{2} \times (430 + 200) + \frac{1}{2} \times (430 - 200)\cos 110° = 275.7(\text{kPa})$$

$$\tau = \frac{1}{2}(\sigma_1 - \sigma_3)\sin 2\alpha_f = \frac{1}{2} \times (430 - 200)\sin 110° = 108.1(\text{kPa})$$

破裂面上的抗剪强度 τ_f 可由库仑定律计算得到

$$\tau_f = \sigma\tan\varphi + c = 275.7\tan 20° + 15 = 115.3(\text{kPa}) > \tau = 108.1\ \text{kPa}$$

所以,最危险面不破坏,该单元土体处于弹性平衡状态。

2. 判断是否会沿剪应力最大的面发生破坏

如图 4-7 所示,最大剪应力 τ_{max} 的作用面与大主应力 σ_1 的作用面成 $\alpha = 45°$ 的夹角,则

$$\tau_{max} = \frac{1}{2}(\sigma_1 - \sigma_3)\sin 2\alpha = \frac{1}{2} \times (430 - 200)\sin 90° = 115(\text{kPa})$$

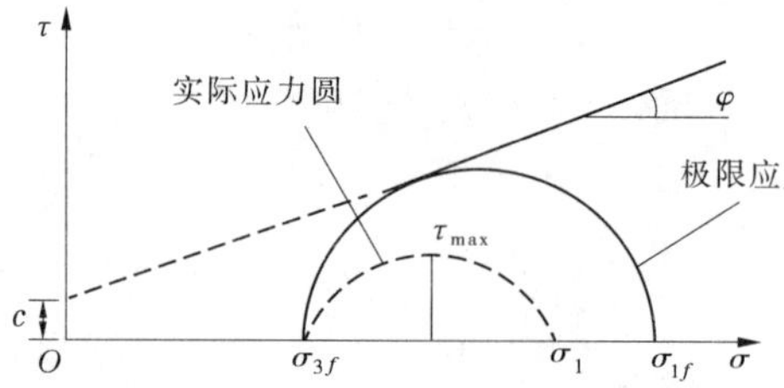

图 4-7　例 4-1 的应力圆

最大剪应力面上的法向应力

$$\sigma = \frac{1}{2}(\sigma_1 + \sigma_3) + \frac{1}{2}(\sigma_1 - \sigma_3)\cos 2\alpha$$

$$= \frac{1}{2} \times (430 + 200) + \frac{1}{2} \times (430 - 200)\cos 90° = 315(\text{kPa})$$

由库仑定律可得最大剪应力面上的抗剪强度为:

$$\tau_f = \sigma\tan\varphi + c = 315\tan 20° + 15 = 129.7(\text{kPa}) > \tau_{max} = 115(\text{kPa})$$

所以,土体不会沿剪应力最大的面发生破坏。

3　抗剪强度指标的测定

土的抗剪强度指标 c、φ 值可采用原状土室内的直接剪切试验、三轴压缩试验、无侧限抗压强度试验、现场剪切试验及十字板剪切试验等方法测定。室内试验的特点是边界条件比较明确,并且容易控制。但是,要求从现场采集样品,在取样的过程中不可避免地引起土的应力释放和土的结构扰动。现场原位试验的优点是简捷、快速,能够直接在现场进行,不需取试样,能够较好地反映土的结构和构造特性。

3.1 直接剪切试验

3.1.1 直剪仪

直接剪切试验(简称直剪试验)是测定土的抗剪强度指标的最简单的室内试验方法。直剪试验所使用的仪器称为直剪仪。按加荷方式的不同,直剪仪可分为应变控制式和应力控制式两种。实验室常用的是应变控制式直剪仪,它的主要优点在于可以测出土的峰值强度和终值强度,其构造如图4-8所示;实验室中的直剪仪如图4-9所示。

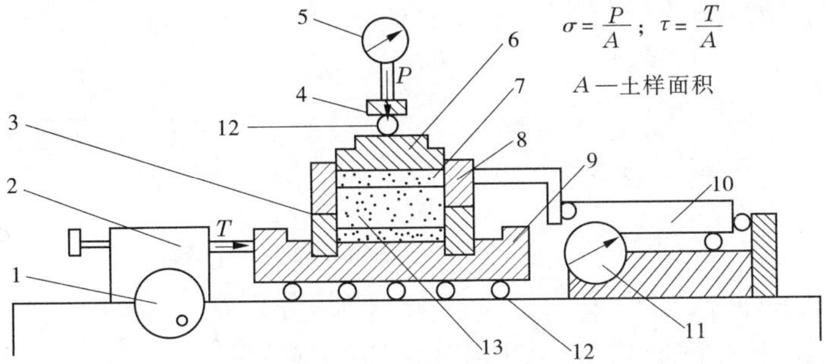

1—剪切传动机构;2—推动器;3—下盒;4—垂直加压框架;5—垂直位移计;6—传压板;7—透水板;8—上盒;9—储水盒;10—测力计;11—水平位移计;12—滚珠;13—试样

图4-8 应变控制式直剪仪的构造

图4-9 直剪仪

该仪器的主要部件由固定的上剪切盒、活动的下剪切盒、垂直和水平加载系统及测量系统等部分组成。

3.1.2 直剪试验原理

试验时,先用环刀切取原状土样,将上、下剪切盒对齐,把土样放在上、下剪切盒中间,通过滚珠和传压板对土样施加法向应力 σ,然后通过均匀旋转手轮对下剪切盒施加水平剪切力 τ,使土样沿上、下剪切盒的接触面发生剪切位移,随着上、下剪切盒的相对位移不断增加,剪切面上的剪应力也不断增加,剪应力 τ 与剪切位移 ΔL 的关系曲线如图4-10(a)所示。当土样将要剪切破坏时,剪切面上的剪应力达到最大(峰值点),此时的剪应力即为土的抗剪强度 τ_f。一般黏土和密实砂土的曲线可出现剪应力的峰值,峰后强度随着剪切位移的增大而降低,呈现出应变软化特征;而软黏土和松砂的剪应力 τ 与剪切位移

ΔL 的关系曲线则往往不出现峰值,强度随剪切位移的增大而缓慢增大,呈现出应变硬化特征,此时一般取 4 mm 剪切位移量对应的剪应力作为土的抗剪强度值,如图 4-10(b)所示。

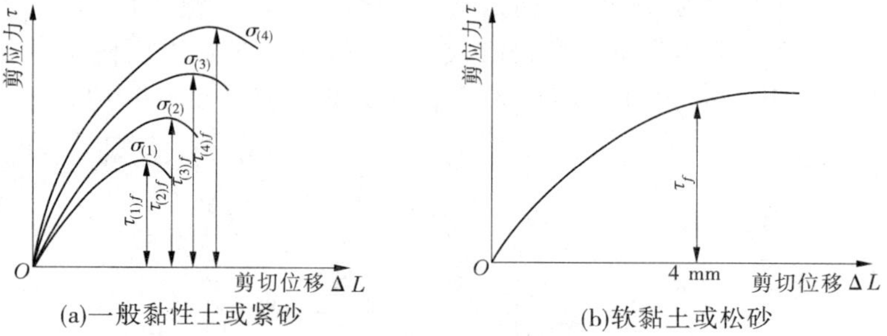

图 4-10 剪应力与剪切位移的关系曲线

试验中,对同一种土,至少要取 3 个土样,使其分别在不同的法向应力 σ 下进行剪切试验,测出相应的抗剪强度 τ_f,然后以 σ 为横坐标、以 τ_f 为纵坐标,点绘出 $\sigma \sim \tau_f$ 库仑曲线,如图 4-11 所示,由此求出土的抗剪强度指标 φ、c。

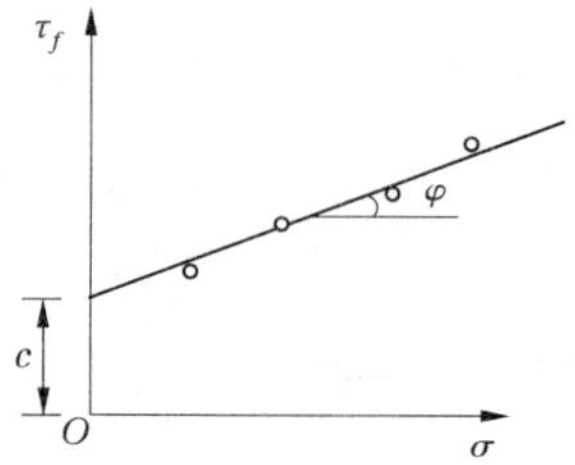

图 4-11 直接剪切试验成果

3.1.3 直剪试验的优缺点

直剪试验的优点是直剪仪构造简单、操作方便,因而在一般工程中被广泛采用。但该试验存在着下述缺点:

(1)不能严格控制排水条件,不能量测试验过程中试样的孔隙水压力,尤其是对饱和黏性土,其抗剪强度受排水条件影响较大,故试验会产生较大的偏差。

(2)试验中,剪切面限定在上、下盒之间的平面,而不是沿土样最薄弱的面剪切破坏。

(3)剪切过程中,土样剪切面逐渐缩小,而在计算剪应力时仍按土样的原截面,从而导致剪切面上的剪应力分布不均匀。

因此,直剪试验不宜作为深入研究土的抗剪强度特性的手段。

3.2 三轴剪切试验

三轴剪切试验又称为三轴压缩试验,它是一种较完善的测定土体抗剪强度的试验方法。

3.2.1 三轴剪切试验仪器

三轴剪切试验使用的设备是三轴剪切仪。三轴剪切仪可以分为应变控制式和应力控制式两种。目前较先进的三轴剪切仪还配备有自动化控制系统、电测和数据自动采集系统等。应变控制式三轴剪切仪构造图如图 4-12 所示。

应变控制式三轴剪切仪由压力室、轴向加压系统、周围压力系统和孔隙水压力量测系统等构成。应变控制式剪切仪的核心部分是压力室,它是由一个金属活塞、底座和透明有机玻璃圆筒组成的封闭容器;轴向加压系统用以对试样施加轴向附加压力,并可控制轴向应变的速率;周围压力系统则通过液体对试样施加周围压力;孔隙水压力测试系统可以量测孔隙水压力及其在试验过程中的变化情况,还可以量测试样的排水量。

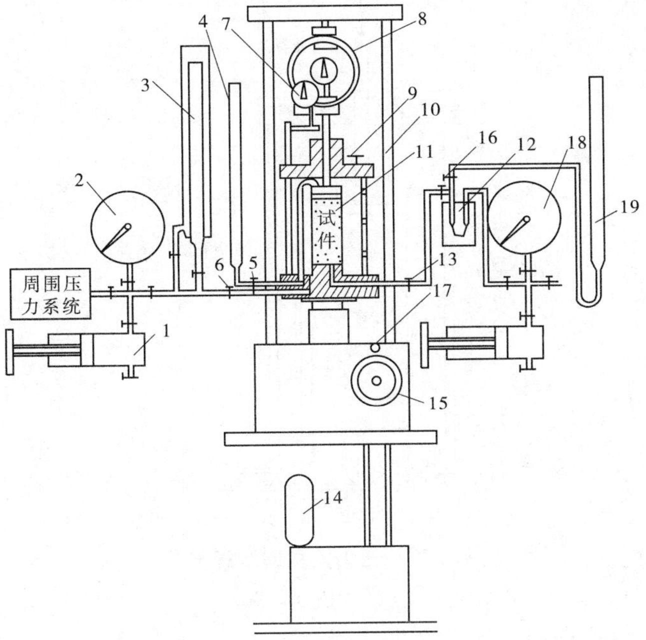

1—调压筒;2—周围压力表;3—体变管;4—排水管;5—排水阀;6—周围压力阀;7—形变量表;
8—量力环;9—排气孔;10—轴向加压设备;11—试件;12—压力室;13—孔隙压力阀;
14—离合器;15—手轮;16—量管阀;17—零位指示器;18—孔隙水压力表;19—量管

图4-12　应变控制式三轴剪切仪

3.2.2　三轴剪切试验原理

进行三轴剪切试验时,将制备好的圆柱状试样套在橡皮膜内置于试样帽和压力室底座之间,必要时在试样两端安放滤纸和透水石,装上压力室外罩并密封,如图4-13所示。然后向压力室内充水使周围压力达到所需的σ_3,并使液压在整个试验过程中保持不变,如图4-14(a)所示。按照试验要求关闭或开启各阀门,开动马达使压力室按选定的速率匀速上升,活塞即对试样施加轴向压力增量$\Delta\sigma$,$\sigma_1=\sigma_3+\Delta\sigma$,如图4-14(b)所示。试样剪破面方向与大主应力作用平面的夹角为$\alpha_f=45°+\frac{\varphi}{2}$,如图4-14(b)所示。按试样剪破时的$\sigma_1$和$\sigma_3$作莫尔极限应力圆,它必与抗剪强度包线切于$A$点,如图4-14(c)所示。$A$点的坐标值即为剪破面$mn$上的法向应力$\sigma$与极限剪应力$\tau_f$。若同一种土样的若干个试件(一般3~4个)分别在不同的周围压力σ_3下进行试验,可得一组莫尔极限应力圆,如图4-14(d)中的圆Ⅰ、圆Ⅱ和圆Ⅲ所示。作出这些莫尔极限应力圆的公切线,即为该土样的抗剪强度包线,由此便可求得土样的抗剪强度指标c和φ值。

3.2.3　三轴压缩试验的优缺点

与直剪试验比较,三轴剪切试验的优点是:试样中的应力分布比较均匀;试样破坏时剪切破坏面就发生在土样的最薄弱处,应力状态比较明确;试验时还可根据工程需要,严格控制孔隙水的排出,并能准确地测定土样在剪切过程中孔隙水压力的变化,从而可以定量地获得土中有效应力的变化情况。三轴试验可供在复杂应力条件下研究土的抗剪强度

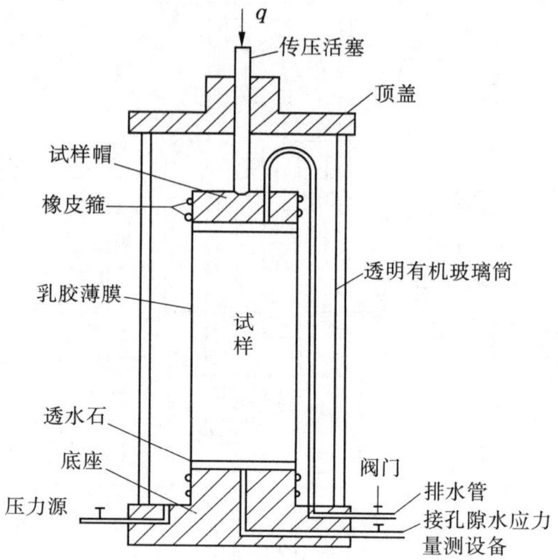

图 4-13　压力室构造示意图

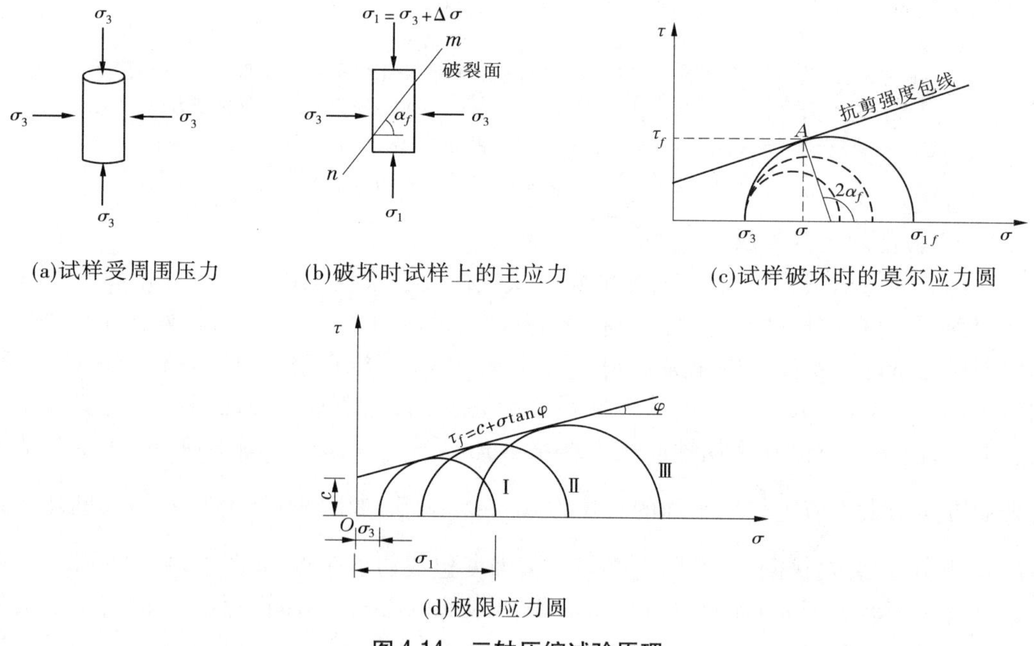

图 4-14　三轴压缩试验原理

特性之用。

但是，三轴仪设备复杂，试样制备比较麻烦，土样易受扰动；另外，试样中模拟的主应力为 $\sigma_2=\sigma_3$ 的轴对称情况，而实际土体的受力状态并非都是这类轴对称情况，故其应力状态不能与实际情况完全一致。

3.3　无侧限抗压强度试验

无侧限抗压强度试验是三轴压缩试验中周围压力 $\sigma_3=0$ 的一种特殊情况，所以又称单轴试验。无侧限抗压强度试验采用无侧限压缩仪，但现在也常利用三轴剪切仪做该种试验。试验时，在不加任何侧向压力的情况下，对圆柱体试样施加轴向压力，直至试样剪切破坏。试样破坏时的轴向压力以 q_u 表示，称为无侧限抗压强度。无侧限压缩仪构造如图 4-15(a)所示。

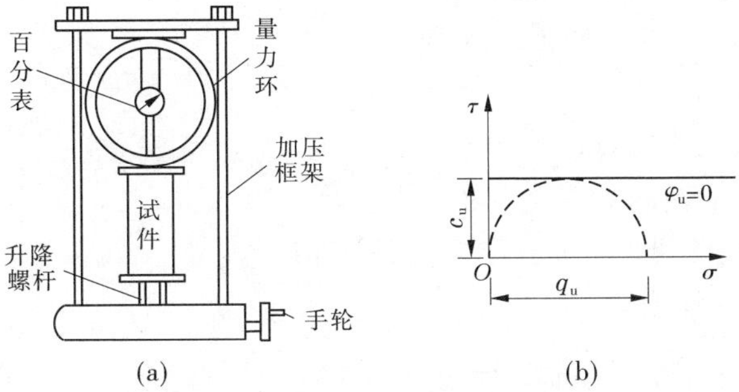

图 4-15　应变控制式无侧限抗压强度试验设备及原理

由于不施加周围压力，因而根据试验结果，只能作一个莫尔极限应力圆，难以得到破坏包线。饱和黏性土的三轴不固结不排水试验结果表明，其破坏包线为一水平线，即 $\varphi_u=0$，如图 4-15(b)所示。因此，对于饱和黏性土的不排水抗剪强度，就可利用无侧限抗压强度 q_u 来得到，即

$$\tau_f = c_u = \frac{q_u}{2} \tag{4-14}$$

式中　τ_f——土的不排水抗剪强度，kPa；

c_u——土的不排水黏聚力，kPa；

q_u——无侧限抗压强度，kPa。

无侧限抗压强度试验适用于测定饱和软黏土的抗剪强度指标，同时，还可以测定饱和黏性土的灵敏度 S_t。土的灵敏度为原状土的强度与同一土经重塑(完全扰动但含水率不变)后的强度之比。土的灵敏度越高，其结构性越强，受扰动后土的强度降低就越多。黏性土受扰动而强度降低的性质，一般来说，对工程建设是不利的，如在基坑开挖过程中，因施工可能造成土的扰动而会使地基强度降低。

3.4　十字板剪切试验

在抗剪强度的现场原位测试方法中，最常用的是十字板剪切试验。该试验无须钻孔取得原状土样，对土的扰动小，试验时土的排水条件、受力状态与实际情况十分接近，因而特别适用于难于取样且灵敏度高的饱和软黏土。

十字板剪切仪如图 4-16 所示，主要由板头、加力装置和量测设备三部分组成。试验时，预先钻孔到接近预定施测深度，清理孔底后将十字板固定在钻杆下端下至孔底，压入到孔底以下约 750 mm。然后通过安放在地面上的设备施加扭矩，使十字板按一定速率扭转直至土体剪切破坏。破坏面为十字板旋转所形成的圆柱面。

设土体剪切破坏时所施加的扭矩为 M，则它应该与剪切圆柱体侧面、上下端面的抗剪强度所产生的抵抗力矩相等，即

$$M = \pi DH \frac{D}{2}\tau_v + 2\frac{\pi D^2}{4}\frac{D}{3}\tau_H$$

$$= \frac{1}{2}\pi D^2 H\tau_v + \frac{1}{6}\pi D^3\tau_H \quad (4\text{-}15)$$

式中　M——剪切破坏时的扭矩，kN · m；

τ_v,τ_H——剪切破坏时圆柱体侧面和上下端面土的抗剪强度，kPa；

H——十字板的高度，m；

D——十字板的直径，m。

一般而言，土体是各向异性的，为简化计算，假定土体为各向同性体，即土的抗剪强度各向相等，用 τ_f 表示，式(4-15)成为

$$M = \left(\frac{1}{2}\pi D^2 H + \frac{1}{6}\pi D^3\right)\tau_f \quad (4\text{-}16)$$

于是，通过十字板原位剪切试验测得的土体抗剪强度 τ_f 为：

$$\tau_f = \frac{2M}{\pi D^2\left(H + \frac{D}{3}\right)} \quad (4\text{-}17)$$

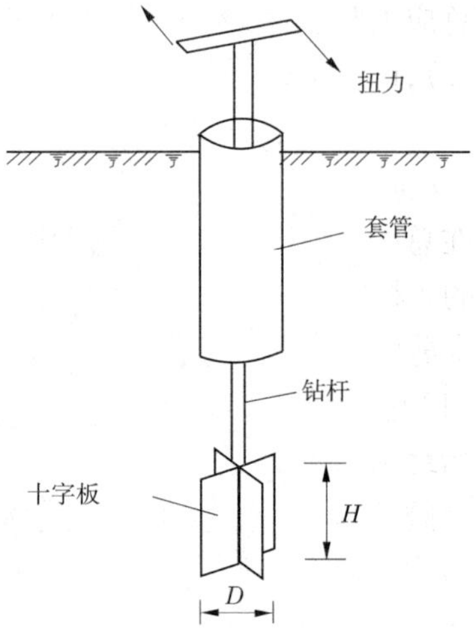

图 4-16　十字板剪切仪示意图

十字板剪切试验具有无须钻孔取样和使土少受扰动的优点，且仪器结构简单、操作方便，因而在软黏土地基中有较好的适用性，亦常用以在现场对软黏土的灵敏度进行测定。但这种原位测试方法中剪切面上的应力条件十分复杂，排水条件也不能严格控制，因此所测的不排水强度与原状土室内的不排水剪切试验成果可能会有一定差别。十字板剪切试验结果往往比无侧限抗压强度高，这可能与土的扰动较小有关。土的各向异性和十字板的尺寸、形状、高径比、旋转速率等因素对十字板剪切试验结果均有一定影响。

4　总应力强度指标和有效应力强度指标及其测定方法

在饱和土体中，外荷载在土中引起的总应力 σ 是由孔隙水和土颗粒构成的土骨架共同承担的，由孔隙水承担的应力称为孔隙水应力，用 u 表示。因为土中的孔隙是互相连通的，饱和土体中的孔隙水也是连续的，所以孔隙水应力与通常的静水压力一样，方向垂直作用面，任一点的孔隙水应力各向都相等，不会使土颗粒发生压缩变形，故又称为中性应力。由土颗粒承担的应力，称为有效应力，用 σ' 表示，该应力作用在土体骨架上，会引起土粒间的相互错动而使土体产生变形。在饱和土的固结过程中，这两部分应力的比例是不断变化的，即是孔隙水应力逐渐消散和有效应力逐渐增加的过程。但是，在土体中任一平面上引起的总应力 σ，必将由该面上的孔隙水和土骨架共同承担，即总应力应为孔隙水应力与有效应力之和，可表示为：$\sigma = \sigma' + u$。

饱和土的剪切过程也是伴随着孔隙水逐渐排出，有效应力逐渐增长，土体逐渐固结的过程，饱和土的剪切过程也是伴随着孔隙水逐渐排出，有效应力逐渐增长，土体逐渐固结的过程，从而必然使得土的抗剪强度随着土体固结压密程度的增大而不断增长。这也说明，孔隙水应力消散的过程，就是土的抗剪强度增大的过程。土中孔隙水应力的消散程度不同，则土的抗剪强度大小也就不同。因此，在剪切试验中，为了考虑孔隙水应力对抗剪

强度的影响，将抗剪强度的分析表示方法分为总应力法和有效应力法。

4.1 总应力法

总应力法是指用剪切面上的总应力来表示土的抗剪强度的方法，其表达式为式(4-2)，即

$$\tau_f = \sigma\tan\varphi + c$$

式中 c、φ——以总应力法表示的黏聚力和内摩擦角，统称为总应力抗剪强度指标。

在总应力法中，孔隙水应力对抗剪强度的影响，是通过在试验中控制土样的排水条件来体现的。根据排水条件的不同，在三轴剪切试验中分为排水剪(CD)、不排水剪(UU)和固结不排水剪(CU)三种；相应地在直剪试验中分为慢剪(S)、快剪(Q)和固结快剪(CQ)三种。

(1)排水剪和慢剪：是指在整个试验过程中，使土样保持充分排水固结(即在孔隙水应力始终为零)的条件下进行剪切试验的方法。如采用三轴试验时，在围压 σ_3 作用下，打开排水阀，使土样充分排水固结，当孔隙水应力降为零时才增大竖向压力 σ_1，在保持孔隙水应力为零(充分排水)的条件下，使土样慢慢剪切破坏。由排水剪测得的抗剪强度指标用 c_d 和 φ_d 表示。

若用直剪试验，在土样的上、下面与透水石之间放上滤纸，便于排水，等土样在垂直压力作用下充分排水固结稳定后，再缓慢施加水平剪力，且在土样充分排水固结条件下，直至剪坏。由于需时很长，故称慢剪。由慢剪测得的抗剪强度指标用 c_s 和 φ_s 表示。

(2)不排水剪和快剪：是指在整个试验过程中，均在不让土样排水固结(即在不使孔隙水应力消散)的条件下进行剪切试验的方法。如采用三轴试验时，无论是施加围压 σ_3，还是施加竖向压力 σ_1，始终关闭排水阀，使土样在不排水的条件下剪坏。由不排水剪测得的抗剪强度指标用 c_u 和 φ_u 表示。

若用直剪试验，在土样的上、下面与透水石之间用不透水薄膜隔开，在施加垂直压力后随即施加水平剪力，使试样在 3 ~ 5 min 内剪坏，故称为快剪。由快剪测得的抗剪强度指标用 c_q 和 φ_q 表示。

(3)固结不排水剪和固结快剪：是指土样在围压或竖向压力作用下，充分排水固结，但在剪切过程中不让土样排水固结的条件下进行剪切试验的方法。如采用三轴试验，在施加围压 σ_3 时，打开排水阀，让土样充分排水固结后，再关闭排水阀，使土样在不排水的条件下施加竖向压力 σ_1 直至剪坏。由固结不排水剪测定的强度指标用 c_{cu} 和 φ_{cu} 表示。

若用直剪试验，在土样的上、下面与透水石之间放上滤纸，先施加竖向压力，待土样排水固结稳定后，再施加水平剪力，将土样在 3 ~ 5 min 内剪坏，故称固结快剪。由固结快剪测得的抗剪强度指标用 c_{cq} 和 φ_{cq} 表示。

上述三种剪切试验方法，对于同一种土，施加相同的总应力时，由于试验时土样的排水条件和固结程度不同，故测得的抗剪强度指标也不相同，一般情况下，三种试验方法测得的内摩擦角有如下关系：$\varphi_s > \varphi_{cq} > \varphi_q$($\varphi_d > \varphi_{cu} > \varphi_u$)，测得的黏聚力 c 值也有差别，如图 4-17 所示。

4.2 有效应力法

如前所述，土的抗剪强度与总应力之间并没有唯一对应的关系。实质上土的抗剪强度是由受剪面上的有效法向应力所决定的。所以，库仑定律应该用有效应力来表达才接

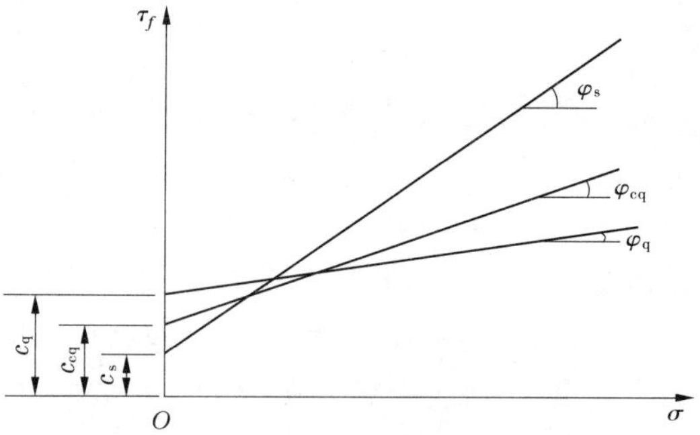

图 4-17　总应力法测得的抗剪强度指标

近于实际,有效应力库仑定律表达式为:

$$\tau_f = \sigma'\tan\varphi' + c' = (\sigma - u)\tan\varphi' + c' \tag{4-18}$$

式中　σ'——剪切破坏面上的法向有效应力,kPa;

φ'、c'——有效内摩擦角和有效黏聚力,二者统称为有效应力强度指标。

有效应力强度指标通常用三轴剪切仪测定。取同一种土的 3 ~4 个试样,分别在不同周围压力 σ_3下进行试验,测出剪切破坏时的最大主应力 σ_1和孔隙水应力 u,则有效大主应力 $\sigma_1' = \sigma_1 - u$,有效小主应力 $\sigma_3' = \sigma_3 - u$。以有效主应力为横坐标、抗剪强度 τ_f为纵坐标,根据试验结果可绘出 3 ~4 个极限应力圆,并作公切线(强度包线),即可确定 φ'和 c',如图 4-18 中虚线圆所示。在实际应用中,有效应力强度指标用于有效应力强度公式(4-18)来分析土体的稳定性。分析时,需要知道土体中孔隙水应力实际分布情况。

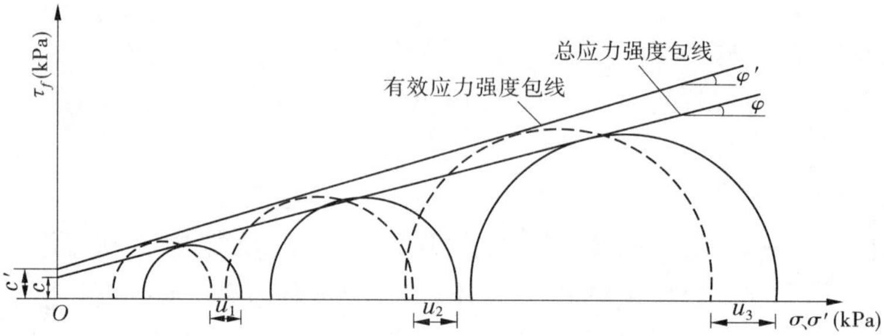

图 4-18　有效应力强度指标的确定

试验表明,用直接剪切仪作慢剪试验测得的慢剪强度指标 φ_s、c_s与有效应力强度指标 φ'、c'很一致。这是因慢剪时的孔隙水应力为零,此时总应力就等于有效应力。所以,在没有三轴剪切仪时,可以 φ_s、c_s代替 φ'、c'。

【例 4-2】　某饱和黏性土作固结不排水试验,三个土样所施加的围压和剪坏时的轴向应力及孔隙水应力等试验数据和计算结果见表 4-1。试求该土的固结不排水剪强度指标和有效应力强度指标。

解:根据表 4-1 中的测试数据,在 $\tau_f \sim \sigma$ 坐标中分别绘出三个总应力极限应力圆和极限有效应力圆如图 4-19 所示,分别作总应力圆和有效应力圆的强度包线,量得总应力强度指标 $c_{cu} = 10$ kPa、$\varphi_{cu} = 18°$,有效应力强度指标 $c' = 6$ kPa、$\varphi' = 27°$。

5 抗剪强度指标的选定

如前所述，土的抗剪强度指标随试验方法、排水条件的不同而异，因而在实际工程中应该尽可能根据现场条件决定室内试验方法，以获得合适的抗剪强度指标。

表4-1 三轴固结不排水剪试验结果

试样编号	σ_3(kPa)	σ_1(kPa)	u(kPa)	$\sigma_3'=\sigma_3-u$(kPa)	$\sigma_1'=\sigma_1-u$(kPa)
1	50	142	23	27	119
2	100	220	40	60	180
3	150	314	67	83	247

注：表中划线数据为试验所测得数据。

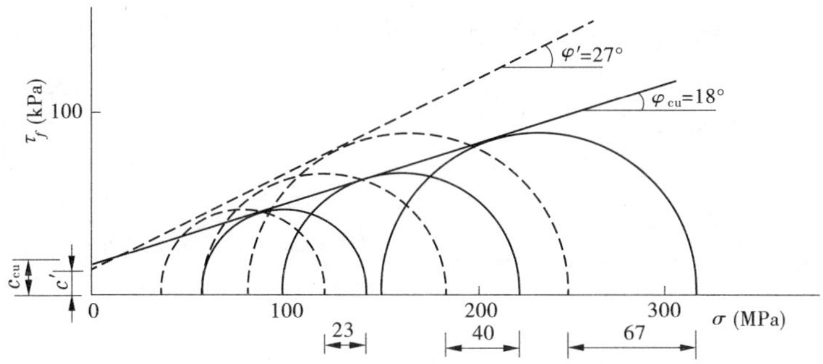

图4-19 总应力强度包线和有效应力强度包线

一般认为，由三轴固结不排水剪试验确定的有效应力强度参数 c' 和 φ' 宜用于分析地基的长期稳定性，例如土坡的长期稳定性分析，估计挡土结构物的长期土压力，位于软土地基上结构物的地基长期稳定性分析等。而对于饱和软黏土的短期稳定问题，则宜采用不排水剪的强度指标。但在进行不排水剪试验时，宜在土的有效自重压力下预固结，以避免试验得出的指标过低，使之更符合实际情况。

一般工程问题多采用总应力分析法，其测试方法和指标的选用见表4-2。

表4-2 地基土抗剪强度指标的选用

工程类别	需要解决问题	强度指标	试验方法	备注
1. 位于饱和黏土上结构或填方的基础	1. 短期稳定性 2. 长期稳定性	$c_u,\varphi_u=0$ c',φ'	不排水三轴或无侧限抗压试验；现场十字板试验 排水或固结不排水试验	长期安全系数高于短期
2. 位于部分饱和砂和粉质砂土上的基础	短期和长期稳定性	c',φ'	用饱和试样进行排水或固结不排水试验	可假定 $c'=0$，最不利的条件室内在无荷载下将试样饱和
3. 无支撑开挖地下水位以下的紧密黏土	1. 快速开挖时的稳定性 2. 长期稳定性	$c_u,\varphi_u=0$ c',φ'	不排水试验 排水或固结不排水试验	除非专用的排水设备降低地下水位，否则长期安全系数是最小的

续表 4-2

工程类别	需要解决问题	强度指标	试验方法	备注
4. 开挖坚硬的裂隙土和风化黏土	1. 短期稳定性 2. 长期稳定性	$c_u, \varphi_u = 0$ c', φ'	不排水试验 排水或固结不排水试验	现场的 c' 比室内测得要低，假定 $c' = 0$ 较安全
5. 有支撑开挖黏土	开挖底面的隆起	$c_u, \varphi_u = 0$	不排水试验	
6. 天然边坡	长期稳定性	c', φ'	排水或固结不排水试验	对坚硬的裂隙黏土，假定 $c' = 0$
7. 黏土地基上的填方，其施工速率允许土体部分固结	短期稳定性	$c_u, \varphi_u = 0$ 或 c', φ'	不排水试验；排水或固结不排水试验	不能肯定孔隙水的压力消散速率，对所有重要工程都应该进行孔隙水压力观测

6 技能训练——直剪试验指导

6.1 试验目的

测定土的抗剪强度指标，即内摩擦角 φ 和黏聚力 c。直剪试验方法分为快剪、固结快剪、慢剪三种。

6.2 仪器设备

(1)应变控制式直剪仪，主要部件有剪切盒、垂直加压设备、剪切传动装置、测力环、位移量测系统(见图 4-8)。

(2)其他：量表、环刀、修土刀、秒表、塑料布片等。

6.3 操作步骤(快剪)

(1)切取试样：按工程需要，切取原状土试样或制备预定密度及含水率的扰动土试样，每组试验至少切取 4 个试样。

(2)试样装入剪切盒：对准上下盒，插入固定销钉，在下盒内放入透水板，并在透水板与试样之间放一塑料片，然后将试样(环刀平口向下)小心推入剪切盒内，移去环刀。

(3)量表对零：转动手轮，使上盒前端钢珠刚好与量力计接触，顺次在试样上放一塑料片、透水板，加上传压板、钢珠、压力框架，调整量力计中的量表读数为零。

(4)施加压力：根据工程实际和土的软硬程度施加各级垂直压力，一般采用使试样承受 100 kPa、200 kPa、300 kPa、400 kPa 的垂直压力，各垂直压力可一次轻轻施加，若土质松软，也可分次施加。

(5)剪切试样：施加垂直压力后，立即拔去固定销钉，以 0.8 mm/min(4 r/min 的均匀速率转动手轮)的速率剪切试样，当量力环中量表指针不再前进，或有显著后退时，表示试样已剪损，一般宜剪至剪切变形达到 4 mm，若量表指针继续前进，则剪切变形应达到 6 mm为止。测记试样刚刚剪损时量力环中量表读数 R。

(6)卸荷：剪切结束后，吸去剪切盒中积水，倒转手轮，尽快移去垂直压力框架、钢球、传压板，并取出试样。

6.4　计算与制图

(1)计算各级垂直压力下所测得的抗剪强度 τ。

$$\tau = CR \tag{4-19}$$

式中　C——量力环率定系数,kPa/0.01 mm;

R——量力环表量力读数,0.01 mm。

(2)用土的抗剪强度为纵坐标、垂直压力为横坐标,以相同的比例尺绘制关系曲线(库仑强度曲线),直线的倾角(与水平线的夹角)即为土的内摩擦角 φ,直线在纵坐标上的截距为土的黏聚力 c(见图 4-20)。

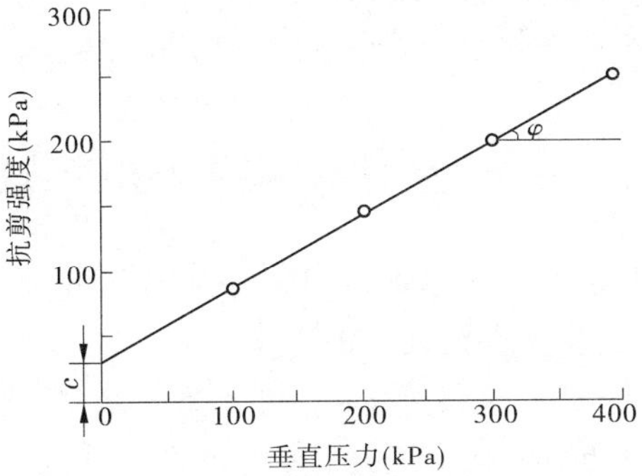

图 4-20　抗剪强度与垂直压力关系曲线

6.5　试验记录

试验记录见表 4-3。

表 4-3　直剪试验记录

工程编号________　试样编号________　试验日期________

试 验 者________　校 核 者________　计 算 者________

测力环率定系数(kPa /0.01 mm)					
垂直压力(kPa)	50	100	200	300	400
量力环读数(0.01 mm)					
抗剪强度(kPa)					
土的内摩擦角 φ			土的黏聚力 c		

说明:

(1)快剪:在施加法向应力后立即快速施加水平剪应力,剪切速率 0.8 mm/min,在 3 ~5 min 内将试样剪破。试验中试样的含水率基本不变,有较大的孔隙水应力,其强度指标 φ_q、c_q 较小,主要用于分析地基排水条件不好、加荷速度较快的建筑物地基。

(2)固结快剪:施加法向应力后,让试样充分排水固结,待固结稳定后,再快速(0.8 mm/min)施加水平剪切力,在不排水的条件下,使土样在 3 ~5 min 内被剪坏。施加剪力时所产生的孔隙水应力几乎不消散,其抗剪强度指标用 φ_{cq}、c_{cq} 表示。固结快剪强度指标可用于验算水库水位骤降时土坝边坡的稳定安全系数,或使用期建筑物地基的稳定问题。

(3)慢剪:施加法向应力后,让试样充分排水固结,待固结稳定后,再以缓慢速率(0.2 mm/min)施加水平剪切力,在充分排水的条件下,直至试样剪切破坏。其抗剪强度指标用 φ_s、c_s 表示,通常用于分析透水性较好、施工速度较慢的建筑物地基的稳定分析。

习 题

1. 设砂土地基中一点的大、小主应力分别为 500 kPa 和 180 kPa,其内摩擦角 $\varphi=36°$,求:

(1)该点最大剪应力是多少?最大剪应力面上的法向应力为多少?

(2)此点是否已达极限平衡状态?为什么?

(3)如果此点未达到极限平衡状态,令 σ_1 不变,而改变 σ_3,使该点达到极限平衡状态,这时 σ_3 应为多少?

(参考答案:$\tau_{max}=160$ kPa,$\sigma=340$ kPa;未达到极限平衡状态,因为 $\sigma_1<\sigma_{1f}$;$\sigma_3=129.8$ kPa)

2. 已知地基中某点的大主应力 $\sigma_1=500$ kPa,小主应力 $\sigma_3=240$ kPa,土的抗剪强度指标 $c=14$ kPa,$\varphi=32°$,问该点是否会发生剪切破坏?

(参考答案:不会发生剪切破坏,因为 $\sigma_1<\sigma_{1f}=831.6$ kPa)

3. 某砂土试样在法向应力 $\sigma=100$ kPa 作用下进行直剪试验,测得其抗剪强度 $\tau_f=60$ kPa。试求:

(1)用作图方法确定该土样的抗剪强度指标 φ 值;

(2)如果试样的法向应力增至 $\sigma=250$ kPa,则土样的抗剪强度是多少?

(参考答案:$\varphi=31°$,$\tau_f=150$ kPa)

4. 对饱和黏土试样进行无侧限抗压强度试验,测得其无侧限抗压强度 $q_u=120$ kPa。试求:

(1)该土样的不排水抗剪强度。

(2)与圆柱试样轴成60°夹角面上的法向应力 σ 和剪应力 τ。

(参考答案:$c_u=60$ kPa;$\sigma=90$ kPa,$\tau=52$ kPa)

5. 某饱和黏土由无侧限抗压强度试验测得不排水剪抗剪强度 $c_u=60$ kPa,如果对同一土样进行三轴不固结不排水剪试验,施加周围压力 $\sigma_3=320$ kPa,问试件将在多大的轴向压力作用下发生破坏?破裂面与大主应力面的夹角为多少?

(参考答案:轴向压力为 440 kPa,45°)

任务 2 确定地基承载力

为确保建筑物的安全和正常使用,除控制地基变形外,还要确保地基具有足够的承载力承受上部结构的荷载。地基承载力是指地基单位面积上承受荷载的能力。地基承载力一般可分为地基极限承载力和地基承载力特征值(地基容许承载力)两种。地基极限承载力是指地基发生剪切破坏丧失整体稳定时的地基承载力,是地基所能承受的基底压力极限值(极限荷载),以 p_u 表示;地基承载力特征值则是满足土的强度稳定和变形要求时的地基承载能力,以 f_a 表示。将地基极限承载力除以安全系数 K,即为地基承载力特征值。

要研究地基承载力,首先要研究地基在荷载作用下的破坏类型和破坏过程。

1　地基的破坏类型与变形阶段

1.1　地基的变形阶段

试验表明,地基从开始承受荷载到破坏,经过了三个变形阶段。如图 4-21 所示为载荷试验得到的荷载 p 和沉降 s 的关系曲线。

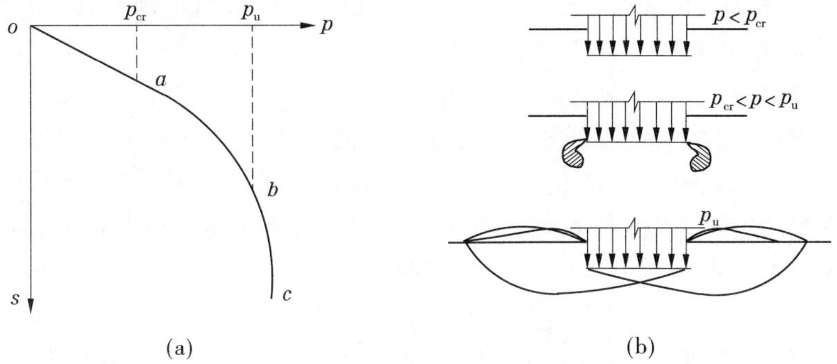

图 4-21　地基载荷试验的曲线

1.1.1　线性变形阶段

线性变形阶段又称压密阶段,对应 $p \sim s$ 曲线的 oa 段。这个阶段的外加荷载较小,地基土以压缩变形为主,压力与变形之间基本呈线性变化,地基中的应力尚处在弹性平衡状态,地基中任一点的剪应力均小于该点的抗剪强度。该阶段的应力一般可近似采用弹性理论进行分析。

1.1.2　塑性变形阶段

在图 4-21(a)曲线中,拐点 a 所对应的荷载称临塑荷载,以 p_{cr}表示。当作用荷载超过临塑荷载 p_{cr}时,首先在基础两侧边缘地基中开始出现剪切破坏,剪切破坏随着荷载的增大而逐渐形成一定的区域,称为塑性区。随着荷载的增大,基础下土的塑性变形区扩大,荷载—变形曲线的斜率增大,$p \sim s$ 呈曲线关系,如图 4-21(a)曲线的 ab 段。在这一阶段,虽然地基土的部分区域发生了塑性变形,但塑性变形区并未在地基中连成一片,地基基础仍有一定的稳定性,地基的安全度则随着塑性变形区的扩大而降低。

1.1.3　破坏阶段

在图 4-21(a)曲线中,拐点 b 所对应的荷载称极限荷载,以 p_u表示。当作用荷载达到极限荷载 p_u时,地基土体中的塑性区发展到形成一连续的滑动面,若荷载略有增加,基础变形就会突然增大,同时土从基础两侧挤出,并向比较薄弱的一侧倾倒,地基发生整体剪切破坏而丧失稳定。

1.2　地基的破坏形式

实践表明,建筑地基在荷载作用下往往由于承载力不足而产生剪切破坏,其破坏形式可以分为整体剪切破坏、局部剪切破坏和冲切剪切破坏三种。

1.2.1　整体剪切破坏

对于比较密实的砂土或较坚硬的黏性土，常发生这种破坏类型。其特点是地基中产生连续的滑动面一直延续到地表，基础两侧土体有隆起现象，破坏时基础急剧下沉或向一侧突然倾斜，$p \sim s$ 曲线有明显拐点，如图 4-22(a)所示。

1.2.2　局部剪切破坏

在中等密实砂土或中等强度的黏土地基中都可能发生这种破坏类型。局部剪切破坏的特点是基底边缘的一定区域内有滑动面，类似于整体剪切破坏，但滑动面没有发展到地表，基础两侧土体微有隆起现象，基础下沉比较缓慢，一般无明显倾斜，$p \sim s$ 曲线拐点不易确定，如图 4-22(b)所示。

1.2.3　冲切剪切破坏

若地基为压缩性较高的松砂或软黏土，基础在荷载作用下，会连续下沉，破坏时地基无明显滑动面，基础侧面土体无隆起现象也无明显倾斜，基础只是下陷，就像"切入"土中一样，故称冲切剪切破坏，或称刺入剪切破坏。该破坏形式的 $p \sim s$ 曲线也无明显的拐点，如图 4-22(c)所示。

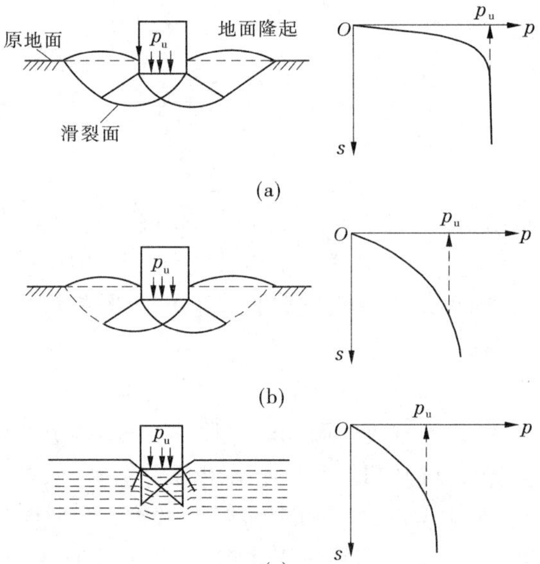

图 4-22　地基破坏形式

此外，破坏形式还与基础埋深、加荷速率等因素有关。目前尚无合理的理论作为统一的判别标准。当基础埋深较浅、荷载快速施加时，将趋向于发生整体剪切破坏；若基础埋深较大，无论是砂性土或黏性土地基，往往发生局部剪切破坏。

思考题：地基发生整体剪切破坏时的变形阶段有哪些？地基的破坏形式有哪几种？各有何特征？

2 地基的临塑荷载与临界荷载

2.1 地基的临塑荷载

地基的临塑荷载是指在外荷载作用下，地基中将要出现但尚未出现塑性区时，基础底面单位面积上所承受的荷载。

如图4-23所示为一条形基础承受轴心荷载作用，基底附加压力为 p_0，条形基础两侧荷载 $q=\gamma_0 d$。按弹性理论可以导出地基内任一点 M 处的大、小主应力的计算公式为：

$$\begin{matrix}\sigma_1\\ \sigma_3\end{matrix} = \frac{p_0}{\pi}(\beta_0 \pm \sin\beta_0) \tag{4-20}$$

式中，$p_0 = p - \gamma_0 d$（γ_0 为基底以上土的加权平均重度）。

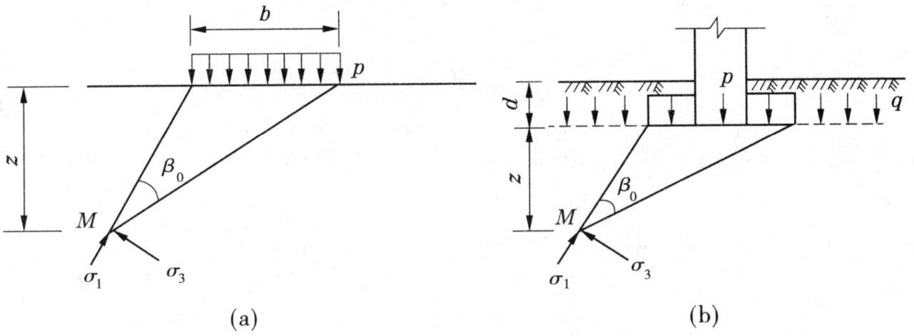

图4-23 均布条形荷载作用下地基中的应力

M 点处除上述由荷载 p_0 产生的地基附加应力外，还受到土的自重应力 $\sigma_{cz}=\gamma_0 d+\gamma z$ 作用。为了将自重应力叠加到附加应力之上而又不改变附加应力场中大、小主应力的作用方向，假设原有自重应力场中 $\sigma_{cz}=\sigma_{cx}$。土的自重应力产生的大、小主应力为：

$$\sigma_1 = \sigma_3 = \gamma_0 d + \gamma z \tag{4-21}$$

地基中任一点 M 处的最大、最小主应力，可由式(4-20)和式(4-21)叠加得到

$$\begin{matrix}\sigma_1\\ \sigma_3\end{matrix} = \frac{p-\gamma_0 d}{\pi}(\beta_0 \pm \sin\beta_0) + \gamma_0 d + \gamma z \tag{4-22}$$

当 M 点处于极限平衡状态时，该点的大、小主应力应满足极限平衡条件式

$$\sin\varphi = \frac{\sigma_1 - \sigma_3}{\sigma_1 + \sigma_3 + 2c\cot\varphi}$$

将式(4-22)代入上式，整理后得

$$z = \frac{p-\gamma_0 d}{\pi\gamma}\left(\frac{\sin\beta_0}{\sin\varphi} - \beta_0\right) - \frac{c}{\gamma\tan\varphi} - \frac{\gamma_0}{\gamma}d \tag{4-23}$$

式(4-23)即为塑性区边界方程，它描述了极限平衡区边界线上的任一点的坐标 z 与 β_0 的关系，如图4-24所示。

塑性区的最大深度 z_{max} 可由极值条件求得，即

$$\frac{dz}{d\beta_0} = \frac{p-\gamma_0 d}{\pi\gamma}\left(\frac{\cos\beta_0}{\sin\varphi} - 1\right) = 0$$

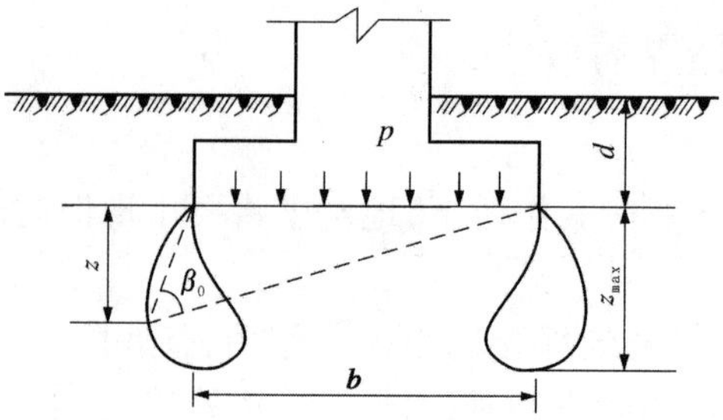

图 4-24　条形基础底面边缘的塑性区

则有

$$\cos\beta_0 = \sin\varphi$$

所以

$$\beta_0 = \frac{\pi}{2} - \varphi \tag{4-24}$$

将上述 β_0 代入式(4-23)，得 z_{max} 的表达式为

$$z_{max} = \frac{p - \gamma_0 d}{\pi\gamma}\left(\cot\varphi - \frac{\pi}{2} + \varphi\right) - \frac{c}{\gamma\tan\varphi} - \frac{\gamma_0}{\gamma}d \tag{4-25}$$

或基底压力为：

$$p = \frac{\pi(\gamma z_{max} + c\cot\varphi + \gamma_0 d)}{\cot\varphi - \frac{\pi}{2} + \varphi} + \gamma_0 d \tag{4-26}$$

式(4-25)表明，在其他条件不变的情况下，塑性区最大深度 z_{max} 随着 p 的增大而发展。当 $z_{max}=0$ 时，表示地基中即将出现塑性区，相应的荷载即为临塑荷载 p_{cr}。由式(4-26)得

$$p_{cr} = \frac{\pi(c\cot\varphi + \gamma_0 d)}{\cot\varphi - \frac{\pi}{2} + \varphi} + \gamma_0 d = \left(1 + \frac{\pi}{\cot\varphi - \frac{\pi}{2} + \varphi}\right)\gamma_0 d + \frac{\pi\cot\varphi}{\cot\varphi - \frac{\pi}{2} + \varphi}c$$

$$= N_d\gamma_0 d + N_c c \tag{4-27}$$

式中　N_d、N_c——承载力系数，且有

$$N_d = 1 + \frac{\pi}{\cot\varphi - \frac{\pi}{2} + \varphi}, N_c = \frac{\pi\cot\varphi}{\cot\varphi - \frac{\pi}{2} + \varphi}$$

N_d、N_c 的值可根据 φ 值按上式计算，也可以查表 4-4 确定。

临塑荷载可作为地基承载力特征值，即

$$f = p_{cr} \tag{4-28}$$

2.2　地基的临界荷载

一般情况下将临塑荷载 p_{cr} 作为地基承载力特征值是偏于保守和不经济的。经验表明，在大多数情况下，即使地基中发生局部剪切破坏，存在塑性变形区，但只要塑性区的范围不超过某一容许限度，就不至于影响建筑物的安全和正常使用。地基的塑性区的容许界限深度与建筑类型、荷载性质及土的特性等因素有关。一般认为，在中心荷载作用下，

塑性区的最大深度 z_{max} 可控制在基础宽度的1/4，即 $z_{max}=b/4$，相应的基底压力用 $p_{1/4}$ 表示。在偏心荷载作用下，令 $z_{max}=b/3$，相应的基底压力用 $p_{1/3}$ 表示。$p_{1/4}$ 和 $p_{1/3}$ 统称临界荷载，临界荷载可作地基承载力特征值。

表4-4 承载力系数 N_d，N_c，$N_{1/4}$，$N_{1/3}$ 的数值

φ (°)	N_d	N_c	$N_{1/4}$	$N_{1/3}$	φ (°)	N_d	N_c	$N_{1/4}$	$N_{1/3}$
0	1.00	3.14	0	0	22	3.44	6.04	0.61	0.81
2	1.12	3.32	0.03	0.04	24	3.87	6.45	0.80	1.07
4	1.25	3.51	0.06	0.08	26	4.37	6.90	1.10	1.47
6	1.39	3.71	0.10	0.13	28	4.93	7.40	1.40	1.87
8	1.55	3.93	0.14	0.18	30	5.59	7.95	1.90	2.53
10	1.73	4.17	0.18	0.25	32	6.35	8.55	2.60	3.47
12	1.94	4.42	0.23	0.31	34	7.21	9.22	3.40	4.53
14	2.17	4.69	0.29	0.39	36	8.25	9.97	4.20	5.60
16	2.43	5.00	0.36	0.48	38	9.44	10.80	5.00	6.67
18	2.72	5.31	0.43	0.57	40	10.84	11.73	5.80	7.73
20	3.06	5.66	0.51	0.69					

注：根据试验和经验，当 $\varphi\geqslant22°$ 时，要对 $N_{1/4}$、$N_{1/3}$ 进行修正，本表为修正后的数值。

将 $z_{max}=\frac{1}{4}b$ 和 $z_{max}=\frac{1}{3}b$ 分别代入式(4-26)，得到

$$p_{1/4}=\frac{\pi\left(\gamma_0 d+c\cot\varphi+\frac{1}{4}\gamma b\right)}{\cot\varphi+\varphi-\frac{\pi}{2}}+\gamma_0 d=p_{cr}+N_{1/4}\gamma b \tag{4-29}$$

$$p_{1/3}=\frac{\pi\left(\gamma_0 d+c\cot\varphi+\frac{1}{3}\gamma b\right)}{\cot\varphi+\varphi-\frac{\pi}{2}}+\gamma_0 d=p_{cr}+N_{1/3}\gamma b \tag{4-30}$$

其中承载力系数

$$N_{1/4}=\frac{\pi}{4\left(\cot\varphi-\frac{\pi}{2}+\varphi\right)},N_{1/3}=\frac{\pi}{3\left(\cot\varphi-\frac{\pi}{2}+\varphi\right)}$$

$N_{1/4}$、$N_{1/3}$ 的值可由 φ 值查表4-4确定。

临塑荷载 p_{cr}、临界荷载 $p_{1/3}$ 和 $p_{1/4}$ 的计算式是在条形均布荷载作用下导出的，对于矩形和圆形基础，其结果偏于安全。

思考题：何谓临塑荷载和临界荷载？它们有什么不同之处？如何确定？

【例4-3】 一条形基础，宽1.5 m，埋深1.0 m。地基土层分布为：第一层素填土，厚0.8 m，密度1.80 g/cm³，含水率35%；第二层黏性土，厚6 m，密度1.82 g/cm³，含水率

38%，土粒比重2.72，土的黏聚力10 kPa，内摩擦角13°。求该基础的临塑荷载p_{cr}、临界荷载$p_{1/4}$和$p_{1/3}$。若地下水上升到基础底面，假定土的抗剪强度指标不变，其p_{cr}、$p_{1/4}$、$p_{1/3}$相应为多少？

解：基础两侧的荷载为：

$$q = \gamma_0 d = 18.0 \times 0.8 + 18.2 \times 0.2 = 18.04(\text{kPa})$$

则：

$$\begin{aligned}p_{cr} &= \frac{\pi(c\cot\varphi + \gamma_0 d)}{\cot\varphi + \varphi - \pi/2} + \gamma_0 d \\ &= \frac{\pi(10 \times \cot 13° + 18.04)}{\cot 13° + \pi \times 13°/180° - \pi/2} + 18.04 \\ &= 82.6(\text{kPa})\end{aligned}$$

$$\begin{aligned}p_{1/4} &= \frac{\pi(c\cot\varphi + \gamma_0 d + \gamma b/4)}{\cot\varphi + \varphi - \pi/2} + \gamma_0 d \\ &= \frac{\pi(10 \times \cot 13° + 18.04 + 18.2 \times 1.5/4)}{\cot 13° + \pi \times 13°/180° - \pi/2} + 18.04 \\ &= 89.7(\text{kPa})\end{aligned}$$

$$\begin{aligned}p_{1/3} &= \frac{\pi(c\cot\varphi + \gamma_0 d + \gamma b/3)}{\cot\varphi + \varphi - \pi/2} + \gamma_0 d \\ &= \frac{\pi(10 \times \cot 13° + 18.04 + 18.2 \times 1.5/3)}{\cot 13° + \pi \times 13°/180° - \pi/2} + 18.04 \\ &= 91.1(\text{kPa})\end{aligned}$$

当地下水位上升到基础底面时，持力层土的孔隙比和浮重度分别为：

$$\begin{aligned}e &= \frac{G_s(1+\omega)\rho_w}{\rho} - 1 \\ &= \frac{2.72 \times (1+0.38) \times 1}{1.82} - 1 = 1.062\end{aligned}$$

$$\gamma' = \frac{G_s - 1}{1+e}\gamma_w = \frac{2.72 - 1}{1 + 1.062} \times 10 = 8.3(\text{kN/m}^3)$$

设q不变，则水位上升后临塑荷载和临界荷载为：

$$\begin{aligned}p_{cr} &= \frac{\pi(c\cot\varphi + \gamma_0 d)}{\cot\varphi + \varphi - \pi/2} + \gamma_0 d \\ &= \frac{\pi(10 \times \cot 13° + 18.04)}{\cot 13° + \pi \times 13°/180° - \pi/2} + 18.04 \\ &= 82.6(\text{kPa})\end{aligned}$$

$$\begin{aligned}p_{1/4} &= \frac{\pi(c\cot\varphi + \gamma_0 d + \gamma' b/4)}{\cot\varphi + \varphi - \pi/2} + \gamma_0 d \\ &= \frac{\pi(10 \times \cot 13° + 18.04 + 8.3 \times 1.5/4)}{\cot 13° + \pi \times 13°/180° - \pi/2} + 18.04 \\ &= 85.8(\text{kPa})\end{aligned}$$

$$p_{1/3}=\frac{\pi(c\cot\varphi+\gamma_0 d+\gamma' b/3)}{\cot\varphi+\varphi-\pi/2}+\gamma_0 d$$

$$=\frac{\pi(10\times\cot 13°+18.04+8.3\times 1.5/3)}{\cot 13°+\pi\times 13°/180°-\pi/2}+18.04$$

$$=86.9(\mathrm{kPa})$$

【例 4-4】 已知地基土的重度 $\gamma=18.5\ \mathrm{kN/m^3}$,黏聚力 $c=15\ \mathrm{kPa}$,内摩擦角 $\varphi=18°$。若条形基础宽度 $b=2.4\ \mathrm{m}$,埋置深度 $d=1.6\ \mathrm{m}$,试求该地基的 p_{cr} 和 $p_{1/4}$ 值。

解: 当 $\varphi=18°$时,查表 4-4 得,$N_d=2.72$,$N_c=5.31$,$N_{1/4}=0.43$,$N_{1/3}=0.57$

(1)求 p_{cr}

$$p_{cr}=N_d\gamma d+N_c c=2.72\times 18.5\times 1.6+5.31\times 15=160.16(\mathrm{kPa})$$

(2)求 $p_{1/4}$

$$p_{1/4}=p_{cr}+N_{1/4}\gamma b=160.16+0.43\times 18.5\times 2.4=179.25(\mathrm{kPa})$$

3 地基的极限荷载

当地基土体中的剪切破坏的塑性变形区充分发展并形成连续贯通的滑移面时,地基所能承受的最大荷载,称为极限荷载 p_u,也称为地基极限承载力。

求解整体剪切破坏形式的地基极限荷载的途径有两种:一是用严密的数学方法求解土中某点达到极限平衡时的静力平衡方程组,以得出地基极限承载力。此方法运算过程甚繁,未被广泛采用。二是根据模型试验的滑动面形状,通过简化得到假定的滑动面,然后借助该滑动面上的极限平衡条件,求出地基极限承载力。此类方法是半经验性质的,称为假定滑动面法。由于不同研究者所进行的假设不同,所得到的结果也不同,下面介绍工程界常用的太沙基公式计算极限荷载。

太沙基(K. Terzaghi)在作极限荷载计算公式推导时,考虑假定条件为:①基础为条形浅基础;②基础两侧埋置深度 d 范围内的土重被视为边荷载 $q=\gamma_0 d$,而不考虑这部分土的抗剪强度;③基础底面是粗糙的;④在极限荷载 p_u 作用下,地基发生整体剪切破坏,其滑动面如图 4-25 所示,滑动土体共分为五个区(左右对称):

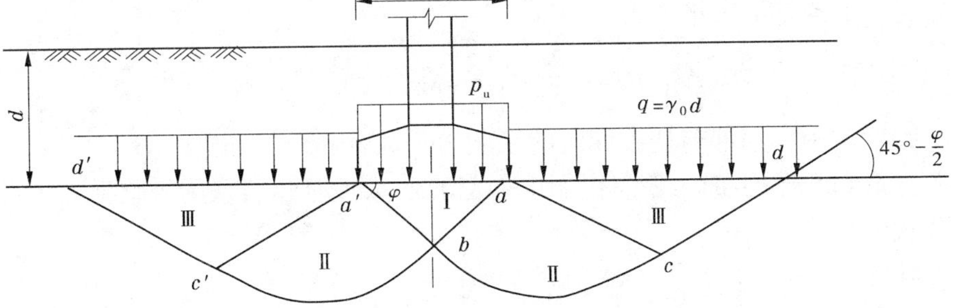

图 4-25 太沙基公式假设的滑动面

Ⅰ区为基底下的弹性区,又称为弹性压密区。由于土与粗糙基底的摩阻力作用,该区的土不进入剪切状态而处于压密状态,形成"弹性核",弹性核边界与基底所成角度为 φ。

Ⅱ区为过渡区。滑动面按对数螺旋线变化,b 点处螺旋线的切线垂直于地面,c 点处螺旋线的切线与水平线成45° − $\varphi/2$ 角。

Ⅲ区为朗肯被动区。即土体处于被动极限平衡状态，滑动面是平面，与水平面的夹角为45° − $\varphi/2$。

太沙基公式不考虑基底以上基础两侧土体抗剪强度的影响，以均布超载 $q=\gamma_0 d$ 来代替埋深范围内的土体自重。根据弹性土楔 $aa'b$ 的静力平衡条件，可求得太沙基极限承载力 p_u 计算公式为：

$$p_u = cN_c + qN_q + \frac{1}{2}\gamma b N_r \tag{4-31}$$

式中 q——基础底面以上基础两侧超载，kPa，$q=\gamma_0 d$；

b,d——基底宽度和埋置深度，m；

N_c,N_q,N_r——承载力系数，与土的内摩擦角 φ 有关，可由表4-5查取。

表4-5　太沙基公式承载力系数

φ(°)	N_c	N_q	N_γ	N'_c	N'_q	N'_γ
0	5.7	1.0	0	5.7	1.0	0
5	7.3	1.6	0.5	6.7	1.4	0.2
10	9.6	2.7	1.2	8.0	1.9	0.5
15	12.9	4.4	2.5	9.7	2.7	0.9
20	17.7	7.4	5.0	11.8	3.9	1.7
25	25.1	12.7	9.7	14.8	5.6	3.2
30	37.2	22.5	19.7	19.0	8.3	5.7
35	57.8	41.4	42.4	25.2	12.6	10.1
40	95.7	81.3	100.4	34.9	20.5	18.8

式(4-31)适用于条形基础整体剪切破坏的情况，对于局部剪切破坏，太沙基建议将 c 和 $\tan\varphi$ 值均降低1/3，即

$$c' = \frac{2}{3}c \quad \tan\varphi' = \frac{2}{3}\tan\varphi \tag{4-32}$$

则局部破坏时的地基极限承载力 p_u 为：

$$p_u = \frac{2}{3}cN'_c + qN'_q + \frac{1}{2}\gamma b N'_r \tag{4-33}$$

式中 N'_c,N'_q,N'_r——局部剪切破坏时的承载力系数，由表4-5查取。

对于方形和圆形均布荷载整体剪切破坏情况，太沙基建议采用经验系数进行修正，修正后的公式为：

方形基础 $$p_u = 1.2cN_c + qN_q + 0.4\gamma b N_r \tag{4-34}$$

$$p_u = 0.4\gamma b N'_r + qN'_q + 1.2c'N_c \quad （局部破坏） \tag{4-35}$$

圆形基础 $$p_u = 1.2cN_c + qN_q + 0.6\gamma b N_r \tag{4-36}$$

$$p_u = 0.6\gamma b N'_r + qN'_q + 1.2c'N'_c \quad （局部破坏） \tag{4-37}$$

式中 b——方形基础宽度或圆形基础直径，m。

上述各理论公式算出的极限荷载是指地基处于极限平衡状态时的承载力，为了保证

建筑物的安全和正常使用，地基承载力的特征值应按极限承载力除以安全系数 F_s，对太沙基公式，安全系数一般取2～3。

【例4-5】 某条形基础宽度 $b=2.4$ m，埋深 $d=1.6$ m，地基破坏形式为整体剪切破坏。地基土的重度 $\gamma=18.5$ kN/m^3，黏聚力 $c=18$ kPa，内摩擦角 $\varphi=20°$，试按太沙基公式确定地基的极限承载力。如果安全系数 $F_s=2.5$，则地基承载力特征值是多少？

解：（1）极限承载力，由式（4-31）得

$$p_u = cN_c + qN_q + \frac{1}{2}\gamma bN_r$$

由 $\varphi=20°$，查表4-5得 $N_c=17.7$，$N_q=7.4$，$N_r=5.0$，所以

$$p_u = 18\times17.7 + 18.5\times1.6\times7.4 + \frac{1}{2}\times18.5\times2.4\times5.0 = 648.64(\text{kPa})$$

（2）地基承载力特征值

$$f_a = \frac{p_u}{F_s} = \frac{648.64}{2.5} = 259.46(\text{kPa})$$

【例4-6】 条形基础宽度为1.5 m，基础埋深为3 m，地基土的物理力学特性指标为 $\gamma=17.6$ kN/m^3，$c=8$ kPa，$\varphi=25°$，若发生的是局部剪切破坏，按太沙基极限承载力公式，求地基的极限承载力。

解：用太沙基公式计算地基极限承载力

$$p_u = \frac{\gamma b}{2}N'_r + \frac{2}{3}cN'_c + qN'_q$$

按 $\varphi=25°$，查表4-5得 $N'_r=3.2$，$N'_q=5.6$，$N'_c=14.8$，代入太沙基地基极限承载力计算公式

$$p_u = \frac{17.6}{2}\times1.5\times3.2 + \frac{2}{3}\times8\times14.8 + 17.6\times3\times5.6$$
$$= 42.24 + 78.93 + 295.68 = 416.85(\text{kPa})$$

4 根据《建筑地基基础设计规范》确定地基承载力特征值

地基承载力特征值是指由载荷试验测定的地基土压力变形曲线线性变形段内规定的变形所对应的压力值，其最大值为比例界限值。

《建筑地基基础设计规范》（GB 50007—2011）规定：地基承载力特征值可由载荷试验或其他原位测试、理论公式计算，并结合工程实践经验等方法综合确定。

4.1 根据现场载荷试验确定地基承载力特征值

对于设计等级为甲级的建筑物或地质条件复杂，土质不均，难以取得原状土样的杂填土、松砂、风化岩石等，采用现场载荷试验法，可以取得较精确可靠的地基承载力数值。

现场载荷试验是用一块承压板代替基础，承压板的面积不应小于0.25 m^2，对于软土不应小于0.5 m^2。在承压板上施加荷载，观测荷载与承压板的沉降量，根据测试结果绘出荷载与沉降关系曲线，即 $p\sim s$ 曲线，如图4-26所示，并依据下列规定确定地基承载力特征值：

（1）当 $p\sim s$ 曲线上有比例界限时，如图4-26（a）所示，取该比例界限所对应的荷载值。

（2）当极限荷载小于对应比例界限的荷载值的2倍时，取极限荷载值的1/2。

(3)当不能按上述二款要求确定时，如图 4-26(b)所示，当压板面积为 0.25 ~ 0.50 m^2，可取 $s/b=0.01\sim0.015$ 所对应的荷载，但其值不应大于最大加载量的 1/2。

(4)同一土层参加统计的试验点不应少于 3 点，当试验实测值的极差不超过其平均值的 30% 时，取此平均值作为该土层的地基承载力特征值 f_{ak}。

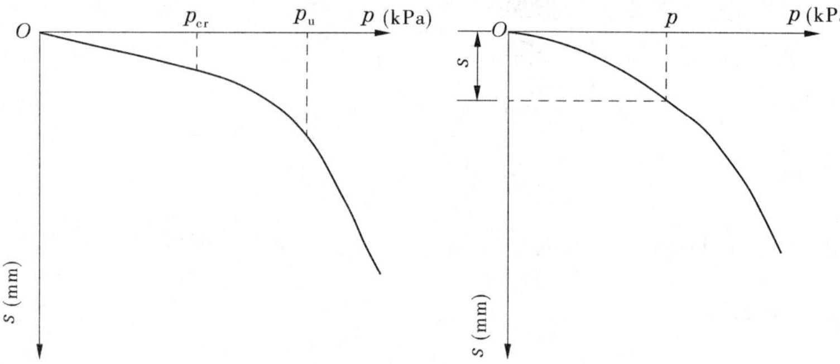

(a)有明显的 p_{cr}、p_u 值　　(b) p_{cr}、p_u 值不明确

图 4-26　按载荷试验 $p\sim s$ 曲线确定地基承载力特征值

4.2　按其他原位试验确定地基承载力特征值

4.2.1　静力触探试验

静力触探试验是利用机械或油压装置将一个内部装有传感器的探头以一定的速率匀速压入土中，由于地层中各土层的强度不同，探头在贯入过程中所受到的阻力也不同，用电子量测仪器测出土的比贯入阻力。土愈软，探头的比贯入阻力愈小，土的强度愈低；土愈硬，探头的比贯入阻力愈大，土的强度愈高。根据比贯入阻力与地基承载力之间的关系确定地基承载力特征值。这种方法一般适用于软黏土、一般黏性土、砂土和黄土等，但不适用于含碎石、砾石较多的土层和致密的砂土层。其最大贯入深度为 30 m。

静力触探试验目前在国内应用较广，我国不少单位通过对比试验，已建立了不少经验公式。不过这类经验公式具有很大的地区性，因此在使用时要注意所在地区的适用性与土层的相似性。

4.2.2　标准贯入试验

标准贯入试验是先用钻机钻孔，再把上端接有钻杆标准贯入器放置孔底，然后用质量 63.5 kg 的穿心锤，以 76 cm 的自由落距，将标准贯入器在孔底先预打入土中 15 cm，再测记打入土中 30 cm 的锤击数，称为标准贯入锤击数 N。标准贯入锤击数 N 越大，说明土越密实，强度越大，承载力越高。利用标准贯入锤击数与地基承载力之间的关系，可以得出相应的地基承载力特征值。标准贯入试验适用于砂土、粉土和一般黏性土。

4.2.3　动力触探试验

动力触探试验与标准贯入试验基本相同，都是利用一定的落锤能量，将一定规格的探头连同探杆打入土中，根据探头在土中贯入一定深度的锤击数，来确定各类土的地基承载力特征值。它与标准贯入试验不同的是采用的锤击能量、探头的规格及贯入深度不同。动力触探试验根据锤击能量及探头的规格分为轻型、重型和超重型三种。轻型动力触探试验适用于浅部的填土、砂土、粉土和黏性土；重型动力触探试验适用于砂土、中密以下的碎石土、极软岩；超重型动力触探试验适用于密实和很密的碎石土、软岩及极软岩。

除载荷试验外，静力触探、标准贯入试验和动力触探试验等原位试验，在我国已积累了丰富的经验，《建筑地基基础设计规范》（GB 50007—2011）允许将其应用于确定地基承载力特征值，但是强调必须有地区经验，即当地的对比资料。同时还应注意，当地基基础设计等级为甲级和乙级时，应结合室内试验成果综合分析，不宜独立应用。

4.3 按公式计算确定地基承载力特征值

《建筑地基基础设计规范》（GB 50007—2011）建议：当偏心距 e 小于或等于 0.033 倍的基底宽度时，可根据土的抗剪强度指标按下式确定地基承载力特征值 f_a，但尚应满足变形要求。

$$f_a = M_b\gamma b + M_d\gamma_m d + M_c c_k \tag{4-38}$$

式中 f_a——由土的抗剪强度指标确定的地基承载力特征值，kPa；

M_b、M_d、M_c——承载力系数，它们是土体内摩擦角 φ_k 的函数，可查表 4-6 确定；

γ_m——基础底面以上土的加权平均重度，kN/m^3，地下水位以下土体取浮重度；

γ——基础底面以下土的重度，kN/m^3，地下水位以下取浮重度；

b——基础底面宽度，m，当大于 6 m 时按 6 m 取值，对于砂土小于 3 m 按 3 m 取值；

c_k——基础底面以下 1 倍短边宽深度范围内土的黏聚力标准值，kPa。

表 4-6 承载力系数 M_b、M_d、M_c

土的内摩擦角标准值 φ_k（°）	M_b	M_d	M_c
0	0	1.00	3.14
2	0.03	1.12	3.32
4	0.06	1.25	3.51
6	0.10	1.39	3.71
8	0.14	1.55	3.93
10	0.18	1.73	4.17
12	0.23	1.94	4.42
14	0.29	2.17	4.69
16	0.36	2.43	5.00
18	0.43	2.72	5.31
20	0.51	3.06	5.66
22	0.61	3.44	6.04
24	0.80	3.87	6.45
26	1.10	4.37	6.90
28	1.40	4.93	7.40
30	1.90	5.59	7.95
32	2.60	6.35	8.55
34	3.40	7.21	9.22
36	4.20	8.25	9.97
38	5.00	9.44	10.80
40	5.80	10.84	11.73

注：φ_k 为基础底面以下 1 倍短边宽深度范围内土的内摩擦角标准值。

土的内摩擦角标准值 φ_k 和黏聚力标准值 c_k，可按下列规定计算：

(1)根据室内 n 组三轴压缩试验的结果，按下列公式计算某一土性指标的变异系数、试验平均值和标准差：

$$\delta = \frac{\sigma}{\mu} \tag{4-39}$$

$$\mu = \frac{\sum_{i=1}^{n} \mu_i}{n} \tag{4-40}$$

$$\sigma = \sqrt{\frac{\sum_{i=1}^{n} \mu_i^2 - n\mu^2}{n - 1}} \tag{4-41}$$

式中　δ——变异系数；

μ——试验平均值；

σ——标准差。

(2)按下列公式计算内摩擦角和黏聚力的统计修正系数 ψ_φ、ψ_c：

$$\psi_\varphi = 1 - \left(\frac{1.704}{\sqrt{n}} + \frac{4.678}{n^2}\right)\delta_\varphi \tag{4-42}$$

$$\psi_c = 1 - \left(\frac{1.704}{\sqrt{n}} + \frac{4.678}{n^2}\right)\delta_c \tag{4-43}$$

式中　ψ_φ——内摩擦角的统计修正系数；

ψ_c——黏聚力的统计修正系数；

δ_φ——内摩擦角的变异系数；

δ_c——黏聚力的变异系数。

(3)内摩擦角标准值和黏聚力标准值：

$$\varphi_k = \psi_\varphi \varphi_m \tag{4-44}$$

$$c_k = \psi_c c_m \tag{4-45}$$

式中　φ_k——内摩擦角标准值；

c_k——黏聚力标准值；

φ_m——内摩擦角的试验平均值；

c_m——黏聚力的试验平均值。

4.4　按经验方法确定地基承载力

对于简单场地上的荷载不大的中小工程，可根据邻近条件相似的建筑物的设计和使用情况，进行综合分析，确定其地基承载力特征值。

4.5　地基承载力特征值的修正

地基承载力除与土的性质有关外，还与基础底面尺寸及埋深等因素有关。《建筑地基基础设计规范》(GB 50007—2011)规定，当基础宽度大于 3 m 或埋置深度大于 0.5 m 时，从载荷试验或其他原位测试、经验值等方法确定的地基承载力特征值，尚应按下式修正：

$$f_a = f_{ak} + \eta_b \gamma (b - 3) + \eta_d \gamma_m (d - 0.5) \tag{4-46}$$

式中 f_a——修正后的地基承载力特征值，kPa；

f_{ak}——地基承载力特征值，kPa；

η_b、η_d——基础宽度和埋深的地基承载力修正系数，按基底下土的类别查表 4-7 取值；

γ——基础底面以下土的重度，kN/m^3，地下水位以下取浮重度（有效重度）；

b——基础底面宽度，m，当 $b<3$ m 时，按 $b=3$ m 取值，$b>6$ m 时按 6 m 取值；

γ_m——基础底面以上土的加权平均重度，kN/m^3，地下水位以下取浮重度；

d——基础埋置深度，m，一般自室外地面标高算起，在填方整平地区，可自填土地面标高算起，但填土在上部结构施工后完成时，应从天然地面标高算起，对于地下室，如采用箱形基础或筏板基础时，基础埋置深度自室外地面标高算起，当采用独立基础或条形基础时，应从室内地面标高算起。

表 4-7　基础宽度和埋深的承载力修正系数

土的类别		η_b	η_d
淤泥和淤泥质土		0	1.0
人工填土 e 或 I_L 大于等于 0.85 的黏性土		0	1.0
红黏土	含水比 $\alpha_w>0.8$ 含水比 $\alpha_w \leqslant 0.8$	0 0.15	1.2 1.4
大面积压实填土	压实系数大于 0.95、黏粒含量 $\rho_c \geqslant 10\%$ 的粉土 最大干密度大于 2.1 t/m^3 的级配砂石	0 0	1.5 2.0
粉土	黏粒含量 $\rho_c \geqslant 10\%$ 的粉土 黏粒含量 $\rho_c<10\%$ 的粉土	0.3 0.5	1.5 2.0
e 及 I_L 均小于 0.85 的黏性土 粉砂、细砂（不包括很湿和饱和时的稍密状态） 中砂、粗砂、砾砂和碎石土		0.3 2.0 3.0	1.6 3.0 4.4

注：1. 强风化和全风化的岩石，可参照所风化成的相应土类取值，其他状态下的岩石不修正。

2. 地基承载力特征值按《建筑地基基础设计规范》（GB 50007—2011）附录 D 深层载荷试验，η_d 取 0。

3. 含水比是指土的天然含水率与液限的比值。

4. 大面积压实填土是指填土范围大于 2 倍基础宽度的填土。

采用式（4-38）计算地基承载力特征值时，需作以下说明：

（1）该式仅适用于 $e \leqslant 0.033b$ 的情况，这是因为用该式确定承载力相应的理论模式是基底压力呈均匀分布。当受到较大水平荷载而使合力的偏心距过大时，地基反力就会很不均匀，为了使计算的地基承载力符合其假设的理论模式，故而对该式增加了以上的限制条件。

(2)该式中的承载力系数 M_b、M_d、M_c 是以临界荷载 $p_{1/4}$ 理论公式中的相应系数为基础确定的。考虑到内摩擦角大时理论值 M_b 偏小的实际情况，所以对一部分系数按试验结果作了调整。

(3)按该式确定地基承载力时，只保证地基强度有足够的安全度，未能保证满足变形要求，故还应进行地基变形验算。

【例 4-7】 某条形基础的宽度为 $b=3.5$ m，埋置深度 $d=1.8$ m，基础埋置深度范围内的重度 $\gamma_0=17$ kN/m^3，基础底面下为较厚的黏土层，其重度 $\gamma=18.2$ kN/m^3，根据剪切试验测得土的抗剪强度指标 $c_k=25$ kN/m^3，$\varphi_k=22°$。试采用地基规范提供的地基强度理论公式确定地基承载力特征值。

解：根据题意知：$\gamma_0=17$ kN/m^3，$\gamma=18.2$ kN/m^3，$b=3.5$ m，$d=1.8$ m；又根据 $\varphi_k=22°$，查表 4-6 得承载力系数 $M_b=0.61$、$M_d=3.44$、$M_c=6.04$，按式(4-38)可求得该土层的地基承载力特征值为：

$$
\begin{aligned}
f_a &= M_b\gamma b + M_d\gamma_0 d + M_c c_k \\
&= 0.61 \times 18.2 \times 3.5 + 3.44 \times 17 \times 1.8 + 6.04 \times 25 \\
&= 295.121(\text{kPa})
\end{aligned}
$$

4.6 建筑物地基的强度验算

各级建筑物地基的强度验算均应满足下列规定，即

轴心荷载作用时
$$p \leqslant f_a \tag{4-47}$$

偏心荷载作用时
$$p_{max} \leqslant 1.2 f_a \tag{4-48}$$

式中 p——基础底面处的平均基底压力；

p_{max}——基础底面的最大基底压力值；

f_a——修正后的地基承载力特征值。

思考题：《建筑地基基础设计规范》介绍了哪几种确定地基承载力的方法？什么情况下需要进行基础宽度和深度修正？

习　题

1. 某条形基础 $b=3.0$ m，埋置深度 $d=1.2$ m，建于均质的黏土地基上，土层 $\gamma=18.5$ kN/m^3，$c=15$ kPa，$\varphi=20°$，试分别计算地基的 p_{cr} 和 $p_{1/4}$。

（答案：$p_{cr}=70.78$ kPa；$p_{1/4}=71.29$ kPa）

2. 某方形基础受轴心垂直荷载作用，$b=1$ m，$d=2$ m。地基为坚硬黏土，$\gamma=18.2$ kN/m^3，$c=30$ kPa，$\varphi=22°$。试分别按 $p_{1/4}$、太沙基公式确定地基的承载力，安全系数取 3。

（答案：$p_{1/4}=133.39$ kPa；$f_a=343.0$ kPa）

3. 某多层砖混结构住宅建筑，筏板基础底面宽度 $b=9.0$ m，长度 $l=54.0$ m，基础埋深 $d=0.6$ m，埋深范围内土的平均重度 $\gamma_0=17.0$ kN/m^3，地基为粉质黏土，饱和重度 $\gamma_{sat}=19.5$ kN/m^3，内摩擦角标准值 $\varphi_k=18°$，黏聚力标准值 $c_k=16.0$ kPa，地下水位深 0.6 m，所受竖向荷载设计值 $F=58\,000.0$ kN，试计算地基的承载力。

（答案：137.21 kPa）

4. 地基工程地质剖面如图 4-27 所示，条形基础宽度 $b=2.5$ m，如果埋置深度分别为 0.8 m 和 2.4 m，试用地基规范公式确定土层②和土层③的承载力特征值 f_a。

（答案：土层②的承载力特征值为 222.53 kPa；土层③的承载力特征值为 360.12 kPa）

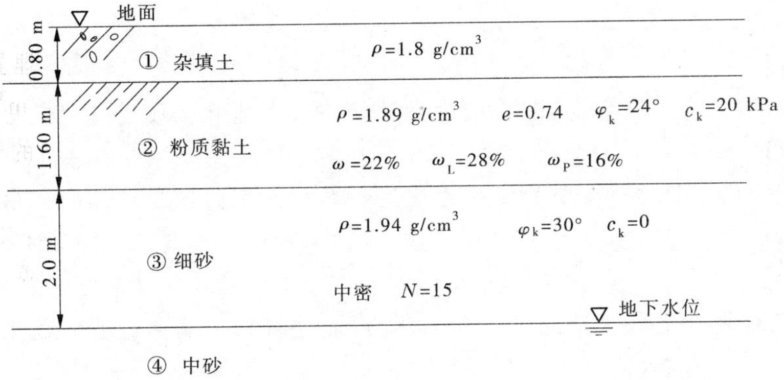

图 4-27 习题 4 附图

项目 5　挡土墙的稳定验算

【主要任务】

确定作用在挡土墙上的各类土压力，对所设计的挡土墙和边坡进行稳定验算。

【知识目标】

掌握土压力的概念和分类、朗肯土压力理论和库仑土压力理论计算的方法、挡土墙和边坡的稳定验算。

【技能目标】

会根据工程资料确定挡土墙的类型和土压力，能进行挡土墙和边坡的稳定验算。

任务 1　土压力计算

在房屋建筑、铁路桥梁及水利工程中，地下室的外墙（见图 5-1(a)）、支撑边坡的墙体（见图 5-1(b)）、重力式码头的岸壁（见图 5-1(c)）、桥梁接岸的桥台（见图 5-1(d)）等支持着侧向土体。这些用来支挡填土并承受来自填土的压力的结构均称为挡土墙。土体作用在挡土墙上的压力称为土压力。

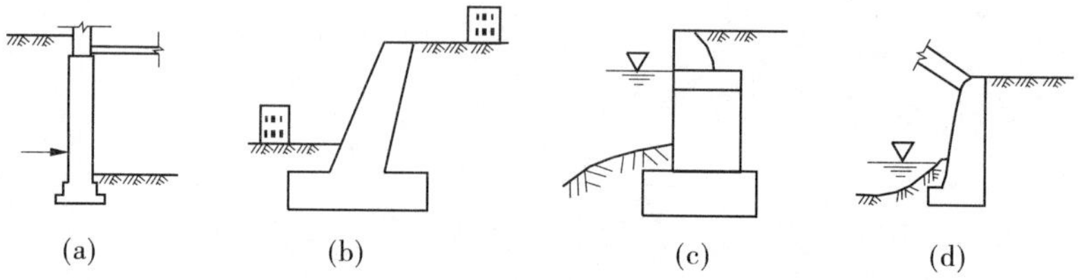

图 5-1　常见挡土墙

实际工程中要求所设计的挡土墙不发生滑动、倾覆，不产生过大的沉降并且节省工程量、材料和投资，确定作用在墙背上的土压力的性质、大小、方向和作用点是一个关键问题，因此土压力是挡土墙断面设计和稳定验算的重要依据。本项目分三个学习任务进行，即土压力计算、挡土墙地基的稳定验算、土坡稳定性分析。

1　土压力的类型

土压力的性质和大小与墙身的位移、墙体的材料、墙体高度及结构形式、墙后填土的性质、填土表面的形状及墙和地基的弹性等有关。在这些因素中，以墙身的位移、墙高和填土的物理力学性质最为重要。墙体位移的方向和位移量决定着土压力的性质和大小。1929 年，太沙基用砂土作为填土进行了挡土墙的模型试验，试验时使墙向前后移动，以观测墙在移动过程中土压力值的变化，通过研究测得土压力随挡土墙位移的变化情况如图5-2所示。

根据挡土墙位移情况和墙后填土所处的应力状态，土压力分为静止土压力、主动土压力、被动土压力三类。

1.1　**静止土压力**

当挡土墙静止不动时，墙后填土处于静止状态，此时作用在挡土墙上的土压力称静止土压力。静止土压力强度用p_0(kPa)表示，作用在每延长米挡土墙上的静止土压力合力用E_0(kN/m)表示。

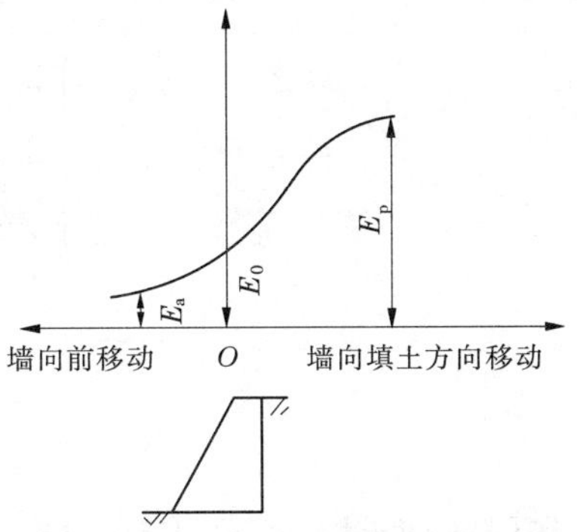

图5-2　土压力与挡土墙位移的关系

1.2　**主动土压力**

当挡土墙在墙后填土推力作用下，背离填土方向移动或转动时，随着挡土墙位移的增加，则作用在挡土墙上的土压力逐渐减少，当墙后填土达到主动极限平衡状态，填土中出现连续的滑动面，此时作用在挡土墙上的土压力减少到最小值，称为主动土压力，用p_a、E_a表示。

1.3　**被动土压力**

挡土墙在外力作用下，向着填土方向移动或转动时，随着挡土墙位移的增加，则作用在挡土墙上的土压力逐渐增加，当墙后填土达到被动极限平衡状态，填土中出现连续的滑动面，此时作用在挡土墙上的土压力增加到最大值，称为被动土压力，用p_p、E_p表示。

由图5-2土压力与挡土墙位移的关系曲线可知：$E_a < E_0 < E_p$。实际工程中墙后填土未必达到极限平衡状态，作用在挡土墙上的土压力可能为主动土压力和被动土压力之间的某一数值，其大小与挡土墙的位移情况有关。这里主要介绍三种土压力的计算方法。

2　静止土压力计算

地下室外墙，因有内隔墙支挡，外墙位移与转角为零，外墙受力按静止土压力计算；坚硬岩基上的挡土墙，因墙与岩石地基联结牢固，墙体不可能位移与转动，也按静止土压力计算；水闸、船闸的边墙，因与闸底板连成整体，边墙位移可忽略不计，也都按静止土压力计算。

挡土墙受静止土压力作用时，由于墙静止不动，土体无侧向位移，墙后任一深度z处取一微小单元体，作用在此微元体上的竖向应力为土的自重应力γz，该处的水平自重应力为静止土压力强度p_0，即

$$p_0 = K_0 \gamma z \tag{5-1}$$

式中　γ——土的重度，kN/m^3；

z——计算点深度，m；

K_0——静止土压力系数，与土的性质、密实度、应力历史等有关，可通过室内或现场静止侧压力试验测定，当缺少试验资料时，可用经验公式估算：砂土$K_0 = 1 - \sin\varphi'$，正常固结黏土$K_0 = 0.96 - \sin\varphi'$，超固结黏土$K_0 = OCR^{0.5}(1 - \sin\varphi')$。

由式(5-1)可知：静止土压力的大小p_0沿深度z为线性变化，其分布规律如图5-3所示。

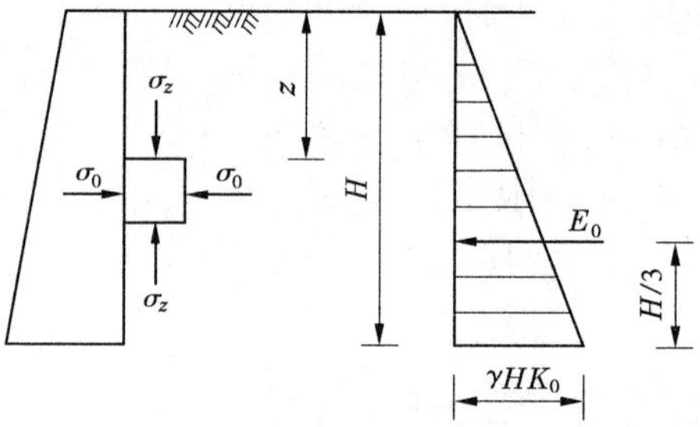

图 5-3　静止土压力分布

作用在挡土墙上，每延米静止土压力合力 E_0 大小等于分布图形的面积，合力作用点通过土压力强度分布图形的形心，水平指向墙背。

$$E_0 = \frac{1}{2}K_0\gamma H^2 \tag{5-2}$$

式中　H——挡土墙高度，m。

思考题：土压力有哪些类型？各种土压力产生的条件是什么？

【例 5-1】　某岩基上的挡土墙，墙高 $H=4$ m，墙后填土重度 $\gamma=18$ kN/m^3，静止土压力系数 $K_0=0.4$，求作用在挡土墙上的土压力。

解：因为挡土墙处于岩基上，按照静止土压力计算。

(1)计算 A、B 两点处的静止土压力强度：

A 点：　$p_{0A}=K_0\gamma z_A=0$

B 点：　$p_{0B}=K_0\gamma z_B=0.4\times18\times4=28.8$(kPa)

(2)绘出静止土压力分布图，如图 5-4 所示。

(3)计算总静止土压力，大小即土压力分布图面积：

$$E_0 = \frac{1}{2}\times28.8\times4 = 57.6\text{(kN/m)}$$

方向水平指向墙背，作用点距墙底 $H/3=1.33$ m。

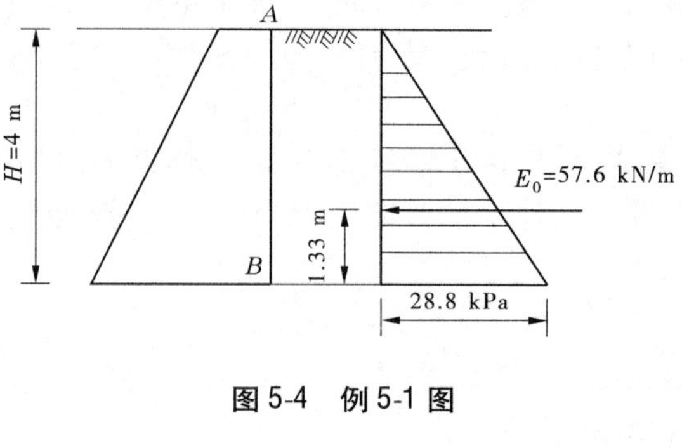

图 5-4　例 5-1 图

3　朗肯土压力理论

3.1　基本原理

朗肯于 1857 年研究了半无限土体在自重作用下处于极限平衡时的应力条件，提出了著名的朗肯土压力理论。朗肯土压力理论最初是对干的无黏性土提出的,后来将这一理论推广到黏性土和有水的情况。

朗肯土压力理论假设土体是具有水平表面的半无限体,墙背竖直光滑。目的是使水平面和竖直面为主应力面。在半无限土体中取一竖直平面 AB,如图5-5(a)所示,在 AB 平面上深度 z 处的 M 点取一单元体,其上作用有法向应力 σ_x、σ_z。因为 AB 面为半无限体的对称面,所以该面无剪力作用,σ_x、σ_z 均为主应力。

由于 AB 面两侧的土体无相对位移,土体处于弹性平衡状态,$\sigma_z=\gamma z$,$\sigma_x=K_0\gamma z$,其应力状态可以用图5-5(b)中的莫尔应力圆 O_1 所示,应力圆 O_1 与强度包线(库仑直线)相离,该点处于弹性平衡状态,土对墙的作用力即是作用在挡土墙上的静止土压力。

假设用刚性、墙背光滑且铅直的挡土墙代替 AB 面左侧土体,墙与填土间无相对位移时,墙后填土的应力状态仍符合半无限弹性体的应力状态。若挡土墙背离土体方向产生位移,随着位移量的增加,竖向应力 $\sigma_z(\sigma_1)$ 保持不变,水平向应力 $\sigma_x(\sigma_3)$ 则逐渐减小,当应力圆增大到与强度包线(库仑直线)相切时,该单元体达到主动极限平衡状态,如图5-5(b)中圆 O_2 所示。作用在挡土墙上的主动土压力 p_a 大小就等于该单元体的最小水平应力值 $\sigma_{x\min}(\sigma_3)$。

若挡土墙向着土体方向产生位移,随着位移量的增加,竖向应力 σ_z 保持不变,水平向应力 σ_x 则逐渐增加,并且大、小主应力的方向发生改变,σ_z 由 σ_1 转变成 σ_3,σ_x 由 σ_3 转变成 σ_1,当应力圆增大到与强度包线(库仑直线)相切时,该单元体达到被动极限平衡状态,如图5-5(b)中圆 O_3 所示。作用在挡土墙上的被动土压力 p_p 大小就等于该单元体的最大水平应力值 $\sigma_{x\max}(\sigma_1)$。

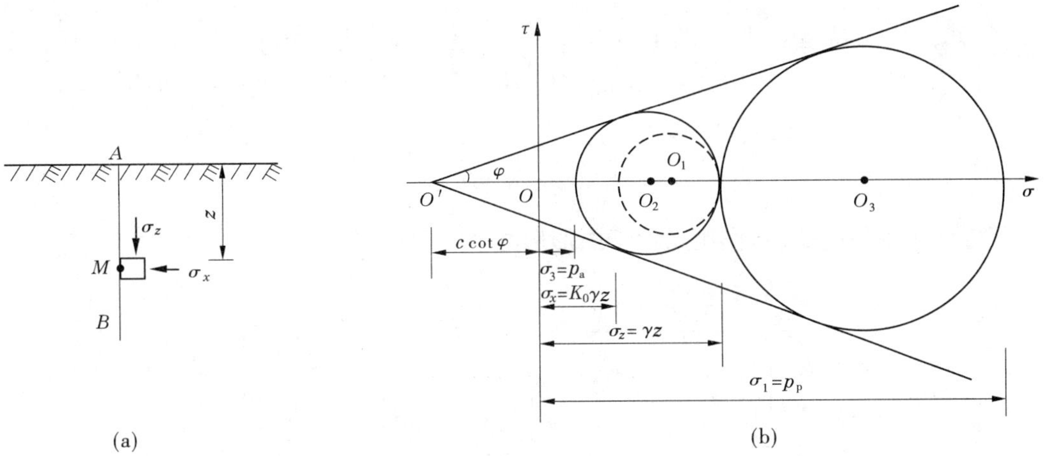

图5-5 朗肯主动及被动状态

3.2 朗肯主动土压力计算

3.2.1 基本计算公式

当墙后填土处于主动极限平衡状态时,某一深度 z 处的土单元体所受的竖向应力 σ_z 是大主应力,水平向应力 σ_x(主动土压力强度 p_a)是小主应力,即

$$\sigma_z = \sigma_{1f}, \sigma_x = p_a = \sigma_{3f}$$

当土单元体处于极限平衡状态时,大、小主应力之间满足如下条件:

$$\sigma_{3f} = \sigma_{1f}\tan^2\left(45° - \frac{\varphi}{2}\right) - 2c\tan\left(45° - \frac{\varphi}{2}\right)$$

故此得:

$$p_a = \sigma_z\tan^2\left(45° - \frac{\varphi}{2}\right) - 2c\tan\left(45° - \frac{\varphi}{2}\right)$$

$$= \sigma_z K_a - 2c\sqrt{K_a} \tag{5-3}$$

式中 p_a——墙背任一点处的主动土压力强度,kPa;

σ_z——深度为 z 处的竖向有效应力,kPa;

K_a——朗肯主动土压力系数,$K_a = \tan^2\left(45° - \frac{\varphi}{2}\right)$;

c——土的黏聚力。

对于无黏性土 $c=0$,主动土压力计算公式可写成:

$$p_a = \sigma_z K_a \tag{5-4}$$

3.2.2 几种情况下朗肯主动土压力计算

3.2.2.1 墙后填土为均质土

如图 5-6 墙后为均质填土情况,墙背处任一点的竖向应力为 $\sigma_z = \gamma z$,代入式(5-3)得:

$$p_a = \gamma z K_a - 2c\sqrt{K_a} \tag{5-5}$$

由式(5-5)可以看出,均质填土 p_a 随深度 z 增大呈线性变化,即主动土压力为线性分布。

(1)填土为无黏性土时,主动土压力沿深度 z 呈三角形线性分布,如图 5-6(b)所示。

设挡土墙高为 H,则作用在墙上的主动土压力合力大小可按三角形分布图面积计算,即

$$E_a = \frac{1}{2}K_a\gamma H^2 \tag{5-6}$$

其方向水平指向墙背,作用点位于图形形心,即 $H/3$ 处。

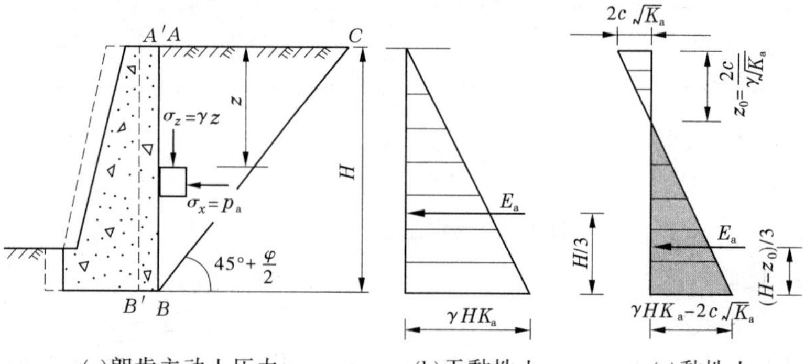

图 5-6 均质填土的朗肯主动土压力

(2)填土为黏性土时,即有 $c\neq0$,则由式(5-5)知,当 $z=0$ 时,$p_a=-2c\sqrt{K_a}<0$,即存在拉应力区,拉应力区的深度 z_0 为 $p_a=0$ 处的 z 值,令 $p_a=\gamma zK_a-2c\sqrt{K_a}=0$,可得拉应力区高度为:

$$z_0=\frac{2c}{\gamma\sqrt{K_a}} \tag{5-7}$$

当 $z=H$ 时,$p_a=\gamma HK_a-2c\sqrt{K_a}$ 。

由于土体不能承受拉应力,所以求合力时不考虑拉应力的作用。朗肯主动土压力的分布图应为图5-6(c)所示的阴影三角形,三角形高为 $H-z_0$。朗肯主动土压力合力大小是其分布图形面积,即

$$E_a=\frac{1}{2}(\gamma HK_a-2c\sqrt{K_a})(H-z_0) \tag{5-8}$$

作用点位于墙底以上 $(H-z_0)/3$ 处,方向水平指向墙背。

3.2.2.2 墙后填土为成层土

当墙后填土为成层土时,应考虑填土性质不同(重度、黏聚力、内摩擦角)对土压力的影响。在计算土压力时应注意两点:一是由于各层填土重度不同,计算填土竖向应力时在土层交界面处出现转折;二是由于各层填土内摩擦角不同,在计算主动土压力系数时,需要采用计算点所在土层的内摩擦角,所以在土层交界面处土压力强度出现突变,如图5-7所示。

土压力合力大小由如图5-7所示的压力分布图形面积求得,土压力水平指向墙背,作用点位于图形形心。

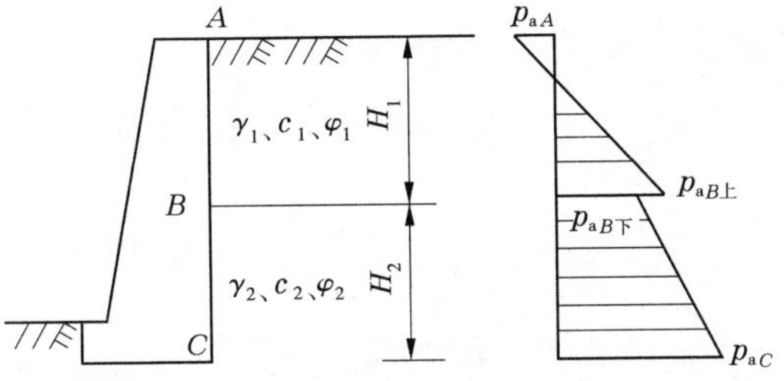

图5-7 成层土的朗肯主动土压力

3.2.2.3 墙后填土表面有均布荷载作用

如图5-8所示,当填土表面有连续均布荷载 q 作用时,可将均布荷载 q 换算成作用在填土上的等效土重(其重度 γ 与填土相同),其厚度为 $h=q/\gamma$。墙背任一深度 z 处竖直方向的应力 $\sigma_z=\gamma z+q$,代入式(5-3),可得任一点的土压力强度:

$$p_a=(\gamma z+q)K_a-2c\sqrt{K_a} \tag{5-9}$$

土压力合力求法同上。

【例5-2】 已知某挡土墙高10 m,墙后填土为两层砂土,第一层土厚6 m,$c_1=0$,$\varphi_1=30°$,$\gamma_1=18\ \text{kN/m}^3$;第二层土厚4 m,$c_2=0$,$\gamma_2=20\ \text{kN/m}^3$,$\varphi_2=35°$;填土表面作用连续均布荷载 $q=20$ kPa,如图5-9所示,计算挡土墙上的主动土压力分布,绘出土压力分布

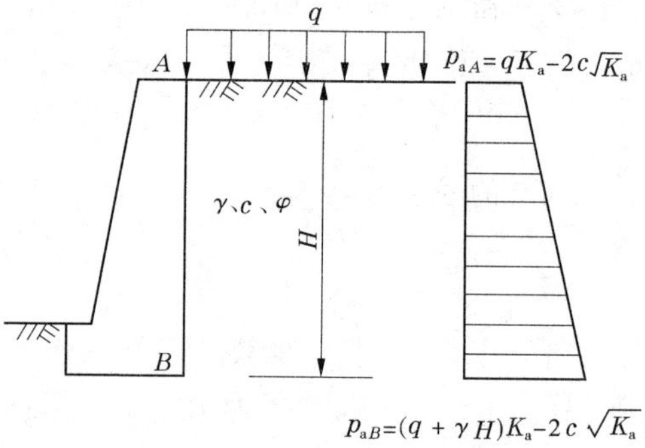

图 5-8　填土表面有均布荷载作用的主动土压力

图，求合力 E_a。

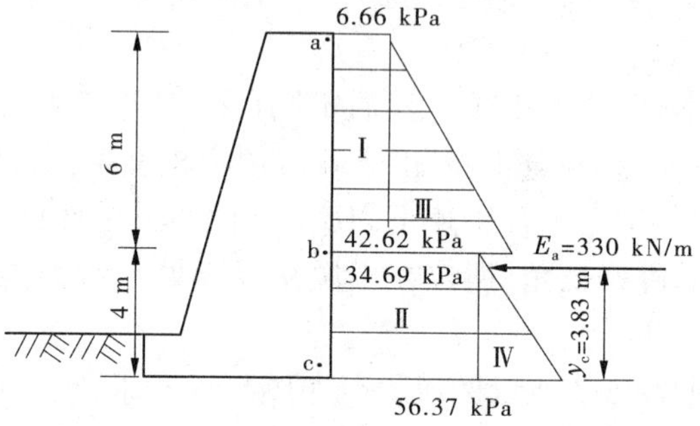

图 5-9　例 5-2 图

解：(1)求主动土压力系数

已知 $\varphi_1=30°$，$\varphi_2=35°$得 $K_{a1}=\tan^2(45°-\frac{30°}{2})=0.333$

$$K_{a2}=\tan^2(45°-\frac{35°}{2})=0.271$$

(2)计算墙上 a、b、c 三点的主动土压力强度。

a 点：
$$\sigma_z=q=20\ \text{kPa}$$
$$p_a=qK_{a1}=20\times0.333=6.66(\text{kPa})$$

b 点上：
$$\sigma_z=q+\gamma_1h_1=20+18\times6=128(\text{kPa})$$
$$p_a=\sigma_zK_{a1}=128\times0.333=42.62(\text{kPa})$$

b 点下：
$$\sigma_z=q+\gamma_1h_1=20+18\times6=128(\text{kPa})$$
$$p_a=\sigma_zK_{a2}=128\times0.271=34.69(\text{kPa})$$

c 点：
$$\sigma_z=q+\gamma_1h_1+\gamma_2h_2=20+18\times6+20\times4=208(\text{kPa})$$
$$p_a=\sigma_zK_{a2}=208\times0.271=56.37(\text{kPa})$$

(3)绘出土压力强度分布图，如图 5-9 所示。

(4)计算总主动土压力，大小即土压力分布图面积，把图形分成四部分 $E_{a\text{Ⅰ}}$、$E_{a\text{Ⅱ}}$、$E_{a\text{Ⅲ}}$、$E_{a\text{Ⅳ}}$，则

$$E_a = E_{aⅠ} + E_{aⅡ} + E_{aⅢ} + E_{aⅣ} = 6.66 \times 6 + 34.69 \times 4 + \frac{1}{2} \times (42.62 - 6.66) \times 6 + \frac{1}{2} \times (56.37 - 34.69) \times 4 = 39.96 + 138.76 + 107.88 + 43.36 = 330(\text{kN/m})$$

总主动土压力 E_a 作用点距 c 点的位置为 y_c，各分部分合力作用点距 c 点的位置为 y_{ci}，则

$$y_c = \frac{E_{aⅠ} \times y_{cⅠ} + E_{aⅡ} \times y_{cⅡ} + E_{aⅢ} \times y_{cⅢ} + E_{aⅣ} \times y_{cⅣ}}{E_a}$$

$$= \frac{39.96 \times (3+4) + 138.76 \times 2 + 107.88 \times (2+4) + 43.36 \times \frac{4}{3}}{330} = 3.83(\text{m})$$

3.2.2.4 墙后填土有地下水

当墙后填土中有地下水存在时，土压力计算时需将水上和水下作为两层，其中水位以上部分的土压力计算同前；水位以下的土压力计算时，土体的自重应力按浮重度计算。此外，在计算挡土墙受力情况时，还应另计静水压力。

【例5-3】 某挡土墙高6 m，墙背铅直、光滑，无黏性填土表面水平，地下水位埋深2 m，水上土体重度 $\gamma = 18\ \text{kN/m}^3$，水下土体饱和重度 $\gamma_{sat} = 19.3\ \text{kN/m}^3$，土体内摩擦角 $\varphi = 35°$（水上、水下相同），如图5-10所示，试计算作用在挡土墙上的主动土压力及水压力。

解：（1）求主动土压力系数。已知 $\varphi = 35°$，得

$$K_a = \tan^2(45° - \frac{35°}{2}) = 0.271$$

（2）计算墙上 A、B、C 三点的主动土压力强度。

A 点：

$$\sigma_z = 0$$

$$p_a = \sigma_z K_a = 0$$

B 点：

$$\sigma_z = \gamma H_1 = 18 \times 2 = 36(\text{kPa})$$

$$p_a = \sigma_z K_a = 36 \times 0.271 = 9.76(\text{kPa})$$

C 点：

$$\sigma_z = \gamma H_1 + \gamma' H_2 = 36 + (19.3 - 9.81) \times 4 = 73.96(\text{kPa})$$

$$p_a = \sigma_z K_a = 73.96 \times 0.271 = 20.04(\text{kPa})$$

（3）绘出土压力强度分布图，如图5-10所示。

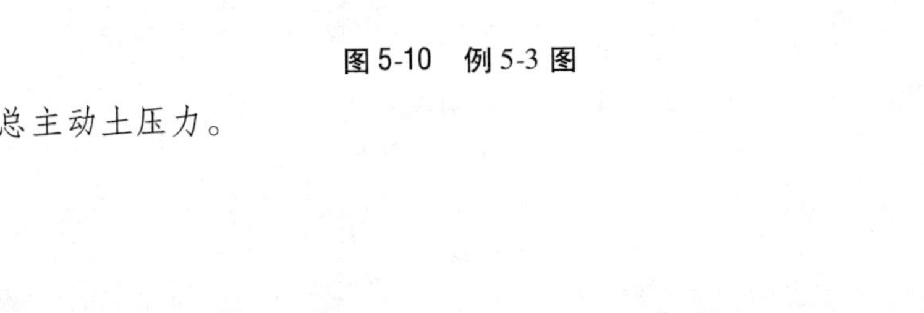

图5-10 例5-3图

（4）计算总主动土压力。

$$E_a = \frac{1}{2} \times 9.76 \times 2 + 9.76 \times 4 + \frac{1}{2} \times (20.04 - 9.76) \times 4$$
$$= 9.76 + 39.04 + 20.56 = 69.36(\text{kN/m})$$

(5)墙背上的静水压力呈三角形分布,总水压力为:

$$E_w = \frac{1}{2}\gamma_w h_w^2 = \frac{1}{2} \times 9.81 \times 4^2 = 78.48(\text{kN/m})$$

(6)作用在挡土墙墙背上的总压力:

$$E = E_a + E_w = 69.36 + 78.48 = 147.84(\text{kN/m})$$

方向水平指向墙背,作用点距 c 点为 y_c:

$$y_c = \frac{9.76 \times (\frac{2}{3} + 4) + 39.04 \times 2 + 20.56 \times \frac{4}{3} + 78.48 \times \frac{4}{3}}{147.84} = 1.73(\text{m})$$

3.3 朗肯被动土压力计算

如图 5-11(a)所示,当墙后填土处于被动极限平衡状态时,某一深度 z 处的土单元体所受的水平向应力 σ_x(被土压力强度 p_p)是大主应力,竖向应力 σ_z是小主应力,即

$$\sigma_z = \sigma_{3f},\ \sigma_x = p_p = \sigma_{1f}$$

当土单元体处于极限平衡状态时,大、小主应力之间满足如下条件:

$$\sigma_{1f} = \sigma_{3f}\tan^2(45° + \frac{\varphi}{2}) + 2c\tan(45° + \frac{\varphi}{2})$$

故此得:

$$p_p = \sigma_z\tan^2(45° + \frac{\varphi}{2}) + 2c\tan(45° + \frac{\varphi}{2})$$
$$= \sigma_z K_p + 2c\sqrt{K_p} \tag{5-10}$$

式中 p_p——墙背任一点处的被动土压力强度,kPa;

σ_z——深度为 z 处的竖向有效应力,kPa;

K_p——朗肯被动土压力系数, $K_p = \tan^2(45° + \frac{\varphi}{2})$;

c——土的黏聚力。

对于无黏性土 $c = 0$,被动土压力计算公式可写成:

$$p_p = \sigma_z K_p \tag{5-11}$$

朗肯被动土压力合力求法同主动土压力,如图 5-11(b)、(c)所示。

思考题:(1)工程计算中什么情况用主动土压力?什么情况用被动土压力?

(2)如何利用朗肯土压力理论计算各种情况的主动土压力?

【例 5-4】 计算例 5-2 中作用在挡土墙上的被动土压力。

解:(1)求被动土压力系数。

$$K_{p1} = \tan^2(45° + \frac{30°}{2}) = 3, K_{p2} = \tan^2(45° + \frac{35°}{2}) = 3.69$$

(2)计算墙上 a、b、c 三点的被动土压力强度。

a 点: $\sigma_z = q = 20$ kPa

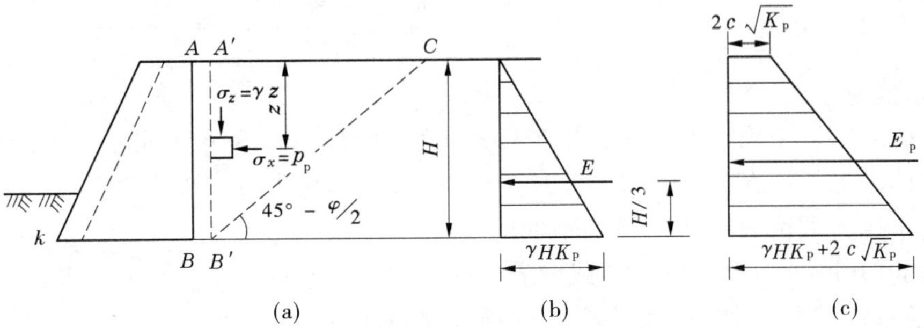

图5-11 朗肯被动土压力

$$p_p=qK_{p1}=20\times3=60(\text{kPa})$$

b 点上：

$$\sigma_z=q+\gamma_1h_1=20+18\times6=128(\text{kPa})$$

$$p_p=\sigma_zK_{p1}=128\times3=384(\text{kP}_a)$$

b 点下：

$$\sigma_z=q+\gamma_1h_1=20+18\times6=128(\text{kPa})$$

$$p_p=\sigma_zK_{p2}=128\times3.69=472.32(\text{kPa})$$

c 点：

$$\sigma_z=q+\gamma_1h_1+\gamma_2h_2=20+18\times6+20\times4=208(\text{kPa})$$

$$p_p=\sigma_zK_{p2}=208\times3.69=767.52(\text{kPa})$$

(3)绘出土压力强度分布图，如图5-12所示。

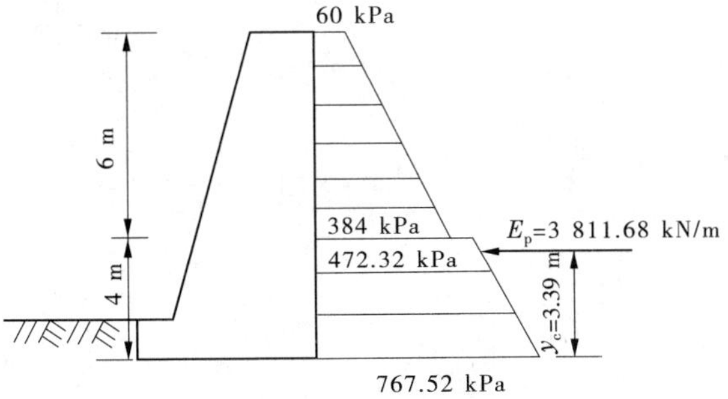

图5-12 例5-4图

(4)被动土压力合力为：

$$E_p=60\times6+472.32\times4+\frac{1}{2}\times(384-60)\times6+\frac{1}{2}\times(767.52-472.32)\times4$$

$$=360+1\,889.28+972+590.4=3\,811.68(\text{kN/m})$$

总被动土压力 E_p 作用点距 c 点的位置为 y_c：

$$y_c=\frac{360\times(3+4)+1\,889.28\times2+972\times(2+4)+590.4\times\frac{4}{3}}{3\,811.68}=3.39(\text{m})$$

朗肯土压力理论，以土体中任一点的极限平衡条件推导计算公式，概念明确、公式简单、计算方便。但实际工程中挡土墙并非墙背光滑、垂直、填土表面水平，因而计算结果和实际情况有一定的误差。

4 库仑土压力理论

4.1 基本理论

库仑以墙后填土为干的无黏性土进行挡土墙模型试验,1776 年建立了根据墙后整个滑动土楔体的力的平衡条件来确定土压力的理论,即库仑土压力理论。

库仑土压力理论假定挡土墙是刚性的,墙后填土是均质的砂性土,当挡土墙背离或向着填土发生位移时,随着位移量增加,墙后将产生一通过墙踵的滑裂面,当墙后土体达到主动或被动极限平衡状态时,形成滑动土楔体 ABC,如图 5-13 所示,根据滑动土楔体 ABC 的外力平衡条件的极限状态,可分别求出主动土压力或被动土压力的合力。

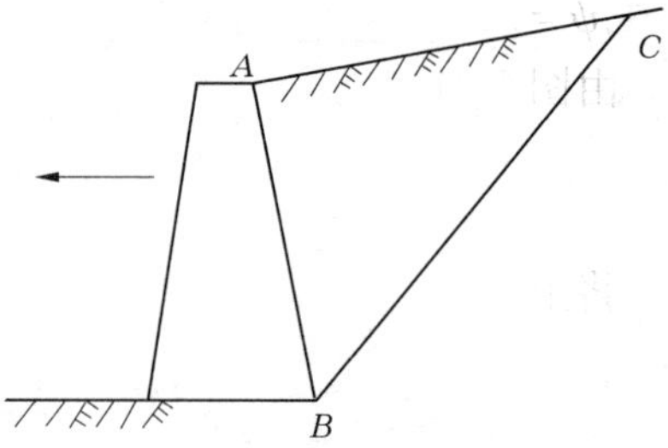

图 5-13 库仑土压力理论

4.2 库仑主动土压力计算

如图 5-14 所示一墙背倾斜的挡土墙,墙背倾角为 ε,填土表面 AC 是一平面, 与水平面夹角为 β,设墙背与土体之间的摩擦角为 δ。当挡土墙背离土体方向产生位移而使墙后土体处于极限平衡状态时,将产生一通过墙踵的滑裂面 BC,形成滑动土楔体 ABC。假定该滑动面与水平面夹角为 α,取单位长度挡土墙,以滑动土楔体 ABC 为研究对象,考虑其静力平衡条件,作用在滑动土楔体 ABC 上的作用力如图 5-14 所示。

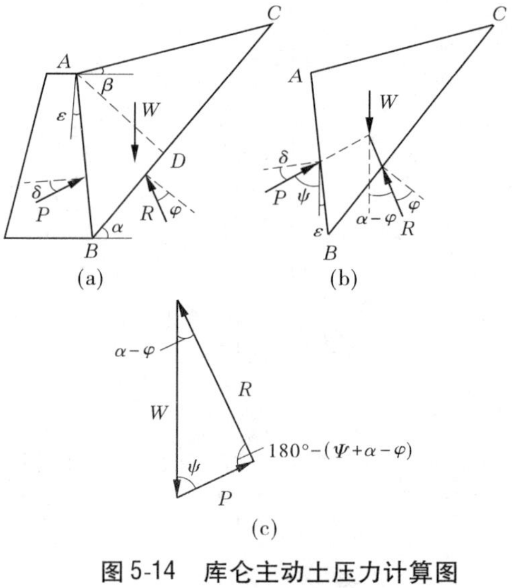

图 5-14 库仑主动土压力计算图

(1)滑动土楔体 ABC 的自重 W,$W=\gamma S_{\triangle ABC}$,$\gamma$ 为土体重度,若 α 确定,W 就唯一确定。

(2)滑动面 BC 下土体的反力 R,R 是 BC 面上的摩擦力和法向反力的合力,R 的方向与 BC 面法线夹角等于土的内摩擦角 φ。由于滑动土楔体 ABC 相对于 BC 面向下滑动,所以摩擦力沿 BC 面向上,故 R 的作用方向已知(法线下方)。

(3)墙背对滑动土楔体的支持力 P(大小等于土压力),P 是 AB 面上的摩擦力和法向反力的合力,P 的方向与 AB 面法线夹角等于墙背与土体之间的摩擦角 δ。由于滑动土楔体

ABC 相对于墙背 AB 面下滑，所以摩擦力沿 AB 面向上，故 P 的作用方向已知(法线下方)。

根据滑动土楔体 ABC 的静力平衡条件，绘出 W、R 和 P 的力矢三角形，如图 5-14 所示。由正弦定理可得：

$$\frac{W}{\sin(180° - \psi - \alpha + \varphi)} = \frac{P}{\sin(\alpha - \varphi)} \tag{5-12}$$

式中，$\psi = 90° - \varepsilon - \delta$，其余符号同前。

由图 5-14 可知：

$$W = \frac{1}{2}\gamma H^2 \frac{\cos(\varepsilon - \alpha)\cos(\beta - \varepsilon)}{\cos^2\varepsilon\sin(\alpha - \beta)}$$

将上式代入式(5-12)可得：

$$P = \frac{1}{2}\gamma H^2 \frac{\cos(\varepsilon - \alpha)\cos(\beta - \varepsilon)\sin(\alpha - \varphi)}{\cos^2\varepsilon\sin(\alpha - \beta)\cos(\alpha - \varepsilon - \delta - \varphi)} \tag{5-13}$$

从式(5-13)可知 P 的大小取决于 α，即 α 取值不同就有不同的 P 值。把 P 的反力看成是土楔体在自重作用下克服了滑动面 BC 上的摩擦力以后向前滑动的力。可见 P 值越大，土楔体向下滑动的可能性也越大，所以对应于 P_{max} 的滑动面是最危险的滑动面，P_{max} 的反力即是主动土压力 E_a。所以，求最危险的滑动面的条件是 $\frac{dP}{d\alpha} = 0$，解得 α，就确定了最危险滑动面的位置。将所得 α 值代入式(5-13)即得：

$$E_a = P_{max} = \frac{1}{2}\gamma H^2 K_a \tag{5-14}$$

其中：

$$K_a = \frac{\cos^2(\varphi - \varepsilon)}{\cos^2\varepsilon\cos(\delta + \varepsilon)\left[1 + \sqrt{\frac{\sin(\delta + \varphi)\sin(\varphi - \beta)}{\cos(\delta + \varepsilon)\cos(\varepsilon - \beta)}}\right]^2} \tag{5-15}$$

式中　K_a——库仑主动土压力系数，是 φ、ε、δ、β 角的函数，可由式(5-15)计算或查有关表；

δ——外摩擦角，可按以下规定取值：俯斜的混凝土或砌体墙，取 $\frac{\varphi}{2} \sim \frac{2}{3}\varphi$，台阶形墙背，取 $\frac{2}{3}\varphi$，垂直混凝土或砌体墙，取 $\frac{\varphi}{3} \sim \frac{\varphi}{2}$。

当符合朗肯土压力条件时($\varepsilon = 0$、$\delta = 0$、$\beta = 0$)，可得 $K_a = \tan^2(45° - \frac{\varphi}{2})$。由此可以看出朗肯土压力公式是库仑公式的一种特例。

由式(5-14)可以看出，主动土压力合力 E_a 的大小与挡土墙高 H 的平方成正比，因此可以推定主动土压力沿墙高按直线规律分布，任一深度 z 处的土压力强度 p_a 为 E_a 对 z 的一阶导数，即

$$p_a = \frac{dE_a}{dz} = \frac{d}{dz}\left(\frac{1}{2}\gamma z^2 K_a\right) = \gamma z K_a \tag{5-16}$$

由上式可见，主动土压力强度沿挡土墙高呈三角形分布，如图 5-15 所示，主动土压力的合力方向与墙背法线成 δ 角(在法线上方)，与水平面的夹角为 $\delta + \varepsilon$，其作用点在距离

墙底 $H/3$ 处。

【例 5-5】 如图 5-16 所示，挡土墙高 5 m，墙背倾角 $\varepsilon = +10°$。回填砂土并填成水平，其重度 $\gamma = 18\ \text{kN/m}^3$，$\varphi = 35°$，$\delta = 20°$，试计算作用于挡土墙上的主动土压力。

解：已知 $\varphi = 35°$，$\delta = 20°$，$\varepsilon = +10°$，$\beta = 0$，代入式(5-15)得：$K_a = 0.322$。

总主动土压力：

$$E_a = \frac{1}{2}\gamma H^2 K_a = \frac{1}{2} \times 18 \times 5^2 \times 0.322 = 72.45(\text{kN/m})$$

土压力为三角形分布，墙底处土压力强度

$$p_a = \gamma H K_a = 18 \times 5 \times 0.322 = 29.98(\text{kPa})$$

土压力合力作用在 $H/3 = 1.67$ m 处，合力位于法线上方，方向与水平面成 $\varepsilon + \delta = 30°$角。

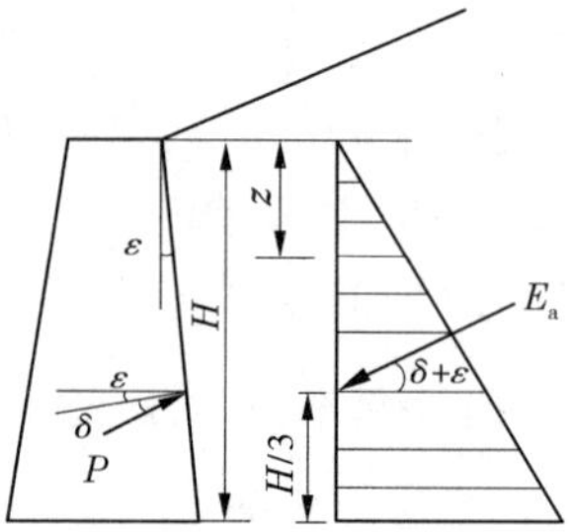

图 5-15　库仑土压力强度分布图

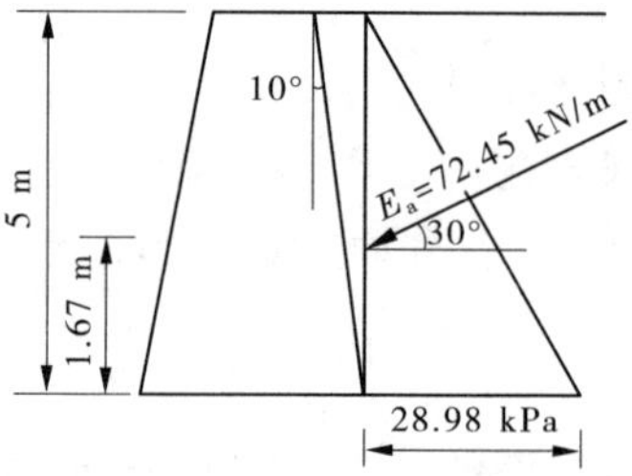

图 5-16　例 5-5 附图

4.3　库仑被动土压力计算

当挡土墙在外力作用下向着填土方向发生位移而使墙后填土达到被动极限平衡状态时，将产生一通过墙踵的滑裂面 BC，形成滑动土楔体 ABC。假定该滑动面与水平面夹角为 α，取单位长度挡土墙，作用在滑动土楔体 ABC 上的作用力有 W、R、P，根据滑动土楔体 ABC 的静力平衡条件，绘出 W、R 和 P 的力矢三角形，如图 5-17 所示。

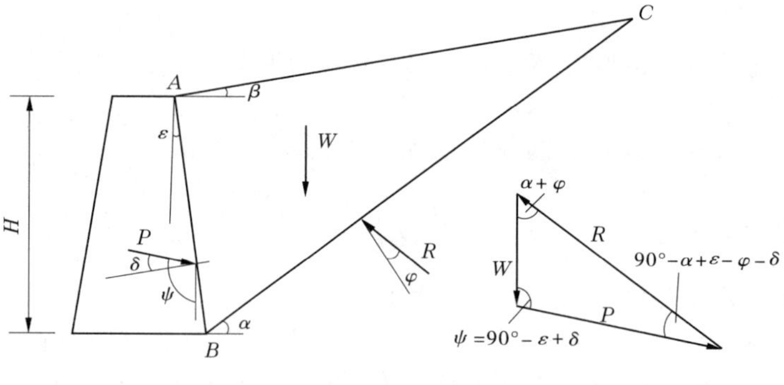

图 5-17　库仑被动土压力计算图

由正弦定理可得：

$$P = \frac{W\sin(\alpha + \varphi)}{\sin(90° + \varepsilon - \delta - \alpha - \varphi)} \tag{5-17}$$

同样,可知 P 的大小取决于 α,对应于 P_{min} 的滑动面是最危险滑动面,P_{min} 的反力即是被动土压力 E_p。所以求最危险滑动面的条件是 $\frac{dP}{d\alpha}=0$,解得 α,就确定了最危险滑动面的位置。将所得 α 值代入式(5-17)即得:

$$E_p = P_{min} = \frac{1}{2}\gamma H^2 K_p \tag{5-18}$$

$$K_p = \frac{\cos^2(\varepsilon+\varphi)}{\cos^2\varepsilon\cos(\varepsilon-\delta)\left[1-\sqrt{\frac{\sin(\delta+\varphi)\sin(\varphi+\beta)}{\cos(\varepsilon-\delta)\cos(\varepsilon-\beta)}}\right]^2} \tag{5-19}$$

式中　K_p——库仑被动土压力系数,是 ε、β、δ、φ 的函数,可由式(5-19)计算,当 $\varepsilon=0$,$\delta=0$,$\beta=0$ 时,$K_p=\tan^2(45°+\frac{\varphi}{2})$。

被动土压力强度沿墙背的分布仍呈三角形,被动土压力的合力方向与墙背法线成 δ 角(在法线下方)与水平面的夹角为 $\delta-\varepsilon$,其作用点在距离墙底 $H/3$ 处。

思考题:比较朗肯土压力理论和库仑土压力理论的基本假设条件和适用条件有何不同?

习　题

1. 已知一挡土墙,墙背垂直光滑,墙后填土面水平,土的黏聚力 $c=0$,内摩擦角 $\varphi=25°$,填土重度 $\gamma=18\ kN/m^3$,$K_0=1-\sin\varphi$。求:下列三种情况下离地面以下4 m处的土压力是多大?

(1)若挡土墙的位移为0;

(2)若挡土墙被土推动,发生一微小位移;

(3)若挡土墙向着土发生一微小位移。

(参考答案:41.6 kPa;29.2 kPa;177.4 kPa)

2. 一挡土墙高4 m,墙背垂直光滑,墙后填土面水平,填土为中砂,含水率为 $\omega=25\%$,孔隙比为 $e=1.0$,土粒比重为 $G_s=2.65$,$c=0$,$\varphi=30°$,若地下水位自墙底处上升到地面,求作用在墙背上的总压力合力和总压力合力的变化。

(参考答案:101.4 kN/m,增加22 kN/m)

3. 已知一挡土墙,墙背垂直光滑,墙后填土面水平,填土由两层土组成,4 m以上为黏土,$\gamma=17\ kN/m^3$,$c=10$ kPa,$\varphi=20°$;4 m以下为砂层,$\gamma=18\ kN/m^3$,$c=0$,$\varphi=26°$。求:

(1)若墙被推动,则在4 m深处砂层顶面标高上和黏土层底面标高上的土压力各为多大?

(2)若墙推土发生一位移,则在深处砂土层顶面标高上和黏土层底面标高上的土压力各为多大?

(参考答案:26.55 kPa,19.33 kPa;174.15 kPa,167.25 kPa)

4. 一挡土墙高6 m,墙背垂直光滑,墙后填土面水平,并有15 *kPa* 均布荷载,填土的孔隙率 $n=42.8\%$,土粒比重为 $G_s=2.65$,$c=0$,$\varphi=30°$,地下水位在地表处,计算在墙背上的土压力合力及作用点位置。

(参考答案:269.4 kN/m,2.11 m)

5. 已知一挡土墙高 5 m，墙背倾角为 10°，填土表面倾角 20°，填土为无黏性土，重度 $\gamma = 20\ kN/m^3$，内摩擦角 $\varphi = 30°$。墙背与土的摩擦角 $\delta = \frac{\varphi}{2}$。试求作用在墙上的总主动土压力。

（参考答案：$E_a = 133.5\ kN/m$）

任务 2　挡土墙地基的稳定验算

挡土墙出现不同程度的沉降、滑坡、断裂、倾斜现象主要是地质条件差、设计断面不合理、施工质量及关键环节规范不足引起的。因此，选择合理的设计方案和严格的稳定计算是保证挡土墙安全运用的关键。挡土墙的稳定计算应根据地基情况、挡土墙的类型特点及施工条件进行。在各种荷载作用情况下，挡土墙地基应该满足承载力、稳定和变形要求。

1　挡土墙类型的选择

一般依据挡土墙的用途、高度与重要性，建筑场地的地形与地质条件，尽量就地取材，安全而经济地选择挡土墙类型。挡土墙的结构形式有多种，较常用的结构形式有重力式、悬臂式、扶壁式、板桩式等。

1.1　重力式挡土墙

重力式挡土墙一般由砖、石或混凝土材料建造，墙身截面较大，墙体的抗拉强度较小，主要依靠墙身的自重来保持稳定。依据挡土墙墙背的倾斜方向可分为仰斜式、垂直式、俯斜和衡重式等形式，如图 5-18 所示。由于重力式挡土墙多就地取材，结构简单，施工方便，常是工程中广泛应用的一种类型，但工程量大，沉降大。

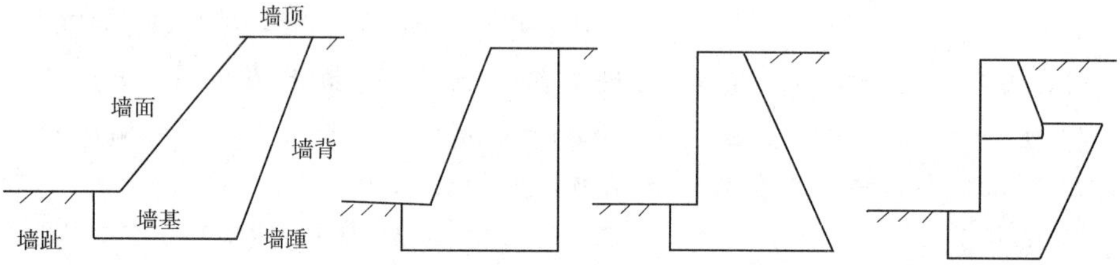

(a)仰斜　(b)垂直　(c)俯斜　(d)衡重式

图 5-18　重力式挡土墙

1.2　悬臂式挡土墙

悬臂式挡土墙由立臂、墙趾悬臂和墙踵悬臂三部分构成，常用钢筋混凝土材料浇筑而成，如图 5-19 所示。悬臂式挡土墙的截面尺寸较小，重量比较轻，主要依靠墙踵悬臂上的土重来维持。墙身内需配钢筋来承担墙身所受的拉力。这类挡土墙的优点是能充分利用钢筋混凝土的受力特性，承受较大的拉应力，但费钢材，技术复杂。

1.3　扶壁式挡土墙

扶壁式挡土墙由底板及固定在底板上的直墙和扶壁构成，如图 5-20 所示。当挡土墙较高时($H>10$ m),挡土墙的立臂受到的弯矩和产生的挠度都较大,为增加悬臂的抗弯能力,沿墙长纵向,每隔一定的距离设置一道扶壁。墙的稳定主要依靠扶壁和扶壁间的土重来维持。这种挡土墙因造价高,施工困难,故一般只在重要的或大型土建工程中采用。

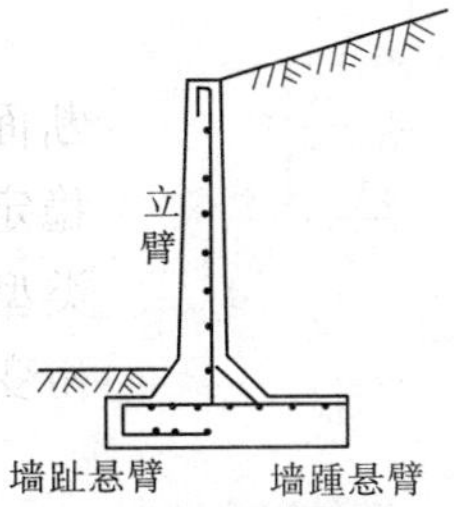

图5-19 悬臂式挡土墙

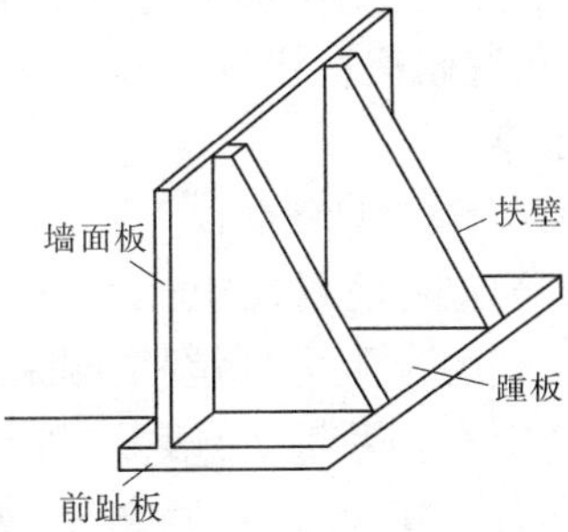

图5-20 扶壁式挡土墙

1.4 板桩式挡土墙

板桩式挡土墙分无锚板桩和锚定式板桩两种,如图5-21所示。无锚板桩由埋入土中的部分和悬臂两部分组成;锚杆板桩由板桩、锚杆组成;锚定式板桩由板桩、锚杆和锚定板组成。板桩一般采用木板、钢板或钢筋混凝土板。在建筑工程深基坑支护和码头工程中采用较多。在大型水利工程施工围堰中也有采用。

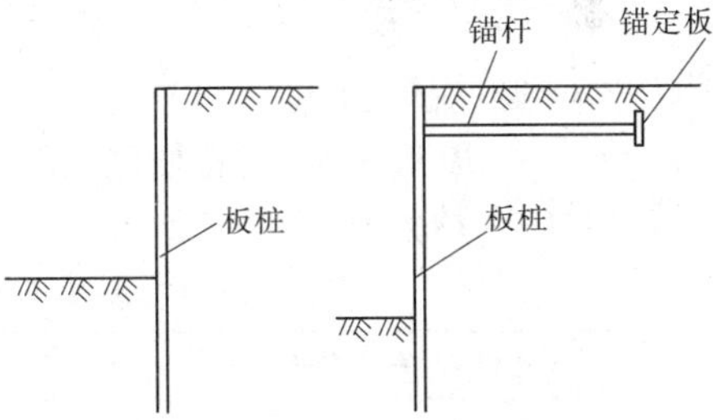

(a)无锚板桩 (b)锚定式板桩

图5-21 板桩式挡土墙

此外还有空箱式(见图5-22(a))、锚杆式(见图5-22(b))、加筋式(见图5-22(c))等其他形式的挡土结构。

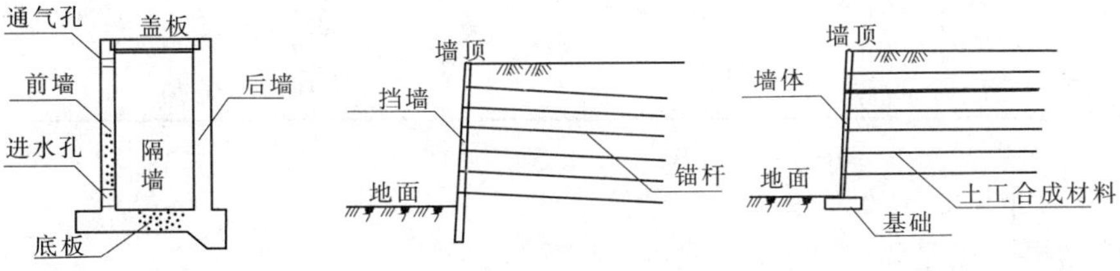

(a)空箱式 (b)锚杆式 (c)加筋式

图5-22 其他形式的挡土结构

思考题:挡土墙有哪些类型?各有什么特点?

2 挡土墙断面尺寸的确定

挡土墙断面尺寸常采用试算法确定。首先,根据挡土墙所处的条件(工程地质条件、填土性质、墙体材料和施工条件等),凭经验初步拟定断面尺寸,然后进行挡土墙稳定性和强度的验算，以判断是否满足有关规范的要求。如果达不到要求，或超过要求甚远，则须调整断面尺寸或采取其他措施，重新进行验算，直到符合安全可靠、经济合理的要求。

3　挡土墙的稳定验算

以重力式挡土墙为例，挡土墙的稳定验算要进行抗滑稳定性和抗倾覆稳定性验算。

3.1　抗滑稳定性验算

3.1.1　挡土墙的抗滑稳定安全系数

挡土墙的抗滑稳定性是指在土压力和其他外荷载的作用下，基底摩阻力抵抗挡土墙滑移的能力，用抗滑稳定安全系数 K_c 表示，即作用于挡土墙的抗滑力与实际下滑力之比，如图 5-23 所示。

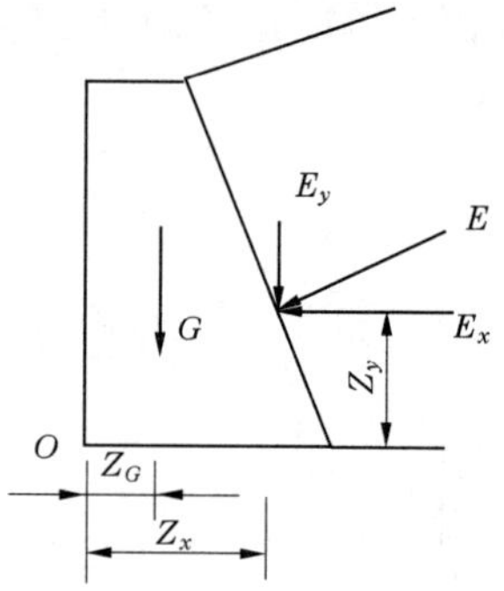

图 5-23　挡土墙的稳定验算

$$K_c = \frac{(G + E_y)\mu}{E_x} \geqslant 1.3 \qquad (5\text{-}20)$$

式中　G——挡土墙的自重，kN；

E_x、E_y——墙后主动土压力的水平分力和竖向分力，kN；

μ——基底与地基间的摩擦系数，当缺乏可靠试验资料时，可按表 5-1 选用。

表 5-1　基底与基底土间的摩擦系数 μ

地基土的分类	摩擦系数 μ
软塑黏土	0.25
硬塑黏土	0.30
砂类土、黏砂土、半干硬的黏土	0.30 ~ 0.40
砂类土	0.40
碎石类土	0.50
软质岩石	0.40 ~ 0.60
硬质岩石	0.60 ~ 0.70

3.1.2　增加抗滑稳定性的方法

若验算结果不满足要求，则应采取以下措施解决：

(1)修改挡土墙断面尺寸，通过加大挡土墙自重以增大抗滑力。

(2)在挡土墙基底铺设砂、碎石垫层，提高摩擦系数来增大抗滑力。

(3)将挡土墙基底做成逆坡，或将基础底面做成锯齿状，或在墙底设置混凝土凸榫，或在墙踵后面加钢筋混凝土拖板增加抗滑力，如图 5-24 所示。

3.2　抗倾覆稳定验算

3.2.1　挡土墙的抗倾覆稳定安全

挡土墙的抗倾覆稳定性是指在土压力和其他外荷载的作用下，挡土墙抵抗墙身绕墙趾向外转动倾覆的能力，用抗倾覆稳定安全系数 K_0 表示，如图 5-23 所示。K_0 表示为对于

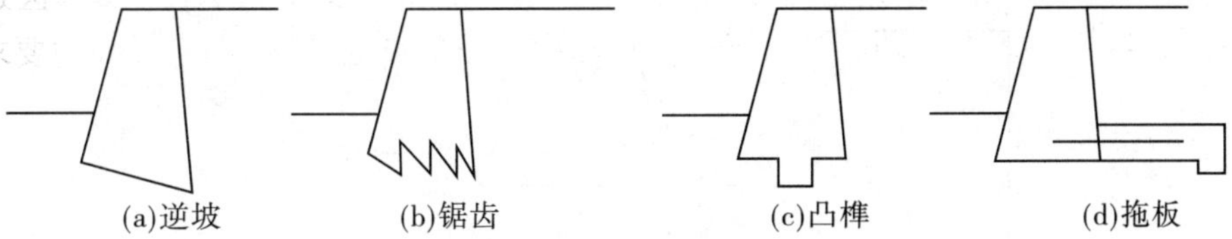

图 5-24　挡土墙抗滑措施

挡土墙墙趾抗倾覆的稳定力矩之和与倾覆力矩之和的比值，即

$$K_0=\frac{GZ_G+E_yZ_x}{E_xZ_y}\geqslant 1.6 \tag{5-21}$$

式中　G——作用于基底以上的重力，kN，浸水挡土墙的浸水部分应计入浮力；

Z_G——墙身重力、基础重力、基础上填土的重力及作用于墙顶的其他荷载的竖向力合力重心到墙趾的距离，m；

Z_x——墙后主动土压力的竖向分量到墙趾的距离，m；

Z_y——墙后主动土压力的水平分量到墙趾的距离，m。

3.2.2　增加抗倾覆稳定性的方法

为增加抗倾覆稳定性，应采取加大抗倾覆力矩和减小倾覆力矩的办法。

(1)在墙趾处加宽基础以增加抗倾覆力臂，这是增加抗倾覆稳定性的常用方法。但在地面横坡较陡处，会由此引起墙高增加。

(2)改缓墙面坡度可增加抗倾覆稳定力臂(见图5-25(a))、改陡俯斜墙背(见图5-25(b))或改缓仰斜墙背(见图5-25(c))来减少土压力。

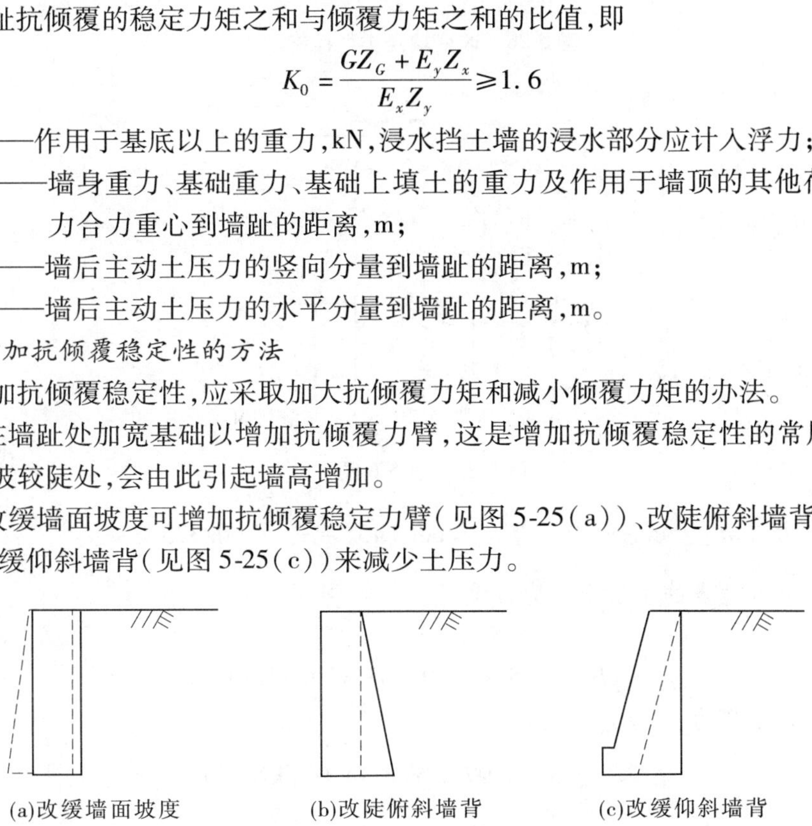

图 5-25　改变墙面坡或墙背坡

(3)当地面横坡较陡时，应使墙面坡尽量陡立。这时可改变墙身断面类型，如改用衡重式墙(见图5-26(a))或者墙后加设卸荷平台（见图5-26(b))，以减少土压力并增加抗倾覆稳定力矩。

思考题：(1)重力式挡土墙的稳定验算有哪些？

(2)常用的增加抗滑和抗倾覆稳定性的方法有哪些？

【例5-6】　某二级挡土墙高5 m，断面如图5-27所示，砌体重度$\gamma=25\ \text{kN/m}^3$，墙背垂直光滑，墙后填土面水平，填土内摩擦角$\varphi=30°$，黏聚力$c=0$，填土重度$\gamma=18\ \text{kN/m}^3$，基底摩擦系数$\mu=0.43$。试验算该挡土墙的稳定性。

解：(1)计算墙背上总的土压力。

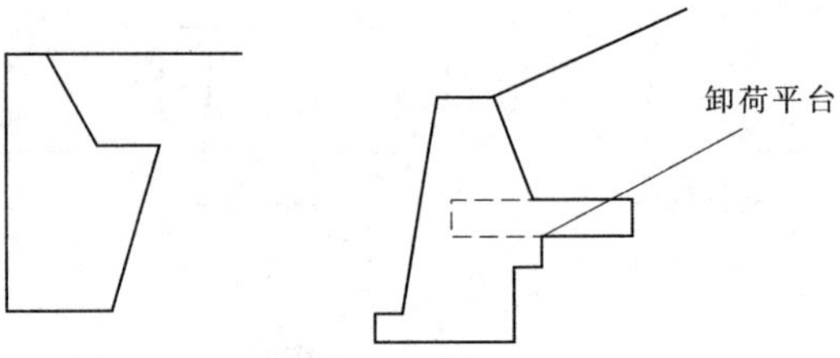

图 5-26 改变墙身类型措施

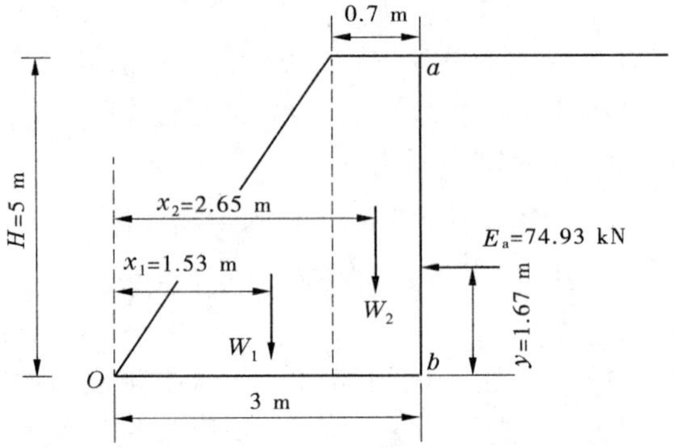

图 5-27 例 5-6 图

主动土压力系数：已知 $\varphi=30°$，得 $K_a=\tan^2(45°-\frac{30°}{2})=0.333$

计算墙上 a、b 两点的主动土压力强度：

a 点： $p_a=0$

b 点： $p_a=\gamma HK_a=18\times5\times0.333=29.97(\text{kPa})$

计算总主动土压力：

$$E_a=\frac{1}{2}\times29.97\times5=74.93(\text{kN/m})$$

E_a 作用点距墙底 $y=\frac{H}{3}=1.67(\text{m})$

1 m 墙长上的总土压力为

$$E_a=74.93\times1=74.93(\text{kN})$$

(2)计算挡土墙自重，取 1 m 墙长

$$W_1=\frac{1}{2}\times(3-0.7)\times5\times1\times25=143.75(\text{kN})$$

W_1 的作用点距 O 点距离 $x_1=\frac{2}{3}\times(3-0.7)=1.53(\text{m})$

$$W_2=0.7\times5\times1\times25=87.5(\text{kN})$$

W_2 的作用点距 O 点距离 $x_2=3-0.7/2=2.65(\text{m})$

(3)抗滑稳定验算。

抗滑稳定安全系数

$$K_c = \frac{\mu(W_1 + W_2)}{E_a} = \frac{0.43 \times (143.75 + 87.5)}{74.93} = 1.33 > 1.3$$

设计满足要求。

(4)抗倾覆稳定验算。

对墙趾 O 点的倾覆力矩

$$M_{倾覆} = E_a y = 74.93 \times 1.67 = 125.13(\mathrm{kN \cdot m})$$

对墙趾 O 点的抗倾覆力矩

$$M_{抗倾覆} = W_1 x_1 + W_2 x_2 = 143.75 \times 1.53 + 87.5 \times 2.65 = 451.8(\mathrm{kN \cdot m})$$

抗倾覆稳定安全系数

$$K_0 = \frac{M_{抗倾覆}}{M_{倾覆}} = \frac{451.8}{125.13} = 3.6 > 1.5$$

设计满足要求。

习　题

1. 已知一挡土墙高 5 m，墙背垂直光滑，墙后填土面水平，墙底土层为硬塑黏土，墙体重度 $\gamma = 17\ \mathrm{kN/m^3}$，作用在墙背上的主动土压力合力为 56 kN/m，合力作用点位置如图 5-28 所示，试验算挡土墙的稳定性。

2. 某挡土墙高 5 m，墙背垂直光滑，墙后填土面水平，作用有连续均布荷载 $q = 20$ kPa，填土重度 $\gamma = 18\ \mathrm{kN/m^3}$，$\varphi = 20°$，$c = 12$ kPa。试求挡土墙墙背所受主动土压力；若墙顶宽为 0.6 m，墙底宽为 2.4 m，墙砌体重度 $\gamma_G = 22.0\ \mathrm{kN/m^3}$，基底位于岩石上，摩擦系数 $\mu = 0.63$，试验算该挡土墙的抗滑与抗倾覆稳定性。

（参考答案：$E_a = 78.1$ kN/m，稳定性满足要求）

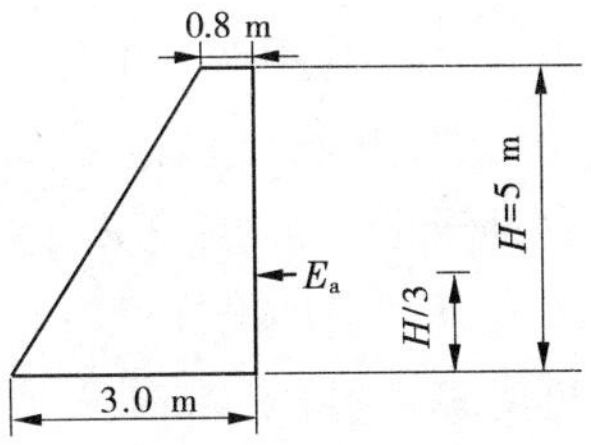

图 5-28　习题 1 附图

任务 3　土坡稳定性分析

土坡是具有倾斜坡面的土体。有自然地质作用形成的土坡，如天然形成的山坡和江河的岸坡等，称天然土坡；由人工开挖或填筑面形成的土坡，如基坑、基槽、路堑、路堤等，称人工土坡。对均质土坡，当土坡的坡度不变，坡顶面和底面水平时，称简单土坡，如图 5-29 所示。

当土坡由于各种自然因素或人工因素的影响破坏了土体的力学平衡时，就可能造成土坡中的一部分土体相对于另一部分土体产生向下滑动，这种滑动现象称滑坡。产生滑坡的根本原因是滑动面上的剪应力超过了该面上的抗剪强度，稳定平衡遭到破坏。土体滑坡会给人民带来巨大的财产损失，甚至危及生命。为了保

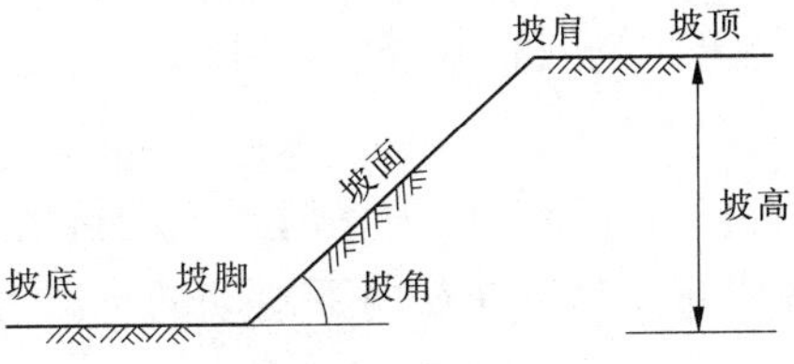

图 5-29　简单均质土坡

证土坡能安全、可靠地运用，必须对土坡的稳定性进行分析，设计一个既安全可靠又经济合理的土坡断面。

1　无黏性土坡的稳定性分析

均质的无黏性土颗粒间无黏聚力存在，因此只要坡面上的土颗粒能够保持稳定，则整个土坡便是稳定的。如图 5-30 所示的均质无黏性土坡，坡角为 β。现从坡面上任取一小块土体来分析其稳定条件。

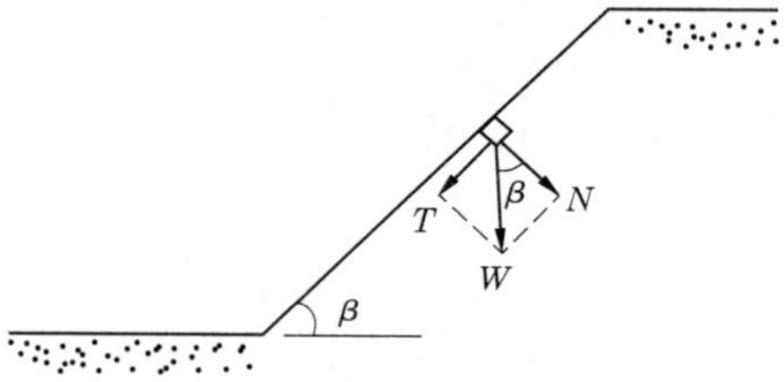

图 5-30　无黏性土坡的稳定分析

设土块的重量为 W，产生的下滑力即接触面上的剪切力，该力就是 W 在顺坡方向的分力 $T = W\sin\beta$；阻止该土块下滑的力是小块土体与坡面间的抗剪力 T'：

$$T' = N\tan\varphi$$

式中　N——土块重量在坡面法线方向的分力，$N = W\cos\beta$；

φ——土的内摩擦角。

抗剪力与剪切力之比即为土坡稳定安全系数 K，即

$$K = \frac{\text{抗剪力 } T'}{\text{剪切力 } T} = \frac{W\cos\beta \cdot \tan\varphi}{W\sin\beta} = \frac{\tan\varphi}{\tan\beta} \tag{5-22}$$

由式(5-22)可见，对于均质无黏性土坡，只要坡角 β 小于土的内摩擦角 φ，则无论土坡的高度为多少，土坡总是稳定的。$K=1$ 时，土坡处于极限平衡状态，此时的坡角 β 就等于无黏性土的内摩擦角 φ，称为自然休止角。为了保证土坡的稳定，必须使稳定安全系数大于 1，一般可取 $K=1.1 \sim 1.5$。

思考题：均质无黏性土坡，只要坡角小于土的内摩擦角就是安全的吗?

2　黏性边坡的稳定性分析

黏性土的抗剪强度由内摩擦力和黏聚力组成。由于黏聚力的存在，黏性土土坡失去稳定时，不会像无黏性土那样沿坡面表面滑动，而是沿着一个曲面滑动，通常将这个滑动曲面近似为圆弧面。分析黏性土坡稳定性的方法有多种，这里主要介绍瑞典圆弧法和条分法。

2.1　瑞典圆弧法

图 5-31 为简单黏性土坡，ADC 为假定的一个滑弧，圆心在 O 点，半径为 R。假定土体 $ABCD$ 为刚体，在重力 W 的作用下，将绕圆心 O 旋转。

使土体绕圆心 O 下滑的滑动力矩：

$$M_s = Wd$$

阻止土体滑动的力是滑弧上的抗滑力，其值等于抗剪强度 τ_f 与滑弧 ADC 长度 L 的乘积，故阻止土体 $ABCD$ 向下滑动的抗滑力矩（对 O 点）为：

$$M_R = \tau_f \widehat{L} R \tag{5-23}$$

所以，土坡的稳定安全系数为：

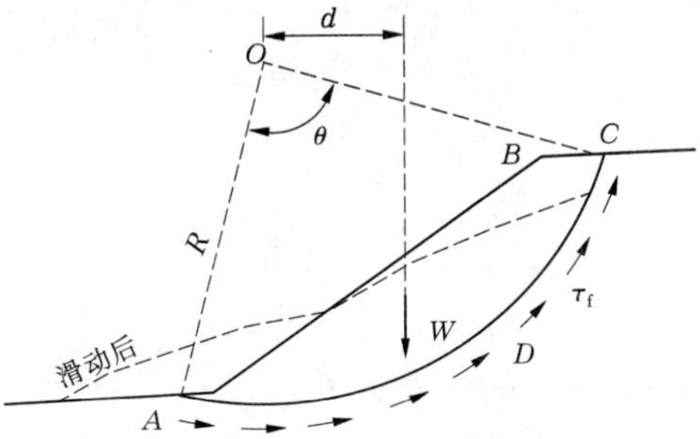

图 5-31　圆弧法的计算图式

$$K = \frac{M_R}{M_s} = \frac{\tau_f \widehat{L} R}{Wd} \tag{5-24}$$

为了保证土坡的稳定，K 必须大于 1.0。验算一个土坡的稳定性时，先假定多个不同的滑动面，通过试算找出多个相应的 K 值，相应于最小稳定安全系数 K_{min} 的滑弧即为最危险滑动面。评价一个土坡的稳定性时，要求最小的安全系数应不小于有关规范要求的数值。

2.2　土坡稳定分析的条分法

对于外形比较复杂的土坡，特别是土坡由多种土构成时，要确定滑动土体的重量和重心位置就比较复杂。为此，可将滑动土体分成若干条，求出各土条底面的剪切力和抗剪力，再根据力矩平衡条件，将各土条的抗滑力矩和滑动力矩分别总和起来，求得安全系数的表达式，如图 5-32 所示，这种方法称条分法。具体分析步骤如下：

(1)按比例绘制土坡剖面图，如图 5-32(a)所示。

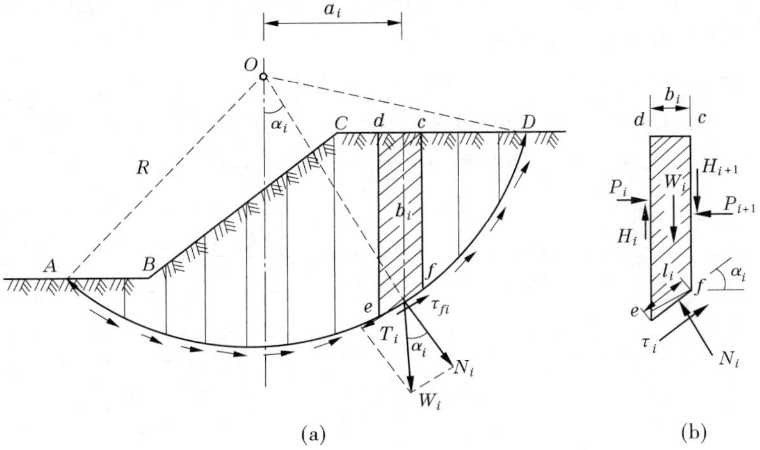

图 5-32　条分法计算图式

(2)选任一点 O 为圆心，以 OA 为半径 R，作圆弧 AD，AD 为假定的滑弧面。

(3)将滑弧面以上土体竖直分成宽度相等的若干土条并依次编号。编号时，可以将通过圆心 O 的竖直线定为 0 号土条的中线，土条编号向右为正，向左为负。为使计算方便，可取各土条宽度 $b = 0.1R$，则 $\sin\alpha_i = 0.1i$，可减少大量三角函数计算。

(4)计算土条自重 W_i 在滑动面 ef 上的法向分力 N_i 和切向分力 T_i

$$N_i = W_i\cos\alpha_i \tag{5-25}$$

$$T_i = W_i\sin\alpha_i \tag{5-26}$$

抗剪力

$$\begin{aligned}\tau_i &= c_i l_i + N_i\tan\varphi_i \\ &= c_i l_i + W_i\cos\alpha_i\tan\varphi_i\end{aligned} \tag{5-27}$$

当不计土条两侧面 cf 和 de 上的法向力 P_i 和剪切力 H_i 的影响时，如图 5-32(b)所示，使静不定问题转化为静定问题，其误差为 10% ~15%，这样简化后的结果偏于安全。

(5)计算土坡稳定安全系数 K。

$$\begin{aligned}K &= \frac{\text{阻止各土条滑动的抗滑力矩总和 } M_R}{\text{各土条的滑动力矩总和 } M_s} \\ &= \sum \tau_i R / \sum T_i R \\ &= \sum (c_i l_i + W_i\cos\alpha_i\tan\varphi_i) / \sum W_i\sin\alpha_i\end{aligned} \tag{5-28}$$

稳定分析时可假定多个滑弧面，分别计算相应的 K 值，其中 K_{min} 所对应的滑弧面就是最危险滑动面，当 $K_{min} > 1$ 时，土坡是稳定的。根据工程性质，一般可取 $K = 1.1 \sim 1.5$。

为了减轻试算工作量，费伦纽斯(Fellenius. W, 1972)指出，$\varphi = 0$ 的简单土坡最危险滑弧为通过坡脚的圆弧，其圆心 O 点的位置可根据土坡坡度 β 查表 5-2，得 β_1 和 β_2 角，AO 与 BO 两线交点为圆心 O 点，如图 5-33(a)所示。当 $\varphi \neq 0$ 时，费伦纽斯认为，最危险的滑弧圆心将沿图 5-33(b)中的 EO 线向左上方移动，圆心点的位置仍按 $\varphi = 0$ 的情况确定，E 点则位于坡顶之下 $2H$ 深，距坡脚的水平距离为 $4.5H$ 处。计算时沿 EO 延长线上取 O_1，O_2，O_3，…作为圆心，绘出相应的通过坡脚的滑弧，分别求出各滑弧的稳定安全系数，在垂直 EO 的方向上按比例画出代表各安全系数 K_1，K_2，K_3，…数值的线段，然后连成 K 值曲线。在该曲线最小的 K 值处作垂线 FG，在 FG 线上另取几个圆心 O_a，O_b，…计算相应的稳定安全系数。同样可作出 K' 值曲线，并以 K' 值曲线上的最小值为该土坡的最小稳定安全系数值 K'_{min}，而相应 O' 为最危险滑动面的圆心，如图 5-33(b)所示。

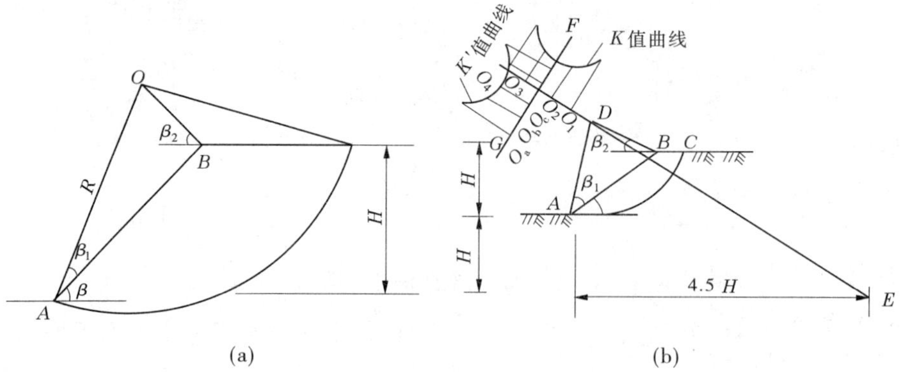

图 5-33　最危险滑动面圆心位置的确定

表5-2　β_1、β_2 的数值

坡角 β	坡度 1:m(垂直:水平)	β_1(°)	β_2(°)
60°	1:0.58	29	40
45°	1:1.0	28	37
33°47′	1:1.5	26	35
26°34′	1:2.0	25	35
18°26′	1:3.0	25	35
14°19′	1:5.0	25	37
11°19′	1:5.0	25	37

思考题:条分法的计算步骤是什么?

【例5-7】　如图5-34所示,均质黏性土坡高20 m,边坡为1:3,土的内摩擦角 $\varphi=20°$,黏聚力 $c=9.81$ kPa,重度 $\gamma=17.66$ kN/m³,试用条分法计算土坡的稳定安全系数。

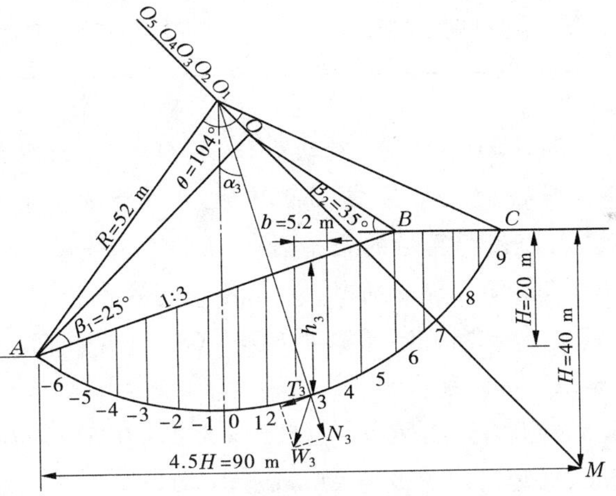

图5-34　例5-7图

解:(1)按比例绘出土坡的剖面图,假定滑弧圆心及相应的滑弧位置。因为是均质土坡,其边坡为1:3,由表5-2查得 $\beta_1=25°$,$\beta_2=35°$,作 MO 的延长线,在 MO 延长线上任取一点 O_1,作为第一次试算的滑弧圆心,通过坡趾作相应的滑弧 AC,其半径 $R=52$ m。

(2)将滑动土体 ABC 分成若干土条,并对土条进行编号。土条宽度可取 $b=0.1R=5.2$ m。土条编号从滑弧圆心的铅垂线下开始作为0,逆滑动方向依次为1,2,3,…,顺滑动方向依次为 -1,-2,-3,…。

(3)量出各土条中心高 h_i 并列表计算 $\sin\alpha_i$、$\cos\alpha_i$ 及 $\sum h_i\sin\alpha_i$、$\sum h_i\cos\alpha_i$ 等值(见表5-3)。

表 5-3 例 5-7 计算表

土条编号	h_i'(mm)	$\sin\alpha_i$	$\cos\alpha_i$	$h_i\sin\alpha_i$	$h_i\cos\alpha_i$
-6	2.7	-0.6	0.800	-1.62	2.16
-5	6.4	-0.5	0.866	-3.20	5.54
-4	10.0	-0.4	0.916	-4.00	9.16
-3	14.0	-0.3	0.954	-4.20	13.36
-2	17.4	-0.2	0.980	-3.48	17.10
-1	20.0	-0.1	0.995	-2.00	19.00
0	22.0	0	1	0	22.00
1	23.6	0.1	0.995	2.36	23.48
2	24.4	0.2	0.980	4.88	23.91
3	25.0	0.3	0.954	7.50	23.85
4	25.0	0.4	0.916	10.00	22.90
5	24.0	0.5	0.866	12.00	20.78
6	20.8	0.6	0.800	12.48	16.64
7	16.0	0.7	0.715	11.20	11.44
8	10.8	0.8	0.600	8.64	6.48
9	2.8	0.9	0.436	2.52	1.22
Σ				53.08	239.02

应该注意的是，当取 $b=0.1R$ 时，滑动土体两侧土条（如图 5-34 中第 -6 条及第 9 条）的宽度往往不会恰好等于 b，应用式(5-25)时，可以将该土条的实际高度 h_i 折算成假定宽度为 b 时的高度 h_i'，而使折算后的土条面积 bh_i 与实际土条面积 b_ih_i 相等（b_i 为两侧土条实际宽度），则得 $h_i'=b_ih_i/b$。与此同时，对 $\sin\alpha_i$ 也必须作相应的计算。现以 -6 土条为例，量出该土条实际高度 $h_i=3$ m，实际宽度 $b_i=4.68$ m，但 $b=5.2$ m，则折算后的土条高度 $h_i'=3\times4.68/5.2=2.7$(m)，故：

$$\sin\alpha_{-6}=-(5.5b+0.5b_{-6})/R=-(5.5\times5.2+0.5\times4.68)/52=-0.595$$

取 $\sin\alpha_{-6}=-0.6$，同理可得第 9 条的 $\sin\alpha_9=0.9$。

(4) 量出滑弧中心角 $\theta=104°$，计算滑弧长度 $\widehat{L}$。

$$\widehat{L}=\pi\theta R/180=104\times52\pi/180=94.3(\text{m}) \qquad (\text{即}\sum l_i)$$

(5) 计算安全系数 K。将以上计算结果代入式(5-28)，得到第一次试算的安全系数为：

$$\begin{aligned}K&=\sum(c_il_i+W_i\cos\alpha_i\tan\varphi_i)/\sum W_i\sin\alpha_i\\&=[\sum c_il_i+\sum\gamma_ib_ih_i\cos\alpha_i\tan\varphi_i]\sum\gamma_ib_ih_i\sin\alpha_i\\&=(c\widehat{L}+\gamma b\tan\varphi\sum h_i\cos\alpha_i)/\gamma b\sum h_i\sin\alpha_i\\&=(9.81\times94.3+17.66\times5.2\times0.364\times239.02)/17.66\times5.2\times53.08=1.83\end{aligned}$$

(6)在 MO 延长线上重新假定滑弧中心 $O_2,O_3,\cdots$，重复以上计算，求出相应的安全系数 $K_2,K_3,\cdots$，然后绘图找出最小安全系数 K'_{min}。然后，过 K'_{min} 点作 OM_1 的垂直线 EF，在 EF 线上 K'_{min} 的两侧再取几个圆心 $O_a,O_b,O_c,\cdots$，分别求出相应的安全系数，从而按上述方法确定 EF 方向最小的稳定安全系数 K_{min}，此即该土坡的稳定安全系数值，比较是否满足工程要求的允许稳定安全系数 K，不满足时采取措施(由读者自己完成)。

习 题

1. 某无黏性土坡高度为 4 m，土的内摩擦角为 30°，$\gamma=18\ kN/m^3$，稳定安全系数为 1.5 时，允许的坡度为多大?

(参考答案:允许的坡度为 1∶2.6)

2. 一均质黏性土坡高 5 m，边坡为 1∶2，土的内摩擦角 $\varphi=15°$，黏聚力 $c=10\ kPa$，重度 $\gamma=18.0\ kN/m^3$，试用条分法计算土坡的稳定安全系数。

(参考答案:$K=1.518$)

项目 6　建筑场地的岩土工程勘察

【主要任务】

学习岩土工程勘察阶段划分的依据及方法，各种勘察技术的勘察要点和用途，岩土工程勘察报告的基本内容。

【知识目标】

掌握岩土工程测绘、岩土工程勘探、岩土工程室内实验和原位测试、岩土工程分析评价、岩土工程勘察报告和各种勘察成果图件的基本知识。

【技能目标】

了解岩土工程勘察方法；能正确分析和使用岩土工程勘察报告书，并能结合项目 7 的内容选择地基持力层、确定地基承载力，为地基基础方案的确定、地基基础的设计和施工提供可靠的依据。

任务 1　岩土工程勘察等级的划分

不同建筑场地的地质条件各不相同，工程地质问题也千差万别，因此工程建设采取的地基基础设计方案、上部结构设计也不尽相同，相应采取的岩土工程勘察方法及对问题的解决方案也不同，因此有必要对岩土工程勘察进行等级的划分，其目的在于突出重点、区别对待、利于管理、有的放矢，合理布置勘探工作和确定勘探工作量。根据《岩土工程勘察规范》(GB 50021—2001)(2009 版)的规定，岩土工程勘察等级根据工程安全等级、场地和地基复杂程度等因素综合确定。

1　工程重要性等级划分

根据工程的规模和特征，以及由于岩土工程问题造成工程破坏或影响正常使用的后果，《建筑结构可靠度设计统一标准》(GB 50068—2001)将工程重要性分为三个等级，见表 6-1。

表 6-1　工程重要性等级

重要性等级	破坏后果	工程类型
一级	很严重	重要工程
二级	严重	一般工程
三级	不严重	次要工程

在《建筑地基基础设计规范》(GB 50007—2011)中，根据地基复杂程度、建筑物规模

和功能特征，以及由于地基问题可能造成建筑物破坏或影响正常使用的程度，将地基基础设计分为三个设计等级，见表6-2。

表6-2 地基基础设计等级

设计等级	工程的规模	建筑和地基类型
甲级	重要工程	重要的工业与民用建筑物；30层以上的高层建筑；体型复杂，层数相差超过10层的高低层连成一体建筑物；大面积的多层地下建筑物（如地下车库、商场、运动场等）；对地基变形有特殊要求的建筑物；复杂地质条件下的坡上建筑物（包括高边坡）；对原有工程影响较大的新建建筑物；场地和地基条件复杂的一般建筑物；位于复杂地质条件及软土地区的二层及二层以上地下室的基坑工程；开挖深度大于15 m的基坑工程；周边环境条件复杂、环境保护要求高的基坑工程
乙级	一般工程	除甲级、丙级以外的工业与民用建筑物；除甲级、丙级以外的基坑工程
丙级	次要工程	场地和地基条件简单、荷载分布均匀的七层及七层以下民用建筑及一般工业建筑物；次要的轻型建筑物；非软土地区且场地地质条件简单、基坑周边环境条件简单、环境保护要求不高且开挖深度小于5.0 m的基坑工程

对于电厂、废弃物处理、地下洞室、深基坑开挖、大面积岩土处理等涉及各行业的项目，应按照项目所在行业执行的有关规范、规程进行划分。若没有明确规定，可根据实际情况划分。一般情况下，大型沉井和沉箱、超长桩基和墩基、有特殊要求的精密设备和超高压设备、有特殊要求的深基坑开挖和支护工程、大型竖井和平洞、大型基础托换和补强工程，以及其他难度大、破坏后果严重的工程，应列为一级安全等级。

2 场地复杂程度等级

场地复杂程度是由建筑场地抗震稳定性、不良地质现象发育情况、地质环境破坏程度、地形地貌条件和地下水复杂程度五个条件衡量的，现行《岩土工程勘察规范》（GB 50021—2001）（2009版）将其划分为三个等级，即一级场地（复杂场地）、二级场地（中等复杂场地）、三级场地（简单场地），见表6-3。

3 地基复杂程度等级

地基复杂程度按下列规定划分为三个地基等级：

符合下列条件之一者即为一级地基（复杂地基）：

（1）岩土种类多，很不均匀，性质变化大，需特殊处理；

（2）严重湿陷、膨胀、盐渍、污染的特殊性岩土，以及其他情况复杂，需做专门处理的岩土。

符合下列条件之一者即为二级地基（中等复杂地基）：

（1）岩土种类较多，不均匀，性质变化较大；

（2）除复杂地基规定外的特殊性岩土。

符合下列条件者为三级地基（简单地基）：

表 6-3　场地复杂程度等级

场地等级	一级场地（符合条件之一）	二级场地（符合条件之一）	三级场地（所有条件均符合）
建筑场地抗震稳定性	危险地段	不利地段	有利地段（或地震设防烈度≤6 度）
不良地质现象发育情况	强烈发育	一般发育	不发育
地质环境破坏程度	已经或可能受到强烈破坏	已经或可能受到一般破坏	基本未受破坏
地形地貌条件	复杂	较复杂	简单
地下水复杂程度	有影响工程的多层地下水、岩溶裂隙水或其他水文地质条件复杂，需要专门研究	基础位于地下水位以下的场地	对工程无影响

注：1. 从一级开始，向二级、三级推定，以最先满足的为准。

2. 对建筑抗震有利、不利和危险地段的划分，应按现行国家标准《建筑抗震设计规范》（GB 50011—2010）的规定确定。

（1）岩土种类单一、均匀，性质变化不大；

（2）无特殊性岩土。

多年冻土情况特殊，勘察经验不多，应列为一级地基。“严重湿陷、膨胀、盐渍、污染的特殊性岩土”是指自重湿陷性土、三级非自重湿陷性土、三级膨胀性土等，其他需做专门处理的，以及变化复杂，同一场地上存在多种强烈程度不同的特殊性岩土时，也应列为一级地基。

4　确定岩土工程勘察等级

划分岩土工程勘察等级，目的是突出重点、区别对待、以利管理。岩土工程勘察等级应在工程重要性等级、场地等级和地基等级的基础上划分。一般情况下，勘察等级可在勘察工作开始前，通过搜集已有资料确定。但随着勘察工作的开展，对自然认识的深入，勘察等级也可能发生改变。对于岩质地基，场地地质条件的复杂程度是控制因素。建造在岩质地基上的工程，如果场地和地基条件比较简单，勘察工作的难度是不大的。故即使是一级工程，场地和地基为三级时，岩土工程勘察等级也可定为乙级。综合上述三项因素及其分级情况，将岩土工程勘察划分为三个等级，如表 6-4 所示。

表 6-4　岩土工程勘察等级的划分

岩土工程勘察等级	确定勘察等级的因素		
	工程重要性等级	场地复杂等级	地基复杂等级
甲级	有一项或多项为一级		
乙级	除勘察等级为甲级和丙级以外的勘察项目		
丙级	工程重要性、场地复杂程度和地基复杂程度等级均为三级		

任务2 岩土工程勘察阶段划分及其工作内容

岩土工程勘察服务于工程建设的全过程，岩土工程勘察的目的在于运用各种勘察技术手段，有效查明建筑物场地的工程地质条件，并结合工程项目特点及要求，分析场地内存在的工程地质问题，论证场地地基的稳定性和适宜性，提出正确的岩土工程评价和相应对策，为工程建设的规划、设计、施工和正常使用提供依据。

为保证工程建筑物自规划设计到施工和使用全过程达到安全、经济、合理的标准，使建筑物场地、结构、规模、类型与地质环境、场地工程地质条件相互适应。任何工程的规划设计过程必须遵照循序渐进的原则，即科学地划分为若干阶段进行。工程地质勘察过程是对客观工程地质条件和地质环境的认识过程，其认识过程根据由区域到场地，由地表到地下，由一般调查到专门性问题的研究，由定性到定量评价的原则进行。因此，岩土工程勘察阶段的划分应与工程设计阶段的划分相一致。

岩土工程勘察阶段的划分与工程建设各个阶段相适应，可行性研究勘察应符合选择场址方案的要求，一般进行工程地质测绘和调查；初步勘察应符合初步设计的要求；详细勘察应符合施工图设计的要求；场地条件复杂或有特殊要求的工程，宜进行施工勘察。

场地较小且无特殊要求的工程可合并勘察阶段。当建筑物平面布置已经确定，且场地或其附近已有岩土工程资料时，可根据实际情况，直接进行详细勘察。

1 可行性研究勘察阶段（选址勘察）

可行性研究勘察的目的是得到若干个拟选场址方案的主要工程地质资料，其主要任务是对拟建场址的稳定性和适宜性做出岩土工程评价，明确拟选定的场地范围和应避开的地段，对拟选方案进行技术经济论证和方案比较，从经济和技术两个方面进行论证以选取最优的工程建设场地。

1.1 建筑物选址时应避开的地区和地段

一般情况下，工程建筑物地址力争避开如下工程地质条件恶劣的地区和地段：

（1）不良地质作用发育（崩塌、滑坡、泥石流、岸边冲刷、地下潜蚀等），对建筑物场地稳定构成直接危害或潜在威胁的地段；

（2）地基土性质严重不良；

（3）建筑抗震危险地段；

（4）受洪水威胁或地下水不利影响地段；

（5）地下有未开采的有价值的矿藏或未稳定的地下采空区。

1.2 可行性研究勘察阶段的主要工作内容

（1）搜集区域地质、地形地貌、地震、矿产、当地的工程地质、岩土工程和建筑经验等资料；

（2）在充分搜集和分析已有资料的基础上，通过踏勘了解场地的地层、构造、岩性、不良地质作用和地下水等工程地质条件；

（3）当拟建场地工程地质条件复杂，已有资料不能满足要求时，应根据具体情况进行工程地质测绘和必要的勘探工作；

（4）当有两个或两个以上拟选场地时，应进行比选分析。

2　初步勘察阶段

初步勘察是与工程初步设计相适应的。其主要任务是在选址勘察的基础上对工程建筑场地做出进一步的勘察，为确定建筑物总平面布置、选择主要建筑物地基基础设计方案和对不良地质现象的防治提供资料、进行论证。

2.1　初步勘察阶段的主要工作内容

（1）搜集拟建工程的有关文件、工程地质和岩土工程资料及工程场地范围的地形图；

（2）初步查明地质构造、地层结构、岩土工程特性、地下水埋藏条件；

（3）查明场地不良地质作用的成因、分布、规模、发展趋势，并对场地的稳定性做出评价；

（4）对抗震设防烈度等于或大于6度的场地，应对场地和地基的地震效应做出初步评价；

（5）季节性冻土地区，应调查场地土的标准冻结深度；

（6）初步判定水和土对建筑材料的腐蚀性；

（7）高层建筑初步勘察时，应对可能采取的地基基础类型、基坑开挖与支护、工程降水方案进行初步分析评价。

2.2　初步勘察的勘探工作技术要求

初步勘察的范围是建设场地内的建筑地段。主要的勘察方法是工程地质测绘、工程物探、钻探、土工试验。

2.2.1　勘探工作布置

（1）勘探线应垂直地貌单元、地质构造和地层界线布置；

（2）每个地貌单元均应布置勘探点，在地貌单元交接部位和地层变化较大的地段，勘探点应予以加密；

（3）在地形平坦地区，可按网格布置勘探点；

（4）对岩质地基，勘探线和勘探点的布置、勘探孔的深度，应根据地质构造、岩体特性、风化情况等，按地方标准或当地经验确定。

对土质地基，初步勘察阶段勘探线、勘探点的间距根据岩土工程勘察等级应符合表6-5的规定。

表6-5　初步勘察勘探线、勘探点的间距

地基复杂程度等级	勘探线间距（m）	勘探点间距（m）
一级（复杂）	50～100	30～50
二级（中等复杂）	75～150	40～100
三级（简单）	150～300	75～200

注：1.表中间距不适用于地球物理勘探。

2.控制性勘探点宜占勘探点总数的1/5～1/3，且每个地貌单元均应有控制勘探点。

3.局部异常地段应予以加密。

勘探孔的深度应根据拟建建筑物的荷载大小、分布、地基土的特性确定，分一般性勘探孔和控制性勘探孔两类，其深度根据工程重要性等级应符合表6-6的规定。

表6-6 初步勘察勘探孔的深度

工程重要性等级	一般性勘探孔(m)	控制性勘探孔(m)
一级(重要工程)	≥15	≥30
二级(一般工程)	10~15	15~30
三级(次要工程)	6~10	10~20

注：1. 勘探孔包括钻孔、探井和原位测试孔等。
2. 特殊用途的钻孔除外。

当遇到下列情形之一时，应适当增减勘探孔深度：

(1)当勘探孔的地面标高与预计整平地面标高相差较大时，应按其差值调整勘探孔深度；

(2)在预定深度内遇基岩时，除控制性勘探孔仍应钻入基岩适当深度外，其他勘探孔达到确认的基岩后即可终止钻进；

(3)在预定深度内有厚度较大，且分布均匀的坚实土层(如碎石土、密实砂、老沉积土等)时，除控制性勘探孔应达到规定深度外，一般性勘探孔的深度可适当减小；

(4)当预定深度内有软弱土层时，勘探孔深度应适当增加，部分控制性勘探孔应穿透软弱土层或达到预计控制深度；

(5)对重型工业建筑应根据结构特点和荷载条件适当增加勘探孔深度。

初步勘察应进行下列水文地质工作：

(1)调查含水层的埋藏条件，地下水类型、补给排泄条件，各层地下水位，调查其变化幅度，必要时应设置长期观测孔，监测水位变化；

(2)当需绘制地下水等水位线图时，应根据地下水的埋藏条件和层位，统一量测地下水位；

(3)当地下水可能浸湿基础时，应采集水试样进行腐蚀性评价。

2.2.2 采取土试样和原位测试数量

初步勘察阶段采取土试样和进行原位测试的勘探点应结合地貌单元、地层结构和土的工程性质布置，其数量可占勘探点总数的1/4~1/2。

采取土试样的数量和孔内原位测试的竖向间距，应按地层特点和土的均匀程度确定；每层土均应采集土试样或进行原位测试，其数量不宜少于6个。

3 详细勘察阶段

经过选址和初勘后，场地的稳定性问题已解决，为满足初步设计所需要的工程地质资料也已基本查明。详细勘察阶段的任务是对具体建筑地段的地质、地基问题进行勘察，以满足工程施工图设计的要求。此阶段要求的成果资料更详细可靠，而且要求提供更多更具体的计算参数。

3.1 详细勘察阶段的主要工作内容

(1)搜集附有坐标和地形的建筑总平面图，场区的地面整平标高，建筑物的性质、规模、荷载、结构特点、基础形式、埋置深度、地基允许变形等资料；

(2)查明不良地质作用的类型、成因、分布范围、发展趋势和危害程度，提出整治方案的建议；

(3)查明建筑范围内岩土层的类型、深度、分布、工程特性，分析和评价地基的稳定性、均匀性和承载力；

(4)对需进行沉降计算的建筑物，提供地基变形计算参数，预测建筑物的变形特征；

(5)查明埋藏的河道、沟浜、墓穴、防空洞、孤石等对工程不利的埋藏物；

(6)查明地下水的埋藏条件，提供地下水位及其变化幅度；

(7)在季节性冻土地区，提供场地土的标准冻结深度；

(8)判定水和土对建筑材料的腐蚀性。

3.2　详细勘察的勘探工作技术要求

详细勘察勘探点的布置和勘探孔的深度，应根据建筑物特性和岩土工程条件确定。

3.2.1　勘探点布置

对岩质地基，应根据地质构造、岩体特性、风化情况等，结合建筑物对地基的要求，按地方标准或当地经验确定。对土质地基，根据地基复杂程度详细勘察勘探点的间距应符合表 6-7 的规定。

表 6-7　详细勘察勘探点的间距

地基复杂程度等级	勘探点间距(m)
一级(复杂)	10 ~ 15
二级(中等复杂)	15 ~ 30
三级(简单)	30 ~ 50

详细勘察的勘探点布置技术要求如下：

(1)勘探点宜按建筑物周边线和角点布置，对无特殊要求的其他建筑物可按建筑物或建筑群的范围布置；

(2)同一建筑范围内的主要受力层或有影响的下卧层起伏较大时，应加密勘探点，查明其变化；

(3)重大设备基础应单独布置勘探点，重大的动力机器基础和高耸构筑物，勘探点不宜少于 3 个；

(4)勘探手段宜采用钻探与触探相配合，在复杂地质条件、湿陷性土、膨胀岩土、风化岩和残积土地区，宜布置适量探井。

详细勘察的单栋高层建筑勘探点的布置，应满足对地基均匀性评价的要求，且不应少于 4 个；对密集的高层建筑群，勘探点可适当减少，但每栋建筑物至少应有 1 个控制性勘探点。

3.2.2　勘探孔的深度

详细勘察的勘探孔深度自基础底面算起。

(1)勘探孔深度应能控制地基主要受力层，当基础底面宽度不大于 5 m 时，勘探孔的深度对条形基础不应小于基础底面宽度的 3 倍，对单独柱基不应小于 1.5 倍，且不应小于

5 m。

(2)对高层建筑和需做变形计算的地基,控制性勘探孔的深度应超过地基变形计算深度;高层建筑的一般性勘探孔应达到基底下0.5~1.0倍的基础宽度,并深入稳定分布的地层;地基变形计算深度,对中、低压缩性土可取附加压力等于上覆土层有效自重压力20%的深度;对于高压缩性土层可取附加压力等于上覆土层有效自重压力10%的深度。

(3)建筑总平面内的裙房或仅有地下室部分(或当基底附加压力$p_0 \leqslant 0$时)的控制性勘探孔的深度可适当减小,但应深入稳定分布地层,且根据荷载和土质条件不宜少于基底下0.5~1.0倍基础宽度;当仅有地下室的建筑或高层建筑的裙房,对不能满足抗浮设计要求,需设置抗浮桩或锚杆时,勘探孔深度应满足抗拔承载力评价的要求。

(4)当有大面积地面堆载或软弱下卧层时,应适当加深控制性勘探孔的深度;当在预定深度内遇基岩或厚层碎石土等稳定地层时,勘探孔深度应根据情况进行调整。

(5)大型设备基础勘探孔深度不宜小于基础底面宽度的2倍。

(6)当需进行地基整体稳定性验算时,控制性勘探孔深度应根据具体条件满足验算要求;当需进行地基处理时,勘探孔的深度应满足地基处理设计与施工要求;当采用桩基时,勘探孔的深度应满足桩基勘察的要求。

3.2.3 详细勘察采取土试样和进行原位测试数量要求

(1)采取土试样和进行原位测试的勘探点数量,应根据地层结构、地基土的均匀性和设计要求确定,对地基基础设计等级为甲级的建筑物每栋不应少于3个;

(2)每个场地每一主要土层的原状土试样或原位测试数据不应少于6件(组);

(3)在地基主要受力层内,对厚度大于0.5 m的夹层或透镜体,应采取土试样或进行原位测试;

(4)当土层性质不均匀时,应增加取土数量或原位测试工作量。

4 施工勘察

施工勘察不作为一个固定阶段,视工程的实际需要而定,对条件复杂或有特殊施工要求的重大工程地基,需进行施工勘察。它是为配合设计、施工或解决施工有关的岩土工程问题而提供相应的岩土工程特性参数的勘察阶段。施工勘察包括施工阶段的勘察和施工后一些必要的勘察工作。

当遇到下列情况之一时应进行施工勘察:

(1)对安全等级为甲级、乙级的建筑物进行验槽时;

(2)基坑或基槽开挖后,岩土条件与勘察资料不符或发现必须查明的异常情况时;

(3)在地基处理或深基坑开挖施工中进行检验和检测时;

(4)地基中有溶洞、土洞需要查明并提出处理意见时;

(5)施工中出现边坡失稳危险,要查明原因,进行监测并提出处理意见时;

(6)在工程施工或使用期间,当地基土、边坡体、地下水等发生未曾估计到的变化,应进行监测,并对工程和环境的影响进行分析评价时。

任务3　岩土工程勘察方法

为实现岩土工程勘察目的、达到勘察要求、丰富勘察内容、提高勘察质量，就需要一套合适的勘察方法。岩土工程勘察的基本方法有工程地质测绘、勘探与取样、原位测试、室内试验等。

1　工程地质测绘

工程地质测绘是岩土工程勘察中一项最重要、最基础的勘察方法。工程地质测绘和调查是指采用搜集资料、调查访问、地质测量、遥感解译等方法，查明建筑场地的工程地质条件，并绘制相应的工程地质图。工程地质测绘应在可行性研究或初步勘察阶段进行，详细勘察时，可在初步勘察测绘和调查的基础上，对某些专门地质问题（如滑坡、断裂构造）做必要的补充调查。工程地质测绘的目的是详细观察和描述与工程建设有关的各种地质现象，以查明拟定建筑区内工程地质条件的空间分布和各要素之间的内在联系，按照精度要求反映在一定比例尺的地形图上，配合工程地质勘探、试验等所取得的资料编制成工程地质图。

1.1　工程地质测绘范围的确定

一般情况下，工程地质测绘和调查的范围应包括场地及其附近地段，具体应根据以下原则确定测绘范围。

1.1.1　根据拟建建筑物的类型和规模及设计阶段确定

建筑物的类型、规模不同，与自然地质环境相互作用的广度和强度也不同，确定测绘范围时首先应考虑这一点。例如，房屋建筑和构筑物一般仅在小范围内与自然地质环境发生作用，通常不需要进行大面积工程地质测绘。而道路工程、水利工程涉及的地质单元相对较多，必须在建筑物涉及范围内进行工程地质测绘。工程初期设计阶段，为选择适宜的建筑场地，一般都有若干比较方案，为了进行技术经济论证和方案比较，应把这些方案场地包括在同一测绘范围内，测绘范围比较大。当建筑场地选定之后，特别在设计的后期阶段，各建筑物的具体位置和尺寸均已确定，就只需在建筑地段的较小范围内进行大比例尺的工程地质测绘。可见，工程地质测绘范围是随着建筑物设计阶段（即岩土工程勘察阶段）的提高而缩小的。

1.1.2　根据工程地质条件的复杂程度和研究程度确定

一般情况下工程地质条件愈复杂，研究程度愈差，工程地质测绘范围相对愈大。工程地质条件复杂程度包含两种情况：①场地内工程地质条件非常复杂，如构造变动强烈、有活动断裂分布、不良地质现象强烈发育、地质环境遭到严重破坏、地形地貌条件十分复杂；②虽然场地内工程地质条件较简单，但场地附近有危及建筑物安全的不良地质现象存在。如山区的城镇和厂矿企业往往兴建于地形比较平坦开阔的洪积扇上，对场地本身来说工程地质条件并不复杂，但一旦泥石流暴发则有可能摧毁建筑物，此时工程地质测绘范围应将泥石流形成区包括在内。又如位于河流、湖泊、水库岸边的房屋建筑，场地附近若有大型滑坡存在，当其突然失稳滑落所激起的涌浪可能会导致灭顶之灾，此时工程地质测绘范围不能仅在建筑物附近,还应包括滑坡区。

1.2 工程地质测绘比例尺的选择

工程地质测绘的比例尺和精度应根据现行《岩土工程勘察规范》(GB 50021—2001(2009版))要求,符合下列条件:

(1)测绘的比例尺,可行性研究勘察阶段可选用1:5 000~1:50 000,属小、中比例尺测绘;初步勘察阶段可选用1:2 000~1:10 000,属中、大比例尺测绘;详细勘察阶段可选用1:500~1:2 000或更大,属大比例尺测绘;条件复杂时,比例尺可适当放大。

(2)对工程有重要影响的地质单元体(滑坡、断层、软弱夹层、洞穴等),可采用扩大比例尺表示,以便更好地解决岩土工程的实际问题。

(3)地质界线和地质观测点的测绘精度,在图上不应低于3 mm。

同时,选择测绘的比例尺应和使用部门的要求及其提供的图件的比例尺一致或相当;在同一设计阶段内,比例尺的选择取决于工程地质条件的复杂程度、建筑物类型、规模及重要性。在满足工程建设要求的前提下,尽量节省测绘工作量。

1.3 地质观测点的布置、密度和定位

地质观测点的布置是否合理,是否具有代表性,对于成图的质量至关重要。

1.3.1 地质观测点的布置和密度

观察点的分布一般不应是均匀的,而在工程地质条件复杂的地段多一些,简单的地段少一些,都应布置在工程地质条件的关键位置上。为了保证工程地质图的详细程度,还要求工程地质条件各因素的单元划分与图的比例尺相适应。一般规定岩层厚度在图上的最小投影宽度大于2 mm者均应按比例尺反映在图上。厚度或宽度小于2 mm的重要工程地质单元,如软弱夹层、能反映构造特征的标志层、重要的物理地质现象等,则应采用超比例尺或符号的办法在图上表示出来。地质观测点应布置在地质构造线、地层接触线、岩性分界线、不整合面和不同地貌单元、微地貌单元的分界线和不良地质作用分布的地段,标准层位和每个地质单元体应有地质观测点;地质观测点应充分利用天然和已有的人工露头,例如采石场、路堑、井、泉等。当露头不足时,可采用人工露头补充,根据具体情况布置一定数量的探坑、探槽、剥土等轻型坑探工程;条件适宜时,还可配合进行物探工作,探测地层、岩性、构造、不良地质作用等问题。

地质观测点的密度应根据场地的地貌、地质条件、成图比例尺和工程要求等确定,并应具代表性。

1.3.2 地质观测点的定位

地质观测点的定位标测对成图的质量影响很大,地质观测点的定位应根据精度要求和地质条件的复杂程度选用目测法、半仪器法、仪器法和卫星定位系统。

目测法:适用于小比例尺的工程地质测绘,该法根据地形、地物和其他测点以目估或步测距离标测。

半仪器法:适用于中等比例尺的工程地质测绘,该法是借助罗盘仪、气压计等简单的仪器测定方位和高度,使用步测或测绳测距离。

仪器法:适用于大比例尺的工程地质测绘,该法是借助经纬仪、水准仪等较精确的仪器测定地质观测点的位置和高程,对于有特殊意义的地质观测点和对工程有重要影响的

地质观测点，如地质构造线、地层接触线、岩性分界线、软弱夹层、地下水露头及不良地质作用等特殊地质观测点，均应采用仪器法。

卫星定位系统（GPS）：满足精度条件下均可采用。

测绘常用的路线一般有以下三种：

（1）路线法：沿一定的路线穿越测绘场地，详细观察沿途地质情况并把观测路线和沿线查明的地质现象、地质界线、地貌界线、构造线、岩性、各种不良地质现象等填绘在地形图上。路线形式有直线形或"S"形等，用于各类比例尺的测绘。

（2）布点法：根据地质条件复杂程度和不同的比例尺的要求，预先在地形图上布置一定数量的观测点及观测路线。观测路线的长度应满足各类勘察的要求，路线避免重复，尽可能以最优观察路线达到最广泛的观察地质现象的目的。布点法适用于大、中比例尺测绘，是工程地质测绘的基本方法。

（3）追索法：是一种辅助测绘方法，是沿地层、地质构造的延伸方向和其他地质单元界线布点追索，以便追索某些重要地质现象（例如标志层、矿层、地质界线、断层等）的延展变化情况和地质体的轮廓，查明某些局部的复杂构造。

1.4 工程地质测绘与调查的内容

工程地质测绘与调查的内容除包括本任务中的 2 所列的内容外，尚应调查人类活动对场地稳定性的影响，如人工洞穴、地下采空、大挖大填、抽（排）水和水库蓄水引起的地面沉降、地表塌陷、诱发地震，渠道渗漏引起的斜坡失稳等，都会对场地稳定性带来不利影响，对它们的调查应予以重视。此外，场地内如有古文化遗迹和古文物，应妥善保护，并向有关部门报告。

工程地质测绘完成后应编制实际材料图表、各类工程地质图和文字说明等成果资料，但多数情况下不单独提出成果报告，而是把测绘资料提供给某一勘察阶段，使该阶段得以深入进行工作。

2 勘探与取样

工程地质测绘只能查明地上表露的现象，对于地下深处的地质情况需靠勘探来解决，但是勘探点的布置又需要在测绘的基础上予以确定。岩土工程勘探是在工程地质测绘的基础上，利用各种设备、工具，直接或间接深入地下岩土层，查明地下岩土性质、结构构造、空间分布、地下水条件等内容的勘察工作，是探明深部地质情况的一种可靠的方法。

2.1 勘探

岩土工程勘探常用的手段有坑探（或井探、洞探）、钻探及地球物理勘探三类方法。

2.1.1 坑探

坑探是在建筑场地或地基内用人工或机械的方法开挖探槽、探井等进行勘察的方法。在坝址、地下工程、大型的边坡工程勘察中，当需要详细查明深部岩层的性质及其构造特征时，可采用竖井或平洞。这种方法可以直接观察岩土层的天然状态及各地层之间的接触关系，并能取出接近实际的原状土样或进行现场原位测试。

探槽是在地表挖掘成的长条形且两壁常为倾斜的上宽下窄的槽子，其断面有梯形和阶梯形两种。探槽的深度较浅，一般在覆盖层厚度小于 3 m 时使用。

探井是挖掘深度在3~15 m,断面形状一般采用1.5 m×1.0 m矩形的或直径为0.8~1.0 m圆形的竖直孔洞。探井的具体深度应根据地层的土质和地下水的埋藏深度等条件确定,当挖掘较深时,必须进行支护以防垮塌。探井一般在地质条件复杂的地区采用。

在掘进过程中应详细记录,如编号、位置、标高、尺寸、深度等,描述岩土性状及地质界线、取样深度等。整理资料时,要绘出柱状图或展视图。资料取得后,如无别的用途,探坑应及时很好地回填。

2.1.2 钻探

钻探是岩土工程勘察中应用最为广泛的一种可靠的勘探方法,它是用钻探机具向地下钻孔,以鉴别和划分地层、测定地下水,采取原状土样和水样以供室内试验,确定土的物理、力学性质指标。需要时,还可以在孔中进行原位测试。

我国岩土工程勘探常用的钻探方法有冲击钻探、回转钻探、振动钻探和冲洗钻探四种。其中机械回转钻探的钻进效率高、孔深大,又能采取岩芯,因此在岩土工程钻探中使用最广。

2.1.2.1 冲击钻探

冲击钻探是利用钻具重力和下落过程中产生的冲击力使钻头冲击孔底岩土并使其产生破坏,从而达到在岩土层中钻进的目的。根据使用工具不同,还可以分为钻杆冲击钻探和钢绳冲击钻探,其中钢绳冲击钻探应用较为普遍。对于土层一般采用圆筒形钻头,用钻头的刃口借助于钻具冲击力切削土层钻进,但它只能取扰动土样。

2.1.2.2 回转钻探

回转钻探是采用底部焊有硬质合金的圆环状钻头进行钻进,钻进时一般要施加一定的压力,使钻头在旋转中切入岩土层以达到钻进的目的。回转钻进根据钻头的类型和功能不同,分为环形钻探(岩芯钻探)、无岩芯钻探和螺旋钻探。

2.1.2.3 振动钻探

振动钻探是采用机械动力产生的振动力,通过连接杆和钻具传到钻头周围的土中,由于振动器高速振动的结果,钻头依靠钻具和振动器的重量使得土层更容易被切削而钻进,因而钻进速度较快。该方法适用于土层,特别适用于在颗粒组成相对细小的土层中采用。

2.1.2.4 冲洗钻探

冲洗钻探是利用高压射水冲击孔底土层,使之结构破坏,土颗粒悬浮并最终随水流循环流出孔外的钻探方法。由于是靠水流直接冲洗,因此该方法无法对土体结构及其他相关特性进行观察鉴别。

上述四种方法各有特点,分别适用于不同的勘察要求和岩土层性质,《岩土工程勘察规范》(GB 50021—2001))(2009版)对常用几种钻探方法的适用范围做出了明确的规定,详细情况见表6-8。

2.1.3 地球物理勘探

地球物理勘探是以地下岩土层(或地质体)的物性差异为基础,利用专门的仪器观测自然或人工物理场的变化,确定各种地质体物理场的分布情况(规模、形状、埋深等),通过对其数据及绘制的曲线进行分析解释,从而划分地层、判定地质构造、水文地质条件及各种不良地质现象的勘探方法。在岩土工程勘察中可在下列方面采用地球物理勘探:

表 6-8　钻探方法的适用范围

钻探方法		钻探地层					勘察要求	
		黏性土	粉土	砂土	碎石土	岩石	直观鉴别、采取不扰动试样	直观鉴别、采取扰动试样
回转钻探	螺旋钻探	+ +	+	+	—	—	+ +	+ +
	无岩芯钻探	+ +	+ +	+ +	+	+ +	—	—
	岩芯钻探	+ +	+ +	+ +	+	+ +	+ +	+ +
冲击钻探	冲击钻探	—	+	+ +	+ +	—	—	—
	锤击钻探	+ +	+ +	+ +	+	—	+ +	+ +
振动钻探		+ +	+ +	+ +	+	—	+	+ +
冲洗钻探		+	+ +	+ +	—	—	—	—

注：+ +表示适用；+表示部分适用；—表示不适用。

（1）作为钻探的先行手段，了解隐蔽的地质界线、界面或异常点（如基岩面、风化带、断层破碎带、岩溶洞穴等）；

（2）作为钻探的辅助手段，在钻孔之间增加地球物理勘探点，为钻探成果的内插、外推提供依据；

（3）作为原位测试手段，测定岩土体的波速、动弹性模量、土对金属的腐蚀性等参数。

2.2　取样

工程地质勘探的主要任务之一是在土层中采取原状土样。《岩土工程勘察规范》（GB 50021—2001）（2009 版）根据不同的试验要求把土试样分为四个质量等级，见表 6-9。表中对四级土样扰动程度的区分只是定性的和相对的，没有严格的定量标准。

表 6-9　土试样质量等级

等级	扰动程度	试验内容
Ⅰ	不扰动	土类定名、含水量、密度、强度试验、固结试验
Ⅱ	轻微扰动	土类定名、含水量、密度
Ⅲ	显著扰动	土类定名、含水量
Ⅳ	完全扰动	土类定名

注：1. 不扰动是指原位应力状态虽已改变，但土的结构、密度和含水量变化很小，能满足室内试验各项要求。

2. 除地基基础设计等级为甲级的工程外，在工程技术要求允许的情况下可用Ⅱ级土试样进行强度和固结试验，但宜先对土试样受扰动程度作抽样鉴定，判别用于试验的适宜性，并结合地区经验使用试验成果。

2.2.1　钻孔中采取原状试样的方法

2.2.1.1　击入法

击入法是用人力或机械力操纵落锤，将取土器击入土中的取土方法。按锤击次数分为轻锤多击法和重锤少击法;按锤击位置又分为上击法和下击法。经过取样试验比较认为:就取样质量而言,重锤少击法优于轻锤多击法,下击法优于上击法。

2.2.1.2 压入法

压入法可分为慢速压入法和快速压入法两种。

慢速压入法:是用钻机自身重量或油压千斤顶缓慢地不连续地加压,将取土器压入土中进行取样,在取样过程中对土试样有一定程度的扰动。

快速压入法:是将取土器快速、均匀地压入土中,这种方法对土试样的扰动最小。目前普遍使用活塞油压筒法——采用比取土器稍长的活塞压筒通以高压,强迫取土器快速等速压入土中。

2.2.1.3 回转法

使用回转式取土器取样时,内管压入取样,外管回转削切周围废土,并用机械钻机靠冲洗液带出孔口。这种方法可减少取样时对土试样的扰动,从而提高取样质量。

2.2.1.4 振动法

在高速振动作用下,将取土器压入土中。取样时对土试样有一定程度的扰动。如水位以下软塑状态的黏性土,振动后易产生变形。对含水率过低的黏性土,也不适宜采用此法。

2.2.2 探井、探槽中采取原状试样的方法

探井、探槽中采取原状试样可采用两种方式,一种是锤击敞口取土器取样,另一种是人工刻切块状土样。后一种方法使用较多,因为块状土试样的质量高,可以切成圆柱状或方块状土样。也可以在探井、探槽中采取盒状土样,这种方法是将装配式的方形土样容器放在预计取样位置,边修切、边压入,从而取得高质量的土试样。

人工采用块状土试样一般应注意:避免对取样土层的人为扰动破坏,开挖至接近预计取样深度时,应留下20~30 cm厚的保护层,待取样时再细心铲除;防止地面水渗入,井底水应及时抽走,以免浸泡;防止暴晒导致水分蒸发,坑底暴露时间不能太长,否则会风干;尽量缩短切削土样的时间,及早封装。

3 原位测试

原位测试是指在岩土工程勘察现场,在不扰动或基本不扰动岩土层的情况下对岩土层进行测试,以获得所测的岩土层的物理力学性质指标及划分土层的一种现场勘测技术。原位测试与室内试验比较起来具有下列明显优点:

(1)可在拟建工程场地进行测试,无需取样,避免了因取样带来的一系列问题,如原状样扰动问题。

(2)原位测试所涉及的岩土尺寸较室内试验样品要大得多,因而更能反映岩土的宏观结构(如裂隙等)对岩土性质的影响。

以上优点决定了岩土体原位测试所提供的岩土的物理力学性质指标更具有代表性和可靠性。此外,大部分岩土体原位测试技术具有快速、经济、可连续性等优点,因而岩土原位测试技术应用越来越广。

岩土工程原位测试的主要手段包括载荷试验、静力触探试验、动力触探试验、标准贯

入试验、十字板剪切试验、旁压试验、现场波速测试、岩石原位应力试验等。有时,还需要进行地下水位变化和抽水试验等测试工作。在本书项目 4 中已介绍了载荷试验、静力触探试验、动力触探试验、标准贯入试验和十字板剪切试验的基本原理,此处不再赘述。本项目未做介绍的其他原位测试方法可查阅相关技术资料或规范。

任务 4　岩土工程勘察报告

岩土工程勘察报告是工程地质勘察工作结束后提交的最终成果。它是把勘察过程中,通过收集、调查、勘探、原位测试和室内试验得到的大量原始资料,经过整理、检查、分析、评定、论证后,归纳综合编制成的报告书,提供给建设单位、设计单位和施工单位使用,并作为长期存档保存的技术文件。

1　岩土工程勘察报告的基本内容

岩土工程勘察报告应确保资料完整、真实准确、数据无误、图表清晰、结论有据、建议合理,并应因地制宜,重点突出,有明确的工程针对性。

1.1　报告的内容

岩土工程勘察报告的内容,应根据任务要求、勘察阶段、地质条件、工程特点等情况确定。鉴于岩土工程勘察的类型、规模各不相同,目的要求、工程特点和自然地质条件等差别很大,一般的岩土工程勘察报告应包括以下基本内容。

(1)委托单位、场地位置、工作简况,勘察的目的、要求和任务,依据的技术标准;

(2)勘察方法及勘察工作量布置,包括各项勘察工作的数量布置及依据,工程地质测绘、勘探、取样、室内试验、原位测试等方法的必要说明;

(3)场地工程地质条件分析,包括地形地貌、地层岩性、地质构造、水文地质和不良地质现象等内容,对场地稳定性和适宜性做出评价;

(4)岩土参数的分析与选用,包括各项岩土性质指标的测试成果及其可靠性和适宜性,评价其变异性,提出其标准值;

(5)工程施工和运营期间可能发生的岩土工程问题的预测及监控、预防措施的建议;

(6)根据地质和岩土条件、工程结构特点及场地环境情况,提出地基基础方案、不良地质现象整治方案、开挖和边坡加固方案等岩土利用、整治和改造方案的建议,并进行技术经济论证;

(7)对建筑结构设计和监测工作的建议,工程施工和使用期间应注意的问题,下一步岩土工程勘察工作的建议等。

岩土工程勘察报告应对岩土利用、整治和改造的方案进行分析论证,提出建议;进行不同方案的技术经济论证,并提出对设计、施工和现场监测要求的建议。对工程施工和使用期间可能发生的岩土工程问题进行预测,提出监控和预防措施的建议。

任务需要时,可提交下列专题报告:

(1)岩土工程测试报告,如某工程旁压试验报告(单项测试报告);

(2)岩土工程检验或监测报告,如某工程验槽报告(单项检验报告)、某工程沉降观测

报告(单项监测报告);

(3)岩土工程事故调查与分析报告,如某工程倾斜原因及纠倾措施报告(单项事故调查分析报告);

(4)岩土利用、整治或改造方案报告,如某工程深基开挖的降水与支挡设计(单项岩土工程设计);

(5)专门岩土工程问题的技术咨询报告,如某工程场地地震反应分析(单项岩土工程问题咨询)、某工程场地土液化势分析评价(单项岩土工程问题咨询)。

勘察报告的文字、术语、代号、符号、数字、计量单位、标点,均应符合国家有关标准的规定。

丙级岩土工程勘察的成果报告内容可适当简化,以图表为主,辅以必要的文字说明;对甲级岩土工程勘察的成果报告除应符合一般规定外,还需对专门性的岩土工程问题提交专门的试验报告、研究报告或监测报告。

1.2 报告的内容结构

工程地质报告书既是工程地质勘察资料的综合、总结,也是工程设计的地质依据。应明确回答工程设计所提出的问题,并应便于工程设计部门的应用。报告书正文应简明扼要,但足以说明工作地区工程地质条件的特点,并对工程场地做出明确的工程地质评价(定性、定量)。报告由正文、附图、附件三部分组成。

1.2.1 绪论

绪论主要说明勘察工作任务,要解决的问题,采用的勘察方法、工作量及取得的成果,并应附实际材料图及其他图表。

1.2.2 通论

通论主要阐明工作地区的工程地质条件、区域地质地理环境,论述重点在于阐明工程的可行性。通论在规划、初勘阶段中占有重要地位,随着勘察阶段的深入,通论比重减少。

1.2.3 专论

专论是报告书的中心,重点内容着重于工程地质问题的分析评价。对工程方案提出建设性论证意见,对地基改良提出合理措施。专论的深度和内容与勘察阶段有关。

1.2.4 结论

结论是在论证的基础上,对各种具体问题做出简要、明确的回答。

1.3 岩土工程勘察报告应附的图表

岩土工程勘察报告中应附的图表类型主要有以下几种。

1.3.1 勘探点平面布置图

勘探点平面布置图是在建筑场地地形图上,把建筑物的位置,各类勘探、测试点的编号、位置用不同的图例表示出来,并注明各勘探、测试点的标高和深度、剖面线及其编号等。

1.3.2 钻孔柱状图

钻孔柱状图是表示该钻孔所穿过的地层面的综合图表,它是根据钻孔的现场记录整理出来的。图表中表示的有地层的地质年代、埋藏深度、厚度,地层顶、底标高,地层特征描述,取样和测试的位置、地下水位等资料。

1.3.3 工程地质剖面图

工程地质剖面图是反映某一勘探线上地层沿竖向和水平向的分布情况。在图中绘出的有该剖面地层分布线、地下水位线、地质构造、原状土样的取样位置、原位测试位置、标准贯入试验锤击数、静力触探曲线等。由于勘探线的布置常与建筑物的轴线一致,故工程地质剖面图是勘察报告中最基本的图件。

1.3.4 原位测试成果图表

载荷试验、静力触探试验、动力触探试验、标准贯入试验、十字板剪切试验、旁压试验、现场波速测试、岩石原位应力试验等原位测试成果表。

1.3.5 土工试验成果总表

土工试验成果总表是将土工试验和原位测试所得的成果汇总列表表示出的表格。

当需要时,还可附综合工程地质图、综合地质柱状图、地下水等水位线图、素描、照片、综合分析图表,以及岩土工程计算简图和计算成果图表等。

2 岩土工程勘察报告实例

某房屋建筑岩土工程勘察报告

1 前 言

1.1 工程概况

拟建居住区位于××市××区,是由×××开发有限公司(简称建设单位)投资开发、×××建筑工程设计有限责任公司(简称设计单位)设计的住宅楼及配套房。拟建楼群主要由一栋20层塔楼、一栋28层塔楼、配套房及地下车库组成,地下两层,结构形式未定,预计基础埋深约 -8.0 m。受建设单位委托,×××建筑勘察设计院承担了该居住区的详细勘察阶段的岩土工程勘察工作。

根据《岩土工程勘察规范》(GB 50021—2001)(2009年版)和《北京地区建筑地基基础勘察设计规范》(DBJ 11—501—2009)的规定,本次勘察采用DPP-100型汽车钻机完成,共施工钻孔3个,钻孔深度均为50.0 m;取土钻孔15个,孔深为20~25 m;静力触探钻孔6个,孔深为30 m,见图6-1。测量钻孔孔口标高24个(基准点采用甲方提供的BM1点,绝对标高39.16 m)。共取土试样142件,标准贯入试验140次,在室内对所取土样做了常规物理力学性质试验。

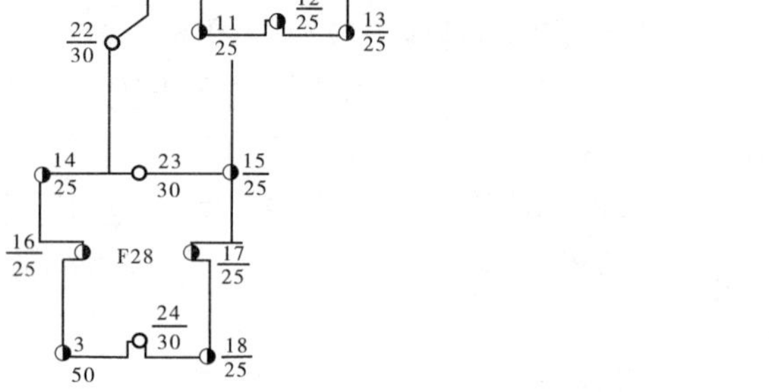

图6-1 建筑物和勘探点平面布置图

本工程的建筑安全等级为一级,所在地域抗震设防烈度为8度,本工程按8度进行抗震设防。

1.2 勘察目的

根据甲方所提供的勘察任务书及场地情况，本次勘察的主要目的是：

(1)搜集区域地质、地形地貌、地震及附近岩土工程勘察资料和建筑经验等资料；

(2)查明拟建场地工程影响范围内的土层性质、结构、成因年代、分布规律及其物理力学性质；

(3)提供拟建建筑物地基基础设计与施工所需的各层土的物理力学参数；

(4)查明场地地下水的类型与埋藏分布特征，分析其对建筑物基础设计和施工的影响，判断地下水对建筑物主要基础结构材料的腐蚀性，提出地下水位标高在场地内的变化幅度；

(5)确定场地土的类型、建筑场地类别，判定场地饱和砂土、粉土地震液化的可能性，为建筑物抗震设计提供依据。

1.3 执行的规范、标准

本次勘察主要执行《北京地区建筑地基基础勘察设计规范》(DBJ 11—501—2009)、中华人民共和国国家标准《建筑抗震设计规范》(GB 50011—2010)、中华人民共和国国家标准《岩土工程勘察规范》(GB 50021—2001)(2009 版)、中华人民共和国国家标准《建筑地基基础设计规范》(GB 50007—2011)。

2 拟建场地的工程地质条件

2.1 地形地物条件

拟建场区现为居民区，场区内地形基本平坦，各钻孔孔口标高相差不大，本次勘察期间量测的钻孔孔口处地面绝对标高为 39.02 ~ 39.46 m，量测依据为建设单位提供的场地东北角 BM1 点为引测点(绝对标高为 39.16 m)。

2.2 地层土质及岩性特征概述

根据现场钻探、原位测试及室内外土工试验成果，按沉积年代、成因类型，将拟建场区现状地面下 50.0 m 范围内的地层划分为人工堆积层及第四纪冲洪积层，并按地层岩性及其物理力学性质指标进一步划分为 7 个大层，各土层的基本岩性特征见图 6-2 。

现将各土层自上而下简述如下：

人工堆积层：

(1)粉质黏土素填土①层：褐色，稍湿，稍密，以粉质黏土为主，含少量砖屑，夹杂填土$①_1$ 透镜体，人工填土一般厚度 2.4 ~ 2.7 m，层底标高 36.62 ~ 37.06 m。

第四纪冲洪积层：

(2)黏质粉土②层：褐黄色，可塑，含氧化铁、云母等，夹粉质黏土$②_1$、黏土$②_2$、粉砂$②_3$ 透镜体。本层厚度 7.9 ~ 9.4 m，层底标高 27.66 ~ 28.78 m。

(3)细砂③层：褐黄色，饱和，密实，主要矿物成分为长石、石英等。本层厚度 3.8 ~ 4.3 m，层底标高 23.36 ~ 24.98 m。

(4)粉质黏土④层：褐黄色，可塑，含氧化铁，夹粉质黏土$④_1$、黏质粉土$④_2$ 透镜体。本层厚度 5.7 ~ 6.6 m，层底标高 17.66 ~ 18.42 m。

(5)细砂⑤层：褐黄色，饱和，密实，主要矿物成分为长石、石英等。夹砾砂$⑤_1$ 透镜体。本层厚度 6.2 ~ 8.6 m，层底标高 1.46 ~ 9.82 m。

钻孔柱状图

工程名称：　　　　　　　　　　　　　　钻孔编号：1　　　　绘图：

工程编号：　　　　　　　　　　　　　　孔口标高(m):39.38　　校对：

深度 (m)	层底标高 (m)	柱状图 (取土) 1:200	水位 ▼水位埋深 ▽水位标高 (m)	原位测试 $N_{63.5}$	断面描述
2.10	37.28	①1			杂填土，杂色，稍密，稍湿，含砖块、煤渣等
2.70	36.68	①			粉质黏土素填土：褐色，稍密，稍湿，以粉质黏土为主
4.30	35.08	②			屑质粉土，褐黄色，中密，湿，含氧化铁、云母等
5.00	34.38	②2			黏土，褐黄色，可塑，有钙质条纹
5.60	33.78	②			黏质粉土，褐黄色，中密，湿，含氧化铁、云母等
8.40	30.98	②1	▼7.50 ▽31.88		粉质黏土，褐黄色，可塑,含氧化铁
10.60	28.78	②			黏质粉土，褐黄色，中密，湿，含氧化铁、云母等
14.40	24.98	X ③		46	细砂，褐黄色，密实，饱和，主要矿物成分为长石、石英等 局部含少量砾石
16.00	23.38	④1			粉质黏土，褐黄色，可塑，含氧化铁
20.10	19.28	④			重粉质黏土，褐黄色，可塑，有钙质条纹
21.00	18.38	④1			粉质黏土，褐黄色，可塑，含氧化铁
22.20	17.18	X ⑤		60	细砂，褐黄色，密实，饱和，主要矿物成分为长石、石英等
22.80	16.58	1 ⑤1			砾砂，褐黄色，密实，饱和，主要矿物成分为长石、石英等，含约30%的砾石，局部含少量卵石
27.60	11.78	X ⑤		73	细砂，褐黄色，密实，饱和，主要矿物成分为长石、石英等
28.80	10.58	1 ⑤1		80	砾砂，褐黄色，密实，饱和，主要矿物成分为长石、石英等，含约30%的砾石，局部含少量卵石
30.00	9.38	⑥2			重粉质黏土，褐黄色，可塑，含氧化铁
32.40	6.98	⑥			黏质粉土，褐黄色，密实，饱和，含氧化铁、云母等
35.20	4.18	⑥1			粉质黏土，褐黄色，可塑，含氧化铁
40.10	−0.72	⑥			黏质粉土，褐黄色，密实，饱和，含氧化铁、云母等
45.00	−5.62	⑦			粉质黏土，褐黄色，可塑，含氧化铁
45.70	−6.32	⑦1			黏质粉土，褐黄色，密实，饱和，含氧化铁、云母等
50.00	−10.62	⑦			粉质黏土，褐黄色，可塑，含氧化铁

图 6-2　工程地质钻孔柱状图

(6)黏质粉土⑥层:褐黄色,可塑,含氧化铁、云母等,夹粉质黏土$⑥_1$、重粉质黏土$⑥_2$透镜体。本层厚度10.1~12.8 m,层底标高-0.28~1.34 m。

(7)粉质黏土⑦层:褐黄色,可塑,含氧化铁,夹黏质粉土$⑦_1$、细砂$⑦_2$透镜体。本层厚度9.2~10.7 m,层底标高-10.54~-10.98 m。

3 拟建场地的水文地质条件

3.1 地下水的类型及其埋藏条件

本次钻探期间各钻孔均见地下水,地下水类型为潜水型。初见水位埋深8.20~8.70 m,绝对标高30.32~31.18 m,静止水位埋深7.30~7.60 m,绝对标高31.72~31.88 m。含水层主要为细砂③层及其透镜体,补给来源主要为地下径流及大气降水,排泄以地下径流和蒸发为主。

3.2 拟建场地历年最高水位情况

1959年最高水位接近自然地面,标高为38.00 m左右。

近3~5年最高水位标高为33.0 m左右。

3.3 地下水的腐蚀性

根据勘察资料表明,本场区地下水对混凝土无腐蚀性,对钢筋混凝土中的钢筋有弱腐蚀性。

3.4 设防设计水位建议

根据拟建场区地下水的赋存条件,参照《北京地区建筑地基基础勘察设计规范》(DBJ 11—501—2009)第4.1.5条规定,建议基础抗渗设防水位标高为38.50 m,抗浮设计水位标高为34.00 m。

4 场地建筑抗震设计基本条件

4.1 地震基本烈度

按《建筑抗震设计规范》(GB 50011—2010)第4.1.1条判定建筑场地地段类别为有利地段。按《建筑抗震设计规范》(GB 50011—2010)附录A规定,建筑场地属设计地震第一组。本工程抗震设防烈度为8度,按第3.2.2条,设计基本地震加速度值为0.20 g。

4.2 场地土类型及建筑场地类别判定

根据收集到的附近勘察资料,结合本次钻探结果,拟建场地覆盖层厚度大于50 m,按《建筑抗震设计规范》(GB 50011—2010)第4.1.6条判定,本工程拟建场地类别为Ⅲ类,按第4.1.3条判定,拟建场地土类型为中软土。

4.3 场地地基土的液化判定

据现场标准贯入试验结果,实测击数大于临界数,依据《建筑抗震设计规范》(GB 50011—2010)第4.3.4条判定,拟建场地饱和砂土和粉土在抗震设防烈度为8度时不液化。

5 结论及建议

5.1 结论

据区域地质资料及本次勘察结果,并结合拟建物具体情况,得出如下结论:

(1)拟建场地内未发现不良地质作用,适宜建筑。

(2)根据《北京地区地震烈度区划图》,拟建场地地震设防烈度为 8 度,依据现场标准贯入试验结果,并结合拟建场地地层结构,拟建场地土在抗震设防烈度为 8 度时不液化。

(3)场地土类型为中软土,建筑场地类别为Ⅲ类。

(4)地下水对混凝土无腐蚀性,对钢筋混凝土中的钢筋有弱腐蚀性。

(5)场地内各土层地基承载力标准值(f_{ak})建议值如下:

表层人工填土结构松散,物理力学性质为均匀,不经处理不宜作为天然地基持力层,场地内各土层地基承载力标准值见表 6-10。

表 6-10　各土层地基承载力标准值

地层	承载力标准值(kPa)	地层	承载力标准值(kPa)
黏质粉土②层	180 ~ 240	细砂⑤层(含透镜体)	330 ~ 380
粉质黏土$②_1$层	140 ~ 200	砾砂$⑤_1$层	350 ~ 400
细砂③层	280 ~ 320	黏质粉土⑥层(含透镜体)	240 ~ 280
重粉质黏土④层(含透镜体)	180 ~ 220	粉质黏土⑦层(含透镜体)	220 ~ 260

5.2　建议

考虑本工程设计条件及场地工程地质条件,提出如下建议:

(1)拟建建筑物基础预计埋深 -8.0 m,根据本次勘察所取得的地质资料,地基主要持力层为黏质粉土②层及其透镜体,配套房及车库部分可采用天然地基,但应注意采用抗拔桩或人工配重等措施对地基进行抗浮处理。高层部分如天然地基不能满足要求,可采用 CFG 桩对地基进行处理。

(2)高层建筑部分与地下车库及配套房必要时应设置后浇带,高层建筑施工及使用期间进行沉降观测,沉降稳定后进行后浇带施工。

(3)基坑开挖时,可根据开挖深度、拟建物周围的情况具体考虑采用放坡、土钉墙或护坡桩方案。

(4)施工时,可根据基坑开挖深度、施工季节确定是否需要采取降水措施。

(5)尽量避免扰动地基土。

(6)场地均匀性评价及波速测试试验待详细勘察后再解决。

6　岩土工程勘察报告的附图、附表

附表:土工试验成果总表(略)。

原位测试成果总表(略)。

地层岩性及土的物理力学性质综合统计表,见表 6-11。

附图:建筑物和勘探点平面布置图,见图 6-1。

工程地质钻孔柱状图,见图 6-2。

工程地质剖面图,见图 6-3。

表6-11 地层岩性及土的物理力学性质综合统计表

成因年代	土层编号	土质描述							综合统计指标	土质数据										
		岩性	颜色	密度	湿度	稠度	强度	断面状态与含有物		含水率 ω（%）	天然密度 ρ（g/cm^3）	饱和度 S_r	孔隙比 e	塑限 ω_P（%）	塑性指数 I_P	液性指数 I_L	压缩模量 E_s（MPa）			
																	100	200	300	400
第四纪沉积层	②	黏质粉土	褐黄	中密	湿			含氧化铁、云母等	平均值	20.9	2.0	94	0.59	17.7	8.7	0.35	15.9	17.6		
									最大值	25.2	2.13	100	0.67	20.0	13.2	0.64	18.3	20.0		
									最小值	18.3	1.97	80	0.50	15.3	6.3	0.08	13.6	15.0		
									变异系数	0.11	0.03	0.07	0.09	0.10	0.25					
									样本数	8	8	8	7	8	8	8	2	2		
	$②_1$	粉质黏土	褐黄			可塑		含氧化铁	平均值	20.3	2.07	94	0.60	19.0	12.9	0.25	8.07	9.15		
									最大值	23.8	2.13	100	0.65	30.3	18.1	0.40	11.45	13.22		
									最小值	16.4	2.04	90	0.49	15.4	10.5	0.05	5.94	6.64		
									变异系数	0.16	0.02	0.04		0.30	0.21	0.59				
									样本数	6	6	6	5	6	6	6	4	4		
	④	重粉质黏土	褐黄	稍密	稍湿	可塑		含氧化铁	平均值	32.3	1.89	97	0.892	25.1	17	0.43	12.82	13.53	14.20	14.81
									最大值	36.6	1.94	99	1.008	27.8	19	0.51	17.4	17.56	18.09	18.38
									最小值	28.5	1.83	95	0.818	21.1	14.5	0.29	9.28	9.99	10.75	11.35
									变异系数	0.10	0.02	0.01		0.10	0.10	0.19	0.24	0.23	0.22	0.21
									样本数	6	6	6	5	6	6	6	6	6	6	6

续表 6-11

成因年代	土层编号	土质描述							综合统计指标	土质数据										
		岩性	颜色	密度	湿度	稠度	强度	断面状态与含有物		含水率 ω（%）	天然密度 ρ（g/cm^3）	饱和度 S_r	孔隙比 e	塑限 ω_P	塑性指数 I_P	液性指数 I_L	压缩模量 E_s（MPa）			
																	100	200	300	400
第四纪沉积层	④$_1$	粉质黏土	褐黄	稍密	稍湿	可塑		含氧化铁	平均值	25.4	1.98	94	0.731	26.3	13.1	0.40	12.18	13.11	14.37	15.11
									最大值	31.7	2.03	97	0.912	37.4	14.8	0.61	17.53	18.97	21.67	23.11
									最小值	19.7	1.88	89	0.598	20.1	10.3	0.29	8.13	8.42	8.78	9.08
									变异系数											
									样本数	4	4	4	4	4	4	4	4	4	4	4
	⑥	黏质粉土	褐黄	密实	饱和			含氧化铁、云母	平均值	19.6	2.05	91	0.540	17.6	8.7	0.21	24.64	26.98	28.18	28.04
									最大值	25.5	2.2	97	0.652	19.3	9.6	0.73	38.16	39.12	41.56	42.77
									最小值	12.6	1.96	87	0.411	15.1	7.3	-0.49	18.11	18.65	19.42	20.2
									变异系数	0.26	0.05	0.03		0.08	0.09		0.26	0.24	0.25	0.27
									样本数	9	9	9	5	9	9	9	9	9	9	9
	⑥$_1$	粉质黏土	褐黄	稍密	稍湿	可塑		含氧化铁	平均值	21.67	2.04	93	0.635	17.7	11.4	0.33	19.3	20.3	21.4	22.4
									最大值	29.3	2.2	97	0.836	21.7	13.4	0.93	38.16	39.12	41.56	42.77
									最小值	12.6	1.91	89	0.489	15.4	9.1	-0.49	12.18	12.41	13.38	14.29
									变异系数	0.29	0.05	0.03		0.11	0.12		0.49	0.47	0.48	0.46
									样本数	7	7	7	5	7	7	7	7	7	7	7

I — I 工程地质剖面图

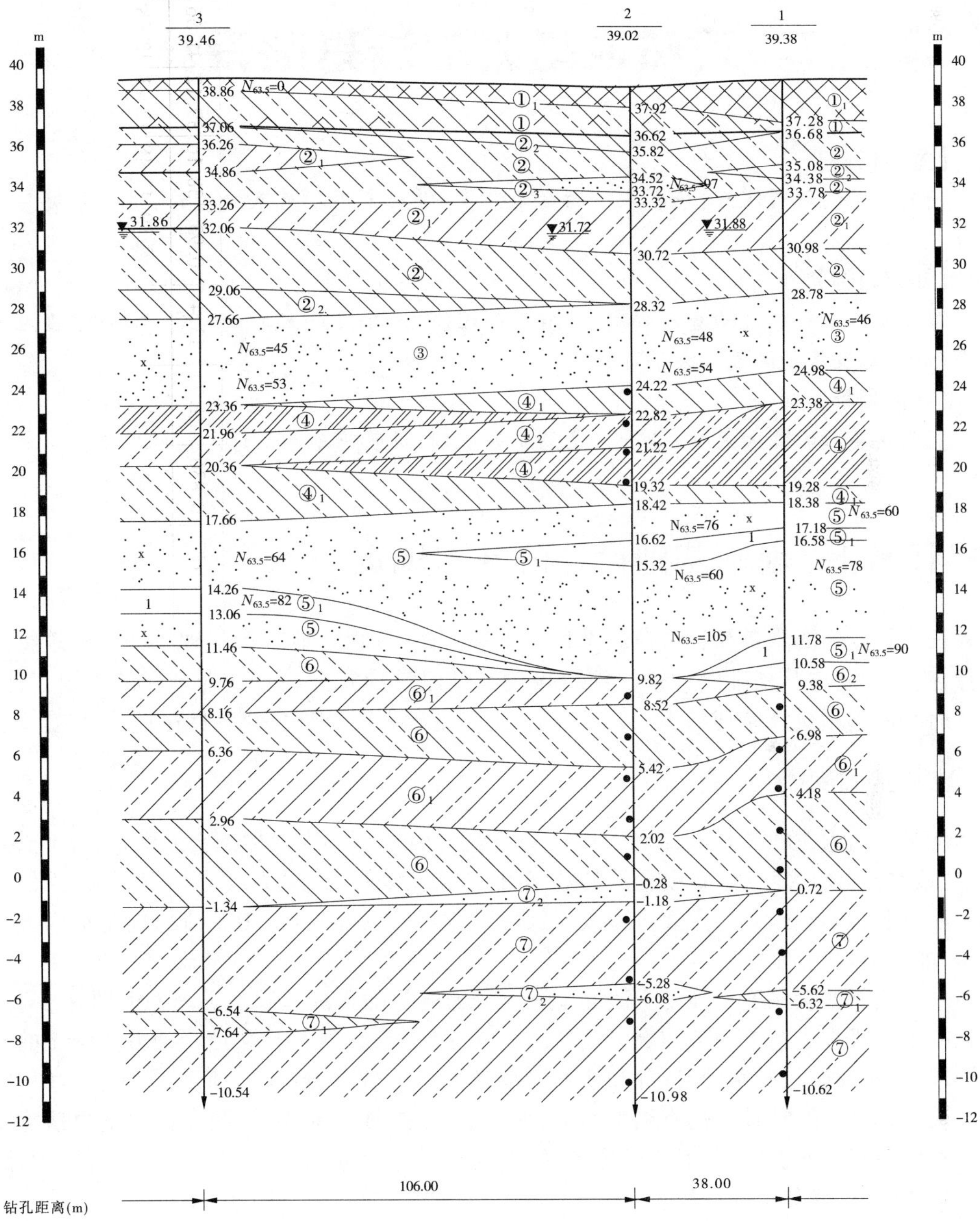

		比例	纵1:200	绘图		工程编号	123
图名	工程地质剖面图		横1:1 000	校对		编页	第 页

图 6-3 ¢æ—I 工程地质剖面图

项目7 天然地基上的浅基础设计

【主要任务】

确定基础的埋置深度;确定基础的底面尺寸;进行无筋扩展基础设计;进行扩展基础设计。

【知识目标】

掌握地基基础设计的基本规定;理解基础埋深、基础底面尺寸的确定方法;掌握无筋扩展基础、扩展基础的设计方法。

【技能目标】

能确定基础的底面尺寸;能进行无筋扩展基础、扩展基础的设计。

任务1 地基基础设计的基本规定

任何建筑物的重量和各种荷载都将通过基础传给地基,地基与基础是整个建筑物的支撑体。因此,地基基础设计是一项直接关系到建筑物安全、经济、合理性的重要工作。设计时必须遵循设计原则与步骤,合理选择地基基础方案,因地制宜地精心设计与施工。

1 地基基础的类型

地基分为天然地基和人工地基两类,对于建筑物荷载不大或地基土强度较高,不需要经过特殊处理就可承受建筑物荷载的地基,称为天然地基,如图7-1(a)所示;如果天然地基土质软弱,承载力不够,需要进行人工加固和改良,这种经过人工改造的地基称为人工地基,如图7-1(b)所示。

基础按照埋置深度和施工方法的不同可分为浅基础和深基础两类。一般埋深小于5 m且能用一般方法施工的基础属于浅基础;当埋深大于5 m,并且采用特殊方法施工的基础则属于深基础,如桩基础、沉井和地下连续墙等,如图7-1(c)、(d)所示。

天然地基上的浅基础具有结构简单、施工方便、造价低等优点,因此在保证建筑物安全和正常使用的前提下,一般应优先考虑,当满足设计要求的方案有多个时,则需进行经济技术比较,选择其中的最优方案。

2 地基基础设计的基本规定

2.1 地基基础的设计等级

《建筑地基基础设计规范》(GB 50007—2011)根据建筑物地基复杂程度、建筑物规模和功能特征,以及由于地基问题可能造成建筑物破坏或影响正常使用的程度,将地基基础

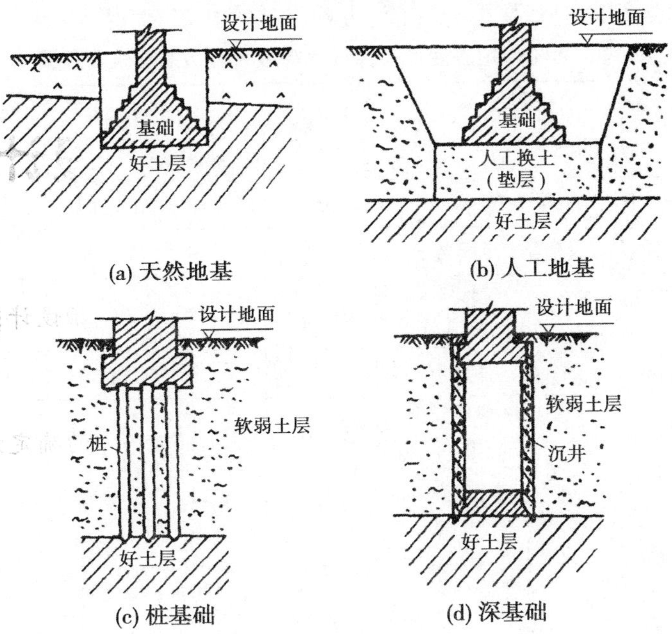

(a) 天然地基 (b) 人工地基

(c) 桩基础 (d) 深基础

图7-1 地基基础的类型

设计分为甲级、乙级和丙级三个等级,设计时应根据具体情况按项目6中表6-2选用。

2.2 地基基础设计的基本规定

根据建筑物地基基础设计等级及长期荷载作用下地基变形对上部结构的影响程度,地基基础应符合有关强度、变形及稳定性的规定。

2.2.1 地基强度要求

各级建筑物的地基计算均应满足关于承载力计算的规定,即

轴心荷载作用时 $$p_k \leqslant f_a \tag{7-1}$$

偏心荷载作用时 $$p_{kmax} \leqslant 1.2 f_a \tag{7-2}$$

式中 p_k——相应于荷载效应标准组合时,基础底面处的平均基底压力;

$p_{k\,max}$——相应于荷载效应标准组合时,基础底面的最大压力值;

f_a——修正后的地基承载力特征值。

2.2.2 地基变形要求

设计等级为甲级、乙级的建筑物,均应进行地基变形验算;表7-1所列范围内设计等级为丙级的建筑物可不作变形验算,如有下列情况之一,仍应进行变形验算:①地基承载力特征值小于130 kPa,且体型复杂的建筑;②在基础上及其附近有地面堆载或相邻基础荷载差异较大,可能引起地基产生过大的不均匀沉降时;③软弱地基上的建筑物存在偏心荷载时;④相邻建筑物距离过近,可能发生倾斜时;⑤地基内有厚度较大或厚薄不均的填土,其自重固结未完成时。

地基变形应满足如下要求:

$$\Delta \leqslant [\Delta] \tag{7-3}$$

式中 Δ——建筑物的地基变形计算值;

[Δ]——建筑物的地基变形允许值，由项目 3 表 3-21 查得。

表 7-1　可不作地基变形验算设计等级为丙级的建筑物范围

地基主要受力层情况	地基承载力特征值 f_{ak}(kPa)			$80 \leq f_{ak} < 100$	$100 \leq f_{ak} < 130$	$130 \leq f_{ak} < 160$	$160 \leq f_{ak} < 200$	$200 \leq f_{ak} < 300$
地基主要受力层情况	各土层坡度(%)			≤5	≤10	≤10	≤10	≤10
建筑类型	砌体承重结构、框架结构(层数)			≤5	≤5	≤6	≤6	≤7
建筑类型	单层排架结构(6 m 柱距)	单跨	吊车额定起重量(t)	10~15	15~20	20~30	30~50	50~100
建筑类型	单层排架结构(6 m 柱距)	单跨	厂房跨度(m)	≤18	≤24	≤30	≤30	≤30
建筑类型	单层排架结构(6 m 柱距)	多跨	吊车额定起重量(t)	5~10	10~15	15~20	20~30	30~75
建筑类型	单层排架结构(6 m 柱距)	多跨	厂房跨度(m)	≤18	≤24	≤30	≤30	≤30
建筑类型	烟囱	高度(m)		≤40	≤50	≤75	≤100	
建筑类型	水塔	高度(m)		≤20	≤30	≤30	≤30	
建筑类型	水塔	容积(m^3)		50~100	100~200	200~300	300~500	500~1000

注：1. 地基主要受力层是指条形基础底面下深度为 $3b$(b 为基础底面宽度)，独立基础下为 $1.5b$，厚度均不小于 5 m 的范围(2 层以下的民用建筑除外)。

2. 地基主要受力层中如有承载力标准值小于 130 kPa 的土层，表中砌体承重结构的设计，应符合《建筑地基基础设计规范》(GB 50007—2011)第七章的有关要求。

3. 表中砌体承重结构和框架结构均指民用建筑，对于工业建筑可按厂房高度、荷载情况折合成与其相当的民用建筑层数。

4. 表中吊车额定起重量、烟囱高度和水塔容积的数值是指最大值。

2.2.3　关于荷载取值的规定

地基基础设计时，所采用的荷载效应最不利组合与相应的抗力限值应按下列规定采用：

(1)按地基承载力确定基础底面尺寸时，传至基础底面上的荷载效应应按正常使用极限状态下荷载效应的标准组合。相应的抗力应采用地基承载力特征值。

(2)计算地基变形时，传至基础底面上的荷载效应应按正常使用极限状态下荷载效应的准永久组合，不应计入风荷载和地震作用。相应的限值应为地基变形允许值。

(3)在确定基础高度、基础底板配筋和验算材料强度时，上部结构传来的荷载效应组合和相应的基底反力，应按承载能力极限状态下荷载效应的基本组合。

(4)由永久荷载效应控制的基本组合可取标准组合值的 1.35 倍。

2.3　地基稳定性验算

对经常受水平荷载作用的高层建筑物、高耸结构、挡土墙和基坑工程等，以及建造在斜坡上或边坡附近的建筑物和构筑物，都应进行稳定性验算。即验算建筑物或构筑物在水平荷载和垂直荷载共同作用下，基础是否会沿基底发生滑动、倾覆或与地基一起滑动而丧失稳定性。

当地下水埋藏较浅，建筑地下室或地下构筑物存在可能上浮问题时，尚应进行抗浮稳定验算。

3 浅基础设计内容

天然地基浅基础设计,包括下列各项内容:

(1)分析研究设计所必需的建筑场地的工程地质条件和地质勘察资料,建筑材料及施工技术条件资料,建筑物的结构形式、使用要求及上部结构荷载资料等。综合考虑选择基础类型、材料、平面布置。

(2)选定基础埋置深度,确定地基承载力。

(3)按地基承载力计算基础底面尺寸,必要时作地基下卧层强度验算、地基变形验算和地基稳定性验算。

(4)确定基础剖面尺寸,进行基础结构计算(包括基础内力计算、强度配筋计算)。

(5)绘制基础施工详图,提出必要的施工技术说明。

思考题:(1)地基基础设计有哪些基本规定?

(2)在什么条件下,可不进行地基变形的验算?

(3)浅基础设计主要包括哪些内容?

任务2 确定基础的埋置深度

基础埋深是指从室外设计地面到基础底面的距离。基础埋深对基础尺寸、施工技术、工期及工程造价都有较大影响。一般要求在保证地基稳定和变形的前提下,基础尽量浅埋,当上层地基的承载力大于下层土时,宜利用上层土做持力层。由于影响基础埋深的因素很多,设计时应当从实际出发,综合分析,合理选择。本任务分述选择基础埋深时要考虑的几个因素。

1 建筑物用途和结构类型

某些建筑物的特殊用途和结构类型是选择基础埋深的先决条件。如设有地下室、半地下室的建筑物、带有地下设施的建筑物和具有地下部分的设备基础等,其基础埋深就要结合地下部分的设计标高来选定。根据具体的使用要求,基础可选整体或局部深埋,对局部深埋的基础,应作成台阶逐渐过渡,台阶高宽比一般为1:2,如图7-2所示。如有管道必须通过基础时,基础埋深应低于管道,在基础上预留的孔洞应有足够的间隙,以备基础沉降时不影响管道的使用。

对高层建筑筏形和箱形基础的埋深应满足地基承载力、变形和稳定性要求。在抗震设防区,除岩石地基外,天然地基上的箱形和筏形基础的埋深不宜小于建筑物高度的1/15;桩箱或桩筏基础埋深(不计桩长)不宜小于建筑物高度的1/18~1/20。位于岩石地基上的高层建筑,其基础埋深应满足抗滑要求。

对不均匀沉降敏感的建筑物或多层框架结构,其基础需坐落在坚实土层上,埋深也要大一些。又如砌体结构下的无筋扩展基础,由于要满足允许宽高比的构造要求,基础埋深应由其构造要求确定。

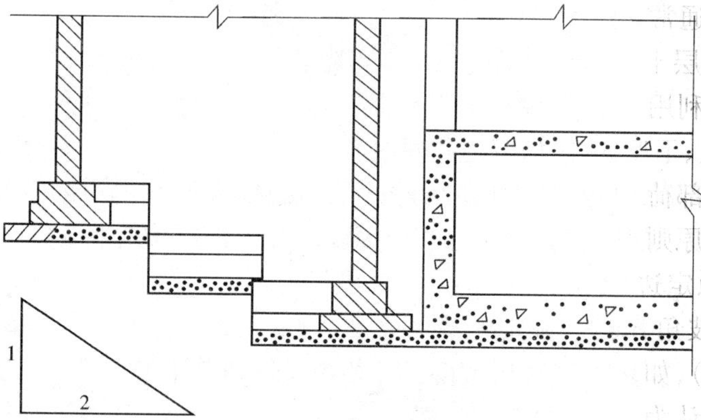

图 7-2　墙基埋深变化的台阶形布置

2　作用在基础上的荷载

作用在基础上的荷载大小和性质对基础埋深的选择有很大的影响。就浅土层而言，当基础荷载小时，它是很好的持力层；当基础荷载大时，则可能因地基承载力不足而不宜作持力层，需增大埋深或对地基进行加固处理。对承受较大水平荷载的基础（如挡土结构、烟囱、水塔等），为保证基础的稳定性，常将基础埋深加大，以减小建筑物的整体倾斜。对承受上拔力的基础（如输电塔基础），也要求有一定的埋深以提供足够的抗拔阻力；对承受振动荷载的基础，不宜选择易产生振动液化的土层作为持力层，以防基础失稳。

3　工程地质和水文地质条件

场地的工程地质条件和水文地质条件，是分析确定基础埋深的主要依据。要根据各土层的厚度、分布情况、地基承载力大小和压缩性高低，结合上部结构情况进行技术经济比较，综合分析确定。

3.1　工程地质条件影响

（1）当地基土层均匀时，在满足地基承载力和变形要求的前提下，基础应尽量浅埋，以便节省投资，方便施工。为了保护基础，要求基础埋深不得小于 0.5 m（岩石地基除外），基础地面应埋入持力层 150 mm，基础顶面在室外地面以下至少 100 mm，如图 7-3 所示。如地基土层软弱，不宜作天然地基的浅基础，可考虑进行地基加固处理。

（2）当地基上层土质差而下层土质好时，视上层土的厚度来确定基础埋深。如上层软弱土厚度小于 2 m，应将软弱土层挖除，将基础置于下层坚实土层上。如上层软土较厚（达 2～4 m），为减少开挖，在可能的条件下对低层房屋可考虑扩大基底面积，加强上部结构刚度，减少沉降影响；但对重要建筑物仍应置于坚实土层上。如上层软土很

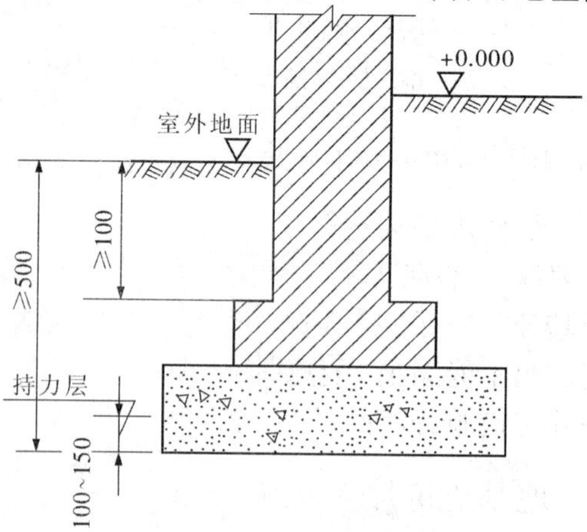

图 7-3　基础的最小埋置深度　（单位：mm）

厚(大于5 m)时,通常采用人工加固地基或用桩基础。

(3)当地基上层土质好于下层土质时,基础应尽量浅埋,甚至大面积填土夯实,再开挖作基础,以充分利用上部好土作为地基持力层。

(4)当地基上、下坚实中间夹有软弱土层时,应根据上部荷载的大小和软弱夹层的厚薄,以上述原则来确定埋深。

(5)对位于稳定边坡坡顶的建筑物,当坡高 $h \leqslant 8$ m,坡角 $\beta \leqslant 45°$,且 $b \leqslant 3$ m 时(如图7-4所示),如果其基础埋深 d 符合下式要求,则可认为该地基满足稳定要求。

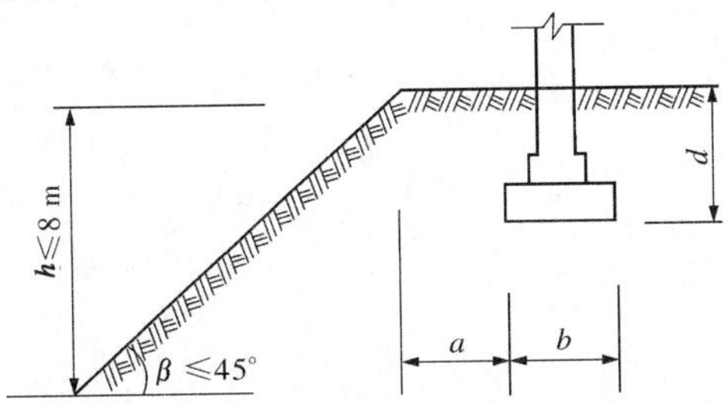

图7-4　土坡坡顶处基础的最小埋深

条形基础　　$d \geqslant (3.5b - a)\tan\beta$

矩形基础　　$d \geqslant (2.5b - a)\tan\beta$

式中　a——基础外边缘线至坡顶的水平距离,不得小于2.5 m;

b——垂直于坡顶边缘线的基础底面边长。

(6)当基础埋置在易风化的岩层上,施工时应在基坑开挖后立即铺筑垫层。

3.2　水文地质条件影响

如地基有地下水,基础宜埋在地下水位以上,便于施工。如按设计基础必须置于地下水位以下,应采取地基土在施工时不受扰动的措施,如基坑排水、坑壁支护等。同时要考虑地下水对基础是否有腐蚀性等。

当持力层为黏性土等隔水层,而下层土中含有承压水时,如图7-5所示。在基槽开挖中应在槽底留有一定的安全厚度 h_0,以防承压水冲破槽底土层,破坏地基,淹没基坑。安全厚度可按下式估算:

$$h_0 > \frac{\gamma_w}{\gamma}h \tag{7-4}$$

式中　γ——隔水层土的重度,kN/m^3;

γ_w——水的重度,kN/m^3;

h——承压水的上升高度(从隔水层底面算起),m;

h_0——隔水层剩余厚度(槽底安全厚度),m。

4　相邻基础埋深影响

如新建基础建筑在已有的建筑物附近,则新建基础的埋深不宜大于原有建筑物基础的埋深,以保证原有基础的安全不受基坑开挖时的影响。如必须大于原有基础的埋深,则两基础间应保持一定净距,其数值应根据原有建筑物荷载大小、基础形式和土质情况确定。当不能满足上述要求时,应采取分段开挖施工、设置临时支护、打板桩、做地下连续墙等施工措施,或加固原有建筑物地基。

5　地基土冻胀和融陷影响

在寒冷地区,当地层温度降至摄氏零度以下时,土中部分孔隙水冻结而形成冻土。冻

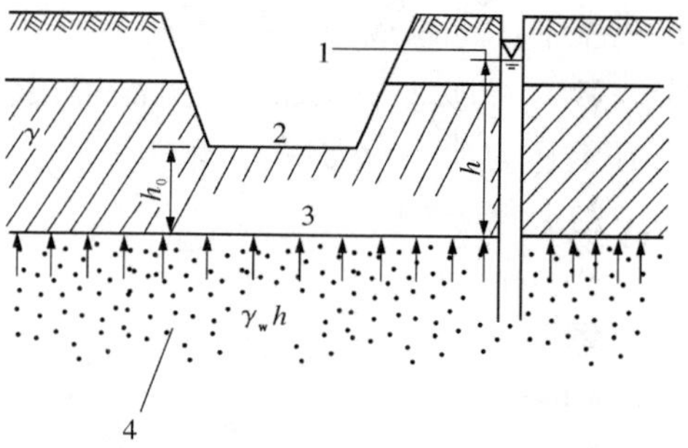

1—承压水位；2—基槽；3—黏土层（隔水间层）；4—卵石层（透水层）

图 7-5　有承压水时的基坑开挖深度

土分季节性冻土和常年性冻土，季节性冻土是指一年内冻结和解冻交替出现的土层。土体冻结时体积膨胀称为冻胀，如果冻胀产生的上抬力大于外荷载引起的基底压力，就会引起建筑物基础上抬。冻土融化时，含水率增加，土体软化，地基承载力减小，使地基产生附加沉降，称为融陷。若基础埋置于冻结深度内，由于地基土的反复冻融，会使建筑物发生开裂破坏或产生不均匀沉降。

季节性冻土的冻胀性与融陷性是相互关联的，常以冻胀性加以概括。《建筑地基基础设计规范》（GB 50007—2011）根据地基土的类别、天然含水率和地下水位等因素，将地基土划分为不冻胀、弱冻胀、冻胀、强冻胀和特强冻胀五类，见表 7-2 所示。

表 7-2　地基土的冻胀性分类

土的名称	天然含水率 ω（%）	冻结期间地下水位距冻结面的最小距离 h_w（m）	平均冻胀率 η（%）	冻胀等级	冻胀类别
碎（卵）石，砾、粗、中砂（粒径小于 0.075 mm 颗粒含量大于 15%），细砂（粒径小于 0.075 mm 颗粒含量大于 10%）	$\omega \leqslant 12$	>1.0	$\eta \leqslant 1$	Ⅰ	不冻胀
		$\leqslant 1.0$	$1 < \eta \leqslant 3.5$	Ⅱ	弱冻胀
	$12 < \omega \leqslant 18$	>1.0			
		$\leqslant 1.0$	$3.5 < \eta \leqslant 6$	Ⅲ	冻胀
	$\omega > 18$	>0.5			
		$\leqslant 0.5$	$6 < \eta \leqslant 12$	Ⅳ	强冻胀
粉砂	$\omega \leqslant 14$	>1.0	$\eta \leqslant 1$	Ⅰ	不冻胀
		$\leqslant 1.0$	$1 < \eta \leqslant 3.5$	Ⅱ	弱冻胀
	$14 < \omega \leqslant 19$	>1.0			
		$\leqslant 1.0$	$3.5 < \eta \leqslant 6$	Ⅲ	冻胀
	$19 < \omega \leqslant 23$	>1.0			
		$\leqslant 1.0$	$6 < \eta \leqslant 12$	Ⅳ	强冻胀
	$\omega > 23$	不考虑	$\eta > 12$	Ⅴ	特强冻胀

续表 7-2

土的名称	天然含水率 ω (%)	冻结期间地下水位距冻结面的最小距离 h_w (m)	平均冻胀率 η (%)	冻胀等级	冻胀类别
粉土	$\omega \leqslant 19$	>1.5	$\eta \leqslant 1$	Ⅰ	不冻胀
		$\leqslant 1.5$	$1 < \eta \leqslant 3.5$	Ⅱ	弱冻胀
	$19 < \omega \leqslant 22$	>1.5			
		$\leqslant 1.5$	$3.5 < \eta \leqslant 6$	Ⅲ	冻胀
	$22 < \omega \leqslant 26$	>1.5			
		$\leqslant 1.5$	$6 < \eta \leqslant 12$	Ⅳ	强冻胀
	$26 < \omega \leqslant 30$	>1.5			
		$\leqslant 1.5$	$\eta > 12$	Ⅴ	特强冻胀
	$\omega > 30$	不考虑			
黏性土	$\omega \leqslant \omega_P + 2$	>2.0	$\eta \leqslant 1$	Ⅰ	不冻胀
		$\leqslant 2.0$	$1 < \eta \leqslant 3.5$	Ⅱ	弱冻胀
	$\omega_P + 2 < \omega \leqslant \omega_P + 5$	>2.0			
		$\leqslant 2.0$	$3.5 < \eta \leqslant 6$	Ⅲ	冻胀
	$\omega_P + 5 < \omega \leqslant \omega_P + 9$	>2.0			
		$\leqslant 2.0$	$6 < \eta \leqslant 12$	Ⅳ	强冻胀
	$\omega_P + 9 < \omega \leqslant \omega_P + 15$	>2.0			
		$\leqslant 2.0$	$\eta > 12$	Ⅴ	特强冻胀
	$\omega > \omega_P + 15$	不考虑			

注：1. ω_P为土的塑限，ω 为在冻土层内冻前天然含水率的平均值。

2. 盐渍化冻土不在表列。

3. 塑性指数大于 22 时，冻胀性降一级。

4. 粒径小于 0.005 mm 的颗粒含量大于 60% 时，为不冻胀土。

5. 碎石土当充填物大于全部质量的 40% 时，其冻胀性应按充填物土的类别判断。

6. 碎石土、砾砂、粗砂、中砂（粒径小于 0.075 mm 颗粒含量不大于 15%）、细砂（粒径小于 0.075 mm 颗粒含量不大于 10%）均按不冻胀土考虑。

对于不冻胀土的基础埋深，可不考虑冻深的影响；季节性冻土地基的设计冻深 z_d应按下式计算：

$$z_d = z_0 \psi_{zs} \psi_{zw} \psi_{ze} \tag{7-5}$$

式中 z_d——设计冻深，m，若当地有多年实测资料，也可用 $z_d = h' - \Delta z$ 表示，h'和 Δz 分别为实测冻土层厚度和地表冻胀量；

z_0——标准冻深，m，系采用在地表面平坦、裸露、城市之外的空旷场地中不少于 10

年实测最大冻深的平均值，当无实测资料时，可从《建筑地基基础设计规范》（GB 50007—2011）中所附的季节性冻土标准冻深图中查得。

ψ_{zs}——土的类别对冻深的影响系数，按表 7-3 确定；

ψ_{zw}——土的冻胀性对冻深的影响系数，按表 7-4 确定；

ψ_{ze}——环境对冻深的影响系数，按表 7-5 确定。

表 7-3　土的类别对冻深的影响系数

土的类别	黏性土	细砂、粉砂、粉土	中、粗、砾砂	碎石土
影响系数 ψ_{zs}	1.00	1.20	1.30	1.40

表 7-4　土的冻胀性对冻深的影响系数

冻胀性	不冻胀	弱冻胀	冻胀	强冻胀	特强冻胀
影响系数 ψ_{zw}	1.00	0.95	0.90	0.85	0.80

表 7-5　环境对冻深的影响系数

周围环境	村、镇、旷野	城市近郊	城市市区
影响系数 ψ_{ze}	1.00	0.95	0.90

注：环境影响系数一项，当城市市区人口为 20 万 ~50 万时，按城市近郊取值；当城市市区人口大于 50 万、小于或等于 100 万时，只计入市区影响；当城市市区人口超过 100 万时，除计入市区影响外，尚应考虑 5 km 以内的郊区近郊影响系数。

当建筑基础底面下允许有一定厚度的冻土层时，可用下式计算基础的最小埋深：

$$d_{\min} = z_{d} - h_{\max} \tag{7-6}$$

式中 $d_{\min}$——基础最小埋深，m；

$h_{\max}$——基础底面下允许残留冻土层的最大厚度，m，按表 7-6 查取，有充分依据时，基底下允许残留冻土层厚度也可以根据工地经验确定。

除按以上要求选择埋深外，还应采取必要的防冻害措施，具体规定参见《建筑地基基础设计规范》（GB 50007—2011）第 5.1.9 条。

6　冲刷深度的影响

对一些埋在水下有水流冲刷的建筑物基础（如水闸基础、桥涵基础、岸边取水构筑物基础等），为防止水流冲刷掏空基底，使基础产生不均匀沉降和倾斜，则基础埋深应设置在水流冲刷线以下甚至还要保留一定的安全值，具体规定可参考有关规范。

表7-6　建筑基底允许冻土层最大厚度 h_{max}　(单位:m)

冻胀性	基础形式	采暖情况	基础平均压力(kPa)						
			90	110	130	150	170	190	210
弱冻胀土	方形基础	采暖	—	0.94	0.99	1.04	1.11	1.15	1.20
		不采暖	—	0.78	0.84	0.91	0.97	1.04	1.10
	条形基础	采暖	—	>2.50	>2.50	>2.50	>2.50	2.50	>2.50
		不采暖	—	2.20	2.50	>2.50	>2.50	>2.50	>2.50
冻胀土	方形基础	采暖	—	0.64	0.70	0.75	0.81	0.85	—
		不采暖	—	0.55	0.60	0.65	0.69	0.74	—
	条形基础	采暖	—	1.55	1.79	2.03	2.26	2.50	—
		不采暖	—	1.15	1.35	1.55	1.75	1.95	—
弱冻胀土	方形基础	采暖	—	0.42	0.47	0.51	0.56	—	—
		不采暖	—	0.36	0.40	0.43	0.47	—	—
	条形基础	采暖	—	0.74	0.88	1.00	1.13	—	—
		不采暖	—	0.56	0.66	0.75	0.84	—	—
特强冻胀土	方形基础	采暖	0.30	0.34	0.38	0.41	—	—	—
		不采暖	0.24	0.27	0.31	0.34	—	—	—
	条形基础	采暖	0.43	0.52	0.61	0.70	—	—	—
		不采暖	0.33	0.40	0.47	>0.53	—	—	—

注:1. 本表只计算法向冻胀力,如果基侧存在切向冻胀力,应采取防切向力措施。

2. 基础宽度小于0.6 m时不适用,矩形基础取短边尺寸按方形基础计算。

3. 表中数据不适用于淤泥、淤泥质土和欠固结土。

4. 表中基底平均压力数值为永久荷载标准值乘以0.9,可以内插。

思考题:选择基础埋置深度要考虑哪些因素?

任务3　确定基础底面尺寸

在选定了基础类型和埋置深度后,就可根据持力层修正后的承载力特征值计算基础底面尺寸。若地基压缩层范围内有软弱下卧层,还必须对软弱下卧层进行强度验算。

1　按地基持力层的承载力确定基础底面尺寸

1.1　中心荷载作用下的基础

当基础底面只作用中心垂直荷载 F_k、G_k 时,如图7-6所示。基底压力按简化方法计算为:

$$p_k = \frac{F_k + G_k}{A} = \frac{F_k + A\bar{d}\gamma_G}{A} \tag{7-7}$$

式中 p_k——相应于荷载效应标准组合时,基底平均压力,kPa;

F_k——相应于荷载效应标准组合时,上部结构传至基础顶面的竖向荷载值,kN;

G_k——基础自重和基础上方回填土重,kN,$G_k = A\bar{d}\gamma_G$;

γ_G——基础和基础上方填土的平均重度,kN/m³,取 $\gamma_G = 20$ kN/m³;

$\bar{d}$——基础平均高度,即室内、外设计埋深的平均值,m;

A——基础底面面积,m²。

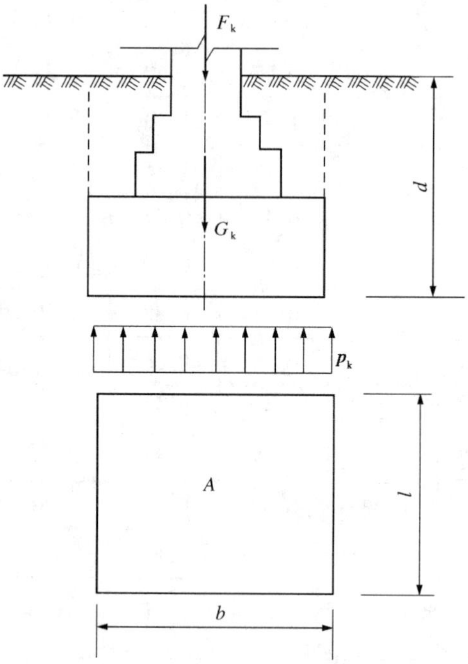

图 7-6 中心荷载作用下的基础

由强度条件式(7-1)知:

$$p_k \leqslant f_a$$

即
$$\frac{F_k + G_k}{A} = \frac{F_k + A\bar{d}\gamma_G}{A} \leqslant f_a \tag{7-8}$$

整理后得基底面积为:

$$A \geqslant \frac{F_k}{f_a - \gamma_G \bar{d}} \tag{7-9}$$

式中 f_a——修正后的地基承载力特征值。

(1)对矩形基础,$A = bl$,l 与 b 为基础的长度和宽度,一般 $l/b = n$,n 取 1.2 ~2,并与柱截面的长宽比接近为宜。

$$b \geqslant \sqrt{\frac{F_k}{n(f_a - \gamma_G \bar{d})}} \tag{7-10}$$

(2)对方形基础,边长为:

$$b \geqslant \sqrt{\frac{F_k}{f_a - \gamma_G \bar{d}}} \tag{7-11}$$

(3) 对条形基础,沿基础长度方向,取 1 m 作为计算单元,作用其上的荷载为 $\bar{F}_k$,故基底宽度 b 为:

$$b \geqslant \frac{\bar{F}_k}{f_a - \gamma_G \bar{d}} \tag{7-12}$$

应当指出,式中 f_a 与基础宽度 b 有关。由于基础尺寸还没有确定,因此为一试算过程。可根据原定埋深,先对地基承载力特征值进行修正,然后计算基础底面尺寸,再考虑是否需要进行宽度修正,使得 b、f_a 之间相互协调一致。另一种方法是假设基础底面尺寸,并经反复验算,以满足式(7-1)为准。

1.2　偏心荷载作用下的基础

当基础受偏心荷载作用时,将诸荷载对基础中心简化为 N_{gd}、M_{gd},如图 7-7 所示。所产生的基底最大、最小压力为:

$$p = \frac{N_{gd}}{A} \pm \frac{M_{gd}}{W} \tag{7-13}$$

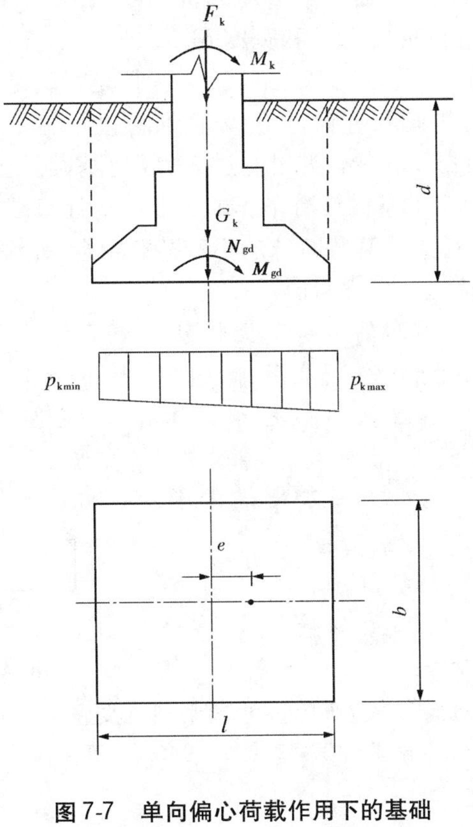

图 7-7　单向偏心荷载作用下的基础

设计时,应满足式(7-1)、式(7-2)持力层承载力的要求。即

$$p_k = \frac{N_{gd}}{A} \leqslant f_a$$

$$p_{kmax} = \frac{N_{gd}}{A} + \frac{M_{gd}}{W} \leqslant 1.2f_a$$

对单向偏心受压的矩形基础,基底压力为:

$$p_{\substack{kmax \\ kmin}} = \frac{N_{gd}}{A}\left(1 \pm \frac{6e}{l}\right) \tag{7-14}$$

式中 l——基础底面偏心方向边长;

e——偏心距,$e = \frac{M_{gd}}{N_{gd}}$。

对偏心受压的条形基础,基底压力为:

$$p_{\substack{kmax \\ kmin}} = \frac{N_{gd}}{b}\left(1 \pm \frac{6e}{b}\right) \tag{7-15}$$

式中 b——基础底面宽度。

偏心荷载作用下基础的底面尺寸常用试算法确定,其计算步骤为:

(1)先按中心荷载作用的公式初步估算基础底面积 A_0;

(2)根据偏心距的大小,将基础底面积 A_0 增大 10% ~40%,即 $A = (1.1 \sim 1.4)A_0$,并以适当的长宽比拟定基础底面的长度 l 和宽度 b;

(3)按式(7-14)或式(7-15)计算基底压力,并验算是否满足地基承载力的要求,如不合适(太大或太小),可调整基底尺寸后再验算,直到满意为止。

应该指出,基底压力 p_{max} 和 p_{min} 不能相差过大,以免基础发生过分倾斜,影响正常使用。一般在中、高压缩性土上的基础或有吊车的工业厂房柱基础,偏心距 e 不宜大于 $l/6$,此时 $p_{kmin} \geqslant 0$;对于低压缩性土或某些特殊的不利荷载组合,允许出现 $p_{kmin} < 0$,但应控制偏心距 $e \leqslant l/4$,此时 p_{kmax} 应按式(3-7)计算。

【例 7-1】 已知某带有吊车的厂房独立柱基础。相应于荷载效应标准组合时作用在基础上的荷载设计值如图 7-8 所示。地基土为黏土,$\gamma = 19\ kN/m^3$,$e = 0.73$,$I_L = 0.75$,地基承载力特征值 $f_{ak} = 230$ kPa,设基础长宽比 $n = l/b = 2$,试确定基础底面尺寸 l 和 b。

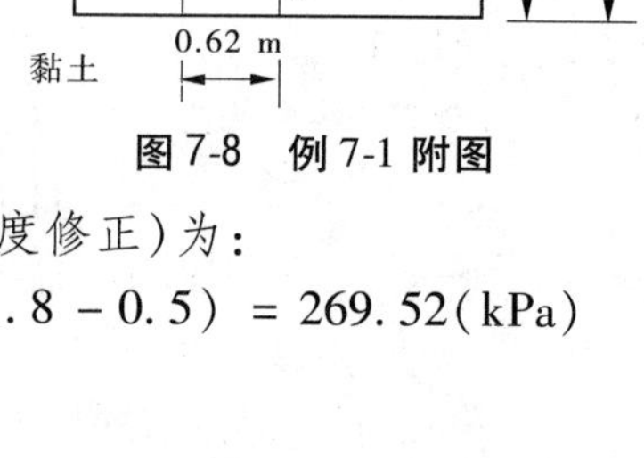

图 7-8 例 7-1 附图

解:(1)确定地基承载力特征值。

根据黏土的孔隙比 $e = 0.73$ 和液性指数 $I_L = 0.75$ 查表 4-6 得 $\eta_b = 0.3$,$\eta_d = 1.6$。

修正后的持力层承载力特征值 f_a(先不考虑基础宽度修正)为:

$$f_a = f_{ak} + \eta_d\gamma_m(d - 0.5) = 230 + 1.6 \times 19 \times (1.8 - 0.5) = 269.52(\text{kPa})$$

(2)初估基础底面尺寸。

先按中心荷载计算基底面积 A_0,即

$$A_0 \geqslant \frac{\sum F}{f_a - \gamma_G \bar{d}} = \frac{1\ 800 + 220}{269.52 - 20 \times 1.8} = 8.65(m^2)$$

经初步估算荷载偏心距较大，将基底面积增大 30%，取 $A = 1.3A_0 = 1.3 \times 8.65 = 11.25(m^2)$，得：

$$b = \sqrt{\frac{A}{n}} = \sqrt{\frac{11.25}{2}} = 2.37(m)$$

取 $b = 2.4$ m，$l = nb = 2 \times 2.4 = 4.8(m)$，即 $A = 2.4 \times 4.8 = 11.52(m^2)$

(3)验算持力层的承载力。

基础及回填土重　$G_k = \gamma_G Ad = 20 \times 11.52 \times 1.8 = 414.7(kN)$

基底处垂直合力 $N_{gd} = F_1 + F_2 + G = 1\ 800 + 220 + 414.7 = 2\ 434.7(kN)$

基底处总力矩 $M_{gd} = M + Vh + F_2 a = 950 + 180 \times 1.2 + 220 \times 0.62 = 1\ 302.4(kN \cdot m)$

偏心距　$e = \frac{M_{gd}}{N_{gd}} = \frac{1\ 302.4}{2\ 434.7} = 0.535(m)$

$$p_{\substack{kmax \\ kmin}} = \frac{N_{gd}}{l \times b}\left(1 \pm \frac{6e}{l}\right) = \frac{2\ 434.7}{4.8 \times 2.4} \times \left(1 \pm \frac{6 \times 0.535}{4.8}\right) = \frac{352.7}{70.0}(kPa)$$

因 $p_{kmax} = 352.7\ kPa > 1.2f_a = 1.2 \times 269.52 = 323.4(kPa)$，须进行底面尺寸调整。

(4)调整基底面积，重新估算。基底面积增大 40%，即

取 $b = 2.5$ m，$l = 2b = 2 \times 2.5 = 5.0(m)$

$$G_k = \gamma_G Ad = 20 \times 2.5 \times 5.0 \times 1.8 = 450(kN)$$

$$N_{gd} = F_1 + F_2 + G_k = 1\ 800 + 220 + 450 = 2\ 470(kN)$$

$$e = \frac{M_{gd}}{N_{gd}} = \frac{1\ 302.4}{2\ 470} = 0.527(m)$$

$$p_{\substack{kmax \\ kmin}} = \frac{N_{gd}}{l \times b}\left(1 \pm \frac{6e}{l}\right) = \frac{2\ 470}{5 \times 2.5} \times \left(1 \pm \frac{6 \times 0.527}{5}\right) = \frac{322.6}{72.6}(kPa)$$

由于　$p_{kmax} = 322.6\ kPa < 1.2f_a = 323.4\ kPa$

$p_{平均} = 197.6\ kPa < f_a = 269.52\ kPa$

故持力层承载力满足要求，所以该柱下独立基础底面尺寸可取为 $l = 5$ m，$b = 2.5$ m。

2　地基软弱下卧层验算

在成层地基中，当地基受力层范围内有软弱下卧层时，除按持力层承载力计算基底尺寸外，还必须按下式对软弱下卧层进行验算，即要求作用在软弱下卧层顶面处的附加应力与自重应力之和不超过软弱层修正后的承载力特征值。

$$\sigma_z + \sigma_{cz} \leqslant f_{az} \tag{7-16}$$

式中　σ_z——软弱下卧层顶面处的附加应力，kPa；

σ_{cz}——软弱下卧层顶面处土的自重应力，kPa；

f_{az}——软弱下卧层顶面处经深度修正后的地基承载力特征值，kPa。

软弱下卧层顶面处的附加应力 σ_z 可按项目 3 中讲解的方法计算，但实际工程中常采用应力扩散角法进行计算。当上层土与软弱下卧层的压缩模量比 $E_{s1}/E_{s2} \geqslant 3$ 时，假设基

底面处附加压力为 $p_0 = p - \gamma_m d$，按某一扩散角 θ 向下扩散，至深度 z 处的附加应力为 σ_z，如图 7-9 所示，根据基底与下卧层顶面处附加应力总和相等的条件可得附加应力计算公式。

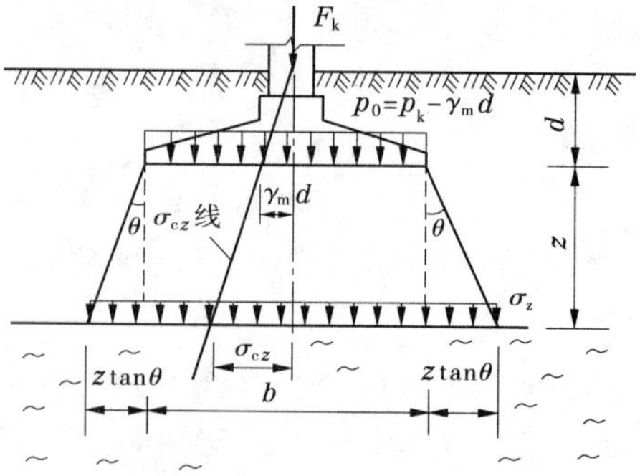

图 7-9　附加应力简化计算图

矩形基础（附加应力沿两个方向扩散）

$$\sigma_z = \frac{lb(p_k - \gamma_m d)}{(l + 2z\tan\theta)(b + 2z\tan\theta)} \tag{7-17}$$

条形基础（附加应力沿一个方向扩散）

$$\sigma_z = \frac{b(p_k - \gamma_m d)}{b + 2z\tan\theta} \tag{7-18}$$

式中　b——矩形基础和条形基础底边宽度，m；

l——矩形基础底边长度，m；

γ_m——基础埋深范围内土的加权平均重度（地下水位以下取浮重度 γ'），kN/m³；

d——基础埋深，m；

z——基础底面至软弱下卧层顶面的距离，m；

θ——地基压力扩散角，可按表 7-7 查取；

p_k——平均基底压力值，kPa。

表 7-7　地基压力扩散角 θ

E_{s1}/E_{s2}	$z/b = 0.25$	$z/b = 0.50$
3	6°	23°
5	10°	25°
10	20°	30°

注：1. E_{s1} 为持力层的压缩模量；E_{s2} 为软弱下卧层的压缩模量。

2. 当 $z < 0.25b$ 时取 $\theta = 0$，必要时，宜有试验确定；当 $z \geq 0.5b$ 时 θ 值不变。

若软弱下卧层强度验算不满足式（7-16）的要求，则表明该软弱土层承受不了上部荷载的作用，应考虑增大基础底面面积、减小基础埋深或对地基进行加固处理，甚至改用深基础设计方案。

【例 7-2】　某一轴心受压条形基础，相应于荷载效应标准组合时上部结构传来荷载

值 $F_k=300$ kN/m，若取基础埋深 1.2 m，底宽 2 m，地质资料如图 7-10 所示。试验算所选基础底面宽度是否满足地基承载力要求。

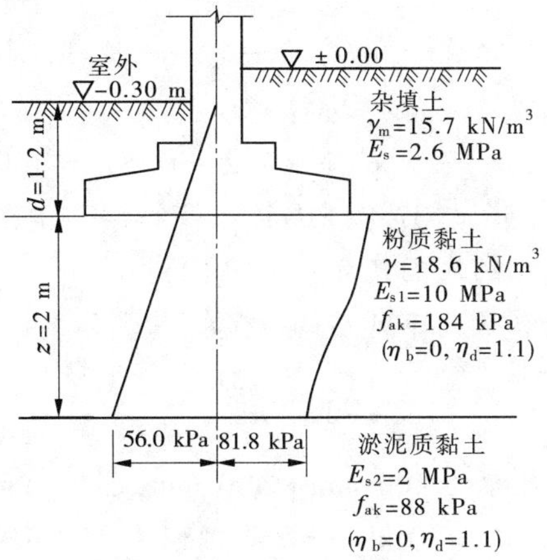

图 7-10 例 7-2 附图

解：(1)验算持力层承载力。

假设基础底宽小于 3.0 m，则修正后的持力层承载力特征值 f_a 为：

$$\begin{aligned} f_a &= f_{ak} + \eta_d \gamma_m (d-0.5) \\ &= 184 + 1.1 \times 15.7 \times (1.2-0.5) \\ &= 196.1(\text{kPa}) \end{aligned}$$

沿长度方向取 1 m 作为计算单元，基础及回填土重 G_k 为：

$$\begin{aligned} G_k &= \gamma_G \bar{d} b = 20 \times \frac{1.2+1.5}{2} \times 2.0 \\ &= 54(\text{kN/m}) \end{aligned}$$

设计基底压力为：

$$\begin{aligned} p_k &= \frac{F_k + G_k}{b} = \frac{300+54}{2} = 177(\text{kPa}) \\ &\leqslant f_a = 196.1\ \text{kPa} \end{aligned}$$

所以，持力层承载力满足要求。

(2)软弱下卧层承载力验算。

软弱下卧层顶面处土的自重应力为：

$$\begin{aligned} \sigma_{cz} &= \sum_{i=1}^{n} \gamma h_i = 1.2 \times 15.7 + 2 \times 18.6 \\ &= 56(\text{kPa}) \end{aligned}$$

由 $E_{s1}/E_{s2}=5$ 、$z/b=2/2=1$，查表 7-7 得应力扩散角 $\theta=25°$，软弱下卧层顶面处的附加应力为：

$$\begin{aligned} \sigma_z &= \frac{b(p_k - \gamma_m d)}{b + 2z\tan\theta} = \frac{2 \times (177 - 15.7 \times 1.2)}{2 + 2 \times 2 \times \tan 25°} \\ &= 81.8(\text{kPa}) \end{aligned}$$

软弱下卧层顶面以上土的加权平均重度为：

$$\gamma_m = \frac{15.7 \times 1.2 + 18.6 \times 2}{1.2 + 2} = 17.5(\text{kN/m}^3)$$

软弱下卧层顶面处的承载力设计值为：

$$f_{az} = f_{ak} + \eta_d \gamma_m (d + z - 0.5)$$
$$= 88 + 1.1 \times 17.5 \times (1.2 + 2 - 0.5) = 140.0(\text{kPa})$$

故 $\sigma_z + \sigma_{cz} = 81.8 + 56 = 137.8(\text{kPa}) < f_{az} = 140\ \text{kPa}$，满足要求。

思考题：(1) 如何确定基础的底面尺寸？

(2) 为什么要验算软弱下卧层的强度？其具体要求是什么？

习 题

1. 某六层建筑物柱截面尺寸为 400 mm × 400 mm，已知上部结构传至柱顶的荷载效应标准组合值为 $F_k = 640$ kN，$M_k = 80$ kN · m，基础埋深 1.2 m，持力层为粉质黏土，重度 $\gamma = 18\ \text{kN/m}^3$，孔隙比 $e = 0.85$，承载力特征值 $f_{ak} = 160\ \text{kN/m}^2$，试确定基础底面尺寸。（本题取基础扩大面积 10%，长短边之比为 1.5:1）　　（参考答案：$b = 1.8$ m，$l = 2.7$ m）

2. 某一承重墙下条形刚性基础，上部结构传来轴向荷载设计值 $F = 200$ kN/m，地基表层为素填土，层厚 1.0 m，$\gamma_1 = 17.5\ \text{kN/m}^3$，$f_{ak} = 90\ \text{kN/m}^2$；第②层为粉质黏土，层厚 2.5 m，地下水位位于第②层层面处，$\gamma_{sat2} = 19.8\ \text{kN/m}^3$，$f_{ak} = 160\ \text{kN/m}^2$（$\eta_b = 0.3$，$\eta_d = 1.6$），$E_s = 5.1$ MPa；第③层为淤泥质黏土，$\gamma_{sat3} = 17.5\ \text{kN/m}^3$，$f_{ak} = 100\ \text{kN/m}^2$（$\eta_b = 0$，$\eta_d = 1.0$），$E_s = 1.7$ MPa，基础埋深 1.0 m，基底宽 1.3 m，试验算基础宽度及软弱下卧层强度。

（参考答案：基础宽度及软弱下卧层强度均满足要求。）

任务 4　无筋扩展基础设计

《建筑地基基础设计规范》（GB 50007—2011）将浅基础分为无筋扩展基础、扩展基础、柱下条形基础、筏形基础等类型。

1　无筋扩展基础的类型及构造

无筋扩展基础是指砖、灰土、三合土、毛石、混凝土和毛石等材料组成的墙下条形基础或柱下独立基础（见图 7-11）。由于这类基础材料抗拉强度低，不能承受较大的弯矩作用，稍有弯曲变形，即产生裂缝，而且发展很快，以致基础不能工作。因此，通常采取构造措施，控制基础的外伸宽度 b_2 和基础高度 H_0 的比值不能超过表 7-8 所规定的允许宽高比 $[\frac{b_2}{H_0}]$ 范围，基础高度及台阶形基础每阶的宽高比应符合下式要求：

$$H_0 \geqslant \frac{b - b_0}{2\tan\alpha}$$

即

$$\frac{b_2}{H_0} \leqslant [\frac{b_2}{H_0}] = \tan\alpha \qquad (7\text{-}19)$$

式中　$[\frac{b_2}{H_0}]$——无筋扩展基础的允许宽高比，查表 7-8 得到；

α——基础的刚性角，如图 7-12 所示。

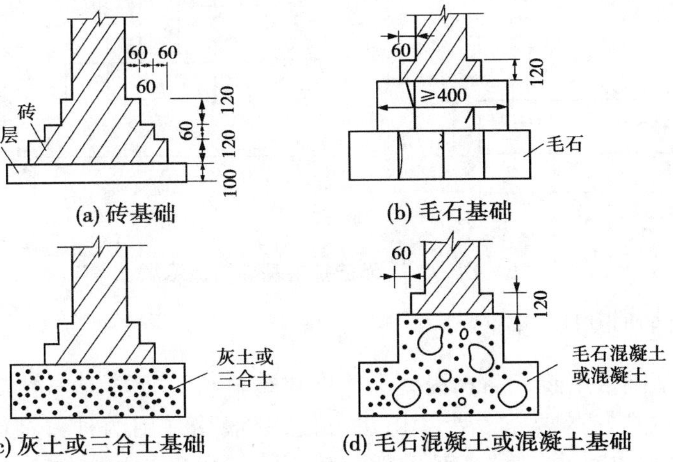

图 7-11　无筋扩展基础类型　（单位：mm）

表 7-8　无筋扩展基础台阶宽高比的允许值

基础材料	质量要求	台阶宽高比的允许值		
		$p_k \leqslant 100$	$100 < p_k \leqslant 200$	$200 < p_k \leqslant 300$
混凝土基础	C15 混凝土	1∶1.00	1∶1.00	1∶1.25
毛石混凝土基础	C15 混凝土	1∶1.00	1∶1.25	1∶1.50
砖基础	砖不低于 MU10、砂浆不低于 M5	1∶1.50	1∶1.50	1∶1.50
毛石基础	砂浆不低于 M5	1∶1.25	1∶1.50	—
灰土基础	体积比为 3∶7或 2∶8的灰土，其最小干密度：粉土 1.55 t/m^3，粉质黏土 1.50 t/m^3，黏土 1.45 t/m^3	1∶1.25	1∶1.50	—
三合土基础	体积比为 1∶2∶4～1∶3∶6（石灰∶砂∶骨料），每层约虚铺 220 mm，夯至 150 mm	1∶1.50	1∶2.00	—

注：1. p_k 为作用标准组合时的基础底面处的平均压力值，kPa。

2. 阶梯形毛石基础的每阶伸出宽度，不宜大于 200 mm。

3. 当基础由不同材料叠合组成时，应对接触部分作抗压验算。

4. 混凝土基础单侧扩展范围内基础底面处的平均压力超过 300 kPa 时，尚应进行抗剪验算；对基底反力集中于立柱附近的岩石地基，应进行局部受压承载力验算。

按基础台阶宽高比允许值设计的基础，一般都具有较大的整体刚度，其抗拉、抗剪强度都能够满足要求，可不必验算。

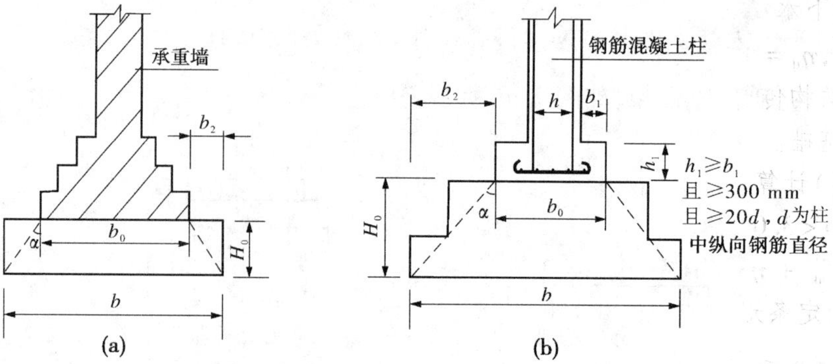

图 7-12　无筋扩展基础构造示意

2　无筋扩展基础的设计

无筋扩展基础常用砖、毛石、混凝土等作建筑材料。砖基础一般做成台阶式，应满足刚性角(俗称大放脚)的要求。为了施工方便，一般均采用两种习惯砌法：一是“两皮一收”砌法，即从基础底面起，先砌两皮砖(120 mm)后向里收 1/4 砖长(60 mm)，再砌两皮收 1/4 砖，依次一直砌收到与墙体厚度相同，如图 7-13(a)所示；另一种是“二、一间隔收”砌法，即先砌两皮砖后收 1/4 砖长，再砌一皮砖后收 1/4 砖长，依次砌筑，如图 7-13(b)所示。

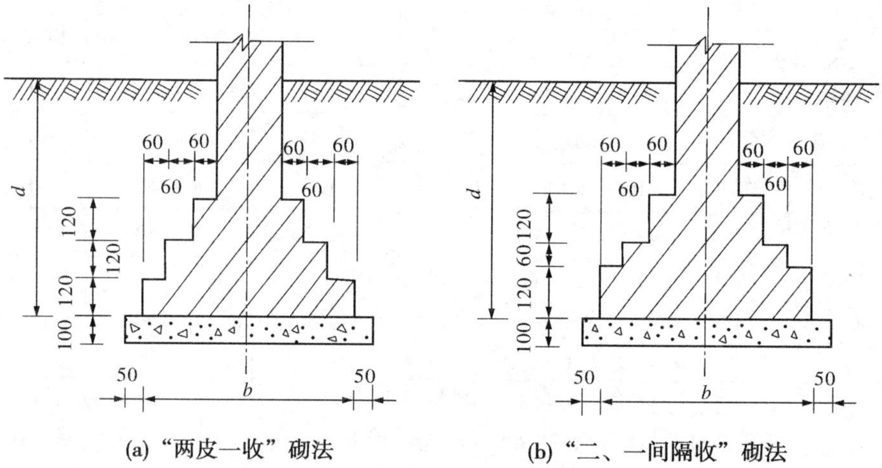

图 7-13　砖基础剖面图　(单位：mm)

毛石、混凝土和毛石混凝土基础在满足刚性角的要求时，一般也做成台阶式，毛石基础的每阶台阶伸出宽度不宜大于 200 mm，每阶高度通常取 400 ~ 600 mm，并且两层毛石应错缝砌筑，不能形成贯通缝，以增强整体刚度。混凝土基础每阶台阶高度不应小于 200 mm，毛石混凝土基础每阶台阶高度不应小于 300 mm。

为了保证基础的砌筑质量，基础底面下应设垫层，垫层材料可选用灰土、三合土或素混凝土。垫层每边伸出基础底面 50 mm，厚度为 100 mm。

无筋扩展基础可由两种材料叠合组成，如上层用砖砌体，下层用混凝土。

【例 7-3】　某学校教学楼拟采用无筋扩展基础，承重墙厚 240 mm，持力层为粉土，土质良好,地下水位在地表下 0.8 m 处,初选基础埋深 0.8 m。承载力特征值 $f_{ak}=168.0$ kPa,$\eta_b=0$,$\eta_d=1.1$,基底以上土的加权平均重度 $\gamma_m=18\ kN/m^3$,相应于荷载效应标准组合时上部结构传至基础上的荷载值 $F_k=190$ kN/m,室内、外高差 0.45 m,试设计该墙下刚性条形基础。

解:(1)计算修正后的地基承载力特征值。

假定 $b<3.0$ m,仅作深度修正,修正后的承载力特征值为:

$f_a=f_{ak}+\eta_d\gamma_m(d-0.5)=168.0+1.1\times18\times(0.8-0.5)=173.94(\text{kPa})$

(2)确定条形基础底面宽度 b。

基础部分重量计算高度 $\bar{d}=\dfrac{0.8+1.25}{2}=1.03(\text{m})$

基础宽度 $b\geqslant\dfrac{F_k}{f_a-\gamma_G\bar{d}}=\dfrac{190}{173.94-20\times1.03}=1.24(\text{m})$

取基础宽度 $b=1.25$ m <3.0 m,与假设相同,不需宽度修正。

(3)选择基础材料。基础选择两种材料,基础上层采用 MU10 砖和 M5 砂浆砌筑的“二、一间隔收”砖基础;下层采用素混凝土,强度等级为 C15,厚度为 300 mm。

(4)确定基础高度 H_0。

由

$$p_k=\frac{F_k+G_k}{A}=\frac{190+20\times1.03\times1.25}{1.25}=172.6(\text{kPa})$$

查表 7-8 得混凝土基础允许宽高比为 1∶1.00 ,所以混凝土层台阶宽为 300 mm。上层砖基础所需台阶数为:

$$n\geqslant\frac{1}{2}\times\frac{1\ 250-240-2\times300}{60}=3.4,\text{取 4 阶}$$

相应的基础高度为:

$$H_0=120\times2+60\times2+300=660(\text{mm})$$

因基础顶面至地面的距离≥0.1 m,取 0.14 m,则基础埋深 $d=0.8$ m,与初选基础埋深相符,满足要求。

(5)绘基础剖面图,如图 7-14 所示。

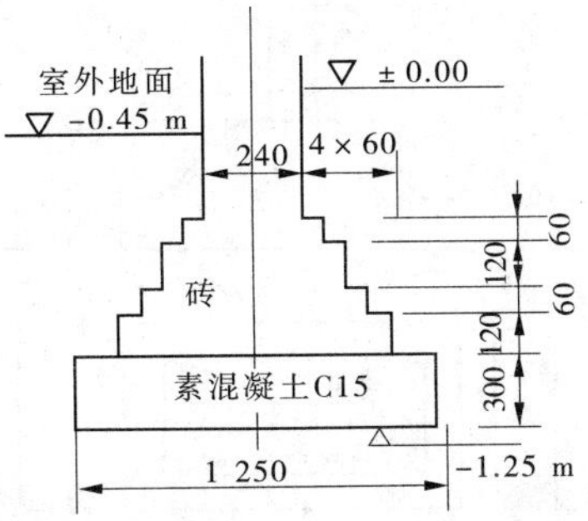

图 7-14 基础剖面图 (单位:mm)

思考题:无筋扩展基础设计时,控制基础强度的条件是什么?

习　题

1. 某校宿舍楼设计采用砖混结构，条形基础。外墙厚度24 cm，相应于荷载效应标准组合时墙基顶面荷载 $F_k = 188$ kN/m。地基土分3层：表层为耕植土，厚度0.8 m，天然重度 $\gamma_1 = 17$ kN/m^3；第②层为粉土，层厚2.0 m，$f_{ak} = 160$ kPa，$\gamma_{sat2} = 18.6$ kN/m^3；第③层为淤泥质黏土，$f_{ak} = 90$ kPa，$\gamma_{sat3} = 16.5$ kN/m^3，厚度1.5 m。地下水位深0.8 m，初定基础埋深为0.8 m。设计刚性基础尺寸，并绘制基础剖面图。

（答案：取 $b = 1.2$ m，$d = 0.8$ m，基础用两种材料，上层用砖，下层用混凝土）

2. 已知某五层砖混结构宿舍楼的外墙厚度370 mm，上部结构传至基础顶面的竖向荷载标准组合值 $F_k = 178$ kN/m，基础埋深为1.8 m，室内外高差为0.3 m，已知土层分布为：第①层为杂填土，厚0.4 m，$\gamma_1 = 16.8$ kN/m^3；第②层为粉质黏土，厚3.4 m，$\gamma_2 = 19.1$ kN/m^3；第③层为淤泥质粉质黏土，厚1.7 m，$\gamma_3 = 17.6$ kN/m^3；第④层为淤泥，厚2.1 m，$\gamma_4 = 16.6$ kN/m^3，承载力特征值 $f_{ak} = 50$ kPa。地下水位位于地面下1.3 m处，试用无筋扩展基础设计该墙下条形基础，并绘制基础剖面图。（提示：注意地下水位位于基础范围内）

（答案：$b = 2$ m）

任务5　扩展基础设计

1　扩展基础的类型

扩展基础系指柱下、墙下钢筋混凝土独立基础和墙下钢筋混凝土条形基础。

1.1　柱下钢筋混凝土独立基础

柱下钢筋混凝土独立基础有现浇混凝土柱基础和预制混凝土柱基础两种。现浇混凝土柱下常采用钢筋混凝土独立基础，基础截面可做成阶梯形或锥形，如图7-15(a)、(b)所示；预制混凝土柱下采用杯形基础，如图7-15(c)所示，将柱子插入杯口后，再用细石混凝土将柱子周围的缝隙填充压实。

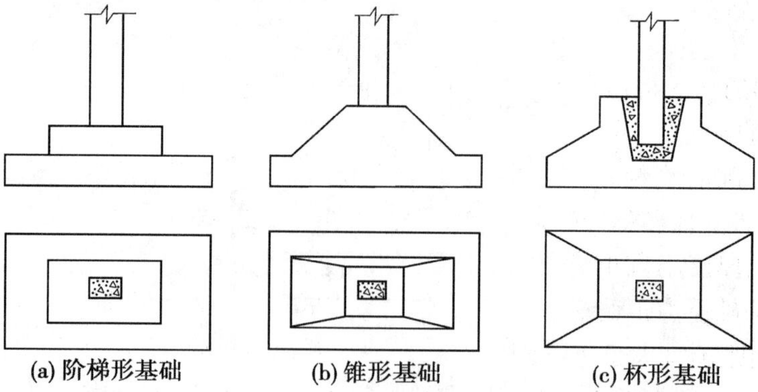

图7-15　柱下钢筋混凝土独立基础

1.2 墙下钢筋混凝土独立基础

墙下基础若当上层土质松软而其下不深处有较好土层时，为了节约基础材料和减少开挖土方量也可采用墙下独立基础形式。如图7-16所示，基础上设置钢筋混凝土过梁或砖拱圈来承受墙荷载，下部为钢筋混凝土独立基础。

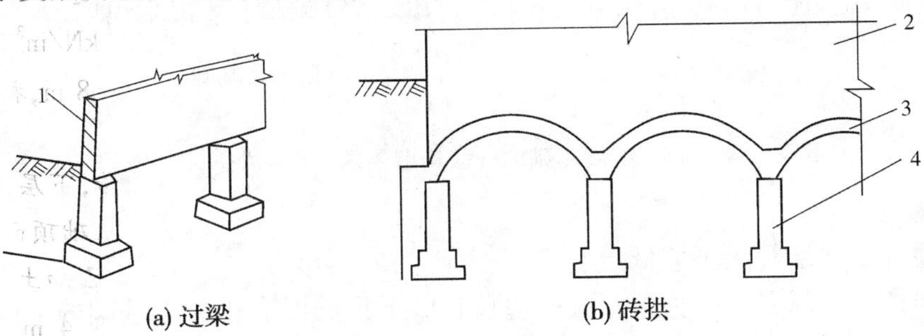

1—过梁；2—砖墙；3—砖拱；4—独立基础

图7-16 墙下钢筋混凝土独立基础

1.3 墙下钢筋混凝土条形基础

条形基础是墙基础最主要的形式，钢筋混凝土条形基础适用于建筑物荷载较大而土质较差，需要"宽基浅埋"的场合，如图7-17(a)所示；但当基础纵向上部荷载或地基土的压缩性不均匀时，为了增强基础的整体性和纵向抗弯能力，减少不均匀沉降，也可做成带肋式的钢筋混凝土条形基础，如图7-17(b)所示。

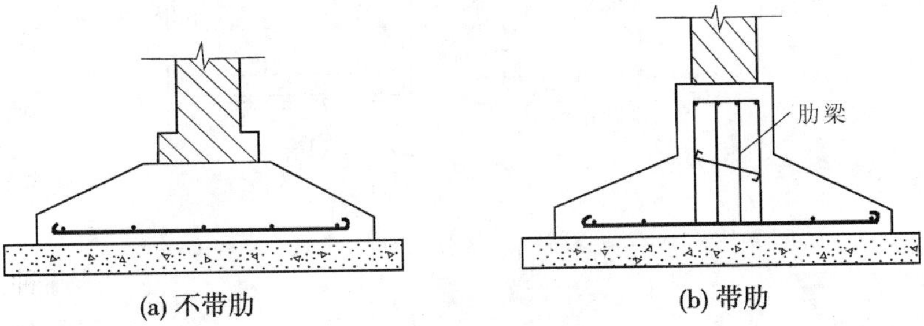

图7-17 墙下钢筋混凝土条形基础

2 扩展基础的构造要求

2.1 扩展基础的一般构造要求

扩展基础的构造，应符合下列规定：

(1) 锥形基础的边缘高度不宜小于200 mm，且两个方向的坡度不宜大于1∶3，如图7-18(a)所示；阶梯形基础的每阶高度，宜为300～500 mm，如图7-18(b)所示。

(2) 垫层的厚度不宜小于70 mm，垫层混凝土强度等级不宜低于C10。

(3) 扩展基础受力钢筋最小配筋率不应小于0.15%，底板受力钢筋的最小直径不宜小于10 mm，间距不宜大于200 mm，也不宜小于100 mm。墙下钢筋混凝土条形基础纵向分布钢筋的直径不宜小于8 mm；间距不宜大于300 mm；每延米分布钢筋的面积应不小于受力钢筋面积的15%。当有垫层时，钢筋保护层的厚度不应小于40 mm；无垫层时，不应

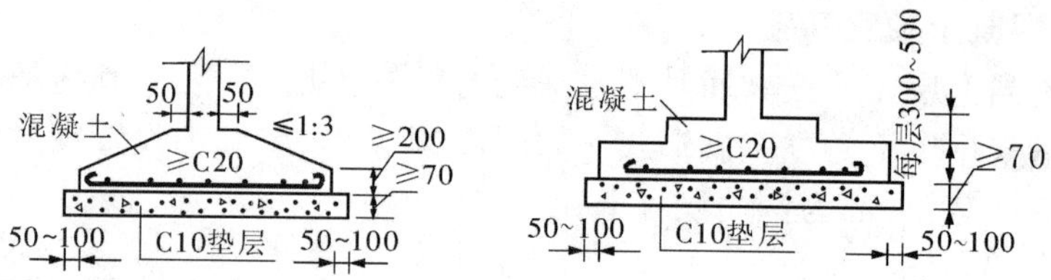

(a) 锥形基础

(b) 阶梯形基础

图 7-18 扩展基础的一般构造要求 （单位:mm）

小于 70 mm。

(4)混凝土强度等级不应低于 C20。

(5)当柱下钢筋混凝土独立基础的边长和墙下钢筋混凝土条形基础的宽度大于或等于2.5 m时,底板受力钢筋的长度可取边长或宽度的0.9倍,并宜交错布置,如图7-19所示。

(6)钢筋混凝土条形基础底板在T形及十字形交接处,底板横向受力钢筋仅沿一个主要受力方向通长布置,另一方向的横向受力钢筋可布置到主要受力方向底板宽度1/4处,如图7-20所示;在拐角处底板横向受力钢筋应沿两个方向布置,如图7-20所示。

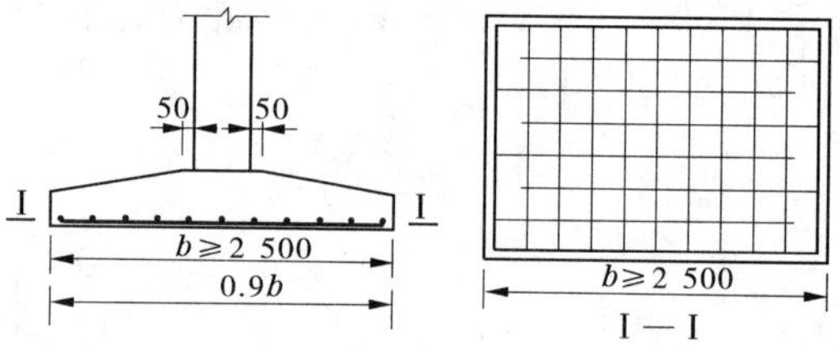

图 7-19 柱下独立基础底板受力钢筋布置 （单位:mm）

2.2 扩展基础内钢筋锚固长度要求

钢筋混凝土柱和剪力墙纵向受力钢筋在基础内的锚固长度应符合下列规定:

(1)钢筋混凝土柱和剪力墙纵向受力钢筋在基础内的锚固长度 l_a 应根据现行国家标准《混凝土结构设计规范》(GB 50010—2010)的有关规定确定。

(2)抗震设防烈度为6度、7度、8度和9度地区的建筑工程,纵向受力钢筋的抗震锚固长度 l_{aE} 应按下列要求计算:

①一、二级抗震等级纵向受力钢筋的抗震锚固长度 $l_{aE}=1.15l_a$;

②三级抗震等级纵向受力钢筋的抗震锚固长度 $l_{aE}=1.05l_a$;

③四级抗震等级纵向受力钢筋的抗震锚固长度 $l_{aE}=l_a$。

(3)当基础高度小于 $l_a(l_{aE})$ 时,纵向受力钢筋的锚固总长度除符合上述要求外,最小直锚段的长度不应小于 $20d$,弯折段的长度不应小于150 mm。

2.3 现浇柱的基础构造要求

现浇柱的基础,其插筋的数量、直径及钢筋种类应与柱内纵向受力钢筋相同。插筋的

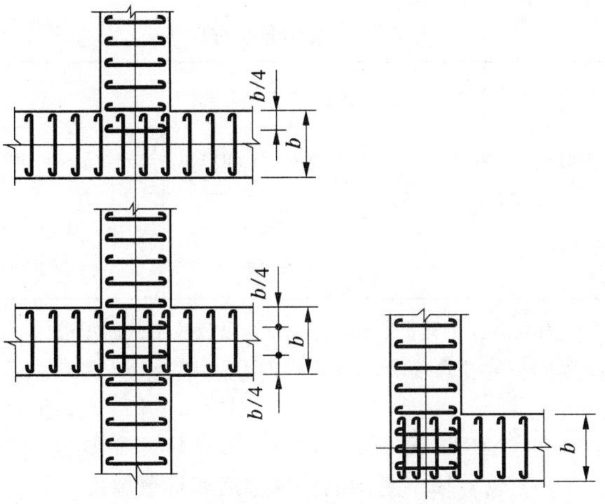

图7-20 墙下条形基础纵横交叉处底板受力钢筋布置

锚固长度应满足本任务中第2.2条要求，插筋与柱的纵向受力钢筋的连接方法，应符合现行国家标准《混凝土结构设计规范》(GB 50010—2010)的有关规定。插筋的下端宜做成直钩放在基础底板钢筋网上。当柱为轴心受压和小偏心受压，基础高度大于等于1 200 mm或柱为大偏心受压，基础高度大于等于1 400 mm时，可仅将四角的插筋伸至底板钢筋网上，其余插筋锚固在基础顶面下 l_a 或 l_{aE} 处，如图7-21所示。

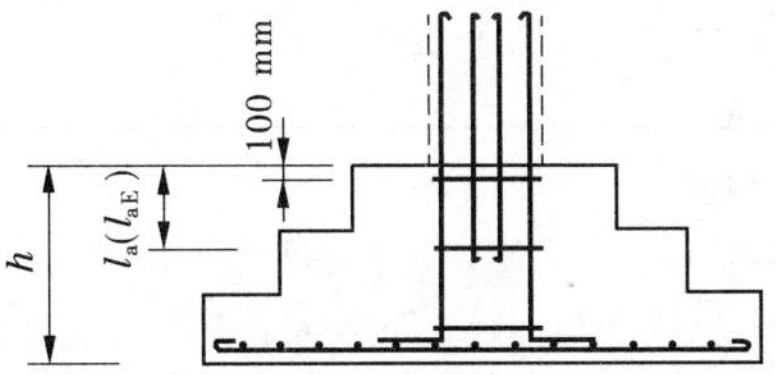

图7-21 现浇柱的基础中插筋构造示意

2.4 预制柱基础的构造要求

预制钢筋混凝土柱与杯口基础的连接，如图7-22所示，应符合下列规定：

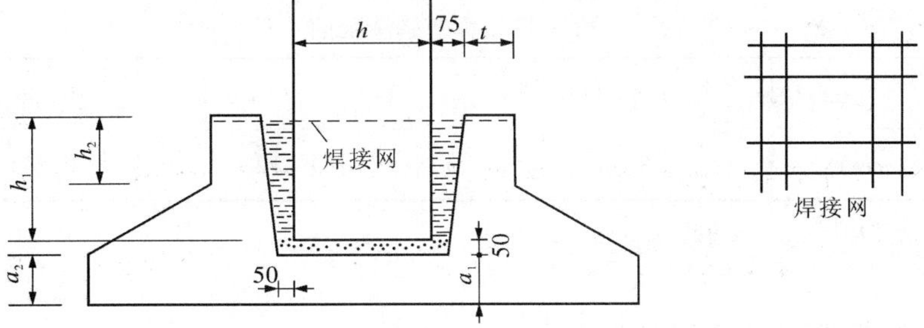

注：$a_2 \geqslant a_1$

图7-22 预制钢筋混凝土柱下独立基础 （单位：mm）

(1)柱的插入深度，可按表7-9选用，并应满足本任务中第2.2条钢筋锚固长度的要求及吊装时柱的稳定性要求。

表 7-9　柱的插入深度 h_1　（单位：mm）

矩形或工字形柱				双肢柱
$h<500$	$500 \leqslant h<800$	$800 \leqslant h \leqslant 1\ 000$	$h>1\ 000$	
$h \sim 1.2h$	h	$0.9h$ 且 $\geqslant 800$	$0.8h$ 且 $\geqslant 1\ 000$	$(1/3 \sim 2/3)h_a$ $(1.5 \sim 1.8)h_b$

注：1. h 为柱截面长边尺寸；h_a 为双肢柱全截面长边尺寸；h_b 为双肢柱全截面短边尺寸。
2. 柱轴心受压或小偏心受压时，h_1 可适当减小，偏心距大于 $2h$ 时，h_1 应适当加大。

（2）基础的杯底厚度和杯壁厚度，可按表 7-10 选用。

表 7-10　基础的杯底厚度和杯壁厚度

柱截面长边尺寸 h(mm)	杯底厚度 a_1(mm)	杯壁厚度 t(mm)
$h<500$	$\geqslant 150$	$150 \sim 200$
$500 \leqslant h<800$	$\geqslant 200$	$\geqslant 200$
$800 \leqslant h<1\ 000$	$\geqslant 200$	$\geqslant 300$
$1\ 000 \leqslant h<1\ 500$	$\geqslant 250$	$\geqslant 350$
$1\ 500 \leqslant h<2\ 000$	$\geqslant 300$	$\geqslant 400$

注：1. 双肢柱的杯底厚度值，可适当加大。
2. 当有基础梁时，基础梁下的杯壁厚度，应满足其支承宽度的要求。
3. 柱子插入杯口部分的表面应凿毛，柱子与杯口之间的空隙，应用比基础混凝土强度等级高一级的细石混凝土填充密实，当达到材料设计强度的 70% 以上时，方能进行上部吊装。

（3）当柱为轴心受压或小偏心受压且 $t/h_2 \geqslant 0.65$ 时，或大偏心受压且 $t/h_2 \geqslant 0.75$ 时，杯壁可不配筋；当柱为轴心受压或小偏心受压且 $0.5 \leqslant t/h_2<0.65$ 时，杯壁可按表 7-11 构造配筋；其他情况下，应按计算配筋。

表 7-11　杯壁构造配筋

柱截面长边尺寸(mm)	$h<1\ 000$	$1\ 000 \leqslant h<1\ 500$	$1\ 500 \leqslant h<2\ 000$
钢筋直径(mm)	$8 \sim 10$	$10 \sim 12$	$12 \sim 16$

注：表中钢筋置于杯口顶部，每边两根，如图 7-22 所示。

3　墙下钢筋混凝土条形基础设计

墙下钢筋混凝土条形基础的剖面设计包括确定基础高度和基础底板配筋。

3.1　轴心荷载作用

墙下钢筋混凝土条形基础的底板高度主要由混凝土的受剪承载力确定，即基础底板高度应由混凝土的抗剪强度确定。基础底板的受力如同以墙为固定端的倒置悬臂板，如图7-23所示，在地基净反力作用下，基础的最大内力发生在悬臂板的根部(墙外边缘垂直截面处)。

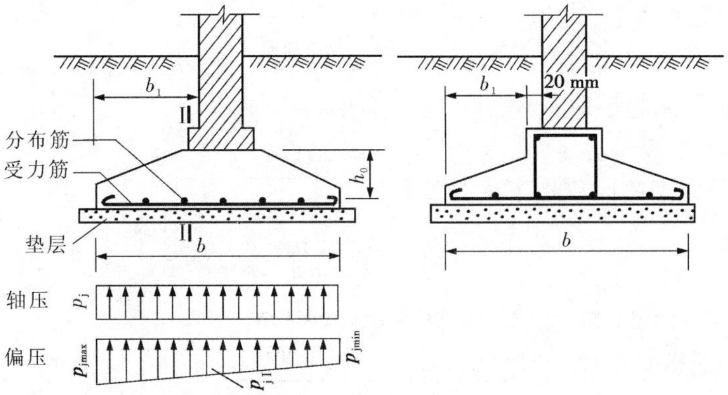

图7-23 墙下钢筋混凝土条形基础

3.1.1 计算地基净反力

墙下钢筋混凝土条形基础的地基净反力为：

$$p_j = p - \frac{G}{b} = \frac{F}{b} \tag{7-20}$$

式中 p_j——相应于荷载效应基本组合时的地基净反力值，kPa；

F——相应于荷载效应基本组合时，作用在基础顶面上的荷载值，kN/m；

b——基础底宽，m。

3.1.2 计算基础内力最大设计值

墙下钢筋混凝土条形基础的最大内力设计值应位于墙边截面处，如图7-23所示，墙边截面处的内力值为：

$$V = p_j b_1 = \frac{1}{2} p_j (b - a) \tag{7-21}$$

$$M = \frac{1}{2} p_j b_1^{\ 2} = \frac{1}{8} p_j (b - a)^2 \tag{7-22}$$

式中 V——悬臂板根部截面的剪力，kN/m；

M——悬臂板根部的最大弯矩，kN · m/m；

b_1——基础边缘至墙边或基础边缘至混凝土墙(梁)边的距离，m；

a——砖墙厚，m。

3.1.3 确定基础底板高度

基础底板高度应由混凝土的抗剪强度确定：

$$V \leqslant 0.7\beta_{hs} f_t h_0 l \tag{7-23a}$$

或

$$h_0 \geqslant \frac{V}{0.7\beta_{hs} f_t l} \tag{7-23b}$$

式中 f_t——混凝土轴心抗拉强度设计值，kPa；

β_{hs}——受剪承载力截面高度影响系数,$\beta_{hs}=(\frac{800}{h_0})^{\frac{1}{4}}$,当 h_0 小于 800 mm 时,取 800 mm,当 h_0 大于 2 000 mm 时,取 2 000 mm;

l——墙长,取 1 m;

h_0——基础底板的有效高度,$h_0=h-a$,底板下设垫层时保护层厚度 $a=40$ mm,底板下无垫层时保护层厚度 a 不小于 70 mm。

3.1.4 基础底板配筋计算

基础底板受力钢筋面积按下式计算:

$$A_s=\frac{M}{0.9f_yh_0} \tag{7-24}$$

式中 A_s——每米长基础底板受力钢筋面积,mm^2/m;

f_y——钢筋抗拉强度设计值,N/mm^2。

3.2 偏心荷载作用

在偏心荷载作用下,基础边缘处的最大地基净反力设计值为:

$$p_{jmax}=p_{max}-\frac{G}{b}=\frac{F}{b}(1+\frac{6e_0}{b}) \tag{7-25}$$

$$e_0=\frac{M}{F}$$

承重墙或梁边处的地基净反力设计值为:

$$p_{jI}=p_I-\frac{G}{b} \tag{7-26}$$

基础高度和基础底板配筋仍按式(7-23)和式(7-24)计算,但式中的剪力和弯矩设计值应用下式计算:

$$V=\frac{1}{2}(p_{jmax}+p_{jI})b_1 \tag{7-27}$$

$$M=\frac{1}{8}(p_{jmax}+p_{jI})b_1^2 \tag{7-28}$$

【例 7-4】 已知某砖混结构建筑物,外墙厚 370 mm,作用在基础顶面处的相应于荷载效应标准组合上部结构荷载值 $F_k=300$ kN/m,荷载效应基本组合 $F=340$ kN/m,基础埋深 1.1 m,室内外高差 0.9 m,修正后的地基承载力特征值 $f_a=160$ kPa,设计此墙下条形基础。

解:(1)确定基础底面宽度 b。

基础平均埋深 $\bar{d}=\frac{1.1+2.0}{2}=1.55(m)$

$$b\geq\frac{F_k}{f_a-\gamma_G\bar{d}}=\frac{300}{160-20\times1.55}=2.33(m),取\ b=2.4\ m$$

由于基底宽而浅埋,故设计成墙下钢筋混凝土条形基础。

(2)确定基础底板高度。

钢筋混凝土条形基础选用 C20 混凝土,$f_t=1.1\ N/mm^2$,钢筋选用 HPB235 级,$f_y=$

210 N/mm²。

计算地基净反力设计值

$$p_{\rm j} = p - \frac{G}{b} = \frac{F}{b} = \frac{340}{2.4} = 141.7(\text{kPa})$$

计算Ⅰ—Ⅰ剪力设计值

$$V = \frac{1}{2}p_{\rm j}(b-a) = \frac{1}{2} \times 141.7 \times (2.4-0.37) = 143.8(\text{kN/m})$$

计算基础有效高度，设 $h_0 < 800$ mm，则 $\beta_{\rm hs} = 1.0$

$$h_0 = \frac{V}{0.7\beta_{\rm hs}f_{\rm t}l} = \frac{143.8\times10^3}{0.7\times1.0\times10^3} = 205.4(\text{mm})$$

选取基础高度 $h = 300$ mm，基础下设 100 mm 厚的 C10 混凝土垫层，实际基础有效高度 $h_0 = h - a = 300 - 40 = 260(\text{mm}) > 205.4$ mm，满足要求。

(3)基础底板配筋计算。

计算Ⅰ—Ⅰ截面处的弯矩

$$M = \frac{1}{8}p_{\rm j}(b-a)^2 = \frac{1}{8}\times141.7\times(2.4-0.37)^2 = 73.0(\text{kN}\cdot\text{m/m})$$

计算基础每米长内受力钢筋面积：$A_{\rm s} = \dfrac{M}{0.9h_0f_{\rm y}} = \dfrac{73.0\times10^6}{0.9\times260\times210} = 1\ 485.6(\text{mm}^2)$

选用Φ 16@130（实配 $A_{\rm s} = 1\ 547\ \text{mm}^2 > 1\ 485.6\ \text{mm}^2$），分布筋选Φ 6@250。根据 $h = 300$ mm，选基础为锥形剖面，基础边缘高度取 200 mm，基础剖面图见图 7-24。

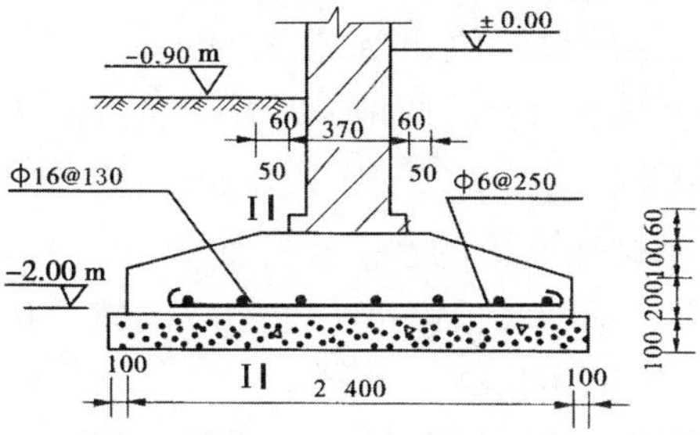

图 7-24 例 7-4 附图 （单位：mm）

4 柱下钢筋混凝土独立基础设计

柱下钢筋混凝土独立基础的剖面设计包括确定基础高度及基础底板配筋。

4.1 轴心荷载作用

4.1.1 确定基础高度 h

在柱荷载作用下，如果基础底面较大，基础高度（或阶梯高度）不够，则将沿柱周边（或阶梯高度变化处）产生冲切破坏，形成 45°斜裂面的角锥体，如图 7-25 所示。

对柱下独立基础，当冲切破坏角锥体的底面落在基础底面以内时，基础可能发生冲切破坏，则基础高度由混凝土的受冲切承载力（抗冲切强度）确定；但当冲切破坏角锥体的底面在 l 方向落在基础底面以外，即 $b \leqslant b_{\rm c} + 2h_0$ 时，基础则可能发生与墙下条形基础类似的剪切破坏，基础高度就由混凝土的受剪切承载力（抗剪强度）确定。

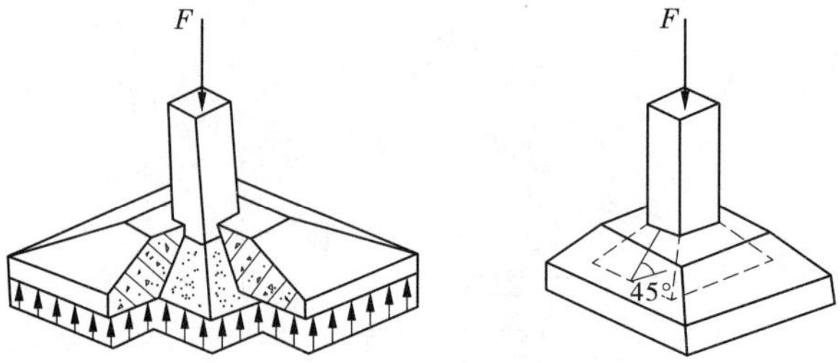

图 7-25　基础冲切破坏

4.1.1.1　当 $b > b_c + 2h_0$ 时，确定基础高度 h

当冲切破坏角锥体落在基础底面以内（即 $b > b_c + 2h_0$）时，如果基础高度不够，柱下独立基础将会发生冲切破坏，如图 7-26 所示。为防止发生这种破坏，基础底板应有足够的高度（即冲切破坏角锥体以外的地基净反力产生的冲切力 F_l 应小于基础冲切面混凝土的抗冲切能力）。对于长边为 l、短边为 b 的矩形基础，柱短边 b_c 一侧的冲切破坏较柱长边 a_c 一侧危险，所以只需根据短边一侧冲切破坏条件来确定基础高度，即要求：

$$F_l \leqslant 0.7\beta_{hp} f_t A_2 \tag{7-29}$$

$$F_l = A_1 p_j = \left[\left(\frac{l}{2} - \frac{a_c}{2} - h_0\right)b - \left(\frac{b}{2} - \frac{b_c}{2} - h_0\right)^2\right]p_j \tag{7-30}$$

式中　F_l——相应于荷载效应基本组合时的作用在 A_1 面积上的地基净反力设计值，kN；

β_{hp}——受冲切承载力截面高度影响系数，当 h 不大于 800 mm 时，β_{hp} 取 1.0，当 h 大于 2 000 mm 时，β_{hp} 取 0.9，其间按线性内插法取值；

f_t——混凝土轴心抗拉强度设计值，kPa 或 N/mm^2；

p_j——相应于荷载效应基本组合时的地基净反力值，$p_j = F/(bl)$；

A_1——冲切力的作用面积，见图 7-26 中阴影部分面积，m^2；

A_2——冲切破坏面在基础底面上的水平投影面积，m^2，$A_2 = (b_c + h_0)h_0$。

设计时，一般先按经验假定基础底板高度 h，得出 h_0，然后按式（7-29）和式（7-30）进行抗冲切强度验算，直至满足要求为止。

对阶梯形基础，例如分成二级的阶梯形基础，如图 7-27 所示，除对柱边进行冲切验算外，还应对上台阶底边变阶处进行下台阶的冲切验算。验算方法与上面柱边冲切验算相同，只是在使用式（7-29）和式（7-30）计算时，需将柱周边尺寸 a_c 和 b_c 换成变阶处台阶的尺寸 a_1 和 b_1，h_0 换成下台阶的有效高度 h_{01}，如图 7-27 所示。

4.1.1.2　当 $b \leqslant b_c + 2h_0$ 时，确定基础高度 h

当部分冲切破坏角锥体落在基础底面以外（即 $b \leqslant b_c + 2h_0$）时，如果基础高度不够，柱下独立基础则会发生剪切破坏，如图 7-28 所示。因此，独立基础的高度应按混凝土受剪承载力确定，计算方法与墙下条形基础相同，只是基础底面长度不能按单位长度计算，应按下式验算柱与基础交接处截面受剪承载力：

$$V_s \leqslant 0.7\beta_{hs} f_t A_0 \tag{7-31}$$

式中　V_s——柱与基础交接处的剪力设计值，kN，为图 7-28 中的阴影面积乘以基底平均净反力；

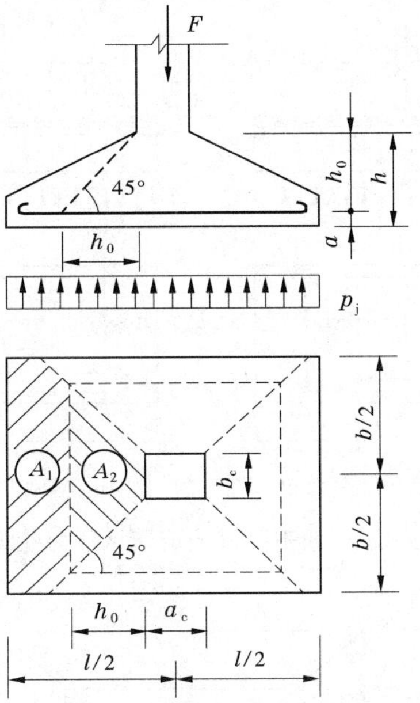

图7-26 基础冲切破坏计算图

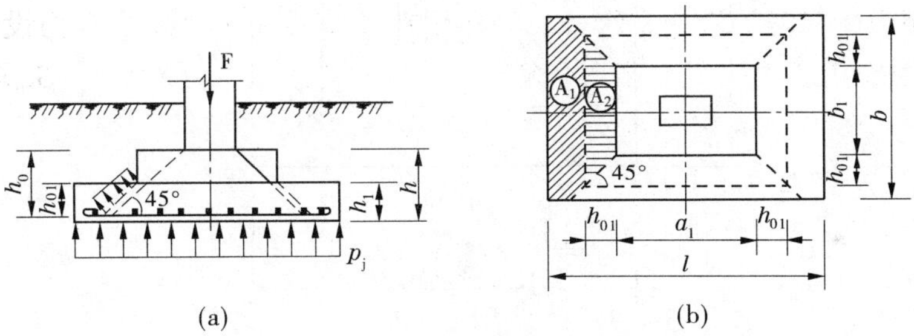

图7-27 阶梯形基础底板厚度验算

β_{hs}——受剪切承载力截面高度影响系数,取值方法与式(7-23)相同;

A_0——验算截面(如图7-28所示的Ⅰ—Ⅰ和Ⅱ—Ⅱ截面)处基础的有效截面面积,m^2。

4.1.2 基础底板配筋计算

底板在地基净反力作用下,基础沿柱的周边向上弯曲。一般矩形基础的长宽比小于2,故为双向受弯。当弯曲应力超过基础的抗弯强度时,就发生弯曲破坏。其破坏特征是裂缝沿柱角至基础角将基础底面分裂成四块梯形。故配筋计算时,将基础底板看成四块固定在柱边的梯形悬臂板,最大弯矩发生在柱边截面处,如图7-29所示。

当基础台阶宽高比小于等于2.5时,基础底板弯矩设计值可按下述方法计算。

柱边Ⅰ—Ⅰ截面弯矩M_{I}为:

$$M_{\text{I}} = \frac{1}{24}(l - a_c)^2(2b + b_c)p_j \tag{7-32}$$

柱边Ⅱ—Ⅱ截面弯矩M_{II}为:

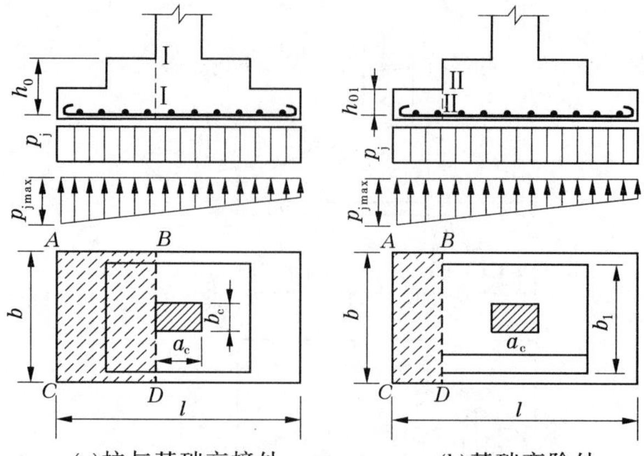

图 7-28　阶形基础受剪切承载力验算

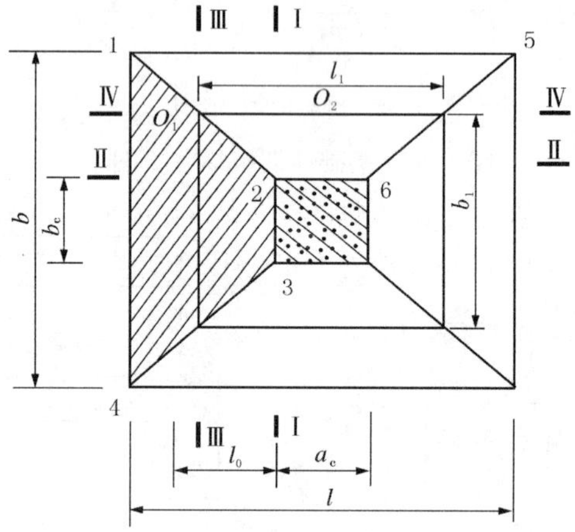

图 7-29　基础配筋示意图

$$M_{\mathrm{II}} = \frac{1}{24}(b - b_c)^2(2l + a_c)p_j \tag{7-33}$$

平行于 l 方向的受力钢筋面积为：

$$A_{s\mathrm{I}} = \frac{M_{\mathrm{I}}}{0.9f_y h_0} \tag{7-34}$$

平行于 b 方向的受力钢筋面积为：

$$A_{s\mathrm{II}} = \frac{M_{\mathrm{II}}}{0.9f_y h_0} \tag{7-35}$$

阶梯形基础在变阶处也是抗弯的危险截面，按式(7-32)～式(7-35)可分别计算上台阶底板Ⅲ—Ⅲ和Ⅳ—Ⅳ截面弯矩 M_{III}、M_{IV} 及钢筋面积 $A_{s\mathrm{III}}$、$A_{s\mathrm{IV}}$，计算时只需要将各式中的 a_c、b_c 分别换成上台阶底的长边 l_1 和短边 b_1，h_0 换成下台阶的有效高度 h_{01} 即可。然后按 $A_{s\mathrm{I}}$ 和 $A_{s\mathrm{III}}$ 中的大值配置平行于 l 方向的受力筋，并放置在下排；按 $A_{s\mathrm{II}}$ 和 $A_{s\mathrm{IV}}$ 中的大值配置平行于 b 方向的受力筋，并放置在上排。

当基底和柱截面均为正方形时，$M_{\mathrm{I}} = M_{\mathrm{II}}$，$M_{\mathrm{III}} = M_{\mathrm{IV}}$，这时只需计算一个方向即可。

4.2 偏心荷载作用

如果只在矩形基础的长边方向产生偏心,则当净偏心距 $e_0 \leq l/6$ 时,基底最大净反力设计值可用式(7-36)计算,如图 7-29 所示。

$$p_{jmax} = p_{max} - \frac{G}{bl} = \frac{F}{bl}(1 + \frac{6e_0}{l}) \tag{7-36}$$

4.2.1 确定基础高度 h

基础高度可按式(7-29)、式(7-30)或式(7-31)计算,但应以 p_{jmax} 代替式中的 p_j。

4.2.2 基础底板配筋计算

基础底板配筋仍可用式(7-34)和式(7-35)计算受力钢筋面积,但式中的 $M_{Ⅰ}$ 和 $M_{Ⅱ}$ 应按下式计算:

$$M_{Ⅰ} = \frac{1}{48}(l - a_c)^2(2b + b_c)(p_{jmax} + p_{jⅠ}) \tag{7-37}$$

$$M_{Ⅱ} = \frac{1}{48}(b - b_c)^2(2l + a_c)(p_{jmax} + p_{jmin}) \tag{7-38}$$

$$p_{jⅠ} = p_{jmin} + (p_{jmax} - p_{jmin})\frac{l + a_c}{2l} \tag{7-39}$$

符合构造要求的杯口基础,在与预制柱结合形成整体后,其性能与现浇基础相同,故其高度和底板配筋仍按柱边和高度变化处的截面进行计算。

【例 7-5】 某框架结构柱基础,相应于荷载效应基本组合时上部结构传至基础顶面处的竖向荷载 $F = 700$ kN,弯矩 $M = 87.8$ kN·m,已知柱截面尺寸 $a_c \times b_c = 400$ mm × 300 mm,基础底面尺寸 1.6 m×2.4 m,如图 7-30 所示,设计此钢筋混凝土柱基础剖面尺寸。

解:基础材料选用 C20 的混凝土,$f_t = 1\ 100$ kPa,钢筋用 HPB235 级,$f_y = 210$ N/mm^2,基础下设 100 mm 厚的 C10 混凝土垫层。

(1)计算基底净反力设计值。

净偏心距

$$e_0 = \frac{M}{N} = \frac{87.8}{700} = 0.125(\text{m})$$

$$p_{jmax} = \frac{F}{A}(1 + \frac{6e_0}{l}) = \frac{700}{2.4 \times 1.6} \times (1 + \frac{6 \times 0.125}{2.4})$$

$$= 239.26(\text{kPa})$$

$$p_{jmin} = \frac{F}{A}(1 - \frac{6e_0}{l}) = \frac{700}{2.4 \times 1.6} \times (1 - \frac{6 \times 0.125}{2.4})$$

$$= 125.33(\text{kPa})$$

(2)确定基础高度。

初选基础高度 $h = 600$ mm,基础分二级台阶,下阶台阶高 $h_1 = 300$ mm,取 $a_1 = 1.2$ m,$b_1 = 0.8$ m。其下采用 100 mm 厚混凝土垫层,钢筋保护厚度 $a = 40$ mm(见图 7-30)。

①柱边 Ⅰ—Ⅰ 截面的强度验算。

当 $b_c + 2h_0 = 0.3 + 2 \times (0.6 - 0.04) = 1.42(\text{m}) < b = 1.6$ m 时,基础发生冲切破坏,

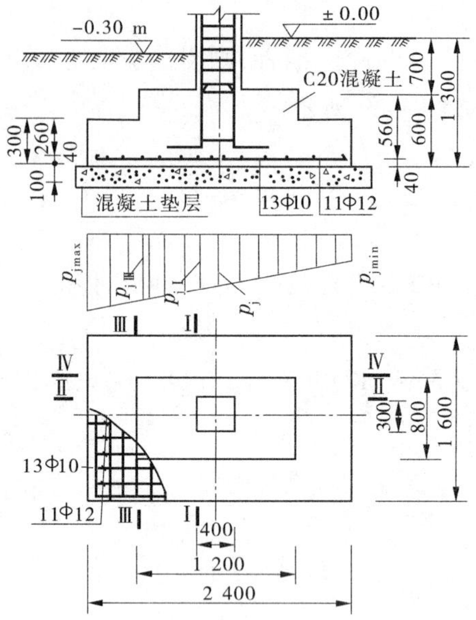

图 7-30　例 7-5 附图　（单位:mm）

柱边Ⅰ—Ⅰ截面按抗冲切强度验算。

因基础为偏心受压，按式(7-30)计算时 p_j 取 p_{jmax}，则冲切力为：

$$F_1 = \left[\left(\frac{l}{2} - \frac{a_c}{2} - h_0\right)b - \left(\frac{b}{2} - \frac{b_c}{2} - h_0\right)^2\right]p_{jmax}$$

$$= \left[\left(\frac{2.4}{2} - \frac{0.4}{2} - 0.56\right) \times 1.6 - \left(\frac{1.6}{2} - \frac{0.3}{2} - 0.56\right)^2\right] \times 239.26 = 166.50(\text{kN})$$

抗冲切力为：

$$0.7\beta_{hp}f_tA_2 = 0.7\beta_{hp}f_t(b_c + h_0)h_0$$
$$= 0.7 \times 1.0 \times 1\ 100 \times (0.3 + 0.56) \times 0.56$$
$$= 370.83(\text{kN}) > F_1 = 166.50\ \text{kN}\quad（满足要求）$$

②变阶处Ⅱ—Ⅱ截面的强度验算。

当 $b_1 + 2h_0 = 0.8 + 2 \times (0.26 - 0.04) = 1.24(\text{m}) < b = 1.6\ \text{m}$ 时，基础发生冲切破坏，变阶处Ⅱ—Ⅱ截面也按抗冲切强度验算。

冲切力为：

$$F_{\text{II}} = \left[\left(\frac{l}{2} - \frac{a_1}{2} - h_{01}\right)b - \left(\frac{b}{2} - \frac{b_1}{2} - h_{01}\right)^2\right]p_{jmax}$$

$$= \left[\left(\frac{2.4}{2} - \frac{1.2}{2} - 0.26\right) \times 1.6 - \left(\frac{1.6}{2} - \frac{0.8}{2} - 0.26\right)^2\right] \times 239.26$$

$$= 125.47(\text{kN})$$

抗冲切力为：

$$0.7\beta_{hp}f_t(b_1 + h_{01})h_{01} = 0.7 \times 1.0 \times 1\ 100 \times (0.8 + 0.26) \times 0.26$$
$$= 212.21(\text{kN}) > F_{\text{II}} = 125.47\ \text{kN}\quad（满足要求）$$

(3)底板配筋计算。

①基础长边 l 方向的配筋。

柱边Ⅰ—Ⅰ截面处地基净反力为：

$$p_{\mathrm{jI}} = p_{\mathrm{jmin}} + \frac{l + a_c}{2l}(p_{\mathrm{jmax}} - p_{\mathrm{jmin}})$$

$$= 125.33 + \frac{2.4 + 0.4}{2 \times 2.4} \times (239.26 - 125.33) = 191.79(\mathrm{kPa})$$

柱边Ⅰ—Ⅰ截面处的弯矩为：

$$M_{\mathrm{I}} = \frac{1}{48}(l - a_c)^2(2b + b_c)(p_{\mathrm{jI}} + p_{\mathrm{jmax}})$$

$$= \frac{1}{48} \times (2.4 - 0.4)^2 \times (2 \times 1.6 + 0.3) \times (191.79 + 239.26)$$

$$= 125.72(\mathrm{kN \cdot m})$$

$$A_{\mathrm{sI}} = \frac{M_{\mathrm{I}}}{0.9 f_y h_0}$$

$$= \frac{125.72 \times 10^6}{0.9 \times 210 \times 560} = 1\ 187.83(\mathrm{mm}^2)$$

变阶处Ⅲ—Ⅲ截面处弯矩为：

$$p_{\mathrm{jIII}} = p_{\mathrm{jmin}} + \frac{l + a_1}{2l}(p_{\mathrm{jmax}} - p_{\mathrm{jmin}})$$

$$= 125.33 + \frac{2.4 + 1.2}{2 \times 2.4} \times (239.26 - 125.33)$$

$$= 210.78(\mathrm{kPa})$$

$$M_{\mathrm{III}} = \frac{1}{48}(l - a_1)^2(2b + b_1)(p_{\mathrm{jIII}} + p_{\mathrm{jmax}})$$

$$= \frac{1}{48} \times (2.4 - 1.2)^2 \times (2 \times 1.6 + 0.8) \times (210.78 + 239.26) = 54.00(\mathrm{kN \cdot m})$$

$$A_{\mathrm{sIII}} = \frac{M_{\mathrm{III}}}{0.9 f_y h_{01}} = \frac{54.00 \times 10^6}{0.9 \times 210 \times 260} = 1\ 098.90(\mathrm{mm}^2)$$

平行于长边 l 方向的钢筋应按 A_{sI} 和 A_{sIII} 中较大者 A_{sI} 配置，则平行于长边 l 方向 1.6 m 范围内，实际配 11 Φ 12($A_s = 1\ 244\ \mathrm{mm}^2 > A_{\mathrm{sI}} = 1\ 187.83\ \mathrm{mm}^2$)。

②基础短边 b 方向的配筋。

柱边Ⅱ—Ⅱ截面处的弯矩为：

$$M_{\mathrm{II}} = \frac{1}{48}(b - b_c)^2(2l + a_c)(p_{\mathrm{jmax}} + p_{\mathrm{jmin}})$$

$$= \frac{1}{48} \times (1.6 - 0.3)^2 \times (2 \times 2.4 + 0.4) \times (239.26 + 125.33) = 66.75(\mathrm{kN \cdot m})$$

$$A_{\mathrm{sII}} = \frac{M_{\mathrm{II}}}{0.9 f_y h_0} = \frac{66.75 \times 10^6}{0.9 \times 210 \times 560} = 630.67(\mathrm{mm}^2)$$

变阶处Ⅳ—Ⅳ截面处弯矩为：

$$M_{\mathrm{IV}} = \frac{1}{48}(b - b_1)^2(2l + a_1)(p_{\mathrm{jmax}} + p_{\mathrm{jmin}})$$

$$= \frac{1}{48} \times (1.6 - 0.8)^2 \times (2 \times 2.4 + 1.2) \times (239.26 + 125.33) = 29.17(\text{kN} \cdot \text{m})$$

$$A_{s\text{IV}} = \frac{M_{\text{IV}}}{0.9 f_y h_{01}} = \frac{29.17 \times 10^6}{0.9 \times 210 \times 260} = 593.61(\text{mm}^2)$$

平行于短边 b 方向的钢筋应按 $A_{s\text{II}}$ 配置,则平行于短边 b 方向 2.6 m 范围内,选用 13 Φ 10(A_s = 1 021 mm^2 > $A_{s\text{II}}$ = 630.67 mm^2),基础配筋如图 7-30 所示。

思考题:(1)如何确定墙下钢筋混凝土条形基础的剖面尺寸和配筋?

(2)如何确定柱下钢筋混凝土独立基础的高度?

习　题

1. 某承重墙厚 370 mm,相应于荷载效应标准组合时承受上部结构传来轴力 F_k = 330 kN/m,荷载效应基本组合时 F = 360 kN/m,基础埋深 0.8 m,室内外高差 0.3 m,修正后地基承载力特征值 f_a = 196 kPa,混凝土强度 C20,配 HPB235 级钢筋,试确定基础底宽及底板高度,并计算底板钢筋面积。

(参考答案:b = 1.90 m,h = 300 mm)

2. 如图 7-31 所示,某现浇柱基础,已知上部结构传来的荷载效应标准组合值为 F_k = 1 600 kN、M_k = 95 kN · m、V_k = 30 kN,柱截面为 400 mm × 800 mm,基础埋深 1.5 m,地基承载力标准值 f_{ak} = 200 kN/m^2(η_b = 0.3,η_d = 1.6),基底以上土的加权平均重度 γ_0 = 18 kN/m^3,基底处土的重度 γ = 18.5 kN/m^3,混凝土强度等级 C20(f_t = 1.1 MPa),钢筋 HRB330(f_y = 310 MPa),已知基础短边 b = 2 m,长边 l = 3.8 m(平行弯矩方向),验算基底面积、基础高度及计算底板配筋。(注意:荷载效应基本组合值为荷载效应标准组合值的 1.35 倍)

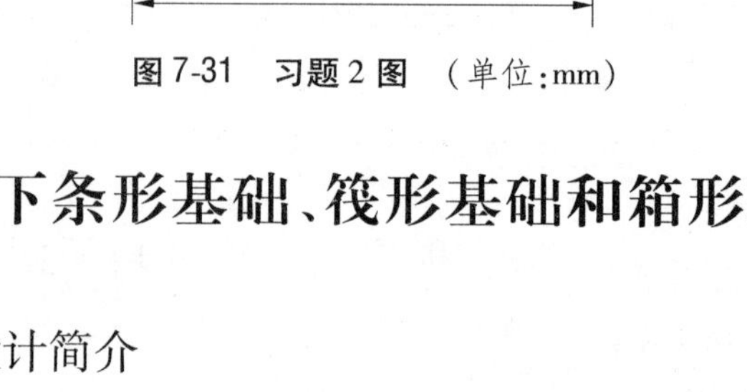

图 7-31　习题 2 图　(单位:mm)

任务 6　柱下条形基础、筏形基础和箱形基础设计简介

1　柱下条形基础设计简介

1.1　柱下条形基础类型

在框架结构中,当地基软弱而柱荷载较大,且柱距又比较小时,如采用柱下独立基础,可能因基础底面积很大,使基础间的净距很小甚至重叠,为了增加基础的整体刚度,减小

不均匀沉降及方便施工，可将同一排的柱基础连在一起成为钢筋混凝土条形基础（见图7-32）。

若将纵、横两个方向均设置成钢筋混凝土条形基础，形成如图7-33所示的十字交叉条形基础。这种基础的整体刚度更大，是多层厂房和高层建筑物中常用的型式。

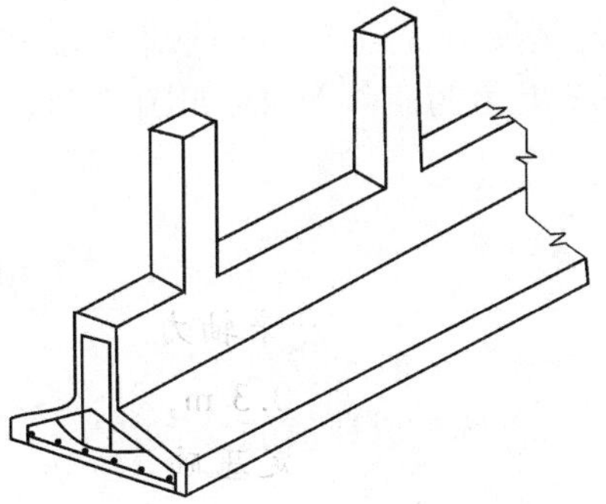

图7-32 柱下钢筋混凝土条形基础

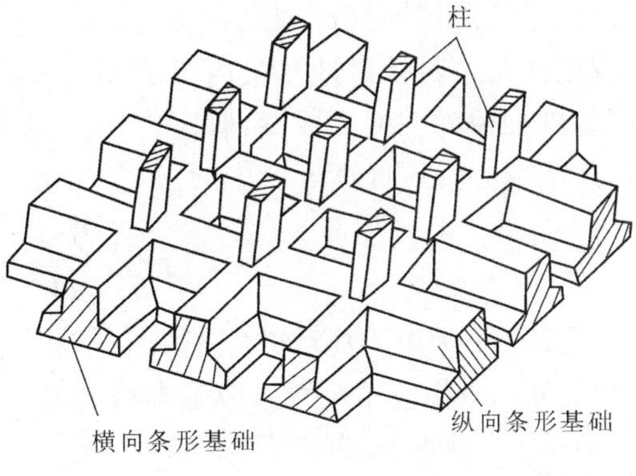

图7-33 十字交叉条形基础

1.2 柱下条形基础的构造要求

柱下条形基础除应该满足扩展基础的构造要求外，还应该符合下列要求：①柱下条形基础梁的高度宜为柱距的1/4～1/8，翼板厚不应小于200 mm，当翼板厚度大于250 mm时，宜采用变厚度翼板，其坡度宜小于等于1∶3；②条形基础的端部宜向外伸出，其长度宜为第一跨距的0.25倍；③现浇柱与条形基础梁的交接处，其平面尺寸不应小于图7-34的规定尺寸；④条形基础梁顶部和底部的纵向受力筋除满足计算要求外，顶部钢筋按计算配筋全部贯通，底部通长配筋不应少于底部配筋的1/3；⑤柱下条形基础的混凝土等级，不应低于C20。

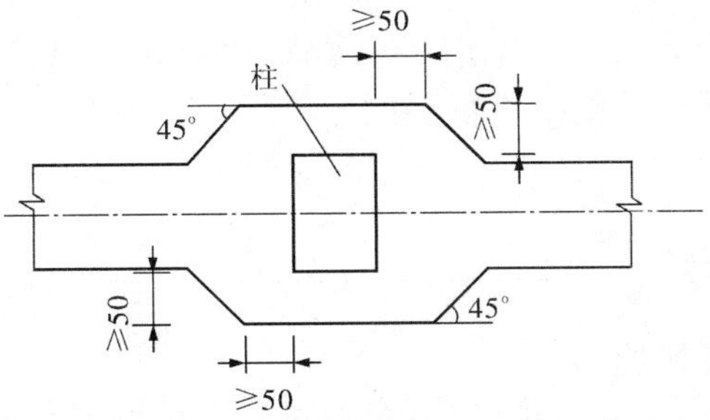

图7-34 现浇柱与条形基础梁交接处平面尺寸 （单位：mm）

1.3 柱下条形基础计算简介

当柱下独立基础的底面积不足以承受上部结构的荷载时，常采用柱下条形基础。对于不均匀沉降较大或振动敏感的地基，为加强结构整体性，也可做成柱下条形基础。

柱下条形基础是由一根肋梁或交叉肋梁及其横向伸出的翼板组成，其截面呈倒T字形。倒T形截面两侧外伸翼板的内力计算和配筋与墙下钢筋混凝土条形基础计算方法相同。肋梁（也称基础梁）的内力计算，要考虑地基基础和上部结构的相互作用，问题比较复杂，目前尚没有统一的计算方法，这里仅介绍一种简化的实用计算方法。

根据《建筑地基基础设计规范》(GB 50007—2011)规定:如果地基土质均匀,上部结构刚度较大,荷载分布较均匀,且条形基础梁的高度大于1/6柱距,地基反力可按直线分布,条形基础梁的内力可按连续梁计算,即采用倒梁法计算基础梁的内力,此时考虑上部结构与地基基础共同工作,边跨跨中弯矩及第一内支座的弯矩值宜乘以1.2的系数。如不满足以上条件按弹性地基梁方法计算内力。

倒梁法是一种计算地基梁内力的简化方法。它把地基反力视为作用在基础梁上的荷载,把基础梁视为一根倒置梁,假定作用在梁上的地基净反力为直线分布,如图7-35(a)所示,并按偏心受压计算。

$$p = \frac{\sum F}{bl} \pm \frac{6\sum M}{bl^2} \tag{7-40}$$

式中 $\sum F$——相应于荷载效应基本组合时基础上竖向荷载设计值的总和,kN;

$\sum M$——相应于荷载效应基本组合时荷载对基底形心弯矩设计值的总和,kN·m;

b、l——条形基础的宽度和长度,m。

然后,将柱与基础梁的结点视为梁的不动铰支座,以地基净反力为荷载,此时基础梁近似为多跨连续梁,如图7-35(b)所示,用弯矩分配法或弯矩系数法计算梁的弯矩和剪力。

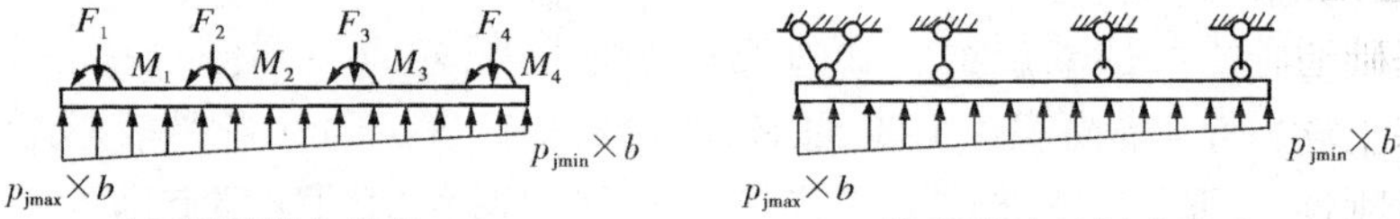

图7-35 倒梁法计算地基梁简图

但是,由于倒梁法只是一种简化近似法。按此法计算出的支座反力往往不等于柱传来的轴向力,即反力不平衡。为此,工程中提出了“基底反力局部调整法”,即将支座反力与原柱的轴力之差值(可正可负)当作均布荷载,放在此支座两侧各1/3跨度范围内,再解此连续梁的内力,并将计算结果进行叠加,经2~3次调整后,使支座反力和柱轴向力基本一致。

2 筏形基础设计简介

2.1 筏形基础的类型及构造

如地基软弱而荷载较大,以致采用十字交叉条形基础还不能满足要求,可用钢筋混凝土材料做成连续整片基础,即筏形基础。它在结构上同倒置的楼盖结构一样,比十字交叉条形基础有更大的整体刚度,能很好地调整地基的不均匀沉降,特别是对有地下防渗要求的建筑物,筏形基础更是一种理想的底板结构。

筏形基础分为平板式和梁板式两种类型。平板式是一块等厚的钢筋混凝土底板,柱子直接支立在底板上,如图7-36(a)所示,如柱网间距较小,可采用平板式;如柱网间距较大,柱荷载相差也较大,宜在板上沿柱轴的纵横向设置基础梁,下设钢筋混凝土底板,做成梁板式筏形基础,以增加基础刚度,使其能承受更大的弯矩,如图7-36(b)、(c)所示。

当有地下室时,应采用防水混凝土,防水混凝土的抗渗等级应根据地下水的最大水头

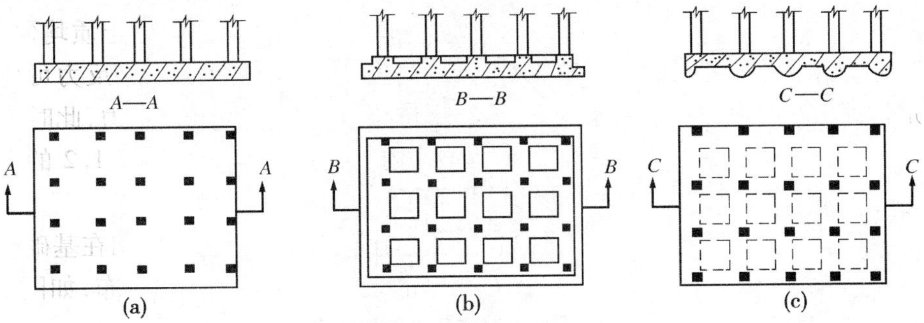

图7-36 筏形基础

与防渗混凝土厚度的比值,按现行《地下工程防水技术规范》(GB 50108—2008)选用,但不应小于0.6 MPa,必要时宜设架空排水层。筏形基础的地下室钢筋混凝土外墙厚度不应小于250 mm,内墙厚度不应小于200 mm。墙的截面设计除满足承载力要求外,尚应考虑变形、抗裂及防渗等要求,墙体内设置双面钢筋,直径不小于12 mm,间距不应大于300 mm。

2.2 筏形基础的简化计算

筏形基础通常采用刚性板简化方法或弹性地基梁板方法进行计算。

当地基土软弱且均匀、筏板较厚、上部结构刚度较大时,可近似认为筏板相对于地基来说是绝对刚性的,可按刚性板方法计算。有时在相邻柱荷载及柱间距的变化不超过20%时,也可以认为筏形基础是绝对刚性的。当不满足上述要求时,筏形基础内力应按弹性地基梁板方法进行分析计算。

用刚性板简化方法计算时,基底反力呈直线或平面分布,并按材料力学偏压公式简化计算其值,如图7-37所示。

$$p_{\substack{\text{kmax}\\ \text{kmin}}}、p_{\substack{k1\\ k2}} = \frac{\sum F_{\text{k}} + G_{\text{k}}}{lb}\left(1 \pm \frac{6e_x}{l} \pm \frac{6e_y}{b}\right) \tag{7-41}$$

式中 p_{kmax}、p_{kmin}、p_{k1}、p_{k2}——基底四个角的基底压力,kPa;

$\sum F_{\text{k}}$——相应于荷载效应标准组合时筏板上的总竖向荷载,kN;

G_{k}——基础及其上回填土的重量,kN;

l、b——筏板地面的长与宽,m;

e_x、e_y——上部结构荷载在x、y方向对基底形心的偏心距(x、y轴通过基底形心)。

确定筏形基底面积时,同样要满足地基承载力要求。

对墙下筏形基础,由于上部结构刚度较大,可不考虑整体弯曲产生的内力,按倒楼盖板法计算,即按不同支承条件的单向板或双向板计算内力。但在端部第一、二开间内将地基反力增加10%~20%,按上下均匀配筋。对板厚大于1/6墙间距离的筏板,可沿纵横方向取单位长度的板带,按倒梁法计算。

对柱下无梁平板式筏形基础,可仿效无梁楼盖的计算方法,分别在纵横柱列上,截取宽度为相邻柱的跨中距离的板带,把板带看成各自独立的倒梁,忽略板带间的剪力,按倒梁法计算。

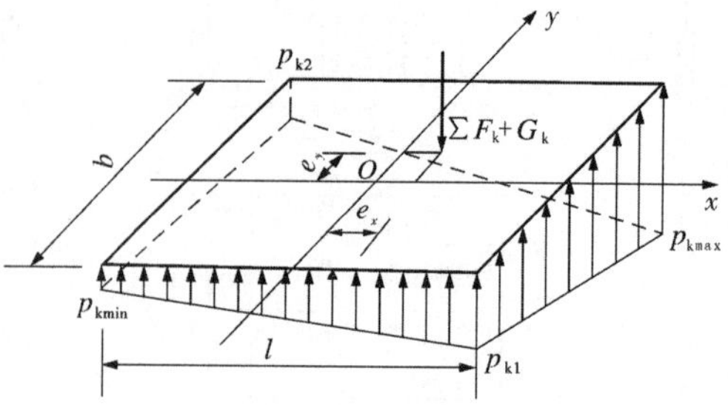

图 7-37　基底反力简化计算

对柱下梁板式筏形基础，一般也按倒楼盖板法计算内力，即筏板按单向或双向连续板计算，肋梁上的荷载按倒楼盖的规定进行划分计算，纵横肋梁的内力按多跨连续倒梁法分析计算。

如果不满足刚性板条件，则按弹性地基梁板计算。弹性地基梁板计算比较复杂，常用的方法有有限差分法、有限单元法或链杆法等，这里不做详细介绍。

3　箱形基础设计简介

箱形基础是由现浇的钢筋混凝土底板、顶板和纵横内外隔墙组成的空间整体结构，如图 7-38 所示。这种基础具有相当大的整体抗弯刚度，使上部结构不易开裂，并可利用箱形基础的中空部分作为地下室。由于基础深埋、空腹，可大大减小作用于基础底面的附加压力，减少建筑物的沉降。因此，适用于软弱地基、高层、重型建筑物及某些对不均匀沉降有严格要求的设备和构筑物的基础。

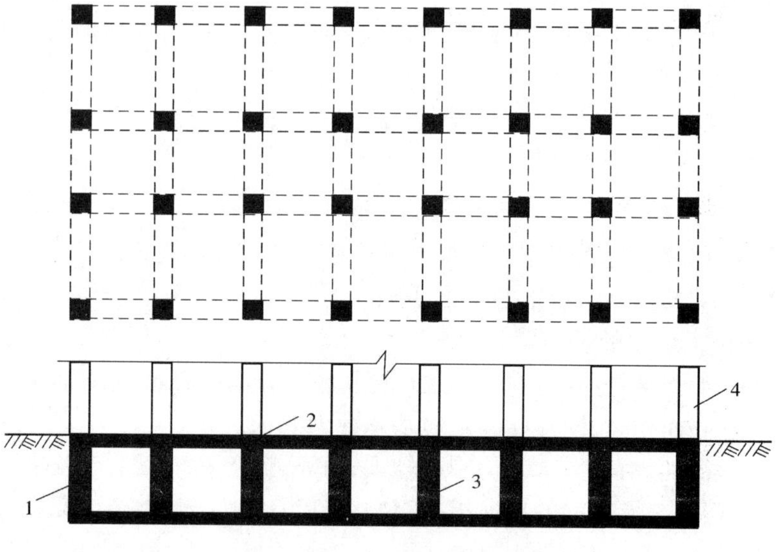

1—外墙；2—顶板；3—内墙；4—上部结构

图 7-38　箱形基础

3.1　箱形基础的构造要求

箱形基础的平面形状应力求简单对称，通常为矩形。基底平面形心宜与上部结构竖向静荷载的重心相重合。当偏心较大时，可使箱形基础的底板四周伸出不等长的短悬臂，

以调整基础底面形心位置。如无法做到基底形心与荷载重心重合,则偏心距 e 宜符合下式要求:

$$e \leqslant 0.1W/A \tag{7-42}$$

式中 W——与偏心距方向一致的基础底面边缘抵抗矩;

A——基础底面积。

箱形基础的外墙沿建筑物的四周布置,内墙一般沿上部结构的柱网或剪力墙纵横布置,墙体水平截面面积不得小于基础外墙外包尺寸水平投影面积的1/10。对基础长宽比大于4的箱形基础,其纵墙水平截面面积不得小于箱形基础外墙外包尺寸水平投影面积的1/18。

箱形基础的高度应满足结构承载力、整体刚度和使用功能的要求,其值不宜小于箱形基础长度(不包括底板悬挑部分)的1/20,并不小于3 m。

箱形基础的埋置深度应根据建筑物对地基承载力、基础倾覆及抗滑移稳定性、建筑物整体倾斜及抗震设防烈度等的要求确定,一般可取等于箱形基础的高度,在抗震设防区不宜小于建筑物高度的1/15。高层建筑应同结构单元内的箱形基础埋深一致,且不得局部采用箱形基础。

箱形基础顶板、底板和墙体的厚度应按实际的受力情况、整体刚度及防水要求确定。一般底板厚度不小于300 mm,外墙厚度不小于250 mm ,内墙厚度不小于200 mm,顶板厚度不小于200 mm,有人防工程要求时按人防等级确定。

墙体内应设置双向钢筋,竖向钢筋和水平向钢筋的直径不应小于10 mm,间距不应大于200 mm,上部没有剪力墙的内外墙,在墙顶和墙底处应另加两根直径不小于20 mm的通长构造钢筋,以加强墙身的抗弯能力。

门洞宜设在柱间距中部,洞边至上层柱中心的水平距离不宜小于1.2 m,洞门上过梁的高度不宜小于层高的1/5,洞口面积不宜大于柱距与箱形基础全高乘积的1/6。墙体洞口四周应设置加强钢筋。

3.2 箱形基础的内力分析

箱形基础的内力分析是根据上部结构的刚度不同,采用不同的计算方法,一般分为以下三种情况:

(1)上部结构为现浇剪力墙体系时,由于上部结构刚度大,可将其看成绝对刚性体,不考虑箱形基础的整体弯曲,箱形基础底板与顶板均按局部弯曲计算内力,如图7-39(a)所示。局部弯曲计算时,是把箱形基础的纵横墙当作不动刚性支座,顶板和底板分别在上部结构传来的荷载或地基反力作用下,按双向或单向板计算内力。

(2)上部结构为框架体系时,由于上部结构刚度较差,箱形基础内力应同时考虑整体弯曲和局部弯曲所产生的两种作用。所谓整体弯曲,是指上部结构与基础一起受弯,如图7-39(b)所示。箱形基础承担的由整体弯曲产生的弯矩,是按基础刚度占整体结构总刚度的比例分配给箱形基础的,箱形基础顶板与底板的内力,则是整体弯曲和局部弯曲两种应力合理叠加的结果。

(3)当上部结构为框架–剪力墙体系时,一般只按局部弯曲计算内力,但配筋时可在构造上加适量的整体弯曲钢筋,就能满足安全要求。

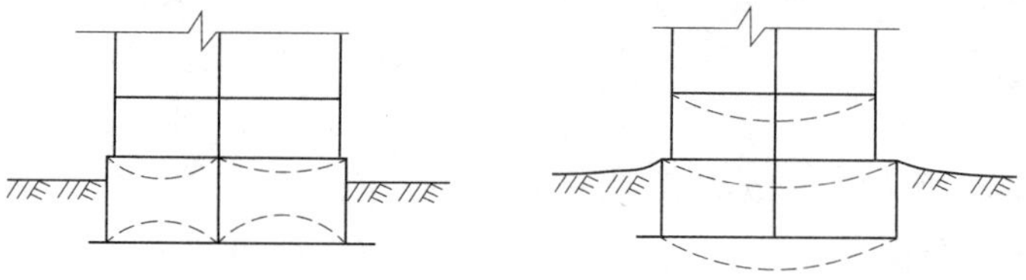

(a)箱形基础的局部弯曲　　(b)箱形基础的整体弯曲

图 7-39　箱形基础计算模式

箱形基础内力计算后,即可对顶板、底板、墙体和洞口进行强度计算。其中外墙除承受上部结构的荷载外,还承受周围土体的静止土压力和静水压力等水平荷载作用,箱形基础底板处在地下水位以下时,底板还承受地下水的浮托力作用。

任务 7　控制地基不均匀沉降的措施

任何地基在建筑物荷载作用下总要产生一定的沉降或不均匀沉降。通常地基产生的均匀沉降,对建筑物安全影响不大,可预留沉降标高加以解决。但是,过量的地基不均匀沉降往往使建筑物发生倾斜与墙体开裂,影响正常使用。对建于软弱和不均匀地基上的建筑物,尤其如此。减少或消除不均匀沉降危害的途径,除改善地基条件外(如改用桩基础或进行地基处理等),还应考虑上部结构、基础和地基三者相互影响共同工作的特点,从建筑、结构和施工等方面采取一些综合技术措施,以达到经济合理的效果。

1　建筑措施

1.1　建筑物的体型力求简单

建筑物的体型是指其平面形状和立面轮廓。平面形状复杂的建筑物,如“工”“T”“L”“E”字形等,在纵、横单元交叉处地基附加应力相互重叠,使该处的局部沉降增大。同时,此类建筑物整体刚性差,刚度不对称,当地基出现不均匀时容易发生墙体裂缝,如图 7-40所示。当建筑物立面高差悬殊,作用在地基上的荷载差异较大时,也容易产生过量的不均匀沉降,使建筑物倾斜和开裂,如图 7-41 所示。因此,遇软弱地基时,在满足使用的情况下设计时可采用下列措施:

(1)立面体型高差变化不宜过大,砌体承重结构房屋高差不宜超过 1 ~ 2 层;

(2)砌体承重结构应控制其长高比不大于 2. 5 ~ 3. 0,使内外纵墙避免中断、转折,减小横墙间距,以增强建筑物的整体刚度,提高调整不均匀沉降的能力。

1.2　设置沉降缝

沉降缝是从屋顶到基础底面,把整栋建筑物竖向断开,分成几个独立的单元。每个单元建筑物的长高比小、体型简单、整体刚度大,可有效地避免不均匀沉降带来的危害。根据经验,沉降缝通常设置于下列部位:

(1)平面形状复杂的建筑物转折处;

(2)建筑物高度或荷载突变处;

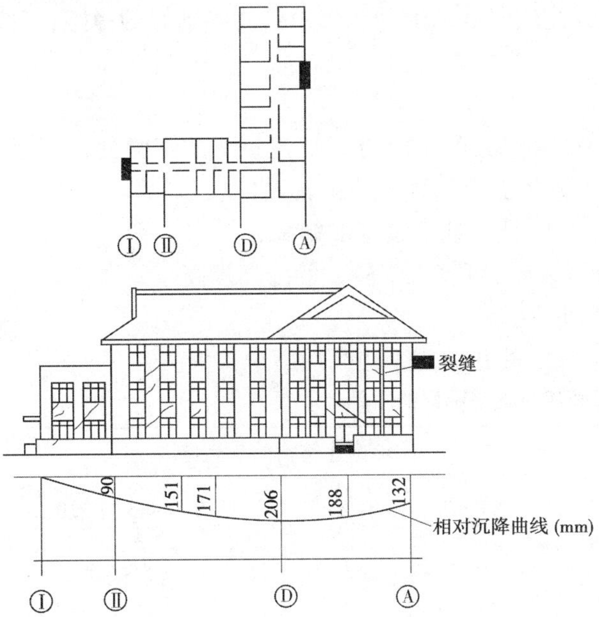

图 7-40　某“L”形建筑物翼墙墙身开裂

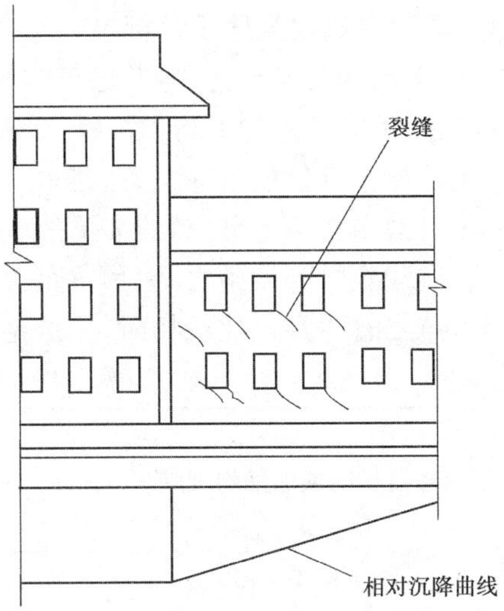

图 7-41　建筑物高差太大而开裂

(3)长高比过大的建筑物适当部位;

(4)地基土的压缩性有明显变化或地基基础处理方法不同处;

(5)建筑结构或基础类型不同处;

(6)分期建造房屋的交界处。

沉降缝的构造见图 7-42 和图 7-43。沉降缝应留有足够的宽度,缝内一般不填塞,以防相邻单元相互倾斜时造成挤压损坏。一般沉降缝的宽度是:2、3 层房屋为 5 ~ 8 cm、4、5 层房屋为 8 ~ 12 cm、6 层以上不小于 12 cm。

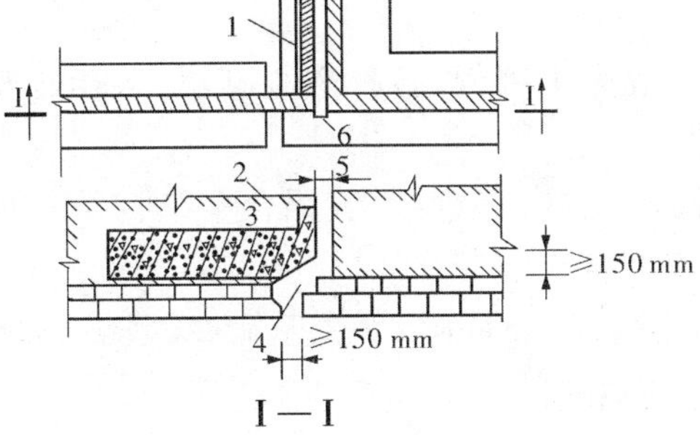

1—轻质墙;2—横梁;3—挑梁;
4—填松散煤渣;5—沉降缝宽度;6—落水管

图 7-42　条形基础沉降缝

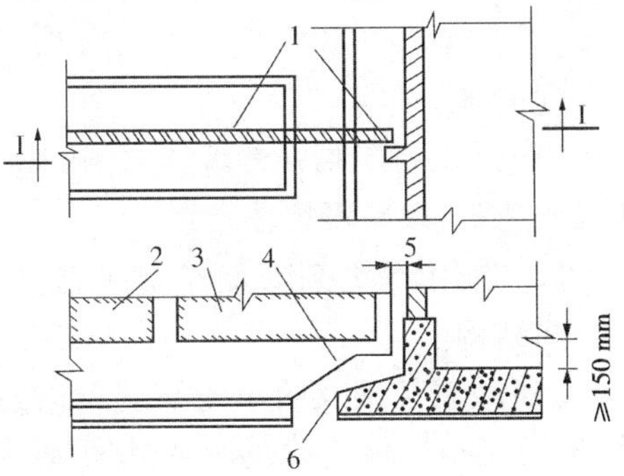

1—框架柱;2—框架;3—填充墙;4—挑梁;
5—沉陷缝宽度;6—填松散煤渣

图 7-43　框架基础沉降缝

1.3　控制相邻建筑物间的净距

为了防止相邻建筑物因附加应力扩散引起地基不均匀沉降,造成建筑物的倾斜或裂缝，应保持相邻建筑物有一定的距离。建在软弱地基上的相邻建筑物基础间的净距，可按表 7-12 选用。

1.4 调整建筑物某些设计标高

由于地基的沉降，会降低建筑物原有的标高，严重时将影响建筑物的正常使用，设计时应根据可能产生的不均匀沉降，采取下列措施调整建筑物的标高：

(1) 根据预估的沉降量，适当提高室内地坪和地下设施的标高；

(2) 建筑物各部分（或设备）之间有联系时，可将沉降较大的标高提高；

(3) 建筑物与设备之间，预留足够的净空；

(4) 当管道穿过建筑物时，预留足够尺寸的孔洞或采用柔性管道接头。

表 7-12 相邻建筑物基础间的净距

影响建筑物的预估平均沉降量 S(mm)	被影响建筑物的长高比	
	$2.0 \leqslant \frac{L}{H_f} < 3.0$	$3.0 \leqslant \frac{L}{H_f} < 5.0$
70 ~ 150	2 ~ 3	5 ~ 6
160 ~ 250	3 ~ 6	6 ~ 9
260 ~ 400	6 ~ 9	9 ~ 12
>400	9 ~ 12	≥12

注：1. 表中 L 为建筑物长度或沉降缝分隔的单元长度(m)；H_f 为自基础地面起算的建筑物高度(m)。
2. 当被影响建筑物的长高比为 $1.5 < L/H_f < 2.0$ 时，其间隔净距可适当缩小。

2 结构措施

2.1 减轻建筑物的自重

建筑物的自重，在地基所承受的荷载中，占的比例很大：一般民用建筑占 60% ~ 75%，工业建筑占 40% ~ 50%。因此，为了减少沉降，应尽量减轻建筑物的自重，主要采取下列措施：

(1) 采用轻质高强的墙体材料：如轻质高强混凝土墙板、各种空心砌块、多孔砖及其他轻质墙等，以减轻墙体自重。

(2) 选用轻型结构：如采用预应力钢筋混凝土结构、轻钢结构、铝合金结构及各种轻型空间结构。

(3) 减轻基础及回填土重量：如采用宽基浅埋、空心基础、薄壳基础、无埋式薄板基础，以及架空地板代替厚填土，都可以大幅度减轻基础自重。

2.2 设置圈梁

在墙体内适当的部位设置钢筋混凝土圈梁（或钢筋砖圈梁），可增强建筑物的整体性，提高砌体的抗拉和抗剪能力，防止或减小裂缝的出现和发展（在地震区还可起到抗震作用）。圈梁应按下列要求设置：

(1) 在多层房屋的基础和顶层处宜各设置一道，其他各层可隔层设置，必要时也可层层设置。工业厂房、仓库可结合基础梁、连系梁、过梁等酌情设置。

(2)圈梁应设置在外墙、内纵墙和主要内横墙上,并宜在平面内连成封闭系统。圈梁有两种:一种是钢筋混凝土圈梁,如图7-44(a)所示,梁宽一般同墙厚,梁高不应小于120 mm,混凝土强度等级宜采用C20,纵向钢筋不宜少于4 Φ 8;另一种是钢筋砖圈梁,如图7-44(b)所示,即在水平灰缝内夹筋形成钢筋砖带,高度为4～6皮砖,用M5砂浆砌筑,水平通长钢筋不宜少于6 Φ 6,水平间距不宜大于120 mm,分上、下两层设置。

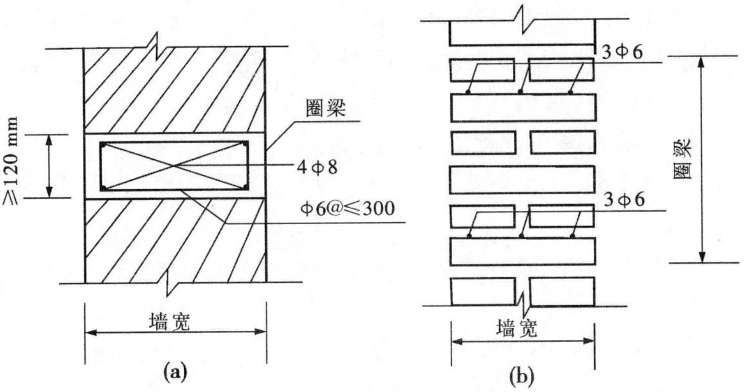

图7-44 圈梁截面示意图

2.3 减少或调整基底附加压力

减少或调整基底附加压力应采取以下措施:

(1)设置地下室或半地下室。利用挖除的土重抵消(补偿)一部分甚至全部建筑物重量,以达到减少沉降的目的。

(2)改变基础底面尺寸,使上部结构荷载不同时,基础沉降量接近。

2.4 采用对不均匀沉降不敏感的结构

砌体承重结构、钢筋混凝土框架结构对不均匀沉降很敏感,而排架、三铰拱(架)等铰结构则对不均匀沉降有很大的顺从性,支座发生相对位移时不会引起很大的附加应力,故可以避免不均匀沉降的危害。铰接结构的这类结构形式通常只适用于单层的工业厂房、仓库或某些公共建筑。必须注意的是,严重的不均匀沉降仍会对这类结构的屋盖系统、围护结构、吊车梁及各种纵横联系构件造成损害,因此应采取相应的防范措施,例如避免用连续吊车梁及刚性屋面防水层。

图7-45是建筑在软土地基上的某仓库所用的三铰门架结构,使用效果良好。

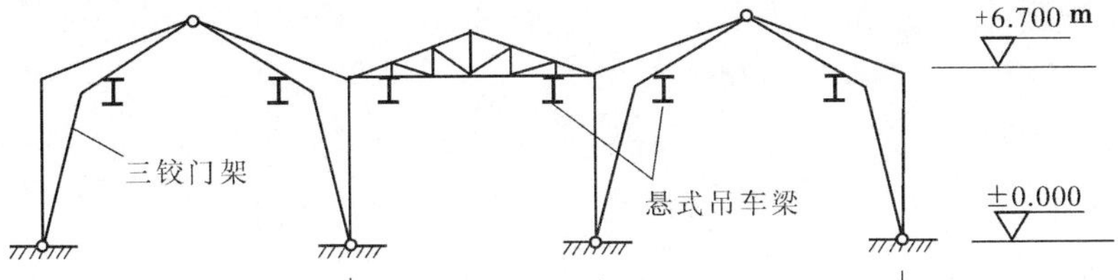

图7-45 某仓库三铰门架结构

油罐、水池等基础底板常采用柔性底板,以便更好地顺从、适应地基的不均匀沉降。

3 施工措施

在软弱地基上进行工程建设时，采用合理的施工顺序和施工方法至关重要，这是减少或调整不均匀沉降的有效措施之一。

3.1 遵照先重(高)后轻(低)的施工程序

当拟建的相邻建筑之间轻(低)重(高)悬殊时，一般应按照先重后轻的程序进行施工，必要时还应在重的建筑物竣工后间歇一段时间再建造轻的邻近建筑物。当重的主体建筑物与轻的附属部分相连时，也应按上述原则处理。

3.2 注意堆载、沉桩和降水等对邻近建筑物的影响

在已建成的建筑物周围，不宜堆放大量的建筑材料或土方等重物，以免地面堆载引起建筑物产生附加沉降。

拟建的密集建筑群内如有采用桩基础的建筑物，桩的设置应首先进行，并应注意采用合理的沉桩顺序。

在进行降低地下水位及开挖深基坑时，应密切注意对邻近建筑物可能产生的不利影响，必要时可以采取设置节水帷幕、控制基坑变形量等措施。

3.3 注意保护坑底土体

在淤泥及淤泥质土地基上开挖基坑时，要注意尽可能不扰动土的原状结构。在雨期施工时，要避免坑底土体受雨水浸泡。通常的做法是：在坑底保留大约 200 mm 厚的原土层，待施工混凝土垫层时，再用人工临时挖去。如发现坑底软土被扰动，可挖走扰动部分，用砂、碎石(砖)等回填处理。

思考题：控制地基不均匀沉降危害有哪些工程措施?

项目8 桩基础与其他深基础

【主要任务】

学习桩基础适用性和分类;确定单桩承载力和群桩竖向承载力;进行桩基承载力与沉降验算;学习沉井基础和地下连续墙的构成与施工工艺。

【知识目标】

能够正确陈述桩基础的组成、作用原理、桩的类型及适应条件、桩型选择和桩基参数的确定(包括桩长、桩径、平面布置等);掌握单桩竖向、水平和群桩竖向承载力的确定方法;掌握桩基承载力与沉降验算的方法;理解沉井基础和地下连续墙的构成与施工工艺。

【技能目标】

能运用所学知识选择桩型、确定桩基尺寸;能确定单桩竖向、水平和群桩竖向承载力;能进行桩基承载力验算。

任务1 桩基础的基本知识

确定建筑物地基基础方案时,从安全、合理、经济的角度出发,应优先选择天然地基浅基础。当地基浅层土质软弱,选择天然地基浅基础无法满足结构物对地基强度、变形、稳定性的要求,而又不适宜采取地基处理措施时,往往需要采用深基础方案。深基础主要有桩基础、沉井基础和地下连续墙基础等几种类型,其中以历史悠久的桩基础应用最为广泛,它已成为建筑、交通、水利、港口等普遍采用的一种基础形式。

1 桩基础的作用和组成

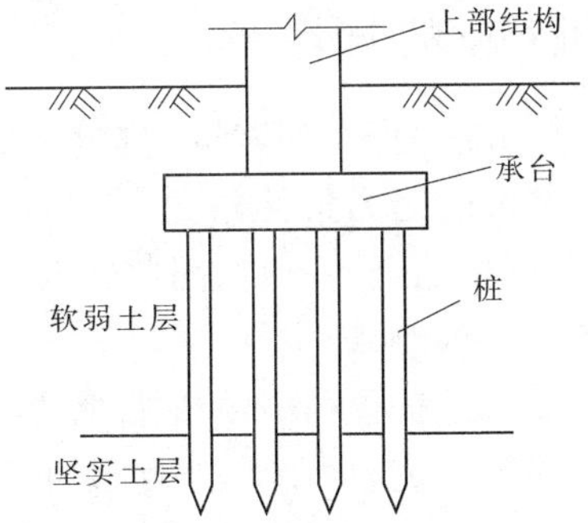

图8-1 桩基础结构

桩基础(简称桩基)是桥梁墩台及高层建筑常用的基础形式。桩基础的作用主要是通过作用于桩端土层的阻力和桩周土的摩阻力来支承轴向荷载,也可利用桩侧土的侧向阻力抵抗水平荷载。桩基础一般由承台与若干根桩组成,如图8-1所示。桩基中的单桩通常称基桩,桩身可以全部或部分埋入地基土中,当桩身外露在地面上较高时,在桩之间还应加横系梁,以加强各桩之间的横向联系。基桩将承台传来的荷载通过桩侧土、桩端土传递到地基土中。承台和帽梁用于联结桩顶,将外荷载传递给基桩,并校正因基桩施工误差引起的墩台身和桩的设计位置偏差。

与其他深基础相比,桩基所需沉入的深度要比沉井、沉箱下沉的深度小;当与桩的深度相等时,桩基的用料比沉井、沉箱的用料少40% ~60%,因此桩基的造价一般较低。然而,桩基础刚度比沉井、沉箱小,尤其是在流速大、冲刷深的情况下,所需桩径将会随着冲刷深度的增大而增大,从而使它的优点也随之减弱。

2 桩基础的适用条件

通常下列条件下,可采用桩基础:

(1)荷载较大,地基上部土层软弱,地基持力层位置较深,采用浅基础或人工地基在技术上、经济上不合理时。

(2)河床冲刷较深,河道不稳定或冲刷深度不易准确计算,或当施工水位或地下水位很高或基础位于水中的建筑物,采用浅基础施工困难或不能保证基础安全时,采用桩基础可以减少施工困难。

(3)当地基计算沉降过大或结构物对不均匀沉降敏感时,采用桩基础穿过松软(高压缩性)土层,将荷载传到较坚实(低压缩性)土层,减少结构物沉降并使沉降较均匀。

(4)建筑物受到大面积地面超载的影响,或软土上活荷载比较大的筒仓、油库。

(5)在可液化地基中,采用桩基础穿越可液化土层,可以消除或减轻地震对结构物的危害。精密设备、大型设备的基础,对基础抗震有较高要求的建筑物。

(6)采用地基加固措施不合适的软弱地基或特殊土地基。

(7)高耸建筑物等。

下列情况采用桩基础时,会对工程产生不利因素:

(1)上层土比下层土硬得多;

(2)土层中有障碍物而又无法排除;

(3)只能采用打入或振入法施工,而附近有重要的或对振动荷载强烈敏感的建筑物。

当上层软弱土层很厚,桩底不能达到坚实土层时,就需要用较多、较长的桩来传递荷载,这时的桩基础稳定性较差,沉降量也较大;当覆盖层很薄时,桩的稳定性也会出现问题。

3 桩基础的分类

桩基础的分类随着桩的材料、受力条件、施工技术等的不同,可有多种分类方法。

3.1 按桩的受力条件分类

根据桩的受力条件,可将桩分为端承型桩与摩擦型桩。

3.1.1 端承型桩

端承桩:桩顶荷载由桩端承受,或者依靠桩底土层支承垂直荷载的桩基础称为端承桩,如图8-2(a)所示,其桩侧阻力可忽略不计。端承桩穿过较软弱土层,桩底支承在岩层或硬土层(如密实的大块卵石层)等实际非压缩性土层上,沉降量甚微,故桩侧摩阻力可忽略不计,全部垂直荷载由桩底岩层承受。

摩擦端承桩:桩顶荷载主要由端阻力承受,桩侧阻力也承受部分上部荷载,但起次要作用。

通常端承桩承载力较大,基础沉降小,较安全可靠,但若坚硬土层或岩层埋置很深、沉桩困难时,则可采用摩擦桩。

3.1.2 摩擦型桩

摩擦型桩主要依靠桩侧土的摩阻力承受上部垂直荷载,如图8-2(b)所示。主要用于岩层埋置很深的地基。桩端部分承受的荷载一般很小,如饱和软黏土地基中的桩基础,在数十米深度内均无坚硬的桩端持力层时,桩端阻力接近于零,这类桩基的沉降较大。

摩擦桩:桩顶荷载大部分由桩侧阻力承担,桩端阻力小到可忽略不计。

端承摩擦桩:桩顶荷载由桩侧阻力和桩端阻力共同承担,大部分由桩侧阻力承担。

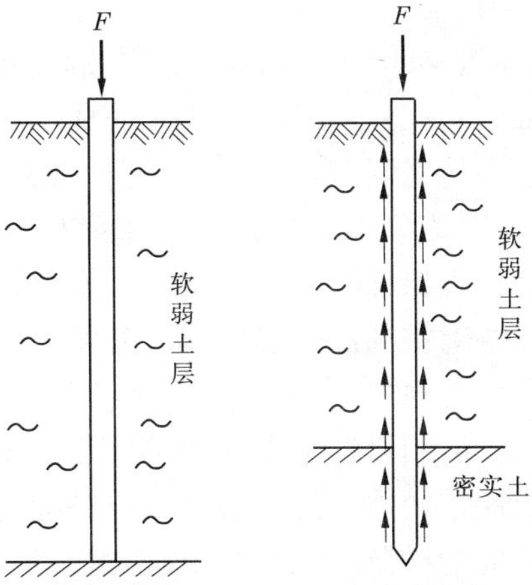

图8-2 按桩的受力条件分类

3.2 按桩身材料分类

3.2.1 钢筋混凝土桩

钢筋混凝土桩是目前应用最广泛的桩,具有制作方便、桩身强度高、耐腐蚀性能好、价格较低等优点。它可分为预制钢筋混凝土方桩、预应力混凝土空心管桩和灌注混凝土桩等。

3.2.2 钢桩

钢桩分钢管桩和型钢桩。钢管桩由各种直径和壁厚的无缝钢管制成。型钢桩常见有直径250~1 200 mm的钢管桩、宽翼工字形钢桩和H形钢桩。钢桩桩身材料强度高,承载力较大,桩身表面积大而截面面积小,起吊、运输、沉桩、接桩都较方便,在沉桩时贯透能力强而挤土影响小,在饱和软黏土地区可减少对邻近建筑物的影响。但消耗钢材多,价格昂贵,耐腐蚀性能差,应用受到一定的限制。我国目前只在少数重点工程中使用。如上海宝山钢铁总厂的工程中,重要的和高速运转的设备基础和柱基础使用了大量的直径914.4 mm和600 mm左右的钢管桩。

3.2.3 木桩

木桩用木质材料制成,目前已经很少使用,只在某些加固工程或能就地取材的临时工程中使用。在地下水位以下时,木材有很好的耐久性,而在干湿交替的环境下,木材很容易腐蚀。

3.3 按成桩的施工方法和工艺分类

3.3.1 预制桩

在工厂或施工现场预制,用锤击打入、振动沉入或静压沉入等方法,使桩沉入地基内达到所需要的深度。预制桩体质量高,可工厂化大量生产,施工速度快且质量易于保证,适用于桩径较小、不含大的卵石或漂石的一般地基。但含筋量大,成本高,较难沉入坚实地层,接桩、截桩困难,并有明显的挤土作用,应考虑对邻近结构的影响,沉桩时噪声大易产生噪声污染。按照其施工方式不同又可分为打入桩(又称锤击桩,是将预制好的钢筋混凝土实心桩或管桩、钢桩等打入地基所需深度)、振动下沉桩(将大功率振动打桩机安装于桩顶,利用振动力使桩沉入土中)、静压桩(利用重力或静压力将桩压入软土中)。

3.3.2 灌注桩

灌注桩又叫现浇桩，是直接在设计桩位的地基上成孔（采用钻孔或挖孔），在孔内放置钢筋笼，后在孔内灌注混凝土而成的桩。与预制桩相比，灌注桩用钢量小，可节省钢材，成本低，在持力层起伏不平时，桩长可根据实际情况设计；灌注桩桩径大，承载力高，在施工过程中可避免挤土及噪声等对周围环境的影响。但在成孔成桩过程中应采取相应的措施和方法，以保证孔壁的稳定和提高桩体的质量。

3.4 按桩对桩周土的挤压作用分类

3.4.1 挤土桩

实心的预制桩、下端封闭的管桩、木桩等在沉桩的过程中会将桩位处的土大量排挤开，使土的结构严重扰动破坏。当桩周为黏性土时，由于其结构遭到扰动，抗剪强度会降低；当桩周为松散的无黏性土时，由于振动挤密会使其抗剪强度提高。沉管灌注桩、打入（静压）预制桩、闭口预应力混凝土空心桩和闭口钢管桩均属于挤土桩。

3.4.2 部分挤土桩（小量挤土桩）

底端开口的钢管桩、H 形钢桩、薄壁开口预应力混凝土管桩，沉桩时对桩周土稍有排挤作用，对其强度和变形影响不大。长螺旋压灌灌注桩、冲孔灌注桩、钻孔挤扩灌注桩、预钻孔打入（静压）预制桩、打入（静压）式敞口钢管桩、敞口预应力混凝土空心桩和 H 形钢桩均属于部分挤土桩。

3.4.3 非挤土桩

非挤土桩在成孔与成桩过程中对桩周围的土没有挤压作用，不产生挤土效应，但成孔过程中桩周土会向孔内移动导致其承载力降低。干作业法钻（挖）孔灌注桩、泥浆护壁法钻（挖）孔灌注桩、套管护壁法钻（挖）孔灌注桩均属于非挤土桩。

3.5 按桩径大小分类

（1）小桩：桩径 $d \leqslant 250$ mm；

（2）中等直径桩：桩径 250 mm $< d <$ 800 mm；

（3）大直径桩：桩径 $d \geqslant 800$ mm。

3.6 按承台与地面位置分类

根据桩基承台底面位置的不同，可将桩分为低承台桩和高承台桩。

3.6.1 低承台桩

承台底面位于地面（或局部冲刷线）以下，基桩全部沉入土中，其受力性能好，能承受较大的水平外力，如图 8-3（a）所示。

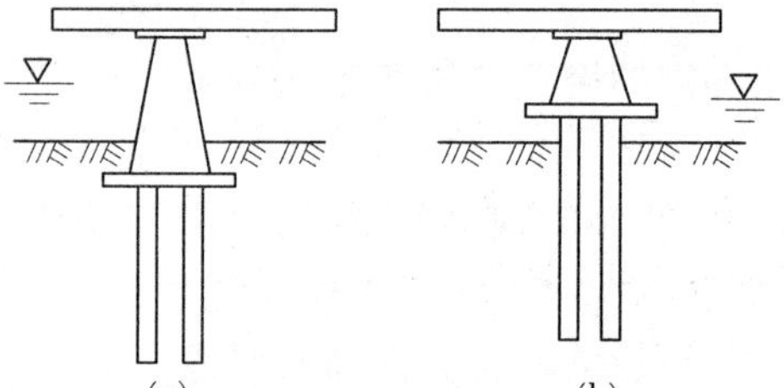

图 8-3 低承台桩和高承台桩

3.6.2 高承台桩

承台底面位于地面（或局部冲刷线）以上，基桩部分桩身入土，部分桩身外露在地面以上（称为桩的自由长度），如图 8-3（b）所示。高承台桩由于承台位置较高，或设在水位以上作业，可减少墩台的圬工数量，避免或减少水下作业，施工较方便。在水平力的作用下，由于高承台桩的承台和部分基桩露出地面，自由长度上没有土体共同承受水平力,基桩的受力情况不利,可能产生较大内力和位移。

一般对旱桥和季节性河流或冲刷深度较小的河床大多采用低桩承台;常年有水且水位较高,施工时不宜排水或河床冲刷较深时,则多采用高桩承台。近年来,由于大直径钻孔灌注桩的采用,桩的刚度、强度都较大,因而高桩承台在桥梁基础工程中已得到广泛采用。

习　题

1. 简述桩基础的分类。

2. 简述下列基本概念:端承桩、端承摩擦桩、摩擦桩、摩擦端承桩、预制桩、灌注桩、挤土桩和非挤土桩。

3. 端承桩和摩擦桩受力情况有什么不同?你认为在各种条件具备时,哪种桩应优先考虑采用?

4. 高桩承台和低桩承台各有什么优缺点,它们各自适用于什么情况?

任务2　确定单桩的承载力

1　单桩竖向承载力的确定

单桩竖向承载力是在竖向荷载作用下达到破坏状态前,出现不适于继续承载的变形时所对应的最大荷载,即保证在荷载作用下,桩在地基土中不丧失其稳定性、桩顶不产生过大的位移、桩身材料不发生破坏时单桩承受竖向荷载的能力。影响单桩承载力的因素有土的类别、土的性质、桩身材料、桩径大小、桩的入土深度、桩的施工工艺等。经过长期的工程实践,单桩承载力的确定方法主要有以下几种。

1.1　用静载荷试验确定单桩竖向承载力特征值

静载荷试验一般利用基础中已筑好的基桩做试桩进行试验,试桩数目应不少于基桩总数的1%,且不应少于3根。根据试验测得资料所绘出的试桩 $P \sim S$ 曲线来分析确定试桩的破坏荷载。

1.1.1　试验装置

静载荷试验的试验装置有锚桩法试验装置、压重平台法试验装置、锚杆压重联合法试验装置。锚桩法试验装置是常用的一种加荷装置,主要设备由锚梁、横梁和油压千斤顶组成,如图8-4所示。锚桩可根据需要布设4~6根,锚桩的入土深度等于或大于试桩的入土深度。锚桩与试桩的间距应大于试桩桩径的3倍,以减小对试桩的影响。桩顶沉降常用百分表或位移计量测。观测装置的固定点(如基准桩)应与试桩、锚桩保持适当的距离。

1.1.2　测试方法

试桩加载应分级进行,每级荷载为极限荷载预估值的1/10~1/15,有时也采用递变加载方式,开始阶段每级荷载取极限荷载预估值的1/2.5~1/5,终了阶段取1/10~1/15。

测读沉降时间,在施加每级荷载后的第一个小时内,每隔15 min测读一次读数,以后每隔30 min测读一次,至沉降稳定后,方可施加下一级荷载。每级荷载下沉降稳定的标准通常规定为:每一小时内的桩顶沉降量不得超过0.1 mm,并连续出现两次(从分级荷载

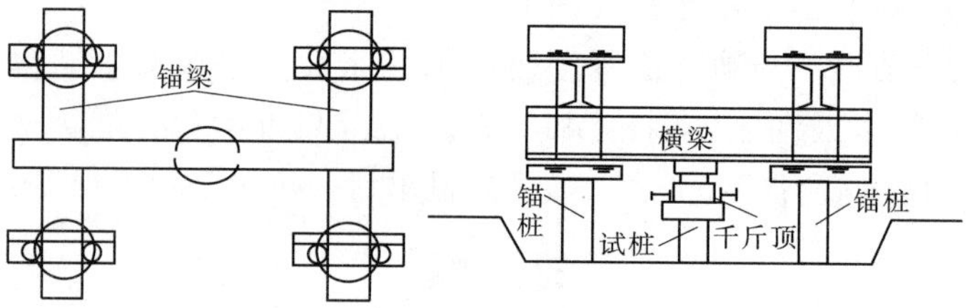

图 8-4 锚桩法试验装置

施加后的第 30 min 开始,按 1.5 h 连续三次每 30 min 的沉降观测值计算)。逐级加载观测,直至桩达到破坏状态。

工程桩验收检测宜采用慢速维持荷载法。当有成熟的地区经验时,也可采用快速维持荷载法。快速维持荷载法的每级荷载维持时间不应少于 1 h,且当与本级荷载作用下的桩顶沉降速率收敛时,可施加下一级荷载。

当出现下列情况之一时,一般认为桩已达破坏状态,可终止加荷,其对应荷载为破坏荷载。

(1)桩的沉降量突然增大,桩顶沉降量大于前一级荷载作用下的沉降量的 5 倍,且桩顶总沉降量超过 40 mm。

(2)某级荷载作用下,桩顶沉降量大于前一级荷载作用下的沉降量的 2 倍,且经 24 h 尚未达到沉降稳定标准。

(3)已达到设计要求的最大加载值且桩顶沉降达到相对稳定标准。

(4)工程桩作锚桩时,锚桩上拔量已达到允许值。

(5)当荷载—沉降曲线呈缓变型时,可加载至桩顶,总沉降量 60 ~ 80 mm;当桩端阻力尚未充分发挥时,可加载至桩顶,累计沉降量超过 80 mm。

1.1.3 确定单桩竖向极限承载力 Q_u 与单桩竖向承载力特征值 R_a

采用以上试验方法进行试验,测试结果一般整理绘制成竖向荷载—沉降($Q \sim s$)曲线、沉降—时间对数($s \sim \lg t$)曲线,如图 8-5 所示。

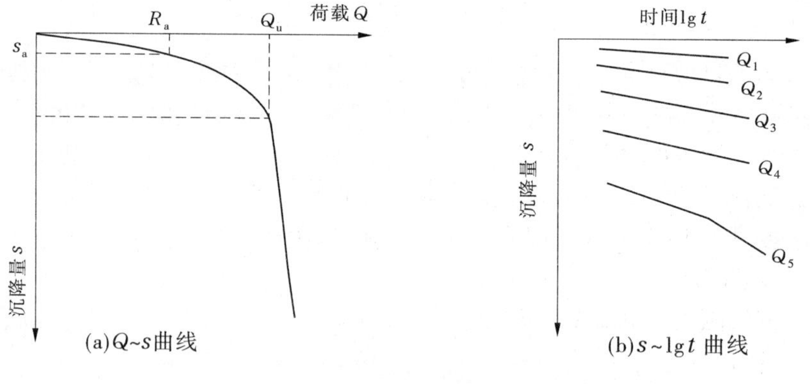

图 8-5 单桩静载荷试验曲线

(1)单桩竖向极限承载力应按下列方法分析确定。

①根据沉降随荷载变化的特征确定:对于陡降型 $Q \sim s$ 曲线,应取其发生明显陡降的

起始点对应的荷载值。

②根据沉降随时间变化的特征确定：应取 $s \sim \lg t$ 曲线尾部出现明显向下弯曲的前一级荷载值。

③出现终止加荷第2款情况时，取前一级荷载值。

④对于缓变型 $Q \sim s$ 曲线，可根据桩顶总沉降量确定，取 $s = 40$ mm 对应的荷载值；当桩长大于40 m时，宜考虑桩身弹性压缩；对桩端直径 D 大于等于800 mm的桩，可取 $s = 0.05D$ 对应的荷载值。

⑤不满足以上①～④情况时，桩的竖向极限承载力宜取最大加载值。

(2)竖向极限承载力试桩结果统计值的确定。

①参加统计的试验桩检测结果，当极差不超过平均值的30%时，取其算术平均值为单桩竖向抗压极限承载力。

②当极差超过平均值的30%时，应分析极差过大的原因，结合桩型、施工工艺、地基条件、基础形式等工程具体情况综合确定极限承载力，必要时可增加试桩数量。

③试验桩数量小于3根或桩基承台下的桩数不大于3根时，应取低值。

(3)单桩竖向承载力特征值 R_a。

单桩竖向承载力特征值应按单桩竖向抗压极限承载力的50%取值。

1.2 按静力触探试验成果确定单桩竖向极限承载力标准值

静力触探法是借助触探仪的探头贯入土中时的贯入阻力与受压单桩在土中的工作状况相似的特点，将探头压入土中测得探头的贯入阻力，取得资料与试桩结果进行比较，通过大量资料的积累和分析研究，建立经验公式，确定轴向受压单桩极限承载力标准值。测试时，可采用单桥探头或双桥探头。

当根据双桥探头静力触探资料确定混凝土预制桩单桩竖向极限承载力标准值时，对于黏性土、粉土和砂土，如无当地经验可按下式计算：

$$Q_{uk} = Q_{sk} + Q_{pk} = u\sum l_i\beta_i f_{si} + \alpha q_c A_p \tag{8-1}$$

式中 Q_{uk}——单桩竖向极限承载力标准值，kN；

Q_{sk}、Q_{pk}——总极限侧阻力标准值和总极限端阻力标准值，kN；

u——桩身周长，m；

l_i——桩周第 i 层土的厚度，m；

f_{si}——第 i 层土的探头平均侧阻力，kPa；

q_c——桩端平面上、下探头阻力，取桩端平面以上 $4d$（d 为桩的直径或边长）范围内按土层厚度的探头阻力加权平均值，然后再和桩端平面以下 $1d$ 范围内的探头阻力进行平均，kPa；

α——桩端阻力修正系数，黏性土、粉土取2/3，饱和砂土取1/2；

β_i——第 i 层土桩侧阻力综合修正系数，黏性土、粉土：$\beta_i = 10.04f_{si}^{-0.55}$，砂土：$\beta_i = 5.05f_{si}^{-0.45}$；

A_p——桩端面积，m^2。

注：双桥探头的圆锥底面面积为15 cm^2，锥角60°，摩擦套筒高21.85 cm，侧面积300

cm^2。

1.3 按规范经验公式确定单桩竖向承载力特征值

1.3.1 《建筑地基基础设计规范》(GB 50007—2011)公式

《建筑地基基础设计规范》(GB 50007—2011)规定:对地基基础设计等级为丙级的建筑物,单桩竖向承载力特征值可采用静力触探及标贯试验参数结合工程经验确定。在初步设计时,单桩竖向承载力特征值可按下式进行估算:

$$R_a = u_p \sum q_{sia} l_i + q_{pa} A_p \tag{8-2}$$

式中 R_a——单桩竖向承载力特征值;

q_{sia}、q_{pa}——桩侧侧阻力特征值、桩端端阻力特征值,由当地静载荷试验结果统计分析得到,kPa;

u_p——桩身周边长度,m;

l_i——第 i 层岩土的厚度,m;

A_p——桩底端横截面面积,m^2。

当桩端嵌入完整及较完整的硬质岩中,桩长较短且入岩较浅时,可按下式估算单桩竖向承载力特征值:

$$R_a = q_{pa} A_p \tag{8-3}$$

式中 q_{pa}——桩端岩石承载力特征值,kPa。

1.3.2 《建筑桩基技术规范》(JGJ 94—2008)公式

1.3.2.1 对于一般混凝土预制柱和小直径($D<0.8$ m)钻孔灌注桩

当根据土的物理指标与承载力参数之间的经验关系确定单桩竖向极限承载力标准值时,宜按下式估算:

$$Q_{uk} = Q_{sk} + Q_{pk} = u \sum q_{sik} l_i + q_{pk} A_p \tag{8-4}$$

式中 Q_{sk}——单桩总极限侧阻力标准值,kN;

Q_{pk}——单桩总极限端阻力标准值,kN;

q_{sik}——桩侧第 i 层土的极限侧阻力标准值,如无当地经验,可按表 8-1 取值;

q_{pk}——极限端阻力标准值,如无当地经验,可按表 8-2 取值;

u——桩身的周长,m;

A_p——桩底端横截面面积,m^2。

1.3.2.2 对于大直径桩($D \geqslant 0.8$ m)

根据土的物理指标与承载力参数之间的经验关系,大直径桩单桩极限承载力标准值,可按下式计算:

$$Q_{uk} = Q_{sk} + Q_{pk} = u \sum l_i \psi_{si} q_{sik} + \psi_p q_{pk} A_p \tag{8-5}$$

式中 q_{sik}——桩侧第 i 层土极限侧阻力标准值,如无当地经验值,可按表 8-1 取值,对于扩底桩的扩大头斜面及变截面以上 $2d$ 长度范围不计侧阻力;

q_{pk}——桩径为 800 mm 的极限端阻力标准值,对于干作业挖孔(清底干净)可采用深层载荷板试验确定,当不能进行深层载荷板试验时,可按表 8-3 取值;

ψ_{si}、ψ_p——大直径桩侧阻、端阻尺寸效应系数,按表 8-4 取值;

u——桩身周长，当人工挖孔桩桩周护壁为振捣密实的混凝土时，桩身周长可按护壁外直径计算。

表 8-1 桩的极限侧阻力标准值 q_{sik} (单位:kPa)

土类	土的状态	混凝土预制桩	泥浆护壁钻(冲)孔桩	干作业钻孔桩
填土		22 ~ 30	20 ~ 28	20 ~ 28
淤泥		14 ~ 20	12 ~ 18	12 ~ 18
淤泥质土		22 ~ 30	20 ~ 28	20 ~ 28
黏性土	$I_L > 1$	24 ~ 40	21 ~ 38	21 ~ 38
	$0.75 < I_L \leq 1$	40 ~ 55	38 ~ 53	38 ~ 53
	$0.5 < I_L \leq 0.75$	55 ~ 70	53 ~ 68	53 ~ 66
	$0.25 < I_L \leq 0.5$	70 ~ 86	68 ~ 84	66 ~ 82
	$0 < I_L \leq 0.25$	86 ~ 98	84 ~ 96	82 ~ 94
	$I_L \leq 0$	98 ~ 105	96 ~ 102	94 ~ 104
红黏土	$0.7 < a_w \leq 1$	13 ~ 32	12 ~ 30	12 ~ 30
	$0.5 < a_w \leq 0.7$	32 ~ 74	30 ~ 70	30 ~ 70
粉土	$e > 0.9$	26 ~ 46	24 ~ 42	24 ~ 42
	$0.75 \leq e \leq 0.9$	46 ~ 66	42 ~ 62	42 ~ 62
	$e < 0.75$	66 ~ 88	62 ~ 82	62 ~ 82
粉细砂	$10 < N \leq 15$	24 ~ 48	22 ~ 46	22 ~ 46
	$15 < N \leq 30$	48 ~ 66	46 ~ 64	46 ~ 64
	$N > 30$	66 ~ 88	64 ~ 86	64 ~ 86
中砂	$15 < N \leq 30$	54 ~ 74	53 ~ 72	53 ~ 72
	$N > 30$	74 ~ 95	72 ~ 94	72 ~ 94
粗砂	$15 < N \leq 30$	74 ~ 95	74 ~ 95	76 ~ 98
	$N > 30$	95 ~ 116	95 ~ 116	98 ~ 120
砾砂	$5 < N_{63.5} \leq 15$	70 ~ 110	50 ~ 90	60 ~ 100
	$N_{63.5} > 15$	116 ~ 138	116 ~ 130	112 ~ 130
圆砾、角砾	$N_{63.5} > 10$	160 ~ 200	135 ~ 150	135 ~ 150
碎石、卵石	$N_{63.5} > 10$	200 ~ 300	140 ~ 170	150 ~ 170
全风化软质岩	$30 < N \leq 50$	100 ~ 120	80 ~ 100	80 ~ 100
全风化硬质岩	$30 < N \leq 50$	140 ~ 160	120 ~ 140	120 ~ 150
强风化软质岩	$N_{63.5} > 10$	160 ~ 240	140 ~ 200	140 ~ 220
强风化硬质岩	$N_{63.5} > 10$	220 ~ 300	160 ~ 240	160 ~ 260

注：1. 对于尚未完成自重固结的填土和以生活垃圾为主的杂填土，不计算其侧阻力。

2. a_w 为含水比，$a_w = \omega/\omega_L$，ω 为土的天然含水率，ω_L 为土的液限。

3. N 为标准贯入击数，$N_{63.5}$ 为重型圆锥动力触探击数。

4. 全风化、强风化软质岩和全风化、强风化硬质岩是指其母岩分别为 $f_{rk} \leq 15$ MPa、$f_{rk} > 30$ MPa 的岩石。

表 8-2　桩的极限端阻力标准值 q_{pk}

（单位：kPa）

土名称	桩型 / 土的状态		混凝土预制桩桩长 l(m)				泥浆护壁钻(冲)孔桩桩长 l(m)				干作业钻孔桩桩长 l(m)		
			$l \le 9$	$9 < l \le 16$	$16 < l \le 30$	$l > 30$	$5 \le l < 10$	$10 \le l < 15$	$15 \le l < 30$	$30 \le l$	$5 \le l < 10$	$10 \le l < 15$	$15 \le l$
黏性土	软塑	$0.75 < I_L \le 1$	210～850	650～1 400	1 200～1 800	1 300～1 900	150～250	250～300	300～450	300～450	200～400	400～700	700～900
黏性土	可塑	$0.50 < I_L \le 0.75$	850～1 700	1 400～2 200	1 900～2 800	2 300～3 600	350～450	450～600	600～750	750～800	500～700	800～1 100	1 000～1 600
黏性土	硬可塑	$0.25 < I_L \le 0.50$	1 500～2 300	2 300～3 300	2 700～3 600	3 600～4 400	800～900	900～1 000	1 000～1 200	1 200～1 400	850～1 100	1 500～1 700	1 700～1 900
黏性土	硬塑	$0 < I_L \le 0.25$	2 500～3 800	3 800～5 500	5 500～6 000	6 000～6 800	1 100～1 200	1 200～1 400	1 400～1 600	1 600～1 800	1 600～1 800	2 200～2 400	2 600～2 800
粉土	中密	$0.75 \le e < 0.9$	950～1 700	1 400～2 100	1 900～2 700	2 500～3 400	300～500	500～659	650～750	750～850	800～1 200	1 200～1 400	1 400～1 600
粉土	密实	$e < 0.75$	1 500～2 600	2 100～3 000	2 700～3 600	3 600～4 400	650～900	750～950	900～1 100	1 100～1 200	1 200～1 700	1 400～1 900	1 600～2 100
粉砂	稍密	$10 < N \le 15$	1 000～1 600	1 500～2 300	1 900～2 700	2 100～3 000	350～500	450～659	600～700	650～750	500～950	1 300～1 600	1 500～1 700
粉砂	中密、密实	$N > 15$	1 400～2 200	2 100～3 000	3 000～4 500	3 800～5 500	600～750	750～900	900～1 100	1 100～1 200	900～1 000	1 700～1 900	1 700～1 900
砾砂	中密、密实	$N > 15$	6 000～9 500		9 000～10 500		1 400～2 000		2 000～3 200		3 500～5 000		
角砾、圆砾	中密、密实	$N_{63.5} > 10$	7 000～10 000		9 500～11 500		1 800～2 200		2 200～3 600		4 000～5 500		
碎石、卵石	中密、密实	$N_{63.5} > 10$	8 000～11 000		10 500～13 000		2 000～3 000		3 000～4 000		4 500～6 500		
全风化软质岩		$30 < N \le 50$	4 000～6 000				1 000～1 600				1 200～2 000		
全风化硬质岩		$30 < N \le 50$	5 000～8 000				1 200～2 000				1 400～2 400		
强风化软质岩		$N_{63.5} > 10$	5 000～9 000				1 400～2 200				1 600～2 600		
强风化硬质岩		$N_{63.5} > 10$	7 000～11 000				1 800～2 800				2 000～3 000		

注：1. 砂土和碎石类土中桩的极限端阻力取值，宜综合考虑土的密实度，桩端进入持力层的深径比 h_y/d，土愈密实，h_y/d 愈大，取值愈高。

2. 预制桩的岩石极限端阻力指桩端支承于中、微风化基岩表面或进入强风化岩、软质岩一定深度条件下的极限端阻力。

3. 全风化、强风化软质岩和全风化、强风化硬质岩指其母岩分别为 $f_{sk} \le 15$ MPa、$f_{sk} > 30$ MPa 的岩石。

表 8-3 干作业挖孔桩(清底干净,$D=800$ mm)极限端阻力标准值 q_{pk} (单位:kPa)

土名称		状态		
黏性土		$0.25<I_L\leqslant0.75$	$0<I_L\leqslant0.25$	$I_L\leqslant0$
		800 ~ 1 800	1 800 ~ 2 400	2 400 ~ 3 000
粉土			$0.75\leqslant e\leqslant0.9$	$e<0.75$
			1 000 ~ 1 500	1 500 ~ 2 000
砂土、碎石类土		稍密	中密	密实
	粉砂	500 ~ 700	800 ~ 1 100	1 200 ~ 2 000
	细砂	700 ~ 1 100	1 200 ~ 1 800	2 000 ~ 2 500
	中砂	1 000 ~ 2 000	2 200 ~ 3 200	3 500 ~ 5 000
	粗砂	1 200 ~ 2 200	2 500 ~ 3 500	4 000 ~ 5 500
	砾砂	1 400 ~ 2 400	2 600 ~ 4 000	5 000 ~ 7 000
	圆砾、角砾	1 600 ~ 3 000	3 200 ~ 5 000	6 000 ~ 9 000
	卵石、碎石	2 000 ~ 3 000	3 300 ~ 5 000	7 000 ~ 11 000

注:1. 当桩进入持力层的深度 h_b 分别为 $h_b\leqslant D$、$D<h_b\leqslant4D$、$h_b>4D$ 时,q_{pk} 可相应取低、中、高值。

2. 砂土密实度可根据标贯击数判定,$N\leqslant10$ 为松散,$10<N\leqslant15$ 为稍密,$15<N\leqslant30$ 为中密,$N>30$ 为密实。

3. 当桩的长径比 $l/d\leqslant8$ 时,q_{pk} 宜取较低值。

4. 当对沉降要求不严时,q_{pk} 可取高值。

表 8-4 大直径灌注桩侧阻尺寸效应系数 ψ_{si}、端阻尺寸效应系数 ψ_p

土类型	黏性土、粉土	砂土、碎石类土
ψ_{si}	$(0.8/d)^{1/5}$	$(0.8/d)^{1/3}$
ψ_p	$(0.8/D)^{1/4}$	$(0.8/D)^{1/3}$

注:当为等直径桩时,表中 $D=d$。D 为桩端直径,d 为桩身直径。

2 单桩水平承载力的确定

在水平荷载和弯矩作用下,桩身产生挠曲并挤压桩侧土,相应地,土体对桩侧产生水平抗力。而桩周土体水平抗力的大小则控制着竖直桩的水平承载力,其大小和分布与桩的变形、土质条件及桩的入土深度等因素有关,如图 8-6 所示。

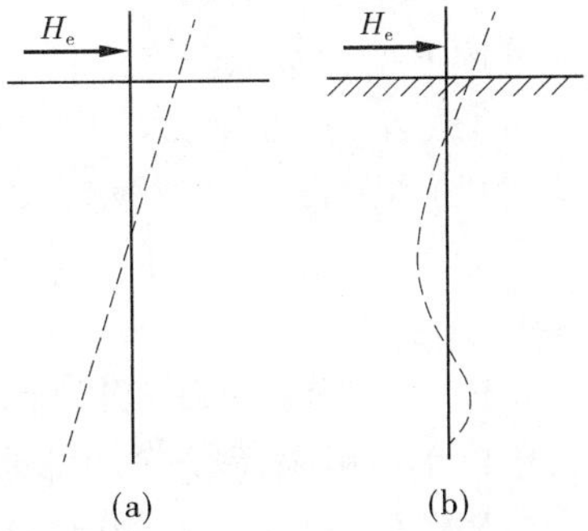

图 8-6 水平受荷桩示意图

确定单桩水平承载力的方法主要有水平静载荷试验法、理论计算法两大类。

2.1 静载试验确定单桩水平临界荷载和单桩水平极限荷载

单桩水平静载试验一般以桩顶自由的单桩为对象，采用接近于水平受力桩的实际工作条件进行试验，由此测得的水平承载力值和地基土的水平抗力系数最符合实际情况。

2.1.1 试验装置

试桩一般采用卧式千斤顶加载，用测力环或测力传感器测定施加的荷载值。水平力作用线应通过地面标高处（地面标高应与实际工程桩基承台底面标高一致）。在千斤顶与试桩接触处宜安置一球形铰座，以保证千斤顶作用力能水平通过桩身轴线。桩在水平静载作用下产生的水平位移用百分表测量，如图 8-7 所示。

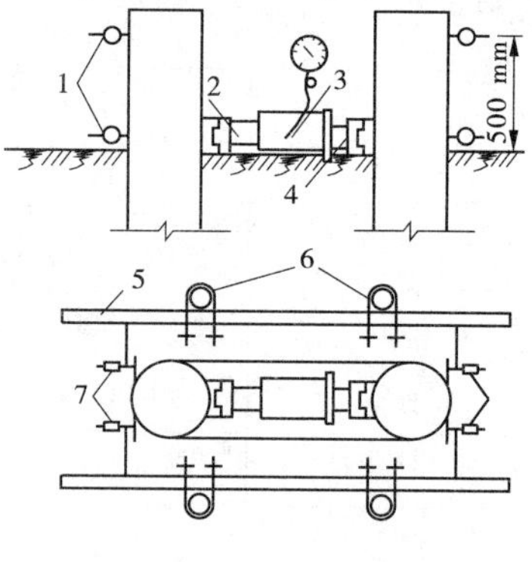

1、7—百分表；2—球铰；3—千斤顶；4—垫块；5—基准梁；6—基准桩

图 8-7 单桩水平静载试验示意图

2.1.2 测试方法

试验时一般常用单向多循环加卸载法。加载应分级进行，每级加载增量为预计水平极限荷载的1/10～1/15。每级荷载施加后，恒载 4 min 测读水平位移，然后卸载至零，停 2 min 后测读残余水平位移，至此完成一个加、卸载循环，如此循环 5 次便完成一级荷载的试验观测。试验不得中途停歇，直至试桩达到极限荷载。

当出现下列情况之一时，即可终止试验：

（1）桩顶水平位移超过 20～40 mm，软土取 40 mm；

（2）桩身已经断裂；

（3）水平位移达到设计要求的水平位移允许值；

（4）在恒荷载作用下，水平位移急剧增加。

试验完成后，绘制单桩水平静载试验的水平荷载—时间—位移之间的关系曲线（$H \sim t \sim x$ 曲线）、水平荷载位移梯度关系曲线（$H \sim \Delta x/\Delta H$ 曲线），如图 8-7、图 8-8 所示。

2.1.3 确定单桩水平临界荷载和单桩水平极限荷载

2.1.3.1 确定单桩水平临界荷载

单桩水平临界荷载 H_{cr} 是指桩身开裂，受拉区混凝土明显退出工作前的桩顶水平力，其值可按下列方法综合确定：

（1）取 $H \sim t \sim x$ 曲线出现突变（即相同荷载增量的条件下，出现比前一级明显增大的位移增量）点的前一级荷载为水平临界荷载 H_{cr}，见图 8-8。

（2）取 $H \sim \Delta x/\Delta H$ 曲线第一直线段的终点所对应的荷载为水平临界荷载 H_{cr}，见图 8-9。

2.1.3.2 确定单桩水平极限荷载

单桩水平极限荷载 H_u 可根据下列方法综合确定：

（1）取 $H \sim t \sim x$ 曲线明显陡降的前一级荷载为水平极限荷载 H_u，见图 8-8。

（2）取 $H \sim t \sim x$ 曲线各级荷载下水平位移包线向下凹曲的前一级荷载为水平极限荷载 H_u，见图 8-8。

(3)取 $H \sim \Delta x/\Delta H$ 曲线第二直线段的终点所对应的荷载为极限荷载 H_u,见图 8-9。

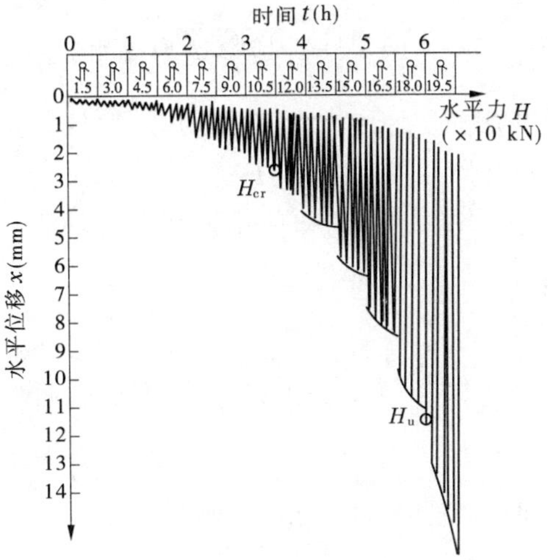

图 8-8　单桩水平静载试验 $H \sim t \sim x$ 曲线

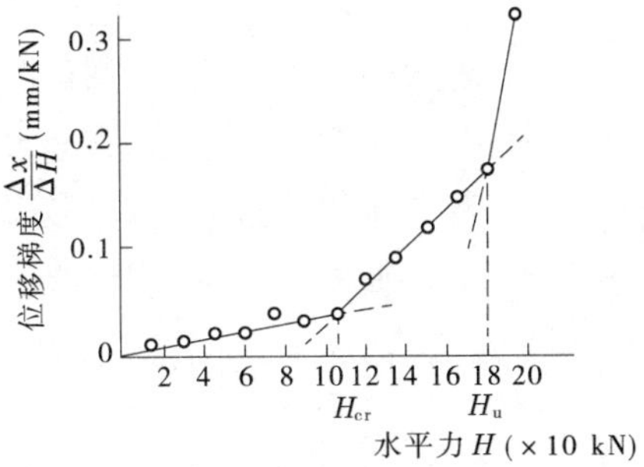

图 8-9　单桩水平静载试验 $H \sim \Delta x/\Delta H$ 曲线

2.2　确定单桩的水平承载力特征值

单桩的水平承载力特征值可通过下列方法确定:

(1)对于受水平荷载较大的设计等级为甲级、乙级的建筑桩基,单桩水平承载力特征值应通过单桩水平静载试验确定。

(2)对于钢筋混凝土预制桩、钢桩、桩身正截面配筋率不小于 0.65% 的灌注桩,可根据静载试验结果取地面处水平位移为 10 mm(对于水平位移敏感的建筑物取水平位移 6 mm)所对应的荷载的 75% 确定为单桩水平承载力特征值。

(3)对于桩身配筋率小于 0.65% 的灌注桩,可取单桩水平静载试验的临界荷载的 75% 作为单桩水平承载力特征值。

(4)当缺少单桩水平静载试验资料时,可按下式估算桩身配筋率小于 0.65% 的灌注桩的单桩水平承载力特征值:

$$R_{ha} = \frac{0.75\alpha\gamma_m f_t W_0}{v_M}(1.25 + 22\rho_g)\left(1 + \frac{\zeta_N N_k}{\gamma_m f_t A_n}\right) \tag{8-6}$$

式中　α——桩的水平变形系数,$\alpha = \sqrt[5]{\frac{mb_0}{EI}}$,$m$ 为桩侧土水平抗力系数的比例系数,b_0 为桩身的计算宽度,m(圆形桩:当直径 $d \leqslant 1$ m 时,$b_0 = 0.9(1.5d + 0.5)$,当直径 $d > 1$ m 时,$b_0 = 0.9(d + 1)$;方形桩:当边宽 $b \leqslant 1$ m 时,$b_0 = 1.5b + 0.5$,当边宽 $b > 1$ m 时,$b_0 = b + 1$),EI 为桩身抗弯刚度;

R_{ha}——单桩水平承载力特征值,“±”根据桩顶竖向力性质确定,压力取“+”,拉力取“-”;

γ_m——桩截面模量塑性系数,圆形截面 $\gamma_m = 2$,矩形截面 $\gamma_m = 1.75$;

f_t——桩身混凝土抗拉强度设计值;

W_0——桩身换算截面受拉边缘的截面模量，圆形截面为 $W_0=\frac{\pi d}{32}[d^2+2(\alpha_E-1)\cdot\rho_g d_0^2]$，方形截面为 $W_0=\frac{b}{6}[b^2+2(\alpha_E-1)\rho_g b_0^2]$，其中 d 为桩直径，d_0 为扣除保护层厚度的桩直径，b 为方形截面边长，b_0 为扣除保护层厚度的桩截面宽度，α_E 为钢筋弹性模量与混凝土弹性模量的比值；

v_M——桩身最大弯矩系数，按表 8-5 取值，当单桩基础和单排桩基纵向轴线与水平力方向相垂直时，按桩顶铰接考虑；

ρ_g——桩身配筋率；

A_n——桩身换算截面面积，圆形截面为 $A_n=\frac{\pi d^2}{4}[1+(\alpha_E-1)\rho_g]$，方形截面为 $A_n=b^2[1+(\alpha_E-1)\rho_g]$；

ζ_N——桩顶竖向力影响系数，竖向压力取 0.5，竖向拉力取 1.0；

N_k——在荷载效应标准组合下桩顶的竖向力，kN。

表 8-5　桩顶(身)最大弯矩系数 v_M 和桩顶水平位移系数 v_x

桩顶约束情况	桩的换算埋深(αh)	v_M	v_x	桩顶约束情况	v_M	v_x
铰接、自由	4.0	0.768	2.441	固接	0.926	0.940
	3.5	0.750	2.502		0.934	0.970
	3.0	0.703	2.727		0.967	1.028
	2.8	0.675	2.905		0.990	1.055
	2.6	0.639	3.163		1.018	1.079
	2.4	0.601	3.526		1.045	1.095

注：1. 铰接(自由)的 v_M 系桩身的最大弯矩系数，固接的 v_M 系桩顶的最大弯矩系数。
2. 当 $\alpha h>4$ 时，取 $\alpha h=4.0$，h 为桩的入土深度。

对于混凝土护壁的挖孔桩，计算单桩水平承载力时，其设计桩径取护壁内直径。

当桩的水平承载力由水平位移控制，且缺少单桩水平静载试验资料时，可按下式估算预制桩、钢桩、桩身配筋率不小于 0.65% 的灌注桩单桩水平承载力特征值：

$$R_{ha}=\frac{0.75\alpha^3 EI}{v_x}x_{0a} \tag{8-7}$$

式中　EI——桩身抗弯刚度，对于钢筋混凝土桩，$EI=0.85E_cI_0$，其中 I_0 为桩身换算截面惯性矩，$I_0=W_0d_0/2$；

x_{0a}——桩顶允许水平位移；

v_x——桩顶水平位移系数，按表 8-5 取值。

验算永久荷载控制的桩基的水平承载力时，应将上述方法确定的单桩水平承载力特征值乘以调整系数 0.80；验算地震作用桩基的水平承载力时，按上述方法确定的单桩水平承载力特征值乘以调整系数 1.25。

3 桩的负摩阻力

在一般情况下,桩受轴向荷载作用后,桩相对于桩侧土体产生向下位移,使土对桩产生向上的摩阻力,称正摩阻力。当某种原因引起桩周土相对桩有向下位移时,土对桩产生向下的摩阻力,称为负摩阻力。产生负摩阻力的原因是桩周土的下沉量超过了桩身的位移量,而引起桩侧土下沉,当桩穿过软弱高压缩性土层而支承在坚硬的持力层上时,最易发生负摩阻力。

产生桩侧负摩阻力作用的原因有:

(1)桩穿越较厚松散填土、欠固结土层进入相对较硬土层时;

(2)自重湿陷性黄土由于浸水引起的土层湿陷沉降;

(3)桩周存在软弱土层,邻近桩侧地面承受局部较大的长期荷载,或地面大面积堆载(包括填土)时,引起地面沉降;

(4)由于降低地下水位,桩周土中的有效应力增大,并产生显著的土层压缩沉降时;

(5)桩数很多的密集群桩打桩时,桩周土中产生很大的超孔隙水压力,打桩停止后桩周土的再固结作用引起土层下沉。

桩的负摩阻力的发生将使桩侧土的部分重力传递给桩,成为施加在桩上的外荷载,使基桩的支承作用减小,对桩起着不利的影响。

4 群桩效应

群桩基础是指由两根以上桩组成的桩基础。群桩基础承受竖向荷载后由于承台、桩、土的相互作用,其桩侧阻力、桩端阻力、沉降等性状发生变化而与单桩明显不同,承载力往往不等于各单桩承载力之和,群桩沉降量也明显超过单桩,这种现象称为群桩效应。

通常将群桩基础中的单桩称为基桩,低承台群桩基础中包含承台底土阻力的基桩称为复合基桩,考虑由承台底地基土与桩共同承受荷载的桩基础称为复合桩基。

影响群桩效应的因素很多,主要取决于竖向荷载的传递特征,不同受力条件的基桩有着不同的荷载传递特征,这也就决定了不同类型基桩的群桩基础呈现出不同的工作性状与效应。

4.1 端承桩群桩基础

端承桩群桩基础通过承台分配到各基桩桩顶的荷载,绝大部分或全部由桩身直接传递到桩底,由桩底岩层(或坚硬土层)支承。由于桩底持力层坚硬,桩底贯入变形小,低桩承台桩的承台底面地基反力与桩侧摩阻力和桩底反力相比所占比例很小,可忽略不计,因此承台分担荷载的作用和桩侧摩阻力的扩散作用一般均不予考虑。桩底压力分布面积较小,各桩的压力叠加作用也小(只可能发生在持力层深部),群桩基础中的各基桩的工作状态近同于单桩,如图8-10所示,可以认为端承桩群桩基础的承载力等于各单桩承载力之和,其沉降量等于单桩沉降量,即不考虑群桩效应。因此,群桩效应是针对摩擦桩群桩基础而言的。

4.2 摩擦桩群桩基础

由摩擦桩组成的群桩基础,在竖向荷载作用下,桩顶上的作用荷载主要通过桩侧土的

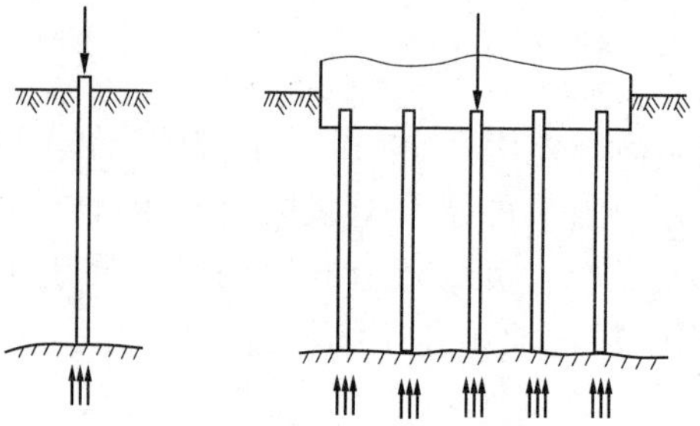

图 8-10　端承桩桩底平面的应力分布

摩阻力传递到桩周土体。由于桩侧摩阻力的扩散作用，桩底处压力分布范围要比桩身截面面积大得多，如图 8-11 所示，以使群桩中各桩传到桩底处的应力可能叠加，群桩桩底处地基土受到的压力比单桩大；且由于群桩基础的基础尺寸大，荷载传递的影响范围也比单桩深。因此，群桩基础的沉降比单桩大。在桩的承载力方面，群桩基础的承载力也决不是等于各单桩承载力总和的简单关系。工程实践也说明，群桩基础的承载力常小于各种单桩承载力之和，但有时也可能会大于或等于各种单桩承载力之和，即呈现的群桩效应是不同的。

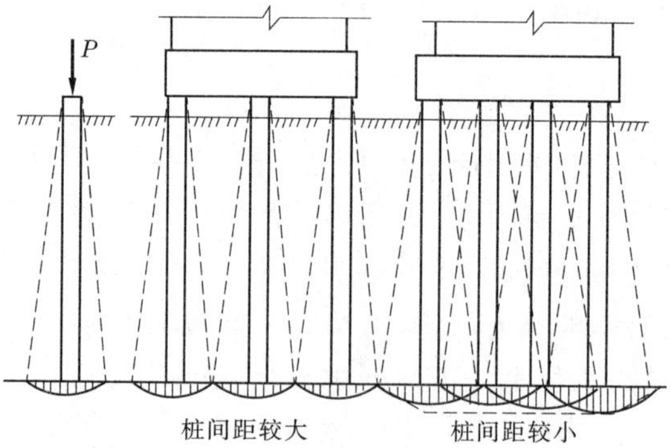

图 8-11　摩擦桩桩底平面的应力分布

习　题

1. 确定单桩竖向承载力的方法有哪些？简述如何确定。

2. 确定单桩水平承载力的方法有哪些？简述如何确定。

3. 什么是桩的负摩阻力？它产生的条件是什么？对基桩有什么影响？

4. 什么是群桩效应？

5. 端承桩群桩基础和摩擦桩群桩基础的群桩效应有何不同？

6. 某一桩基工程，每根基桩顶（齐地面）轴向荷载 $P=1\ 500$ kN，地基土第一层为塑性黏性土，厚 2 m，天然含水率 $\omega=28.8\%$，$\omega_L=36\%$，$\omega_P=28\%$，$\gamma=19$ kN/m^3；第二层为中密中砂，$\gamma=20$ kN/m^3，砂层厚数十米。地下水在地面下 20 m，现采用打入桩（预制钢筋混凝土方桩 45 cm×45 cm），试确定其入土深度。

（参考答案：桩长 18.5 m）

7. 一低承台桩基，5 排 25 根桩，桩距 1.0 m，桩断面 300 mm × 300 mm，打入土中 15 m，上部荷载 F = 8 000 kN，承台面积 4.5 m × 4.5 m，地下水位埋深 2.0 m，各层土性状如表 8-6 所列，试计算单桩竖向承载力。

（参考答案：R_a = 472.34 kN）

表 8-6　习题 7 附表

土层编号	土层名称	厚度（m）	含水率（%）	重度（kN/m³）	比重	液限（%）	塑限（%）	塑性指数	液性指数	孔隙比	内摩擦角（°）
Ⅰ	黏土	6	45	17.7	2.70	40	20	20	1.25	1.215	6
Ⅱ	粉质黏土	8	26	20.0	2.70	30	18	12	0.667	0.702	15
Ⅲ	黏土	10	20	20.9	2.68	27	16	11	0.364	0.536	20

任务 3　桩基础设计

1　桩基设计内容

设计桩基础应根据上部结构的形式与使用要求、荷载的性质与大小、地质和水文资料，以及材料供应和施工条件等，确定适宜的桩基类型和各组成部分的尺寸，保证承台、基桩和地基在强度、变形和稳定性方面满足安全与使用要求，并应同时考虑技术和经济上的可能性与合理性。桩基础的设计方法与步骤一般先根据收集的必要设计资料，拟定出设计方案（包括选择桩基类型、桩长、桩径、桩数、桩的布置、承台位置与尺寸等），然后进行基桩和承台及桩基础整体的强度、稳定、变形检验，经过计算、比较、修改直至符合各项要求，最后确定较佳的设计方案。

桩基设计的基本内容包括：

（1）选择桩的类型和几何尺寸；

（2）确定单桩竖向和水平向承载力设计值；

（3）确定桩的数量、间距和布置方式；

（4）验算桩基的承载力和沉降；

（5）桩身结构设计；

（6）承台设计；

（7）绘制桩基施工图。

基本设计所需资料：

（1）岩土工程勘察文件：

①桩基按两类极限状态进行设计所需的岩土物理力学参数及原位测试参数；

②对建筑场地的不良地质作用，如滑坡、崩塌、泥石流、岩溶、土洞等，有明确判断、结论和防治方案；

③地下水位埋藏情况、类型和水位变化幅度及抗浮设计水位，土、水的腐蚀性评价，地下水浮力计算的设计水位；

④抗震设防区按设防烈度提供的液化土层资料；

⑤有关地基土冻胀性、湿陷性、膨胀性评价。

(2)建筑场地与环境条件的有关资料：

①建筑场地现状，包括交通设施、高压架空线、地下管线和地下构筑物的分布；

②相邻建筑物安全等级、基础形式及埋置深度；

③附近类似工程地质条件场地的桩基工程试桩资料和单桩承载力设计参数；

④周围建筑物的防振、防噪声的要求；

⑤泥浆排放、弃土条件；

⑥建筑物所在地区的抗震设防烈度和建筑场地类别。

(3)建筑物的有关资料：

①建筑物的总平面布置图；

②建筑物的结构类型、荷载，建筑物的使用条件和设备对基础竖向及水平位移的要求；

③建筑结构的安全等级。

(4)施工条件的有关资料：

①施工机械设备条件、制桩条件、动力条件，施工工艺对地质条件的适应性；

②水、电及有关建筑材料的供应条件；

③施工机械的进出场及现场运行条件。

(5)供设计比较用的有关桩型及实施的可行性资料。

2 桩的类型、截面和桩长的选择

选择桩基础类型时，应根据设计要求和现场的条件，同时要考虑到各种类型桩和桩基础具有的不同特点，给予综合考虑选定。桩型与成桩工艺应根据建筑结构类型、荷载性质、桩的使用功能、穿越土层、桩端持力层、地下水位、施工设备、施工环境、施工经验、制桩材料供应条件等，按安全适用、经济合理的原则选择，注意扬长避短。

2.1 桩基础类型的选择

2.1.1 承台底面标高的选择

承台底面的标高应根据桩的受力情况，桩的刚度和地形、地质、水流、施工等条件确定。承台低，稳定性较好，但在水中施工难度较大，因此可用于季节性河流、冲刷小的河流或岸滩上的墩台及旱地上其他结构物基础。当承台埋于冻胀土层中时，为了避免由于土的冻胀引起桩基础的损坏，承台底面应位于冻结线以下不小于 0.25 m。当常年有流水、冲刷较深，或水位较高、施工排水困难，在受力条件允许时，应尽可能采用高桩承台。承台如在水中，对于有流冰的河道，承台底面应位于最低冰层底面以下不少于 0.25 m；在有其他漂流物或通航的河道，承台底面也应适当放低，以保证基桩不会直接受到撞击，否则应设置防撞装置。当作用在桩基础上的水平力和弯矩较大，或桩侧土质较差时，为减少桩身所受的内力可适当降低承台底面。

2.1.2 端承桩桩基与摩擦桩桩基的选择

端承桩与摩擦桩的选择主要根据地质和受力情况确定。端承桩桩基础承载力大，沉降量小，较为安全可靠，因此当基岩埋深较浅时，应考虑采用端承桩桩基。若适宜的岩层埋置较深或受到施工条件的限制不宜采用端承桩时，则可采用摩擦桩，但在同一桩基础中不宜同时采用端承桩和摩擦桩，也不宜采用不同材料、不同直径和长度相差过大的桩，以免桩基产生不均匀沉降或丧失稳定性。

当采用端承桩时，桩端全断面进入持力层的深度，对于黏性土、粉土不宜小于 $2d$，砂土不宜小于 $1.5d$，碎石类土不宜小于 $1d$。当存在软弱下卧层时，桩端以下硬持力层厚度不宜小于 $3d$。除桩底支承在基岩上外，如覆盖层较薄，或水平荷载较大时，还需将桩底端嵌入基岩中一定深度成为嵌岩桩，以增加桩基的稳定性和承载能力。为保证嵌固牢靠，桩端嵌入新鲜岩层最小深度不应小于 0.5 m，若新鲜岩层埋藏较深，微风化层、弱风化层厚度较大，需计算其嵌入深度。

2.1.3 单排桩桩基础与多排桩桩基础的选择

单排桩桩基与多排桩桩基的确定主要根据受力情况，并与桩长、桩数的确定密切相关。多排桩稳定性好，抗弯刚度较大，能承受较大的水平荷载，水平位移小，但多排桩的设置将会增大承台的尺寸，增加施工难度；单排桩与此相反，能较好地与柱式墩台结构形式配用，可节省圬工，减小作用在桩基上的竖向荷载。因此，当单桩承载力较大，需用桩数不多时，常采用单排排架式基础；反之，当单桩承载力较小，桩数较多时，采用多排排架式基础；在桩基受有较大水平力作用时，无论是单排桩还是多排桩，若能选用斜桩或竖直桩配合斜桩的形式则将明显增加桩基抗水平力的能力和稳定性。

2.2 桩的几何尺寸的选择

桩的几何尺寸的选择主要是桩径与桩长的选择，它应综合考虑荷载的大小、土层性质及桩周土阻力状况、桩基类型与结构特点、桩的长径比，以及施工设备与技术条件等因素优选确定，力求做到既满足使用要求又造价经济，最有效地利用和发挥地基土和桩身材料的承载性能。

当桩的类型选定后，桩的横截面（桩径）可根据各类桩的特点与常用尺寸，并考虑工程地质情况和施工条件选择确定。预制桩截面规格前面已述，钻孔桩则以钻头直径作为设计直径，钻头直径常用规格为 0.8 m、1.0 m、1.25 m 和 1.5 m 等。

桩长确定的关键在于选择桩底持力层，因为桩底持力层对于桩的承载力和沉降有着重要影响。一般希望把桩底置于岩层或坚实的土层上，以得到较大的承载力和较小的沉降量。如在施工条件容许的深度内没有坚实土层存在，应尽可能选择压缩性较低、强度较高的土层作为持力层，避免把桩底坐落在软土层上或离软弱下卧层的距离太近，以免桩基础发生过大的沉降。

对于摩擦桩，有时桩底持力层可能有多种选择，此时可通过试算比较，选用较合理的桩长和桩数。摩擦桩的桩长不应拟定太短，一般不宜小于 4 m。因为桩长过短达不到设置的桩基把荷载传递到深层或减小基础下沉量的目的，且必然增加桩数，扩大了承台尺寸，也影响施工的进度。此外，为保证发挥摩擦桩桩底土层支承力的作用，桩底端部应插入桩底持力层一定深度，插入深度与持力层土质、厚度及桩径等因素有关，一般不宜小于

1 m。

3 桩的数量确定和平面布置

3.1 桩的根数

一个基础所需桩的数量可根据承台底面上的竖向荷载和单桩承载力特征值估算。估算的桩数是否合适，尚待验算各桩的受力状况后验证确定。单桩承载力特征值 R_a 确定以后，可按下式估算所需桩数 n：

中心受压
$$n \geqslant \frac{F_k + G_k}{R_a} \tag{8-8}$$

偏心受压
$$n \geqslant \mu \frac{F_k + G_k}{R_a} \tag{8-9}$$

式中 F_k——相应于荷载效应标准组合时，作用在承台上的轴向压力，kN；

G_k——承台及其上方填土的重力标准值，kN；

μ——桩基偏心受压系数，常取 1.1～1.2。

3.2 桩的间距

桩的间距是指桩的中心距离，一般取 3～4 倍的桩径。桩的间距太大会增加承台的体积和用料，太小则使桩基(摩擦型)的沉降量增加，给施工造成困难。基桩的最小中心距应符合表 8-7 的规定；当施工中采取减小挤土效应的可靠措施时，可根据当地经验适当减小。对于大面积群桩，尤其是挤土桩，桩的最小中心距宜按表 8-7 所列值适当加大。

表 8-7　桩的最小中心距

<table>
<tr><th colspan="2">土类与成桩工艺</th><th>排数不少于 3 排且桩数不少于 9 根的摩擦型桩桩基</th><th>其他情况</th></tr>
<tr><td colspan="2">非挤土灌注桩</td><td>3.0d</td><td>3.0d</td></tr>
<tr><td colspan="2">部分挤土桩</td><td>3.5d</td><td>3.0d</td></tr>
<tr><td rowspan="2">挤土桩</td><td>非饱和土</td><td>4.0d</td><td>3.5d</td></tr>
<tr><td>饱和黏性土</td><td>4.5d</td><td>4.0d</td></tr>
<tr><td colspan="2">钻、挖孔扩底桩</td><td>2D 或 D+2.0 m(当 D>2 m)</td><td>1.5 D 或 D+1.5 m(当 D>2 m)</td></tr>
<tr><td rowspan="2">沉管夯扩
钻孔挤扩桩</td><td>非饱和土</td><td>2.2D 且 4.0d</td><td>2.0D 且 3.5d</td></tr>
<tr><td>饱和黏性土</td><td>2.5D 且 4.5d</td><td>2.2D 且 4.0d</td></tr>
</table>

注：1. d—圆桩直径或方桩边长，D—扩大端设计直径。

2. 当纵横向桩距不相等时，其最小中心距应满足“其他情况”一栏的规定。

3. 当为端承型桩时，非挤土灌注桩的“其他情况”一栏可减小至 2.5d。

3.3　桩的平面布置

桩的平面布置应尽可能使桩群承载力合力作用点与竖向永久荷载合力作用点重合，并使基桩受水平力和力矩较大方向有较大抗弯截面模量。对柱下桩基常采用对称布置，如三桩承台、四桩承台、六桩承台等；对墙下桩基采用梅花式或行列式布置，如图 8-12 所示。

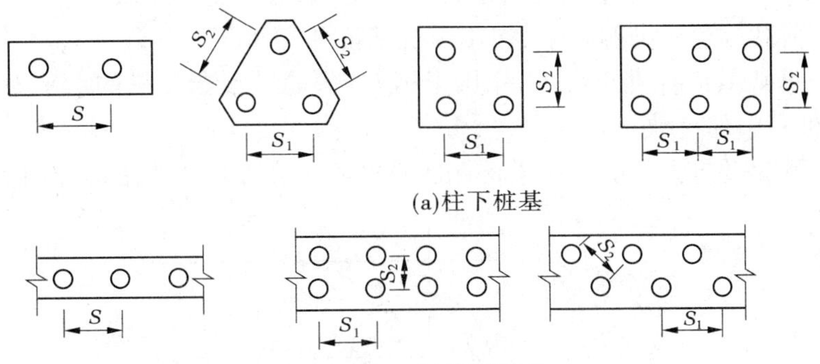

图 8-12　几种常见桩基布置示意图

对于桩箱基础、剪力墙结构桩筏（含平板和梁板式承台）基础，宜将桩布置于墙下。对于框架 - 核心筒结构桩筏基础应按荷载分布考虑相互影响，将桩相对集中布置于核心筒和柱下；外围框架柱宜采用复合桩基，有合适桩端持力层时，桩长宜小于核心筒下基桩。

4　桩基验算

4.1　桩基承载力验算

4.1.1　桩顶荷载计算

对于一般建筑物和受水平力（包括力矩与水平剪力）较小的高层建筑群桩基础，柱、墙、核心筒群桩中基桩或复合基桩的桩顶承受的荷载可按式(8-10) ~ 式(8-12)计算，如图 8-13 所示。

轴心竖向力作用下桩顶承受的竖向荷载为：

$$N_k = \frac{F_k + G_k}{n} \tag{8-10}$$

偏心竖向力作用下桩顶承受的竖向荷载为：

$$N_{ik} = \frac{F_k + G_k}{n} \pm \frac{M_{xk} y_i}{\sum y_j} \pm \frac{M_{yk} x_i}{\sum x_j} \tag{8-11}$$

水平力作用下，作用于桩基承台底面的水平荷载为：

$$H_{ik} = \frac{H_k}{n} \tag{8-12}$$

式中　F_k——荷载效应标准组合下，作用于承台顶面的竖向力，kN；

G_k——桩基承台和承台上土自重标准值，对稳定的地下水位以下部分应扣除水的浮力，kN；

N_k——荷载效应标准组合轴心竖向力作用下，基桩或复合基桩的平均竖向力，kN；

N_{ik}——荷载效应标准组合偏心竖向力作用下，第 i 个基桩或复合基桩的竖向力，kN；

M_{xk}、M_{yk}——荷载效应标准组合下，作用于承台底面，通过桩群形心的 x、y 轴的力矩，kN · m；

x_i、x_j、y_i、y_j——第 i、j 个基桩或复合基桩至 y、x 轴的距离，m；

H_k——荷载效应标准组合下，作用于桩基承台底面的水平力，kN；

H_{ik}——荷载效应标准组合下，作用于第 i 个基桩或复合基桩的水平力，kN；

n——桩基中的桩数。

作用于桩顶的竖向压力由作用于桩侧的总摩阻力和作用于桩端的端阻力共同承担。

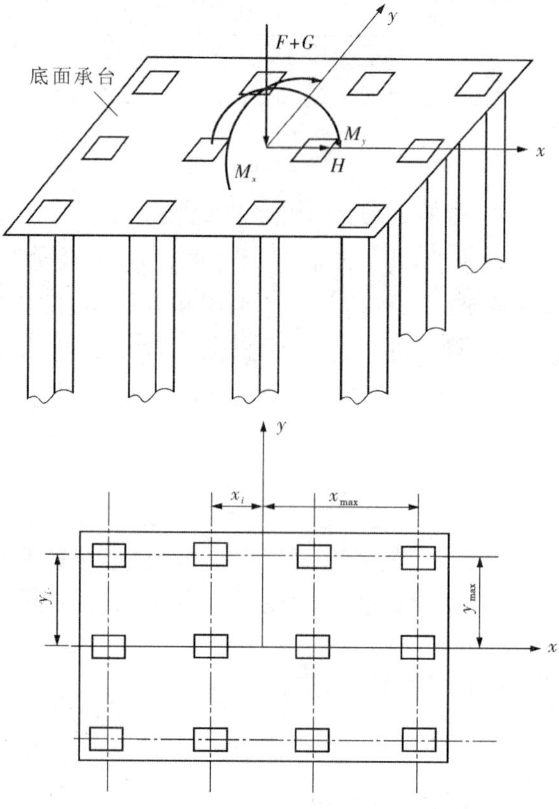

图 8-13　桩顶荷载计算简图

4.1.2　桩基竖向承载力验算

桩基竖向承载力验算应符合下列规定。

4.1.2.1　荷载效应标准组合

轴心竖向力作用下

$$N_k \leqslant R_a \tag{8-13}$$

偏心竖向力作用下除满足上式外，尚应满足下式的要求：

$$N_{kmax} \leqslant 1.2R_a \tag{8-14}$$

式中 N_k——荷载效应标准组合轴心竖向力作用下，基桩或复合基桩的平均竖向力，kN；

N_{kmax}——荷载效应标准组合偏心竖向力作用下，桩顶最大竖向力，kN；

R_a——基桩或复合基桩竖向承载力特征值，kN。

4.1.2.2 地震作用效应和荷载效应标准组合

轴心竖向力作用下

$$N_{Ek} \leqslant 1.25R_a \tag{8-15}$$

偏心竖向力作用下，除满足上式外，尚应满足下式的要求：

$$N_{Ekmax} \leqslant 1.5R_a \tag{8-16}$$

式中 N_{Ek}——地震作用效应和荷载效应标准组合下，基桩或复合基桩的平均竖向力，kN；

N_{Ekmax}——地震作用效应和荷载效应标准组合下，基桩或复合基桩的最大竖向力，kN。

4.1.2.3 单桩竖向承载力特征值

单桩竖向承载力特征值 R_a 应按下式确定：

$$R_a = \frac{1}{K}Q_{uk} \tag{8-17}$$

式中 Q_{uk}——单桩竖向极限承载力标准值，kN；

K——安全系数，取 $K=2$。

4.1.2.4 群桩竖向承载力特征值确定

《建筑桩基技术规范》(JGJ 94—2008)简化了群桩效应系数的计算方法，只考虑承台效应系数 η_c 计算复合基桩的竖向承载力特征值，规定如下：

(1)对于端承型桩基、桩数少于 4 根的摩擦型柱下独立桩基，或由于地层土性、使用条件等因素不宜考虑承台效应时，基桩竖向承载力特征值应取单桩竖向承载力特征值。

(2)对于符合下列条件之一的摩擦型桩基，宜考虑承台效应确定其复合基桩的竖向承载力特征值：①上部结构整体刚度较好、体形简单的建(构)筑物；②对差异沉降适应性较强的排架结构和柔性构筑物；③按变刚度调平原则设计的桩基刚度相对弱化区；④软土地基的减沉复合疏桩基础。

(3)考虑承台效应的复合基桩竖向承载力特征值可按下式确定：

不考虑地震作用时

$$R = R_a + \eta_c f_{ak} A_c \tag{8-18}$$

考虑地震作用时

$$R = R_a + \frac{\zeta_a}{1.25}\eta_c f_{ak} A_c \tag{8-19}$$

式中 η_c——承台效应系数，可按表 8-8 取值；

f_{ak}——承台下 1/2 承台宽度且不超过 5 m 深度范围内各层土的地基承载力特征值，按厚度加权的平均值计算；

A_c——计算基桩所对应的承台底净面积，$A_c=(A-nA_{ps})/n$，n 为承台下的桩数，A_{ps} 为桩身截面面积，A 为承台计算域面积(对于柱下独立桩基，A 为承台总面积，对于桩筏基础，A 为柱、墙筏板的 1/2 跨距和悬臂边 2.5 倍筏板厚度所围成的面积，对于桩集中布置于单片墙下的桩筏基础，A 为墙两边各 1/2 跨距围成的面积，按单排桩条形承台计算 η_c）；

ζ_a——地基抗震承载力调整系数，应按《建筑抗震设计规范》(GB 50011—2010)采用。

表 8-8 承台效应系数 η_c

B_c/l	S_a/d				
	3	4	5	6	>6
≤0.4	0.06～0.08	0.14～0.17	0.22～0.26	0.32～0.38	0.50～0.80
0.4～0.8	0.08～0.10	0.17～0.20	0.26～0.30	0.38～0.44	
>0.8	0.10～0.12	0.20～0.22	0.30～0.34	0.44～0.50	
单排桩条形承台	0.15～0.18	0.25～0.30	0.39～0.45	0.50～0.60	

注：1. 表中 S_a/d 为桩中心距与桩径之比；B_c/l 为承台宽度与桩长之比。当计算基桩为非正方形排列时，$S_a=\sqrt{A/n}$，A 为承台计算域面积，n 为总桩数。
2. 对于桩布置于墙下的箱、筏承台，η_c 可按单排桩条基取值。
3. 对于单排桩条形承台，当承台宽度小于 $1.5d$ 时，η_c 按非条形承台取值。
4. 对于采用后注浆灌注桩的承台，η_c 宜取低值。
5. 对于饱和黏性土中的挤土桩基、软土地基上的桩基承台，η_c 宜取低值的 0.8 倍。

（4）当承台底为可液化土、湿陷性土、高灵敏度软土、欠固结土、新填土时，沉桩引起超孔隙水压力和土体隆起时，不考虑承台效应，取 $\eta_c=0$。

4.1.3 桩基水平承载力验算

对单桩基础，受水平荷载的一般建筑物和水平荷载较小的高大建筑物单桩基础和群桩中基桩应满足下式要求：

$$H_{ik} \leqslant R_h \tag{8-20}$$

式中 H_{ik}——在荷载效应标准组合下，作用于基桩 i 桩顶处的水平力；

R_h——单桩基础或群桩中基桩的水平承载力特征值，对于单桩基础，可取单桩的水平承载力特征值 R_{ha}。

4.2 桩基软弱下卧层承载力验算

当桩端的持力层下存在软弱下卧层时，应进行软弱下卧层的承载力验算。对于桩距不超过 $6d$ 的群桩基础，当桩端持力层下存在承载力低于桩端持力层承载力 1/3 的软弱下卧层时，桩基软弱下卧层验算常将桩与桩间土的整体视为实体深基础，按与浅基础软弱下卧层承载力验算方法相同的方法进行验算。

4.3 桩基沉降验算

桩基础因其稳定性好，沉降量小而均匀，且收敛快，故较少做沉降计算。一般以承载力计算作为桩基设计的主要控制条件，而以沉降计算作为辅助验算。

《建筑地基基础设计规范》(GB 50007—2011)规定，对以下建筑物的桩基应进行沉降验算：

(1)地基基础设计等级为甲级的建筑物桩基;

(2)体形复杂、荷载不均匀或桩端以下存在软弱土层的设计等级为乙级的建筑物桩基;

(3)摩擦型桩基。

同时还规定:

(1)嵌岩桩、设计等级为丙级的建筑物桩基、对沉降无特殊要求的条形基础下不超过两排桩的桩基、吊车工作级别为A5及A5以下的单层工业厂房且桩端下为密实土层的桩基,可不进行沉降验算。

(2)当有可靠地区经验时,对地质条件不复杂、荷载均匀、沉降无特殊要求的端承型桩基也可不进行沉降验算。

对需要进行沉降计算的建筑物,其桩基沉降变形计算值不应大于桩基沉降变形允许值(见《建筑桩基技术规范》(JGJ 94—2008)中表5.5.4)。桩基变形特征与浅基础的变形特征定义的一样,同为沉降量、沉降差、倾斜和局部倾斜四种。

计算时,桩基沉降变形验算指标按下列规定选用:

(1)由于土层厚度与性质不均匀、荷载差异、体形复杂、相互影响等因素引起的地基沉降变形,对于砌体承重结构应计算其局部倾斜;

(2)对于多层或高层建筑和高耸结构应计算其整体倾斜值;

(3)当建筑物结构为框架、框架-剪力墙、框架-核心筒结构时,还应计算柱(墙)之间的差异沉降。

工程中一般用《建筑桩基技术规范》(JGJ 94—2008)推荐的等效作用实体深基础分层总和法计算桩基沉降量。对于桩中心距不大于6倍桩径的桩基,其等效作用面位于桩端平面,等效作用面积为桩承台投影面积,等效作用附加压力近似取承台底平均附加压力。等效作用面以下的应力分布采用各向同性均质直线变形体理论。桩基任一点最终沉降量按下式计算:

$$s = \psi\psi_e s' \tag{8-21}$$

式中 s——桩基最终沉降量,mm;

s'——采用布辛奈斯克解,按实体深基础分层总和法计算出的桩基沉降量,mm;

ψ——桩基沉降计算经验系数;

ψ_e——桩基等效沉降系数,按《建筑桩基技术规范》(JGJ 94—2008)的规定计算。

5 桩身构造设计、承台设计

桩身结构计算,承台受剪切、受冲切、受弯和局部受压承载力计算按现行《混凝土结构设计规范》(GB 50010—2010)进行,具体查看《建筑桩基技术规范》(JGJ 94—2008)。

习 题

1. 桩基的设计内容有哪些?
2. 桩基承载力验算内容是什么?如何验算?
3. 群桩竖向承载力特征值如何确定?

4. 桩基软弱下卧层承载力如何验算?

5. 桩基沉降验算的条件是什么?

6. 已知某厂房柱截面尺寸 400 mm×600 mm,柱底内力标准值分别为 $N_k=3\,400$ kN、$M_k=500$ kN·m、$V_k=40$ kN,承台埋深 2 m,地质资料见表 8-9。地下水位 2 m,安全等级二级。灰黄色粉土为持力层,采用截面边长 300 mm 的混凝土预制桩,桩端进入持力层深度 600 mm,不包括桩尖部分,伸入承台 50 mm,桩尖长度为 450 mm,如图 8-14 所示。计算:(1)单桩竖向极限承载力标准值 Q_{sk};(2)基桩承载力特征值 R_a;(3)基桩竖向承载力验算。

(参考答案:(1)$Q_{sk}=849.2$ kN;(2)$R_a=42\,406$ kN;(3)满足要求)

表 8-9 习题 6 附表

土层	厚度(m)	γ (kN/m³)	e	S_r(%)	I_P	I_L	φ(°)	f_{ak} (kPa)
杂填土	2	16	—	—	—	—	—	—
灰色黏土	10.5	18.9	1.0	95.6	18.4	1.0	20	220
灰黄色粉土	未穿	19.6	0.7	96.5	8	0.6	23	300

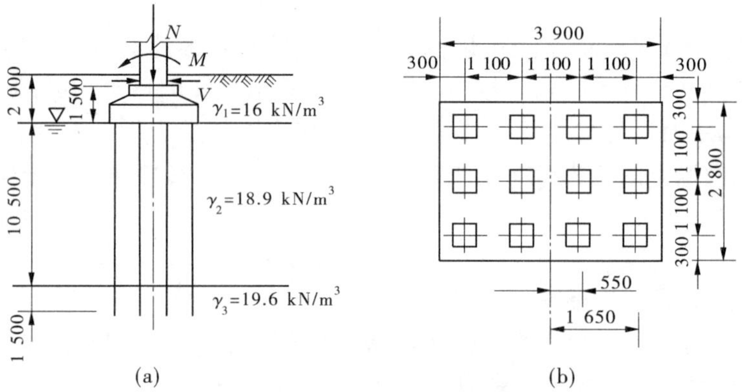

图 8-14 习题 6 附图 (单位:mm)

任务 4 其他深基础简介

1 沉井基础

沉井是一种井筒状结构物,是依靠在井内挖土,借助井体自重及其他辅助措施而逐步下沉至预定设计标高,最终形成建筑物基础的一种深基础形式。沉井基础占地面积小,不需要板桩围护,与大开挖相比较,挖土量少,对邻近建筑物的影响比较小,操作简便,无需特殊的专业设备。沉井基础适用于上部荷载较大,而表层地基土的容许承载力不足时;扩大基础开挖工作量大或支撑困难，但在一定深度下有好的持力层时；在山区河流中，虽然土质较好，但冲刷大或河中有较大卵石不便桩基础施工时；岩层表面较平坦且覆盖层薄，但河水较深时；采用扩大基础施工围堰有困难时。

1.1　沉井的类型

（1）按材料分类：沉井基础分为混凝土、钢筋混凝土、钢、砖、石、木等。

（2）按平面形状分类：沉井基础分为圆形、方形、矩形、椭圆形、多边形及多孔井字形等，如图 8-15 所示。

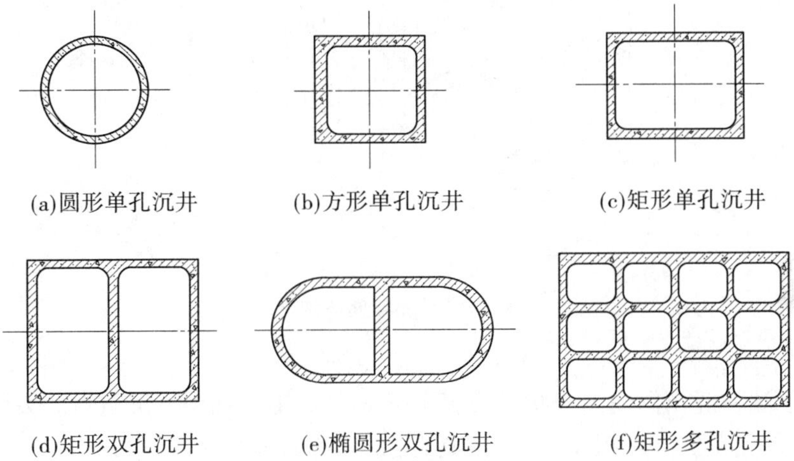

图 8-15　沉井平面图

（3）按竖向剖面形状分类：沉井基础分为圆柱形、阶梯形及锥形等，如图 8-16 所示。

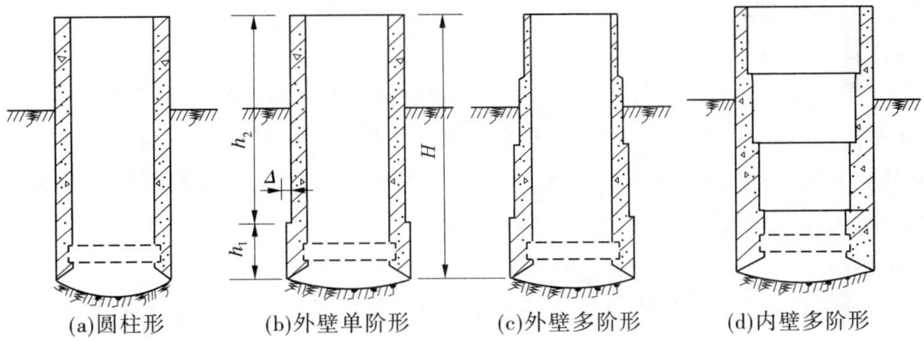

图 8-16　沉井剖面图

1.2　沉井构造

沉井由井壁（侧壁）、刃脚、内隔墙、井孔、封底和顶盖板等组成，如图 8-17 所示。

1.2.1　井壁

井壁是沉井的主要部分，应有足够的厚度与强度，以承受在下沉过程中各种最不利荷载组合（水土压力）所产生的内力，同时要有足够的重量，使沉井能在自重作用下顺利下沉到设计标高。

设计时，通常先假定井壁厚度，再进行强度验算。井壁厚度一般为 0.4～1.2 m。

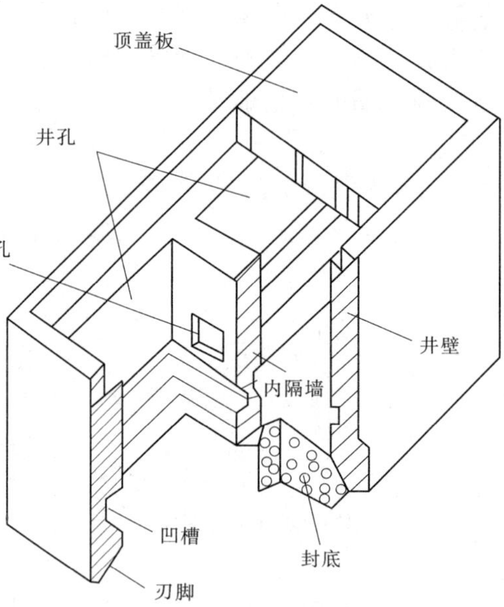

图 8-17 沉井构造图

1.2.2 刃脚

井壁最下端一般都做成刀刃状的刃脚。其主要功用是减少下沉阻力。刃脚还应具有一定的强度,以免在下沉过程中损坏。刃脚底的水平面称为踏面,如图 8-17 所示。刃脚的式样应根据沉井下沉时所穿越土层的软硬程度和刃脚单位长度上的反力大小决定,沉井重、土质软时,踏面要宽些。相反,沉井轻,又要穿过硬土层时,踏面要窄些,有时甚至要用角钢加固的钢刃脚。

1.2.3 内隔墙

根据使用和结构上的需要,在沉井井筒内设置内隔墙。内隔墙的主要作用是增加沉井在下沉过程中的刚度,减小井壁受力计算跨度。同时,又把整个沉井分隔成多个施工井孔(取土井),使挖土和下沉可以较均衡地进行,也便于沉井偏斜时的纠偏。内隔墙因不承受水土压力,所以其厚度较沉井外壁要薄一些。

1.2.4 井孔

沉井内设置的内隔墙、纵横隔墙或纵横框架形成的格子称作井孔,井孔尺寸应满足工艺要求。

1.2.5 射水管

当沉井下沉深度大,穿过的土质又较好,估计下沉会产生困难时,可在井壁中预埋射水管组。射水管应均匀布置,以利于控制水压和水量来调整下沉方向。一般水压不小于 600 kPa。如使用触变泥浆润滑套施工方法时,应有预埋的压射泥浆管路。

1.2.6 封底及顶盖板

当沉井下沉到设计标高,经过技术检验并对井底清理整平后,即可封底,以防止地下水渗入井内。为了使封底混凝土和底板与井壁间更好地联结,以传递基底反力,使沉井成为空间结构受力体系,常于刃脚上方井壁内侧预留凹槽,以便在该处浇筑钢筋混凝土底板、楼板及井内结构。凹槽的高度应根据底板厚度决定，主要为传递底板反力而采取的构造措施。凹槽底面一般距刃脚踏面 2.5 m 左右。槽高约 1.0 m，接近于封底混凝土的厚度，以保证封底工作顺利进行。凹入深度为 150 ~ 250 mm。

1.3 沉井的施工

沉井基础施工一般可分为旱地施工、水中筑岛施工及浮运沉井施工三种。

1.3.1 旱地上沉井的施工

桥梁墩台位于旱地时，沉井可就地制造、挖土下沉、封底、充填井孔及浇筑顶板。在这种情况下，一般较容易施工，工序如下：

整平场地→制造第一节沉井→拆模及抽垫→挖土下沉→接高沉井→筑井顶围堰→地基检验和处理→封底、充填井孔→浇筑顶盖。

1.3.2 水中筑岛沉井的施工

当水流速不大，水深在 3 m 或 4 m 以内时，可用水中筑岛的方法施工。筑岛材料为砂或砾石，周围用草袋围护，如水深较大可做围堰防护，如图 8-18 所示。岛面应比沉井周围宽出 2 m 以上，作为护道，并应高出施工最高水位 0.5 m 以上。砂岛地基强度应符合要求，然后在岛上浇筑沉井。如筑岛面积较大，可采用钢板桩围堰筑岛，但要考虑沉井重力对它产生的侧向压力，为避免沉井对它的影响，可按下式决定围堰距井壁外缘的距离：

$$b \geqslant H\tan(45° - \varphi/2) \tag{8-22}$$

式中 H——筑岛高度，m；

φ——砂在水中的内摩擦角，(°)。

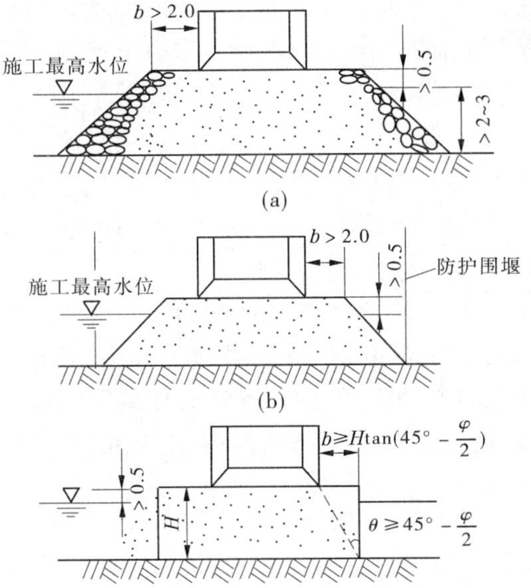

图 8-18 筑岛法施工示意图 （单位：m）

距离 b 可以作为护道，一般 b 不小于 2.0 m。其余施工方法与旱地施工相同。

1.3.3 浮运沉井施工

当水深较大，如超过 10 m 时，筑岛法很不经济，且施工也困难，可改用浮运法施工。

沉井在岸边做成，利用在岸边铺成的滑道滑入水中，然后用绳索引到设计墩位。沉井井壁可做成空体形式或采用其他措施（如带木底或装上钢气筒）使沉井浮于水上，也可以在船坞内制成用浮船定位和吊放下沉或利用潮汐，水位上涨浮起，再浮运至设计位置。

沉井就位后，用水或混凝土灌入空体，徐徐下沉直至河底，或依靠在悬浮状态下接长沉井及填充混凝土使它逐步下沉，这时每个步骤均需保证沉井本身足够的稳定性。沉井刃脚切入河床一定深度后，可按前述下沉方法施工。

2　地下连续墙

地下连续墙是通过专用的挖（冲）槽设备，沿着深基础或地下建筑物的周边，开挖出或冲钻出具有一定宽度与深度的沟槽，用泥浆护壁，并在槽内设置具有一定刚度的钢筋笼，然后用导管在泥浆中浇筑水下混凝土，筑成一个单元槽，如此逐段进行，分段施工，用特殊方法接头，使之形成一道地下连续的钢筋混凝土墙体，以便基坑开挖时防渗、挡土，作为邻近建筑物基础的支护或直接成为承受荷载的基础结构的一部分。

地下连续墙具有如下优点：施工时振动小，噪声低，非常适于在城市施工；墙体刚度大，用于基坑开挖时，可承受很大的土压力，极少发生地基沉降或塌方事故，已经成为深基坑支护工程中必不可少的挡土结构；防渗性能好，由于墙体接头形式和施工方法的改进，地下连续墙几乎不透水；可以贴近施工，紧贴原有建筑物建造地下连续墙；适用于多种地基条件，地下连续墙对地基的适用范围很广，从软弱的冲积地层到中硬的地层、密实的砂砾层，各种软岩和硬岩等所有的地基都可以建造地下连续墙；可用作刚性基础，目前地下连续墙不再单纯作为防渗防水、深基坑维护墙，而且越来越多地用地下连续墙代替桩基础、沉井或沉箱基础，承受更大荷载；用地下连续墙作为土坝、尾矿坝和水闸等水工建筑物的垂直防渗结构，是非常安全和经济的；占地少，可以充分利用建筑红线以内有限的地面和空间，充分发挥投资效益；工效高、工期短、质量可靠、经济效益高；结构刚度大，整体性、抗渗性和耐久性好，可作为永久性的挡土、挡水和承重结构；能建造各种深度（10 ~ 50 m）、宽度（45 ~ 120 cm）和形状的地下墙。由于地下连续墙具有一系列的优点，所以在城市地铁和深基础工程中得到越来越广泛的应用。

但地下连续墙也存在一些不足：在一些特殊的地质条件下（如很软的淤泥质土、含漂石的冲积层和超硬岩石等），施工难度很大；如果施工方法不当或施工地质条件特殊，可能出现相邻墙段不能对齐和漏水的问题；地下连续墙如果用作临时的挡土结构，比其他方法所需的费用要高些；在城市施工时，废泥浆的处理比较麻烦。地下连续墙不宜用作防水等级为一级的地下工程墙体。

2.1　地下连续墙的类型

（1）按成墙方式可分为：①桩排式；②槽板式；③组合式。

（2）按墙的用途可分为：①防渗墙；②临时挡土墙；③永久挡土（承重）墙；④作为基础用的地下连续墙。

（3）按墙体材料可分为：①钢筋混凝土墙；②塑性混凝土墙；③固化灰浆墙；④自硬泥浆墙；⑤预制墙；⑥泥浆槽墙（回填砾石、黏土和水泥三合土）；⑦后张预应力地下连续墙；⑧钢制地下连续墙。

(4)按开挖情况可分为:①地下连续墙(开挖);②地下防渗墙(不开挖)。

2.2 地下连续墙的施工工艺

地下连续墙的施工工艺流程如图8-19所示。

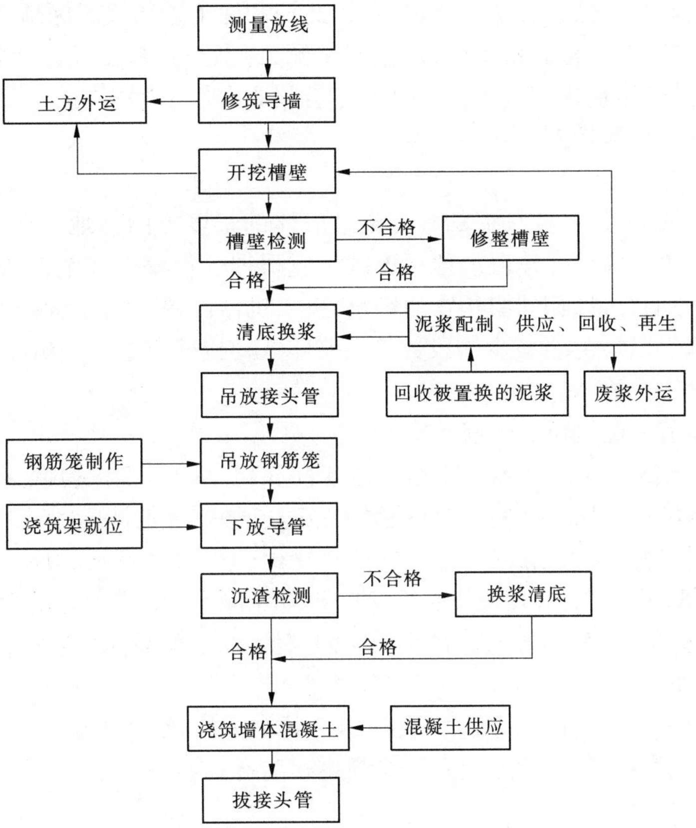

图8-19 地下连续墙的施工工艺流程

2.2.1 施工前的准备

(1)场地准备:确定和安排机械所需作业面积,主要包括泥浆搅拌设备用地(泥浆搅拌设备以水池为主,水池总量为挖掘一个单元槽段土方量的2~3倍,即300~450 m^3);钢筋笼加工及临时堆放场地;接头管和混凝土浇筑导管的临时堆放场地及其他用地。

(2)场地地基加固:在地下连续墙施工中,挖槽、吊放钢筋笼和浇筑混凝土等都要使用机械,所以安装机械用的场地地基必须能够经受住机械的振动和压力,应采取地基加固措施(换填表面软弱土层,整平和碾压地基,用沥青混凝土做简易路面为临时便道等)。

(3)给排水和供电设备:根据施工规模及设备配置情况,计算和确定工地所需的供电量,并考虑生活照明等,设置变压器及配电系统,地下连续墙施工的工程用水是十分庞大的工程,应全面设计施工供水的水源及给水管系统。

(4)护壁泥浆的稳定:泥浆的主要作用是护壁,其次是携砂、冷却和润滑,泥浆具有一定的密度,在槽内对槽壁产生一定的静水压力,相当于一种液体支撑,槽内泥浆面应高出地下水位0.6~1.2 m,能防止槽壁坍塌,关于地下连续墙的槽壁稳定性问题可以通过计算公式确定。

2.2.2　工程测量

根据建设方提供的轴线控制桩测出地下墙轴线控制桩,控制桩均采用保护桩。高程引入现场,采用闭合回测法,设置场内水准点,以此控制地下连续墙的标高。

工程测量所设置桩位、标志要求总包、监理复测,并做好护桩工作。测量定位所用的经纬仪、水准仪及控制质量检测设备需经过鉴定合格,在使用周期内的计量器具,应按二级计量标准进行计量检测控制。

2.2.3　挖槽分段

进行单元槽段划分,地下连续墙的施工是沿墙体的长度方向把地下连续墙划分成许多某种长度的施工单元即单元槽段。地下连续墙应根据工程要求和施工条件(挖槽机具的性能、泥浆储备池的容量、相邻结构物的影响、投入机械设备数量、混凝土供应能力和地质条件)划分单元槽段,应尽量减少槽段数量。墙体之间接缝应避开拐角部位。

2.2.4　泥浆施工

泥浆实施方案需要经过试验才能确定。

(1)泥浆试验包括:①稳定性试验(物理稳定性和化学稳定性试验);②密度的测定;③泥浆流动性的测定;④过滤试验;⑤含砂量的测定;⑥酸碱度的测定;⑦蒙脱土含量的测定;⑧固态物质含量的推算。

泥浆各项性能指标要求:黏度用 500 L/700 L 漏斗测定,控制在 18 ~ 25 S;比重用泥浆比重秤测定,控制在 1.05 ~ 1.20;含砂率用含砂仪测定,一般要求 <4%;pH 值用 pH 试纸测定,控制在 7 ~ 10。

(2)泥浆生产循环工序流程:新鲜泥浆拌制→新鲜泥浆储备→施工槽段护壁→粗筛去土渣→泥浆沉淀池→泥浆净化处理→泥浆调整和储备。

2.2.5　导墙施工

地下连续墙成槽前先要构筑导墙。导墙是建造地下连续墙必不可少的临时构造物,在施工期间,导墙经常承受钢筋笼、浇筑混凝土用的导管、钻机等静、动荷载的作用,同时导墙还兼有基准作用、防止泥浆漏失和保持泥浆稳定、防止雨水等地面水流入槽内、起到相邻结构物的补强作用等,因而必须认真设计和准备,才能进行地下连续墙的正式施工。

导墙采用形式:对表层地基良好的地段,采用简易形式钢筋混凝土导墙;在表层土软弱的地带,采用现浇 L 形钢筋混凝土导墙。

为了保持地表土体稳定,在导墙之间每隔 1 ~ 3 m 加添临时木支撑和横撑;导墙的施工精度直接关系着地下连续墙的精度,所以在构筑导墙时,必须注意导墙内侧的净空尺寸、垂直与水平精度和平面位置等。

导墙的水平钢筋必须连接起来,使导墙成为一个整体,防止因强度不足或施工不善而发生事故。

为保证地下墙的施工精度,便于挖槽机作业,导墙内侧净空应较地下墙的厚度稍大一些(比设计值大 5 cm),导墙顶口比地面高出 5 cm,导墙的深度为 1.5 m。

导墙的施工误差标准是:中心线误差为 ±10 mm,顶面全长范围内标高误差为 ±10 mm。

导墙的施工顺序是:①平整场地;②测量位置;③挖槽及处理弃土;④绑扎钢筋;⑤支立导墙模板,为了不松动背后的土体,导墙外侧可以不用模板,将土壁作为侧模直接浇筑混凝土;⑥浇筑导墙混凝土并养护;⑦拆除模板并设置横撑;⑧回填导墙外侧空隙并碾压密实,如无外侧模板,可省略此项工序。

2.2.6 导孔

液压抓斗挖槽时,在地下连续墙的放样轴线位置上,每隔 3.8 ~ 7.2 m 钻出垂直的导孔,孔径与墙厚相同。当挖槽地基软弱时,可以不钻导孔。导孔钻机采用旋挖钻机。

2.2.7 挖槽施工

挖槽机械采用液压抓斗成槽,槽长为 3.8 ~ 7.2 m,采用 2 ~ 3 抓完成,抓挖顺序:施工时以导墙为基准,挖地下墙的第一个单元槽段,首先挖掉①和②两个部分,然后挖去中间③部分,如图 8-20(a)所示,完成第一个单元槽段的挖掘。以后挖槽段工作如图 8-20(b)所示,先挖掉④部分,再挖第⑤部分,从而又完成一个单元槽段的挖槽。

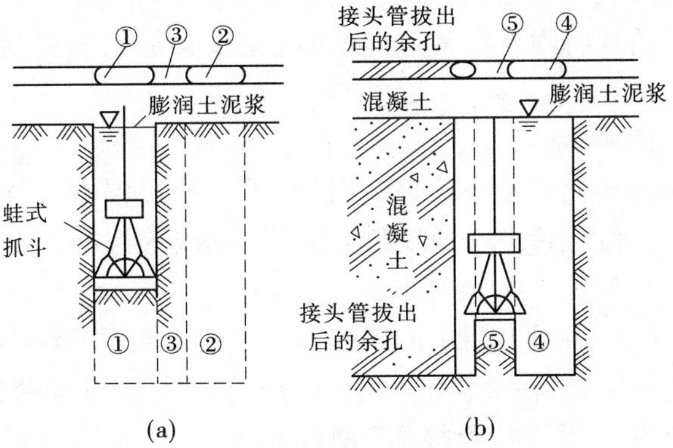

图 8-20 索式抓斗施工顺序

整幅槽段挖到底后进行扫孔,挖除铲平抓接部位的壁面及铲除槽底沉渣以消除槽底沉渣对将来墙体沉降的影响。保持有次序地从一端向另一端铲挖,每移动 50 cm,使抓深控制在同一设计标高。

2.2.8 清底

挖槽和扫孔结束后,间隔 1 h 后采用吸泥泵排泥进行清底换浆,清孔管的管底离槽底控制在 10 ~ 20 cm,并更换位置(间隔 1 ~ 1.5 m)。清孔换浆的时间以出口浆指标符合要求为准。

2.2.9 钢筋笼施工

钢筋笼在现场加工制作。墙段钢筋设计计算除满足受力的需要,同时还要满足吊装的需要,网片要有足够的刚度。

根据设计图纸对钢筋笼进行加工制作,其中纵向钢筋底端距槽底的距离在 10 ~ 20 cm 以上,水平钢筋的端部至混凝土表面留 5 ~ 15 cm 的间隙。

为防止在下入钢筋笼时碰撞槽壁和影响钢筋笼垂直度,采用厚 3.2 mm(30 cm × 50 cm)的钢板作为定位垫块焊接在钢筋笼上,即分别在每个单元槽段的钢筋笼前后两个面上水平设置三块纵向间隔 5 m 的定位垫块。

根据单元槽长度确定钢筋笼预留灌注混凝土导管位置(槽段为 3.2 ~ 5.4 m,每 1/3 处预留灌注混凝土导管位置;槽段为 5.4 ~ 7.2 m,每 1/4 处预留灌注混凝土导管位置。预留导管间距不大于 3 m,预留导管位置和槽段端部接头部位不大于 1.5 m)。

将网片组焊成骨架,吊装时不采用直接绑扎千斤绳起吊,而采用辅助起吊的扁担梁,对于较长的钢筋骨架,考虑两台吊车辅助起吊的方法。

2.2.10　接头工程施工

清底结束后,插入直径大致与墙厚相同的接头管进行垂直下设。根据混凝土的硬化速度,依次适当地拔动接头管,在混凝土开始浇筑约 2 h 后,为了便于使它与混凝土脱开,将接头管转动并将接头管拔出约 10 cm,在浇筑完毕 2 ~ 3 h 之后,采用起重机和千斤顶从墙段内将接头管慢慢地拔出。先每次拔出 10 cm,拔到 0.5 ~ 1.0 m,再每隔 30 min 拔出 0.5 ~ 1.0 m,最后根据混凝土顶端的凝结状态全部拔出。接头管位置就形成了半圆形的榫槽。

在单元槽段的接头部位挖槽之后,对粘在接头表面上的沉渣进行清除。采用带刃角的专业工具沿接头表面插入将附着物清除,从而避免接头部位的混凝土强度降低和接头部位漏水。

2.2.11　混凝土浇筑工程施工

单元槽清底后下设钢筋笼和接头管完毕,进行单元槽段混凝土浇筑。地下连续墙的混凝土是在护壁泥浆中下设导管进行灌注的,地下连续墙的混凝土浇筑按水下浇筑的混凝土进行制备和灌注。

接头管和钢筋笼就位后,检测槽底沉淀物不超过设计要求即在 4 h 内浇筑混凝土。导管采用直径 30 cm 的钢导管,在浇筑混凝土前对导管进行强度和密封试验,合格后方可使用。根据单元槽长度确定下设导管根数(槽段为 3.2 ~ 5.4 m 下设两根导管,槽段为 5.4 ~ 7.2 m 下设三根导管,导管间距不大于 3 m,导管位置和槽段端部接头部位不大于 1.5 m),导管最初下设到距槽底 30 ~ 40 cm 处,导管埋入混凝土深度为 2 ~ 6 m,两根或三根导管浇筑混凝土要均衡连续浇筑,并保持两根或三根导管同时进行浇筑,各导管处的混凝土面在同一标高上。浇筑混凝土顶面高出设计标高 300 ~ 500 mm,待混凝土初凝后用风镐凿除。拔出接头管后进入另一单元槽段施工。

习　题

1. 什么是沉井基础?沉井基础的适用条件是什么?
2. 沉井基础有哪些施工方法?各种施工方法施工工艺如何?
3. 什么是地下连续墙?地下连续墙有何优点?
4. 地下连续墙的施工工艺是什么?

参考文献

[1] 中华人民共和国住房和城乡建设部. GB 50007—2011 建筑地基基础设计规范[S]. 北京:中国建筑工业出版社,2011.
[2] 中华人民共和国水利部. SL 237—1999 土工试验规程[S]. 北京:中国水利水电出版社,1999.
[3] 中华人民共和国交通部. JTG E40—2007 公路土工试验规程[S]. 北京:人民交通出版社,2007.
[4] 中华人民共和国住房和城乡建设部. JGJ 94—2008 建筑桩基技术规范[S]. 北京:中国建筑工业出版社,2008.
[5] 中华人民共和国建设部. GB 50021—2001(2009 版) 岩土工程勘察规范[S]. 北京:中国建筑工业出版社,2009.
[6] 中华人民共和国住房和城乡建设部. JGJ 106—2014 建筑桩基检测技术规范[S]. 北京:中国建筑工业出版社,2014 .
[7] 中华人民共和国交通部. JTG D63—2007 公路桥涵地基与基础设计规范[S]. 北京:人民交通出版社,2007.
[8] 中华人民共和国交通部. JTG F10—2006 公路路基施工技术规范[S]. 北京:人民交通出版社,2006.
[9] 陈晓平,陈书申. 土力学与地基基础[M]. 武汉:武汉工业大学出版社,2003.
[10] 王启亮. 工程地质与土力学[M]. 北京:中国水利水电出版社,2008.
[11] 陈希哲. 土力学地基基础[M]. 北京:清华大学出版社,1998.
[12] 高大钊. 土质学及土力学[M]. 北京:人民交通出版社,2001.
[13] 项伟,唐辉明. 岩土工程勘察[M]. 北京:化学工业出版社,2012.
[14] 郭超英,凌浩美,段鸿海. 岩土工程勘察[M]. 北京:地质出版社,2007.
[15] 周景星. 基础工程[M]. 3 版. 北京:清华大学出版社,2015.
[16] 赵明华. 土力学与基础工程[M]. 武汉:武汉理工大学出版社,2014 .
[17] 刘福臣,唐业茂. 地基与基础[M]. 南京:南京大学出版社,2011.
[18] 李章政. 土力学与地基基础[M]. 北京:化学工业出版社,2011.
[19] 张浩华,崔秀琴. 土力学与地基基础[M]. 武汉:华中科技大学出版社,2010.
[20] 王建华,张璐璐,陈锦剑. 土力学与地基基础[M]. 北京:中国建筑工业出版社,2011.